数字摄影测量学

——背景、基础、自动定向过程

[美] Toni Schenk 著

郑顺义 苏国中 译

图书在版编目(CIP)数据

数字摄影测量学:背景、基础、自动定向过程/[美]Toni Schenk 著;郑顺义,苏国中译.—武汉:武汉大学出版社,2009.9
ISBN 978-7-307-06993-0

Ⅰ.数… Ⅱ.①S… ②郑… ③苏… Ⅲ.数字照相机—摄影技术
Ⅳ.P23

中国版本图书馆 CIP 数据核字(2009)第 058004 号

著作权合同登记号:图字 17-2008-50 号

责任编辑:王金龙　　责任校对:黄添生　　版式设计:马　佳

出版发行:**武汉大学出版社**　(430072　武昌　珞珈山)
(电子邮件:cbs22@whu.edu.cn 网址:www.wdp.com.cn)
印刷:通山金地印务有限公司
开本:787×1092　1/16　印张:17.5　字数:420 千字　插页:1
版次:2009 年 9 月第 1 版　　2009 年 9 月第 1 次印刷
ISBN 978-7-307-06993-0/P·147　　定价:35.00 元

译 者 序

摄影测量发展到数字摄影测量阶段，作业方式发生了巨大变化，计算机的自动处理代替了作业员手工操作，人工交互方式变为自动处理方式。作业方式的改变基于许多新的理论和方法，其中有很多方法来自于信号与图像处理、计算机视觉等相关学科，因此数字摄影测量的发展与相关技术(计算机技术、电子技术等)的发展关系密切。本书对数字摄影测量的发展背景，采用的基本原理，与相关学科的关系，以及数字摄影测量的自动处理过程等方面进行了系统全面的介绍，是一本经典的关于数字摄影测量的著作。

数字摄影测量最重要的一个特征就是自动化，以前由人工完成的工作现在由计算机完成，其中一项很重要的技术就是影像匹配，本书中用了两章对影像匹配进行介绍，从基于灰度的匹配到基于特征的匹配，最后是基于符号描述的关系匹配。

数字摄影测量另外一个重要特征是高效率。对于单个特征的提取，计算机在特征选择以及提取精度等方面并不一定比人工强，但计算机在相同时间内可以提取比人工多得多的特征，处理多得多的数据。冗余数据的增加可以提高精度，这是数字摄影测量的特点，本书的叙述体现并强调了这一点。

数字摄影测量使得许多传统摄影测量的概念发生改变。传统的摄影测量完全是基于点的摄影测量，无论相对定向、绝对定向、空中三角测量等都需要一定数量的同名点(不同影像间的同名点或像方与物方之间的同名点)。在数字摄影测量中，处理的元素从点发展到特征(线特征和面特征)是一个很大的进步，也是与传统摄影测量一个显著不同的地方。在此基础上，相对定向可以基于直线和曲线，控制信息由控制点扩展到控制线、控制面，这对于摄影测量的处理方法具有重要的影响。从点扩展到线特征是本书介绍的重点和特色之一。

在数字摄影测量领域，我国并不落后。张祖勋院士、刘先林院士、李德仁院士、张剑清教授等对于我国乃至世界的数字摄影测量发展做出了卓越的贡献。作为张祖勋院士的学生，我亲历了近年来数字摄影测量的快速发展，大师们的教诲使我受益匪浅，作为摄影测量与遥感领域一名普通的研究人员和教师，我感觉有责任和义务为本学科的发展和教育做出一点贡献，因此利用业余时间翻译了 Toni Schenk 教授的这本书，供国内的读者参阅。

Toni Schenk 教授是国际著名的摄影测量专家，1972 年毕业于瑞士联邦工学院(ETH)，获博士学位，随后在徕卡公司研发部担任首席科学家，1985 年加入美国俄亥俄州立大学大地测量系，现为该系教授。他曾经担任国际摄影测量与遥感学会第三委员会的主席(1996—2000)，先后指导博士生 30 多名，可谓桃李满天下。Toni Schenk 教授长期从事摄影测量的教学和研究工作，积极吸收计算机视觉、图像解译等领域的研究成果，丰富摄影测量的理论与方法，对摄影测量的发展形成了其独到的见解，并提出许多切实可行的理论与方法，值得我们参考学习。

本书的翻译由郑顺义、苏国中完成，由郑顺义审核、修改、定稿。除此之外，对本书的翻译和排版作出贡献的老师和学生还包括季铮、陆藩藩、朱毅、李彩林、王瑞瑞、肖建英、王妍霞、侯晨等。

书中可能有纰漏或翻译不妥的地方，恳请读者批评指正。

郑顺义

2008年春节于武汉大学

序 言

摄影测量和猫都有一个共同的也是最重要的特点——都有多条命。摄影测量的终结已被预测过多次，比如，20 世纪 80 年代 GPS 出现时，人们似乎看到摄影测量以及其他测量手段都将要快速消失，更有一些人深信摄影测量将作为一个子集融合到计算机视觉或计算机图形学中去。研究基于各种硬件平台的定向系统的专家预示了摄影测量的部分终结——空中三角测量将成为过去。尽管有这么多悲观的预测，我个人仍然认为摄影测量非常具有活力——数字摄影测量的出现使摄影测量的研究者和应用者感到激动。它更具有使当前的许多问题得到更有效解决的潜力，许多新的问题也可以得到解决。

数字摄影测量是一个相对年轻而且快速发展的领域，许多重要的理论和方法来自于图像处理和计算机视觉。尽管受来自其他领域的方法和算法的强烈影响，但是数字摄影测量仍然是一个独具特色的学科。因此，我从摄影测量学科的观点出发叙述本书中的内容。尽管本书是一个摄影测量领域的学者为摄影测量工作者所写的一本书，我仍然希望它包含对具有其他背景的读者有用的信息。过去的几年出现了大量的关于数字摄影测量的文章，但对这一专题尚未有综合叙述，本书弥补了这一空白。

写这本书的目的在于提供一本该领域的教科书或参考书，因此，我把重点放在基本原理方面。同时，作为一本人门的教材，我尽可能地使叙述通俗易懂，并在必要的时候，省略了一些繁琐的数学上的严密推导。书中并没有在某些实施细节和具体算法方面进行深入叙述，该书的贡献仅限于作为工具书这一级别。我认为，一个人在深入到具体实现细节当中之前首先应该理解和解决一些基本的问题。

该书是从我在俄亥俄州立大学为研究生讲述了 12 年的数字摄影测量课程的讲义中整理而来的。为了便于作为教材使用，除了第一部分之外，每一章的后面都附有习题。这些习题大多来自家庭作业或一些测验，包括从基本原理到计算问题。

本书的内容在两门连续的课程中讲述，共分三部分。数字摄影测量涉及多个学科，与图像处理、计算机视觉、模式识别、计算机图形学有很强的联系。我没有把这些学科的相关内容放在附录里，而是在该书的开始部分对这些对摄影测量具有影响的学科的相关内容给予了简明的叙述。“背景知识”这一部分共分为五章，从信号和图像处理开始，然后是计算机视觉和人类视觉。更好地理解人类视觉可以深入理解诸如确定物体表面、形状和物体识别等方面的问题。为了从影像中提取关于物体的有用信息，首先要理解影像如何形成。为了便于理解基本的影像形成过程，第六章叙述了关于辐射度量学和光度量学的背景知识。第一部分的每一章后面都有一小节，介绍推荐的参考文献。

第二部分介绍数字摄影测量的基础，从数据获取（数码相机和扫描仪）到数字摄影测量工作站，然后又用了两章介绍影像匹配。数字影像可以直接由数码相机（第七章）获取或通过扫描模拟影像（第八章）得到。数字摄影测量最重要的产品可能要属数字摄影测量工作站。第九章介绍了数字摄影测量工作站，重点介绍它们的功能和工作流程，没有对具体的系统进行详细叙述。

本书并没有包含交互式数字摄影测量（软拷贝摄影测量）的内容，而是将重点放在自动摄影测量处理过程中，这部分内容在本书的第三部分进行了介绍。该部分包括三章，介绍基本的自动定向过程。在简单地介绍了现有的方法之后，我从一个全新的角度考察了自动内定向、外定向和相对定向过程，并给出了全新的解决方案。重点放在把线特征和面特征用于定向过程，从而把基于点的摄影测量转变到真正的基于特征的摄影测量，这样更适合于自动化处理。我希望即使是一些摄影测量业余爱好者也能对这一部分内容感兴趣。

该书完全是数字化的成果。几乎所有的插图都是用 PostScript 生成的。我改变了这些插图的大小，以作为教学材料的标题。最近，我转换了一些插图的格式用于在网络上发布的报告中。其中，为了更好地理解一些关键原理采用了大量的动画。这本书就是直接从 PostScript 手稿印刷而来的。

随后出版的本书的第二卷将包含自动空中三角测量，基于不同传感器（包括激光扫描仪）的表面重建，正射影像生成和目标识别。

我非常感谢我的有耐心的学生们，他们经历了从最初使用讲稿的阶段到现在的形式。对于没有解释清楚的问题，学生们总是非常好奇，没有什么比这更能作为对讲义或讲述的质量的反馈了。非常感谢我的学生和同事，在与他们讨论数字摄影测量的相关问题时，我得到许多珍贵的反馈。

作　者

目　录

第一部分　背　景

第二部分 数字摄影测量基础

第三部分 自动定向方法

第一章 概 述

本章简单介绍数字摄影测量学以及本书所包含的内容。首先，简单介绍数字摄影测量的历史发展，并对一些术语进行了解释；然后，在概括地介绍了一般的数字摄影测量环境之后，介绍数字影像的概念及其与模拟影像的差异；最后，将数字摄影测量与相关学科进行了对比。

1.1 背景

数字摄影测量学飞速发展，成为摄影测量学的一个全新的分支学科。数字摄影测量学起源于20世纪50年代，但是直到20世纪80年代，随着电子学与计算机等先进技术(例如数码相机，并行处理技术，大容量储存设备)的出现，大量研究活动才真正开始。最近几年，数字摄影测量学得到快速发展。目前，一些数字摄影测量产品已经开始了商业化的推广和使用，例如，软拷贝工作站(softcopy workstations)，自动DEM生成软件，数字正射影像生成等，这些只是其中一小部分。

图1.1描述的是摄影测量学的四个发展阶段，以及数字摄影测量学与摄影测量学其他领域的关系。

开始阶段 以1839年摄影技术的发明为标志。在这个阶段，地面摄影测量与气球摄影测量方面取得显著的成就。

模拟摄影测量阶段 以立体摄影测量的发明为标志。在两次世界大战期间，建立了航空测量技术的主要基础，至今仍在使用。摄影测量学成为一种高效的测量与制图技术。

解析摄影测量阶段 以计算机的发明为标志。计算机技术的发展很大程度上决定了摄影测量学的发展。表1.1叙述了计算机的发展阶段以及对摄影测量学的影响。

数字摄影测量阶段 该阶段处理的是数字影像而不再是模拟相片。只有第五代计算机(见表1.1)才拥有数字摄影测量阶段所需要的能够存储、检索、处理海量影像的软、硬件设备。

表1.1 计算机的发展与摄影测量学科

发展阶段	硬件	软件	摄影测量学科
第一代	真空管	机器码	解析摄影测量 —空中三角测量 —相关匹配 —解析测图仪
第二代	晶体管 磁带存储	高级语言 (FORTRAN,COBOL)	

续表

发展阶段	硬件	软件	摄影测量学科
第三代	IC 存储 小型计算机 磁盘存储	分时 操作系统 虚拟内存	解析摄影测量 —空中三角测量 —相关匹配 —解析测图仪
第四代	微处理器，个人电脑 VLSI(超大规模集成电路) 网络	新语言 PASCAL,MODULA IGS, DBMS	计算机辅助摄影测量
第五代	并行处理 RISC(精简指令计算机) VHSIC(特高速电路) 光学磁盘存储	软件工程方面的知识 专家系统 自然语言处理	数字摄影测量 —实时摄影测量

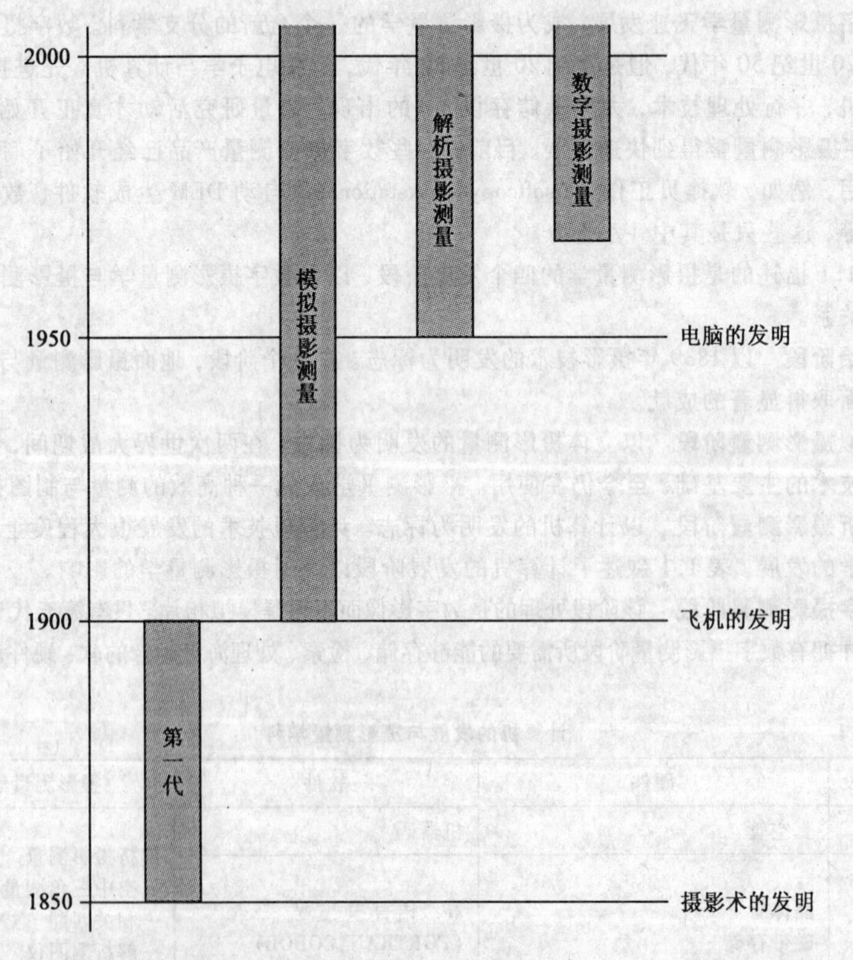

图 1.1　摄影测量学的发展

1.2 相关的术语

任何一种新技术在刚出现的时候，除可接受的定义外，都没有统一的术语标准，数字摄影测量也是如此。“数字摄影测量”这个术语也曾经是有争议的。在美国等国家称为“软拷贝摄影测量”，软拷贝是指数字影像的显示与处理。也许使用此术语的目的是想将数字摄影测量学与传统的使用硬拷贝(胶片和地图等)的摄影测量学分开。这种说法是有问题的，因为硬拷贝摄影测量这个概念根本就不存在。因为数字摄影测量这个术语较好地区分了与已被接受的模拟摄影测量、解析摄影测量的区别，所以更能让人接受。此外，数字摄影测量清楚地表明使用的是数字影像而不是模拟相片。在数字摄影测量的处理过程中有时并不需要软拷贝，但是总需要数字影像，这更能说明数字摄影测量这个术语用得恰到好处。

数字摄影测量与计算机视觉关系密切。同一术语在这两个学科中表述不尽相同，因而，不可避免地会产生两种不同的称谓。本小节将给出摄影测量术语和概念的参考。

数字摄影测量最重要的产品是软拷贝工作站(WS)，或称为数字摄影测量工作站(DPW)。尽管有的学者认为这两个名字存在差异，但这里认为它们是可交换的。在本书中，数字影像是指存储在计算机中的图片(例如存储在软拷贝工作站里)。另外，相片或底片是指以模拟形式存在的图片。

最后一个要解释的是“自动”这个术语。我们经常会看到自动化系统或自动化处理。以DEM的自动生成为例，使用这个术语意味着软件产生一个DEM，只是偶尔需要人工干预操作。程序越完善，就越不需要人工干预。这里，“自动”不是指软件在没有任何人工干预下完全独立地完成所有工作。当看到“……自动生成80%的点”，应该理解成这种处理过程是在交互式的环境中进行的。如果一个处理过程真的达到100%的自动，不需要任何的人工干预，就是一种黑盒式处理过程，在此我更愿意称它为“自主”。

1.3 典型的数字摄影测量环境

图1.2描述了数字摄影测量环境。输入端是数字相机或者是可以把现有航空相片数字化的扫描仪。处理过程的核心位置是数字摄影测量工作站。输出端由一个胶片记录器和一个绘图仪组成，胶片记录器产生栅格数据格式的硬拷贝，绘图仪提供矢量数据格式的硬拷贝。

如图1.2所示，数字影像直接来源于数字相机，或者通过扫描现有的相片得到。数字航空相机最终会取代模拟航空相机，但目前扫描仪仍是一个重要的组成部分。扫描仪、数码相机与数字摄影测量工作站所使用的算法，一起决定了数字摄影测量产品的精度。

数字摄影测量工作站类似于 个普通的图像工作站，它还具备一些附加特征，比如立体显示、3D光标以及不断增加的存储容量，以支持处理整个项目的所有数字影像。

1.4 数字影像的特点

从字面上理解，数字摄影测量使用的是数字影像而不是模拟相片，这是与传统摄影测量的主要区别，其他绝大多数区别都是此区别的结果。因此，了解数字影像的特点是相当重要的。

图 1.2 是典型的数字摄影测量环境。中间阴影部分是数字摄影测量工作站。

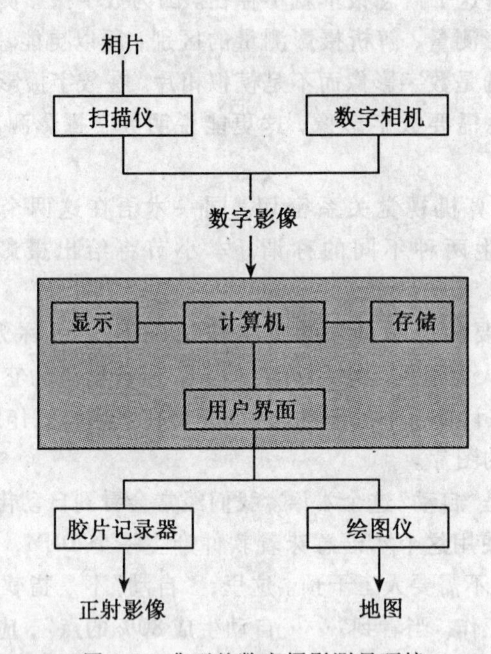

图 1.2　典型的数字摄影测量环境

1.4.1 数字影像的定义

图 1.3 是一张由航空相片扫描而成的数字影像。可以用一个连续函数 $F(x, y)$ 表示相片(也称为影像)，这里，(x,y) 表示空间位置，函数值表示强度。在实际工作中，该连续函数在空间变量和幅度上是离散的。离散化了的函数 $f(x,y)$ 即为数字影像。空间变量 Δx，Δy 的离散过程称为采样。强度 g 的离散化称为量化。分量 Δx，Δy 表示一个像素；Δg 表示一个灰度级，有时称为明亮度。此时，数字影像可以表示为 $f(\Delta x \cdot i, \Delta y \cdot j)$ $(i=0,\cdots,N-1; j=0,\cdots,M-1)$，其中 i，j 表示像素的位置；N 表示行数，M 表示列数。影像函数通常表示成 $f(x,y)$。注意，空间变量是离散值，通常是整数。

1.4.2 空间分辨率与几何精度

很明显，离散变量 Δx，Δy(像素大小)越小，则可以越精确地近似表示原始相片的连续函数。用什么样的值可以最贴切地表达由现代航空相机获取的相片呢？第二章的采样法则给出了一个理论性的限制标准。它规定最小的像素大小应该小于连续函数的最高频率的一

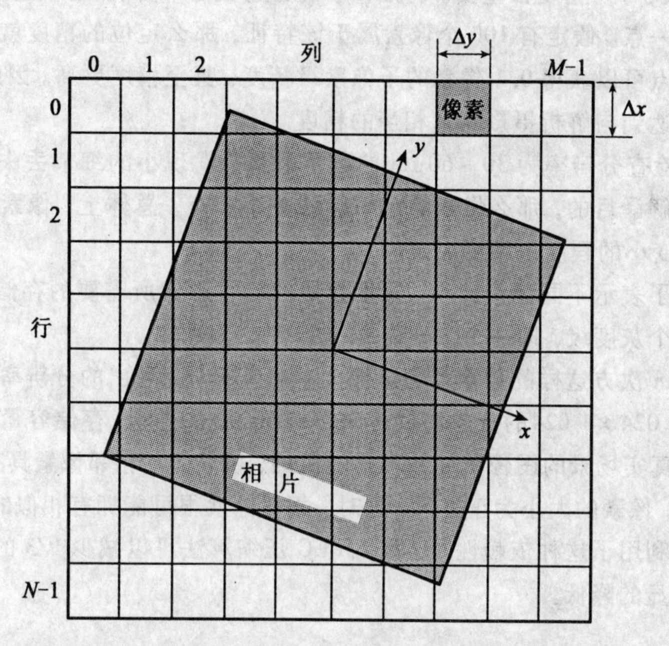

图 1.3　数字影像的影像坐标系(行，列)。阴影部分是一个旋转后的正方形，表示一张数字化的相片，x，y 为相片坐标系的坐标轴

半。如果满足这一条件，而且假定可以忽略量化效果，那么就可以由离散函数恢复连续函数。也就是说，在离散化过程中并没有任何信息损失。

表 1.2　一张航空相片的数字化影像的像素大小、像素数(分辨率)和存储需求

像素大小/μm	像素数	存储需求(未压缩)/MB
960	240×240	0.058
480	480×480	0.230
240	960×960	0.922
120	1 920×1 920	3.686
60	3 840×3 840	14.746
30	7 680×7 680	58.982
15	15 360×15 360	235.931
7.5	30 720×30 720	943.721

假定一张相片的分辨率是 70lp/mm，如果用数字影像忠实地表示该相片，要求像素大小为 7μm。从表 1.2 可以看出，一张典型的 9″×9″的航空影像需要大约 1GB 的存储容量。因此，将影像数字化为理论上的采样比率可能并不是最好。

关于精度问题。没有必要用损失精度来换取小数据量以及更快的处理时间。这里，区

别分辨率(像素大小)与精度很重要。例如，考察通过质心计算特征点位置的算法，就可以很容易地理解这一点。假定有100个像素属于该特征，那么定位的精度就是1/10个像素。自动地寻找同名点可以获得0.1像素的子像素级精度，甚至精度更高。因此，30~60μm的像素大小都能够达到与解析摄影测量相当的精度。

但是，仔细检查分辨率为30~60μm的数字影像，发现小的细节丢失了。如果这些细节具有很重要的解译目的，那么像素的大小应该更小一点。总体上，像素大小由小特征的解译目的决定，变小的程度由精度决定。

表1.2列出了表示不同像素大小、像素数量的航空影像所需要的存储要求。表中假设图像量化成256个灰度级，即一个像素需要一个字节空间。

当使用2的 n 次方这样的数字作为影像大小时，表1.2列出的分辨率可能需要小的改变。比如，采用1 024×1 024的分辨率替换960×960的分辨率。存储容量可以采用图像压缩技术来减小。真实场景的图像灰度并不是随机的，事实上，相邻像素具有很大的依赖性。例如，一条道路，像素的大小为正方形，这时，相邻像素很可能拥有相似的灰度阴影。图像的压缩技术充分利用了这种依赖性。比如，JPEG压缩算法可以减少1/3的存储容量，而影像质量不会有明显的降低。

1.4.3 辐射分辨率

量化航空照片过程中会出现一个问题，就是应该用多少灰度级来表达亮度。这个问题主要受实际应用影响。占用一个字节的变量可以表达256个不同的值，这足够表达一张黑白影像的灰度。通常，人工操作员能够分辨的灰度级不超过50个，但是也没必要只用6bit去表示灰度级。考虑到所有实际问题，一个字节足够存储一个像素的灰度值。

1.5 数字摄影测量过程和任务的分类

可以把数字摄影测量中不同的过程和任务划分为四类，如表1.3所示。这种分类遵循计算机视觉的范例(见第五章)。计算机视觉主要通过影像来产生对场景的描述，这些描述对实际应用必须是清晰且有意义的。在原始图像与符号场景描述之间存在着一个很大的描述空白。这个空白不能一步跨越，必须通过几步才能解决。这几步通常对应于低级视觉、中级视觉和高级视觉。

表1.3　　　　摄影测量过程与任务分类

类　别	过程，算法	任　务
系统级任务	存储、访问、显示影像	处理数字影像
低级任务	处理、匹配影像，提取特征	图像处理，定向，数字正射影像，DEM，空中三角测量
中级任务	编组、分割影像	表面重建，特征重建
高级任务	影像理解	目标识别，影像解译

1.5.1 系统级任务

处理数字影像是数字摄影测量的基本任务。摄影测量中，数字影像的大小对有效地实现影像处理(影像的存储、恢复、显示等)提出严峻的挑战。假定一张航空相片被数字化成像素大小为10μm的影像，未压缩时需要450MB的存储容量。对于一般的摄影测量项目，即使没有上百张影像，也会有几十张影像。对于中小型的项目，需要在线访问整个项目中的所有影像。另一个具有挑战性的系统任务是显示影像以及实时地对影像进行放大、缩小、漫游。还有一个问题是立体显示，这在摄影测量应用中很关键。

1.5.2 低级任务

系统级任务向数字摄影测量工作站提供了必要的功能，摄影测量处理所需要的基础功能由下一级提供，这里称为低级任务(与低级视觉和早期视觉对应)。影像处理任务可以增强图像的显示，比如，直方图调整和对比度增强。典型的低级任务包括内定向、相对定向以及绝对定向，随后是经过几何转换突出核线几何。

该级中，更高层次的任务包括自动生成DEM，计算机支持的空中三角测量，数字正射影像图的生成。这些任务在实现上很复杂，但是所依赖的算法，比如匹配(找出同名点)和特征提取等，都是低级视觉问题。

1.5.3 中级任务

如表1.3所示，典型的中级任务包括表面重建与特征重建。表面重建的目的是为了引导后续的视觉处理，比如目标识别。不同于生成DEM，表面重建的目的是尽量清楚地表示地面。表面重建不是处理不相关的3D点云数据，而是将表面分割成与物体表面相关的连续的面片。

分类与分割处理属于感知编组的内容，感知编组是人们从输入的影像中识别相关类别与结构的能力。

1.5.4 高级任务

人类必须分析、解译、理解视觉刺激才能对环境做出反应。理想状态下，机器人或者自动驾驶车辆也必须实现同样的功能。让机器人从一个箱子中取出一个零件或者穿过一个混乱的场景时，它必须依靠传感器数据以及已存储的知识分析环境。图像理解的结果是一个完全被解译的场景。图像理解或图像解译都依赖于应用。

物体识别是图像理解中的一个重要的子课题。尽管对许多机器视觉来说影像理解应用很重要，但是它在数字摄影测量中的作用要相对小一点。摄影测量强调的是识别与定位物体，而分析物体与物体之间关系等任务是地理信息系统的范畴。

1.6 数字摄影测量与其他学科的关系

存储数字影像意味着需要用计算机对其作进一步处理，比如改变影像的亮度，或者增强影像的对比度。在传统摄影测量中，这些过程是在实验室中完成的。显然，数字摄影测量的主要优势在于操作员就可以完成对影像的这些处理。数字影像处理致力于为人工解译增加图像信息，为机器自动化理解处理图像。如图 1.4 所示，影像处理是输入一张影像，对其修改后产生一幅新的影像。

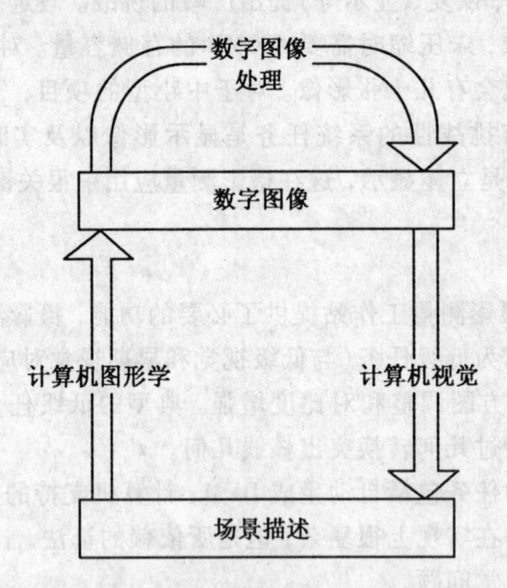

图 1.4　数字摄影测量学与其他学科的关系

除了数字影像处理之外，计算机还参与其他工作，比如寻找特征。可以通过自动定位框标进行自动内定向。难点是如何寻找控制点，特别是在不知道大概位置的情况下寻找控制点。这些问题都属于模式识别的范畴。模式识别的目的是在某个环境中发现一个描述，这里是从影像中。如果用几何特征或者符号来描述环境，那么称此描述是模式。符号描述下的识别任务更有挑战性。

利用模式识别技术能够在数字影像中自动地找到建筑物、围墙、道路吗？模式识别提供的方法与工具还不能完全解决这些难题。计算机视觉与机器视觉试图解决这方面的问题。计算机视觉是人工智能领域中的研究热点之一，是相对新颖和变化快的领域。许多重要的概念也仅是最近提出来的。计算机视觉的根本目标是达到人类视觉的要求——从影像中获取对场景的描述。这个描述应该是清晰、有意义的，使得系统中其他部分可以执行某项任务。在此场景中，计算机视觉是完整系统(比如机器人)的一部分。

由图 1.4，我们可以概括地认为计算机图形学是计算机视觉的逆操作处理。也就是说，计算机图形学由场景描述出发，产生影像。这个过程在 CAD 系统中称为渲染。

1.7　本书的主要内容

本章可以看成是数字摄影测量学的概述。接下来的几章将进行细节性的介绍。本书有两册，这一册包括三部分:背景，数字摄影测量的基础，自动定向过程；第二册介绍与数字摄影测量应用相关的内容，包括空中三角测量，DEM 与正射影像图生成，物体识别等。

第一部分介绍必要的背景知识。要想较好地理解数字摄影测量的工作原理，就需要掌握影像处理(第三章)与计算机视觉(第五章)。而这些学科的基础是信号处理。第二章简要地介绍了数字信号处理，包括线性系统和数字滤波的最重要的特征。数字摄影测量的一个重要方面就是摄影测量工作的自动化，操作员可以利用人类固有的感知非常轻松地完成这些任务，也就是“看”。对人类视觉(第四章)更好地理解，有助于更深入地了解确定表面、感知形状、识别物体这些复杂问题的解决办法。第六章作为第一部分的结束，介绍了辐射度量学与光度量学的背景知识，它们是数据获取专题的基础。

第二部分主要介绍数字摄影测量的基础。数字影像是数字摄影测量的核心，所以应该对数字影像的特征有深入的理解。影像来源于数字相机或者扫描仪。第七章介绍数码相机，简单地介绍了 CCD 传感器，从这个角度寻求对影像成像过程的理解。第八章介绍扫描仪，只要使用航空框幅式相机获取模拟相片，那么扫描仪在摄影测量中就具有相当重要的作用。数字摄影测量中最重要的产品是数字摄影测量工作站，又可以称为软拷贝工作站。第九章列举了这些工作站，该章重点强调系统功能和工作原理，而对系统描述不作详细的阐述。

本书用 2 章介绍数字摄影测量中最基础的工作——影像匹配。第十章分析了主要的难题以及可能的解决办法，介绍了最流行的影像匹配方法。第十一章介绍了比较高级的匹配方法，包括基于特征的匹配与关系匹配。数字摄影测量基础的最后一章介绍核线影像的计算，也就是生成与核线几何对应的影像的过程。

第三部分用了 3 章来讲述基础定向的自动实现。第十三章中介绍内定向，首先描述了现有的办法，随后又介绍一种新的确定框标的方法。第十四章将线特征应用到相对定向的解算过程中。如何有效地处理特征也是自动外部定向和绝对定向中的基本问题。

第一部分 背 景

数字摄影测量涉及多个学科。由于它与计算机视觉的联系十分紧密，以至于有些学者将其看做是计算机视觉的分支。其他相关的学科还包括图像处理、模式识别和计算机图形学等。本书首先简要介绍对摄影测量有直接影响的各个学科，但叙述的范围仅限于最相关的部分。

本书第一部分分为五章。尽管计算机视觉对数字摄影测量有着深刻的影响，该书还是首先阐述了信号处理，然后是图像处理。数字图像处理通过对一幅图像进行处理得到一幅新的图像。图像处理技术被用于提高图像的可视化效果，以便于更好地观测。此外，对图像进行处理并以适当的方式表示，以适合机器自动分析。

计算机视觉技术的目的是从图像中获取物体的信息，包括物理属性、几何属性和拓扑属性。这些信息可用于机器人技术，例如，给机器人赋予视觉功效。

人类可以对周围的环境进行连续、实时的观察和分析。这种做法是无意识的，这并不意味着我们知道如何对场景进行分析和理解。实际上，正是由于对视觉过程缺乏透彻的理解，使得很难通过计算机分析和理解图像。很显然，要解决该问题，首先需要对人类视觉有一个基本的理解。

首先，掌握图像的成像过程对于从图像中提取物体的有用信息很有帮助。实际上，可以认为从图像中提取信息是图像形成的逆过程。第六章对第一部分进行了总结，主要介绍了辐射度量学和光度量学的背景知识，这对于理解图像信息处理很有必要。此外，为了更好地理解相机和扫描仪的特点，也需要了解辐射度量学和光度量学的原理和量化标准知识。

第二章 数字信号处理

数字摄影测量采用的方法来自不同的学科，例如人工智能、计算机视觉和数字图像处理。数字信号处理是这些领域共同的基础，因此，对信号处理有关知识的掌握有助于更好地理解数字摄影测量中的基本处理过程。这方面的例子很多，涵盖了从图像信息（采样定理，走样）到目标识别的各个方面。

本书首先对时间域中的线性偏移不变系统进行了一个简洁的讨论，然后阐述了频域中信号的表达。这为重点阐述数字滤波中的一些关键问题做了铺垫。

2.1 信号和系统

几乎每一个工程性的学科领域都会涉及信号。随着电子技术革命性的发展，信号处理不再局限于模拟方法，数字信号处理已成为一个新的分支。数字信号处理的发展导致电子技术领域发生了深刻的变化，并且促进了其他领域的进展。

信号可以表示为一个或多个变量的数学函数式。例如，对于一幅图像，其亮度（灰度值）可以表示为两个空间变量的函数。通常情况下，独立变量指的是时间，虽然可能根本不代表时间，就像数字影像。

独立变量可以是连续的或离散的，本书将连续时信号和离散时信号区别对待。如果非独立变量（幅度）的表示也是离散的，我们称其为离散信号。比较而言，模拟信号在两个轴上都是连续表示的。通过对独立变量的采样和对幅度的量化，可以从模拟信号中得到离散信号。这样的处理过程又称为 A/D 变换，对一幅相片（底片）的扫描数字化就是一个典型的例子。相片可以认为是模拟信号，而扫描结果——数字影像，是数字信号，这里的空间变量和幅度都是离散的。

这里仅讨论数字信号。为了简化，我们假定信号是确定性的，因此数字信号的处理主要是通过将数字序列化以及序列变换来表达离散信号。

2.1.1 序列

离散时间信号用序列表示。一个数字序列 x 通常写为如下形式：

$$x = \{x(n)\}, \quad -\infty < n < \infty \tag{2.1}$$

其中，$x(n)$ 是序列 x 中的第 n 个数值（采样）。通常情况下，序列记作 $x(n)$，或者简记为 x 来代替式(2.1)。$x(n)$ 仅由整数 n 定义。在其他地方不再定义。

2.1.1.1 序列的运算

一个序列 x 可以进行如下的平移和缩放：

$$s \cdot x = s \cdot x(n)$$

$$x'(n)=x(n-\text{shift})$$

两个序列 x 和 y 可以进行相加、相减或者相乘:

$$x\pm y=x(n)\pm y(n)$$

$$x\cdot y=x(n)\cdot y(n)$$

2.1.1.2 序列的例子

单位采样序列定义如下:

$$\delta(n)=\begin{cases}0, & n\neq 0\\1, & n=0\end{cases} \tag{2.2}$$

它代表一个典型的离散时间脉冲,简称为脉冲。

单位阶跃序列定义为:

$$u(n)=\begin{cases}1, & n\geqslant 0\\0, & n<0\end{cases} \tag{2.3}$$

单位阶跃序列可以表示为多个单位采样的总和:

$$u(n)=\sum_{k=-\infty}^{n}\delta(k) \tag{2.4}$$

同样地,单位采样序列可以表示为单位阶跃序列的差:

$$\delta(n)=u(n)-u(n-1) \tag{2.5}$$

周期序列定义为:

$$x(n)=x(n+T) \tag{2.6}$$

其中,T 为周期。

一个任意序列 $x(n)$ 可以表示为多个经过平移和缩放后的单位采样序列的和:

$$x(n)=\sum_{k=-\infty}^{n}x(k)\delta(n-k) \tag{2.7}$$

图 2.1(a)表示单位采样序列;图 2.1(b)表示单位阶跃序列;图 2.1(c)描述了一个经过缩放和平移(延迟)的脉冲;图 2.1(d)表示一个任意序列。

2.1.2 线性偏移不变系统

系统生成、处理和测量信号。系统的复杂性跨度很大,简单的如一个拨动开关,复杂的如生物有机体的高度发展阶段。系统可以是模拟的或数字的,也可以是确定的或随机的。另外,系统实现的范围也很大,有电子的、化学的、生物的、机械的或经济的系统。

在数学上,一个系统定义为一个唯一的变换(操作算子),它把一个输入序列 $x(n)$ 映射为一个输出序列 $y(n)$:

$$y(n)=S[x(n)] \tag{2.8}$$

在系统所有可能的属性中,线性、偏移不变性、稳定性、因果性和可逆性是最重要的。

2.1.2.1 线性

线性的性质允许多重作用进行叠加,两个作用之和等于它们和的作用:

$$S[a\cdot x_1(n)+b\cdot x_2(n)]=a\cdot S[x_1(n)]+b\cdot S[x_2(n)] \tag{2.9}$$

当 a 和 b 是尺度因子时,操作算子 S 作用于 x_1 和 x_2。一个熟知的线性变换的例子就是积分:

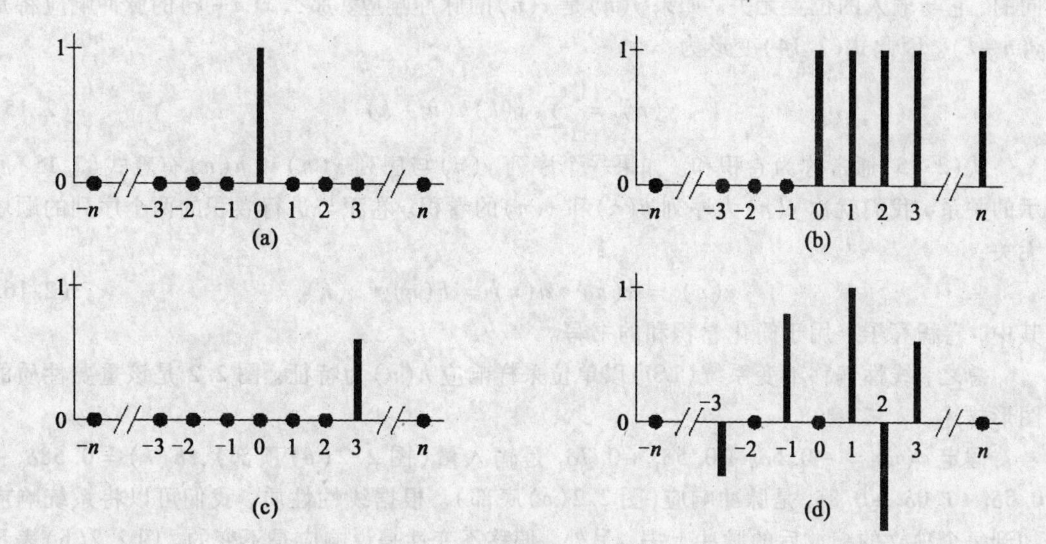

图 2.1　序列的例子：(a)单位采样序列(脉冲)；(b)单位阶跃序列；(c)脉冲的缩放和平移；(d)任意序列

$$\int [a \cdot f(x) + b \cdot g(x)] \mathrm{d}x = a\int f(x) \mathrm{d}x + b\int g(x) \mathrm{d}x \tag{2.10}$$

线性包括叠加和比例缩放。式(2.9)的右边是 x_1 和 x_2 的作用在输入时进行缩放，然后叠加得到。如果只有一个输入量，该输入量被一个因子放大，那么输出量也会被放大相同的倍数。大部分实际的系统都是非线性的，但是它们用线性系统近似，至少在特定的部分可以近似。

假定式(2.8)中的序列 $x(n)$ 为任意序列，将式(2.7)代入得到：

$$y(n) = S\left[\sum_{k=-\infty}^{\infty} x(k)\delta(n-k)\right] \tag{2.11}$$

现在，根据叠加定理得到：

$$y(n) = S\left[\sum x(k)\right] S[\delta(n-k)] \tag{2.12}$$

既然 $x(k)$ 不依赖于 n，我们可以进一步简化为：

$$y(n) = \sum x(k) S[\delta(n-k)] \tag{2.13}$$

对于一个输入脉冲，系统的输出称为脉冲响应。通常情况下，采用 h 来表示脉冲响应。得到下式：

$$y(n) = \sum_{k=-\infty}^{\infty} x(k) h_{n,k} \tag{2.14}$$

其中，$S[\delta(n-k)] = h_{n,k}$。

可以看出，h 仍然依赖于 n 和 k 两个变量，从计算的角度来看，根据线性规则，我们什么也没有得到。

2.1.2.2　偏移不变性

偏移不变的性质要求，作为系统输入的脉冲信号，除了一个偏移之外产生的响应是相同的，它与输入的位置无关。如果 $y(n)$ 是 $x(n)$ 的脉冲响应，那么 $x(n-k)$ 的脉冲响应将是 $y(n-k)$。因此式(2.14)变形为：

$$y(n) = \sum_{k=-\infty}^{\infty} x(k)h(n-k) \tag{2.15}$$

式(2.15)通常称为卷积和。如果一个序列 $y(n)$ 与序列 $x(n)$ 和 $h(n)$ 有着式(2.15)所示的关系，我们就称 $y(n)$ 为序列 $h(n)$ 和 $x(n)$ 的卷积。卷积与进行卷积的两个序列的顺序无关：

$$y(n) = x(n) * h(n) = h(n) * x(n) \tag{2.16}$$

其中，卷积算子 * 用于简化卷积和的书写。

总之，线性偏移不变系统(LSI)以单位采样响应 $h(n)$ 为特征。图 2.2 是该重要性质的图形描述。

假定 $x(n) = -0.5\delta_0 + 0.5\delta_1 + 0.7\delta_2$ 是输入量(图 2.2(e)顶部)，$h(k) = 0.58\delta_0 - 0.5\delta_1 + 1.0\delta_2 + 0.8\delta_3$ 是脉冲响应(图 2.2(a)底部)。根据线性性质，我们可以将系统响应加到每个独立的缩放后的脉冲上去。另外，偏移不变性是说响应是不变的。图 2.2(b)表示将序列 $x(n)$ 输入系统(LSI)得到的第一个缩放脉冲。同样，将其他相应的缩放和平移脉冲输入到系统中，产生适当的响应，如图 2.2(c)、(d)所示。可以看出，除了平移和缩放外，响应是一样的。对于整个输入序列，可以通过将单个响应(图 2.2(b)～(d))叠加得到 LSI 系统的响应。结果如图 2.2(e)所示。

现在，我们利用 $\boldsymbol{y} = \boldsymbol{S} \times \boldsymbol{x}$ 从数学上模拟 LSI 系统，其中 $\boldsymbol{y}$ 是系统响应，$\boldsymbol{x}$ 是输入序列，$\boldsymbol{S}$ 是以列向量表示的脉冲响应的托普利茨矩阵。

$$\begin{bmatrix} y_0 \\ y_1 \\ y_2 \\ y_3 \\ y_4 \end{bmatrix} = \begin{bmatrix} 0.5 & 0.0 & 0.0 \\ -0.5 & 0.5 & 0.0 \\ 1.0 & -0.5 & 0.5 \\ 0.8 & 1.0 & -0.5 \\ 0.0 & 0.8 & 1.0 \\ 0.0 & 0.0 & 0.8 \end{bmatrix} \begin{bmatrix} -0.5 \\ 0.5 \\ 0.7 \end{bmatrix} \tag{2.17}$$

结果得到 $\boldsymbol{y} = [-0.25 \quad 0.5 \quad -0.4 \quad -0.25 \quad 1.10 \quad 0.56]^{\mathrm{T}}$，证实了图形表达的结果。

2.1.2.3 稳定性

当且仅当数字系统的脉冲响应是绝对可加的，该系统才是稳定的：

$$S = \sum_{k=-\infty}^{\infty} \left| h(k) \right| < \infty \tag{2.18}$$

式(2.18)适用于无限长脉冲响应，这样的系统称为 IIR 系统。很显然，所有的有限脉冲响应都是稳定的。

2.1.2.4 因果性

因果性要求系统任一个 $n = n_0$ 的输出仅依赖 $n \leqslant n_0$ 的输入。在一个时间序列中，输出量不依赖于将来的事件。这些系统没有能量源，称为被动系统。当且仅当 $n < 0$，单位采样响应为 0 时，该线性偏移不变系统才是因果的。

$$h(n) = 0, \quad n < 0 \tag{2.19}$$

一个简单的偏移平均数不是因果的，因为它依赖于一些将来值。

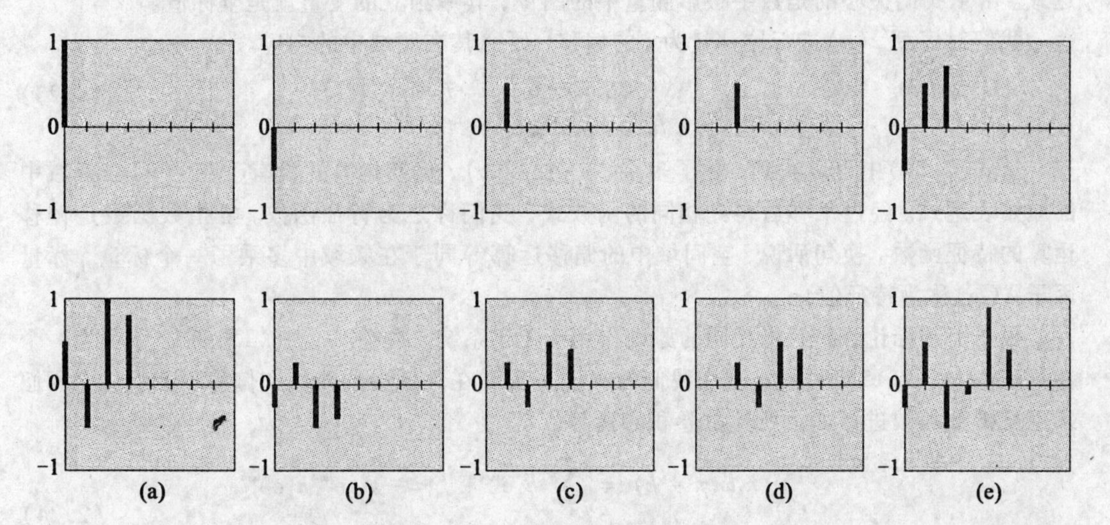

图 2.2　卷积过程。上面一行表示输入，下面一行表示输出。(a)表示脉冲响应。(e)表示任一序列(输入)和它的系统响应，这个结果通过叠加输入的脉冲响应得到。上一行的(b)、(c)、(d)表示将(e)分解为缩放和平移脉冲。下一行的(b)、(c)、(d)表示对应的响应。(e)中信号的系统响应，可以通过将(b)(c)(d)单个的响应相加得到

2.1.2.5　可逆性

如果从式(2.16)中可以解得 x，该线性偏移不变系统(LSI)就具有可逆性：

$$y = h * x \quad \Rightarrow \quad x = h^{-1} * y \tag{2.20}$$

求逆算子在去卷积问题中十分重要。

2.2　频率表示

在该部分，我们采用正弦函数或者复指数函数来表示序列和信号。在频域中的表示使作用于序列的一些运算更加透明。另外，复指数函数的表示方法使公式更加简洁。

对于这里所说的频率，主要使用了两个概念。旋转频率指的是周期 T 的数目，即每秒钟序列重复的次数，该书中我们采用符号 f 来表示旋转频率。旋转频率是周期的倒数，单位是赫兹(Hz)。

角频率 ω 表达的是同样的概念，它是用转速来表达。也就是说每秒钟对应旋转 2π。有：

$$f = \frac{1}{T} \quad [\text{Hz}] \tag{2.21}$$

$$\omega = 2\pi f \quad [\text{rad}]$$

现在我们用复指数近似表示一个函数。假定 $x(n)$ 是任意序列，且可使用角频率来度量的复指数函数来表示：

$$x(n) = \mathrm{e}^{\mathrm{i}\omega n} \tag{2.22}$$

式(2.22)的左边是序列的原始表达式，通常指的是时间域，式的右边是在频域中的表

达式。由于我们关心的是数字摄影测量中的图像，其中独立的变量就是坐标值。

我们对序列 $x(n)$ 进行位移量为 s 的偏移，研究其在频域中的响应。

$$
\begin{aligned}
x(n+s) &= e^{i\omega(n+s)} = e^{i\omega s}e^{i\omega n} \\
x(n+s) &= \lambda(\omega)e^{i\omega n}
\end{aligned}
\tag{2.23}
$$

从式(2.23)中可以看到，除了多乘了一个 $\lambda(\omega)$，偏移运算并没有改变 $x(n)$ 在频域中的原始表达式。经过平移后得到相同的函数式，我们称之为特征函数。复指数函数是偏移运算的特征函数。换句话说，空间域中的偏移运算等同于在频域中多乘了一个标量，标量因子 $\lambda(\omega)$ 称为特征值。

根据上述结论，我们将相同的原则作用于 LSI 系统。在空间域中，LSI 系统表示为一个卷积和(如式(2.15)所示)。现在我们的兴趣是看看在频域中的线性和偏移不变特性。我们采用复指数函数进行如上所述的卷积和运算。

$$
\begin{aligned}
\sum_{k=-\infty}^{\infty} h_k x(n-k) &= \sum_{k=-\infty}^{\infty} h_k e^{i\omega(n-k)} = \sum_{k=-\infty}^{\infty} e^{i\omega n} h_k e^{-i\omega k} \\
\sum_{k=-\infty}^{\infty} h_k x(n-k) &= e^{i\omega n} \sum_{k=-\infty}^{\infty} h_k e^{-i\omega k}
\end{aligned}
\tag{2.24}
$$

为了与前面的偏移运算的过程做比较，我们假定：

$$
\lambda(\omega) = \sum_{k=-\infty}^{\infty} h_k e^{-i\omega k} \tag{2.25}
$$

于是，式(2.24)转化为：

$$
y(n) = \lambda(\omega)e^{i\omega n} \tag{2.26}
$$

由式(2.26)可见，复指数函数也是 LSI 系统的特征函数。在偏移运算中，除了多乘了一个特征值，指数函数保持不变。

习惯上用 H 来代替 λ，因此得到下式：

$$
\begin{aligned}
y(n) &= H(\omega)e^{i\omega n} \\
H(\omega) &= \sum_{k=-\infty}^{\infty} h_k e^{-i\omega k}
\end{aligned}
\tag{2.27}
$$

$H(\omega)$ 称为系统的频率响应或光谱响应(简单的光谱)。当 $y(n)$ 是非周期性的和离散的时，$H(\omega)$ 是一个关于角频率 ω 的连续的周期函数。它完全由系统的单位采样响应 h_k 来决定。由于特征值 $H(\omega)$ 描述了输入量和输出量之间的变化，也称之为传递函数。

脉冲响应 h_k 是否可以从频率响应中直接得到呢？答案是肯定的，因为式(2.27)中的 $H(\omega)$ 是可逆的。空间域和频域之间的关系就由转换式 h_k 和 $H(\omega)$ 来定义。它是一种傅立叶变换。在讨论用傅立叶变换表示空间域和频域之间的关系之前，我们用一个推论对该部分进行一个总结，复指数函数的微分和积分也是特征函数，如下所示：

$$
\frac{d}{dn}e^{i\omega n} = i\omega e^{i\omega n}
$$

$$
\int e^{i\omega n} dn = \frac{e^{i\omega n}}{i\omega}
$$

2.3 傅立叶变换

在上一节中，我们建立了离散空间域和连续频域之间的关系。表 2.1 表示了在空间域和频域之间 4 种可能的组合，其中第三行就是傅立叶变换。

表 2.1　空间域和频域不同表示之间的组合

表示		变换
空间域	频域	
连续的	连续的	傅立叶积分
连续的	离散的	傅立叶级数
离散的	连续的	傅立叶变换
离散的	离散的	离散傅立叶变换

本章目的是对与数字摄影测量相关的数字信号处理的一些方面进行概述，因此这里对不同的傅立叶变换不进行详细推导，仅指出其中所涉及的结论和要点。传统的方法是首先从傅立叶级数开始，在连续的空间域或频域中进行采样，然后进行傅立叶积分，进而建立两个连续域之间的关系。由于傅立叶积分的推导和讨论与三角函数相比，需要不同水平的数学技巧，因此上述处理，就像前面指出的，在此仅总结了一些重要的性质。我们采用与传统方法相反的方法，从与连续域数学上最相关的部分开始。

2.3.1 傅立叶积分

傅立叶积分变换在连续的时间域和连续的频域之间建立了一个变换。这个变换对简称为傅立叶变换，由下式给出：

$$F(\omega) = \int_{-\infty}^{\infty} f(n) e^{-i\omega n} dn$$
$$f(n) = \int_{-\infty}^{\infty} F(\omega) e^{i\omega n} d\omega \tag{2.28}$$

变换对的对偶性由空间域变量和频域变量之间的交换来表达。目前面临的数学挑战是，需要验证从负无穷到正无穷之间所有变量傅立叶积分的存在性和收敛性。例如，为了计算频率响应需要无穷多个数据点——显然这个条件在现实系统是不存在的。另一个需要克服的难题是诸如正弦函数和阶跃函数的周期函数并不是绝对可积的。

2.3.1.1 定理

这里给出 3 个重要的定理。

a) 卷积定理。它表明两个函数卷积的傅立叶变换等同于两个函数傅立叶变换的积。

假定 $f(n)$ 和 $g(n)$ 是空间域中的两个函数。这两个函数的卷积定义如下：

$$h(n) = \int f(n) g(n-k) dk \tag{2.29}$$

其中，空间变量 n 是固定的；k 是积分变量。

假定 $H(\omega)$ 是卷积 $h(n)$ 的傅立叶变换。可得：

$$
\begin{aligned}
H(\omega) &= \int_{-\infty}^{\infty} h(n) \mathrm{e}^{-\mathrm{i}\omega n} \mathrm{d}n \\
&= \int_{-\infty}^{\infty} f(n) \mathrm{e}^{-\mathrm{i}\omega n} \left(\int_{-\infty}^{\infty} g(n-k) \mathrm{e}^{-\mathrm{i}\omega n} \mathrm{d}n \right) \mathrm{d}k \\
&= F(\omega) G(\omega)
\end{aligned}
\tag{2.30}
$$

b） 时间有限-波段有限理论。该理论表明同时在时间域和频域都存在极限的信号不存在。在时间域存在极限的信号表示如下式：

$$E_t = \int_{-a}^{a} |f(n)|^2 \mathrm{d}n \tag{2.31}$$

从式(2.31)可得，总能量限制在 $-a$ 和 a 之间。

同样地，对于波段有限的信号，有：

$$E_S = \int_{-b}^{b} |F(\omega)|^2 \mathrm{d}\omega \tag{2.32}$$

其中，频谱总能量在 $-b$ 和 b 之间。

该理论的结论是，一个信号在时间域或者频域中必然是无穷长的，它对数字信号的处理有着深刻的影响。实际上，通常情况下，信号可能是波段有限性，并且仅在有限的时间内能被观测到。因此，时间有限-波段有限理论难以满足物理量相关联的信号。例如，一幅图像的尺寸是有限的，因此在空间域上存在极限。那么该图像的光谱是无极限的么？这几乎不可能，因为感光乳胶的晶体尺寸决定了分辨率的极限值，或者决定了光谱的极限值。

c） 采样理论。它表明如果当采样间隔满足在最高频率时至少出现两个样本，波段有限函数就可以从等间隔采样中重构得到。在后面的部分将讨论采样。

2.3.1.2 变换对

为了更好地理解空间域和频域之间的关系，本节举出一些变换对的例子。图 2.3 是信号分别在两个域中的图形化表示。

我们首先介绍 δ 函数（简称为脉冲）。通过分析 $\int \delta(t)\,\mathrm{d}t$，可知傅立叶变换是一个单位高度的常量（如图 2.3(a)）。同样的，一个常量时间信号的傅立叶变换在 2π 内存在一个峰值。应注意，为了在频谱中得到一个峰值（线光谱），信号必须是无限长的。

矩形函数，也叫做车厢函数，定义如下：

$$f(t) = \begin{cases} 1, & \text{如果 } -T < t < T \\ 0, & \text{否则} \end{cases}$$

它的傅立叶变换是正弦(Sinc)函数：

$$F(\omega) = 2T \frac{\sin \omega T}{\omega T} \tag{2.33}$$

Sinc 函数以固定的频率 $\frac{\pi}{T}$ 发生振荡，其振幅以 $\frac{1}{t}$ 递减。主要的波瓣位于 $-\frac{\pi}{T}$ 和 $\frac{\pi}{T}$ 之间。矩形函数的图形越宽，中心波瓣和振荡区域就越窄。与之相反的一对变换，时间域中的 Sinc 函数和频域中的矩形函数也是存在的。矩形函数的一个重要应用就是截取信号。在时间域中，它可以截出一个有限长的信号。在频域中，它可以充当一个理想的带通滤波器，

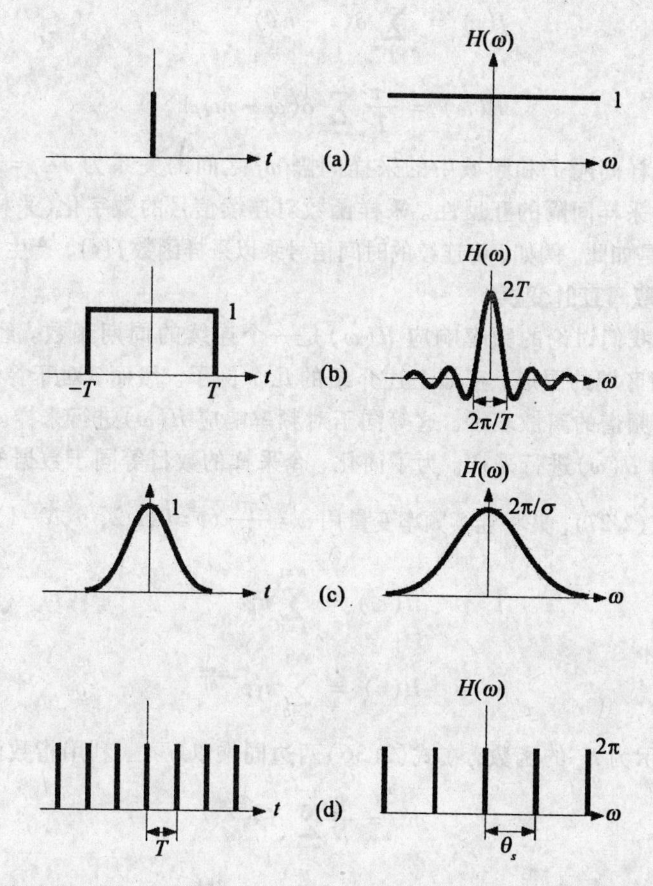

图 2.3 傅立叶变换对的例子：(a)单位样本/恒量对；(b)矩形/正弦对；(c)高斯/高斯对；(d)采样/采样对

将位于 $-\omega_c$ 和 ω_c 区间之外的所有频率截去。矩形/正弦变换对在光学中有重要作用，其中矩形函数的图形是一个类似于矩形的孔，Sinc 函数(矩形函数的傅立叶变换)则在图像平面上呈衍射图形。

下面的两个变换对是唯一的，它们的傅立叶变换不改变函数形式。高斯函数及其傅立叶变换如下所示：

$$
\begin{aligned}
f(t) &= e^{-\sigma^2 t^2} \\
F(\omega) &= \frac{\pi}{\sqrt{\sigma}} e^{\frac{-\omega^2}{4\sigma^2}}
\end{aligned}
\tag{2.34}
$$

高斯变换对的一个有趣的属性是时间域宽度和频域宽度的乘积满足 $\omega_t \omega_f \geqslant \frac{1}{2}$。另外，变换对的特征分布是时间域中高斯函数的图形越宽，频谱就越窄；反之亦然。由于高斯函数在傅立叶变换中保持函数形式的不变性，所以在平滑中有着重要的应用。

采样函数在两个域中也保持着函数不变性，变换对由下式给出：

$$
f(t) = \sum_{n=-\infty}^{\infty} \delta(t - nT)
$$

$$
F(\omega) = \frac{2\pi}{T} \sum_{n=-\infty}^{\infty} \delta(\omega - n\omega_s) \tag{2.35}
$$

时间域中的采样间隔 T 和频域中的采样间隔 ω_s 之间的关系为 $T\omega_s = 2\pi$。这个关系式也表明了两个域中采样间隔的互反性。采样函数对连续信号的数字化(采样)十分重要，对于频域和空间域都是如此。例如，将连续的时间信号乘以采样函数 $f(t)$，产生等间隔的采样。

2.3.1.3 离散傅立叶变换

到目前为止，我们讨论的频率响应 $H(\omega)$ 是一个连续的周期函数。经过傅立叶变换，其函数图像是封闭区域的图形，正如上述介绍的几个例子。然而，对于像系数因子确定之类的计算，就需要频谱的离散表示。这等同于对频率响应 $H(\omega)$ 进行采样。

在等间隔点对 $H(\omega)$ 进行采样。为了简化，令采样的数目等同于数据的点数(时间域中的样本数)。采用式(2.27)，并将连续频率变量用 $\omega = \frac{2\pi v}{N}$ $(v = 0, 1, 2, \cdots, N-1)$ 来代替，得：

$$
H(\omega) = \sum_{k=0}^{N-1} h_k e^{-i\omega k}
$$

$$
H(v) = \sum_{k=0}^{N-1} h_k e^{-\frac{i2\pi vk}{N}} \tag{2.36}
$$

为了将 h_k 表示为 H_v 的函数，在式(2.36)两边同乘以 $e^{\frac{i2\pi vk}{N}}$，利用指数函数的正交性得：

$$
h_k = \frac{1}{N} \sum_{v=0}^{N-1} H_v e^{\frac{i2\pi vk}{N}} \tag{2.37}
$$

$$
H(v) = \sum_{k=0}^{N-1} h_k e^{-\frac{i2\pi vk}{N}}
$$

式(2.37)就是离散傅立叶变换(DFT)对，实际计算中通过快速傅立叶变换实现。由于 $H(\omega)$ 是周期性的，所以以 2π 为间隔进行采样。

作为频域采样的结果，时间域也变成了周期性的。然而，在时间域中的信号几乎不可能是周期性的。例如，一幅图像肯定是非周期的。

在两个域中分别考虑零点位置处($k = 0$, $v = 0$)的 DFT 变换，得到下式：

$$
H_0 = \sum_{k=0}^{N-1} h_k
$$

$$
h_0 = \frac{1}{N} \sum_{v=0}^{N-1} H_v
$$

空间序列的最初值等于频率响应的平均值时，零点频率等于各脉冲响应之和。

2.3.2 总结

本部分通过在两个域中对信号进行采样，对该部分所阐述的结果进行总结。以下介绍在两个域中的采样步骤和得到的效果。

图 2.4(a)表示的是空间域中的一个连续的无穷长的信号。傅立叶变换在空间域和频域之间建立了一种关系，两种函数表示都是连续的。根据时间有限-波段有限定理，至少有

一个函数是无限的。因为我们假定信号是波段有限的，那么该信号在空间域应该是无限的。这种情况在实际中是不可能的。

我们通过将空间域中的连续信号乘以式(2.35)定义的采样函数，将信号数字化。图2.3(d)表示在两个域中的采样函数。由于采样函数不改变函数的特征形式，所以频谱中的峰值以$\frac{2\pi}{T}$的间隔出现。

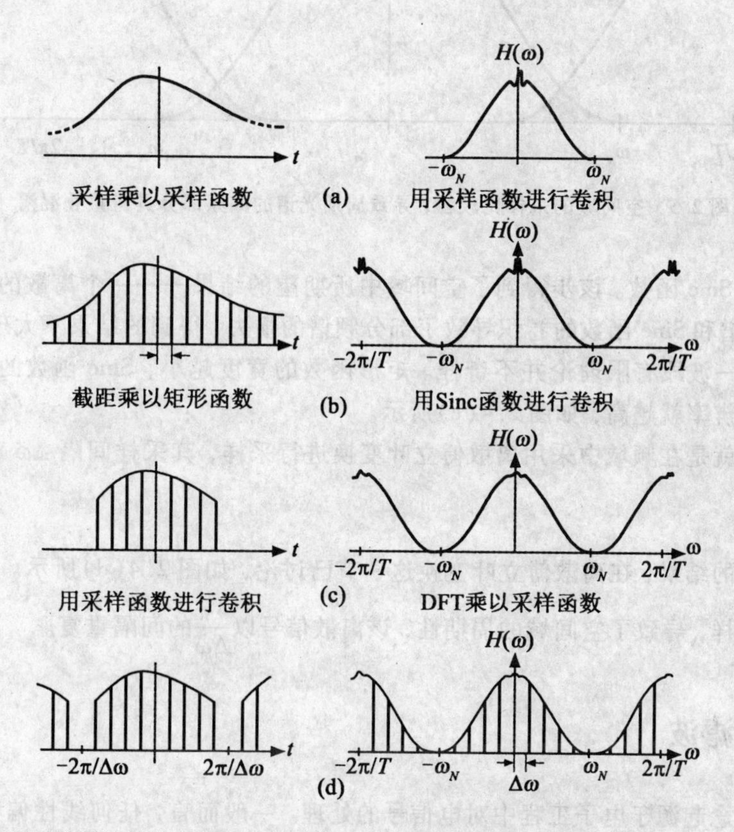

图 2.4　图(a)显示的是连续的无限长的信号在空间域和频率域中的表示；图(b)显示的是采样后的空间域和对应的频率域；图(c)显示的是裁剪之后的空间域和对应的频率域；图(d)显示的是由 DSP 采样后的频率域和对应的空间域

将空间域中的原始信号乘以采样函数得到仅在点$\frac{2\pi}{Tk}$($T=0,1,2,\cdots,\infty$)处定义的离散函数$f(n)$。根据卷积定理可知，在一个域中进行乘法需要在另一个域中进行卷积。因此，频谱必须与采样函数的傅立叶变换进行卷积，结果得到在$\frac{2\pi}{Tk}$($T=0,1,2,\cdots,\infty$)处的多个复制光谱，如图2.4(b)所示。空间域的采样导致了频谱的周期性。如果间隔$\frac{2\pi}{T}$小于波段有限频谱，复制的频谱将会重叠，在重叠区域的频率就会丢失，如图2.5所示，这种现象称为混淆现象。

为了得到一个空间有限的离散信号，我们将其乘以矩形函数，如图2.3(b)所示。它的

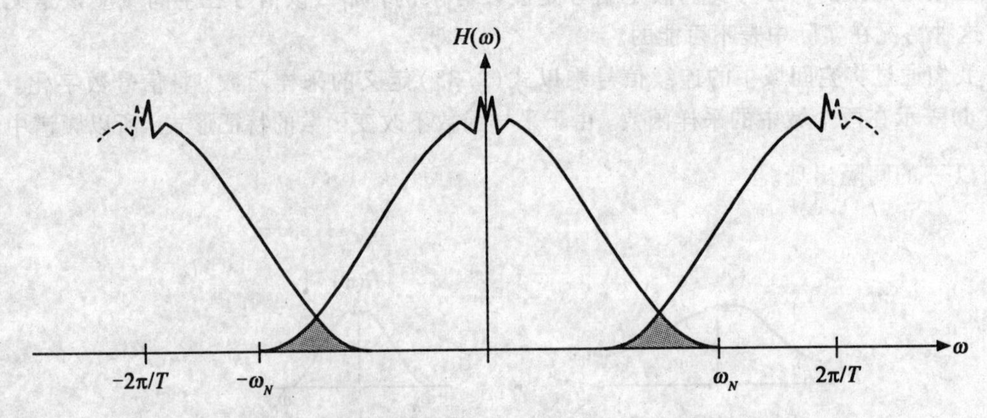

图 2.5　空间域的采样比较粗，导致周期光谱的高频部分具有重叠混淆

傅立叶变换是 Sinc 函数。该步得到了空间域中所期望的结果——一个离散的有限的信号。在频域中，频谱和 Sinc 函数的卷积导致了部分频谱的损失，得到的结果不太理想。在这里，违反时间有限—波段有限理论并不奇怪。矩形函数的宽度越小，Sinc 函数的广度就越大，损失的频谱分辨率就越高，如图 2.4(c)所示。

最后一步就是在频域中采用离散傅立叶变换进行采样，其采样间隔 $\Delta\omega$ 对应于空间域中的间隔$\frac{2\pi}{\Delta\omega}$。

以上处理的结果，在离散傅立叶变换这一节已讨论，如图 2.4(d)所示。从中得知，通过对频谱的采样，导致了空间域的周期性，该离散信号以$\frac{4\pi}{\Delta\omega}$的间隔重复。

2.4　数字滤波

滤波的概念起源于电子工程中对电信号的处理。一般而言，任何线性偏移不变系统都可以认为是一个滤波器。从更严格的角度讲，滤波器用于过滤部分频谱。数字滤波器用于处理数字信号。

图 2.6 描述了一些以频谱被影响的方式来划分的滤波器。低通滤波器阻隔高频信号，允许低频信号通过；反之，高通滤波器阻隔低频信号，允许高频信号通过。图 2.6(c)描述了一个带通滤波器的例子，图 2.6(d)表示一个带阻滤波器。

滤波器也可以根据它们改变数据域的方式进行分类，这对于电子工程之外的其他领域尤其正确。最常见的例子就是通过移动平均滤波器平滑数据，数字分析的例子包括微分算子和积分算子。

2.4.1　移动平均滤波器

这里介绍移动平均滤波器的目的是为了强调在两个域中分析滤波器所得结果的重要性。对噪声数据流进行平滑时，一般是按照以下步骤进行的：将数据点的值(振幅)用邻近数据点(包括当前点)的平均振幅来代替；对所有的数据点进行同样的处理。数据点的左右

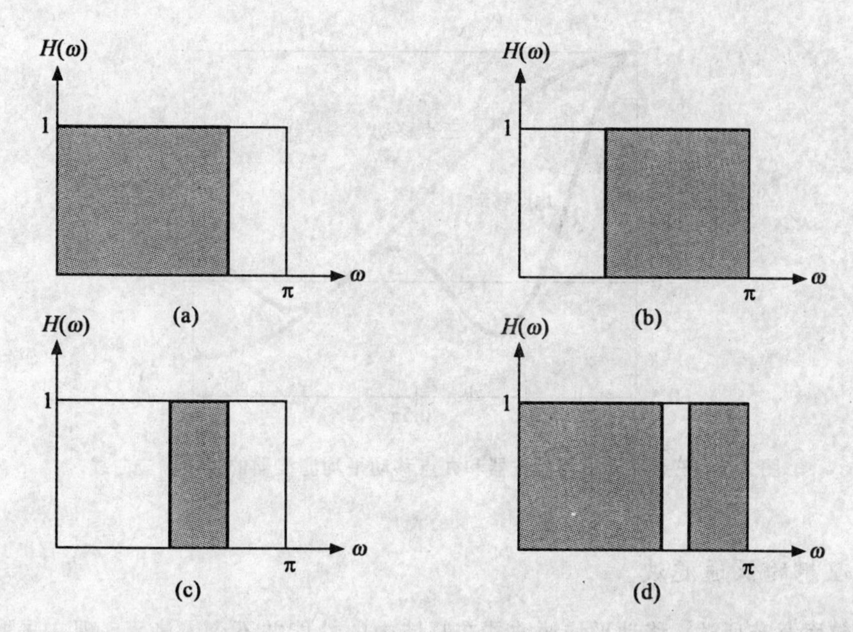

图 2.6　过滤光谱的四个滤波器：(a)低通滤波器；(b)高通滤波器；(c)带通滤波器；(d)带阻滤波器

邻域组成了一个窗口。上述处理，相当于基于最小二乘，利用窗口中所有点拟合了一条直线。

将上述过程用式(2.15)定义的卷积表示，其中脉冲响应 h_k 为：

$$h_k = \frac{1}{2N+1}(1,1,1,\cdots,1) \tag{2.38}$$

现根据式(2.27)确定频率响应 $H(\omega)$ 为：

$$\begin{aligned} H(\omega) &= \frac{1}{2N+1}(e^{-i\omega N},\cdots,e^{0},\cdots,e^{i\omega N}) \\ &= \frac{1}{2N+1}\left(1+2\sum_{k=1}^{N}\cos(k\omega)\right) \end{aligned} \tag{2.39}$$

在空间域中，移动平均滤波器是一个矩形函数，前面讲过它的傅立叶变换是 Sinc 函数。式(2.39)也可以写成如下形式：

$$H(\omega) = \frac{\sin((N+0.5)\omega)}{(2N+1)\sin\left(\frac{\omega}{2}\right)} \tag{2.40}$$

这使得与 Sinc 函数的联系更加明显。

图 2.7 描述了在相同的权重下，三点移动平均滤波器和九点移动平均滤波器的频率响应曲线。从中我们可得到所期望的平滑效果，这时的高频信号被阻隔，低频信号被通过。经过比较可知，九点移动平均滤波器的平滑效果显然更好一些(更大比例的高频信号被阻隔)。从图中还可以看出移动平均滤波器与理想的低通滤波器之间的区别。例如，三点滤波器有一个宽阔的过渡带。另外，两个滤波器的频谱范围中都存在负值。从以上可得，如果我们采用多项式拟合对数据点进行平滑的话，不利的频谱响应不会发生太大的改变。

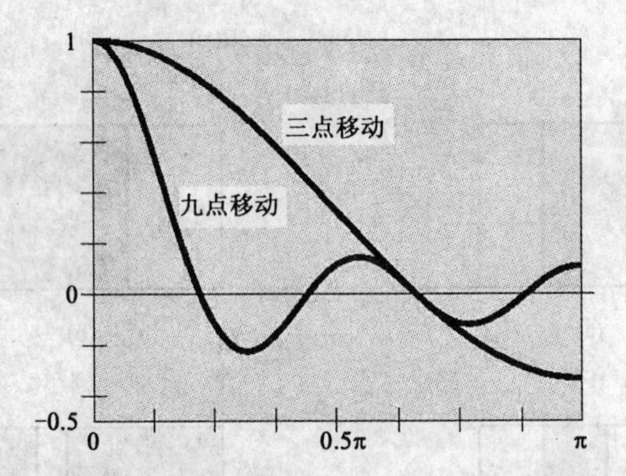

图 2.7　三点移动平均滤波器和九点移动平均滤波器的频率响应曲线

2.4.2　理想的低通滤波

正如前面章节所述，移动平均滤波器在频域中的性能并不令人满意。现在采取一种不同的方法来设计频域中的滤波器。首先来解决一类常见问题——去噪。假设噪声是一种高频信号，那么采用低通滤波器，可以（至少理论上）很容易地将噪声去除。理想的低通滤波器如图 2.6(a)所示，阻隔波段开始于 ω_c，即截除频率，截除频率在频谱中由噪声而不是信号引起的那个频率点上选取得到。显然，这需要对信号有充分的认识。

一个理想的低通滤波器的频率响应可以定义如下：

$$H(\omega) = \begin{cases} 1, & -\omega_c \leqslant \omega \leqslant 0 \\ 0, & \text{否则} \end{cases} \tag{2.41}$$

为了计算空间域中滤波器的系数，这里用低通滤波器的傅立叶变换——矩形函数对信号做卷积运算。矩形函数的傅立叶变换就是 Sinc 函数（图 2.3）。Sinc 函数是无穷长的，我们将其乘上一个矩形函数进行截取，在频谱中该操作得到的是理想低通滤波器与一个 Sinc 函数的卷积，结果使得通过波段和阻隔波段中不再存在急剧的过渡带。另外，滤波器存在由 Sinc 函数的旁瓣引起的一些摆动。当滤波器的空间范围较大时，这些副作用可以得到减少，但是对于一个固定的空间范围，是不可能完全去除该副作用的。因此，一个理想的低通滤波器是实现不了的。

另外，在频域中进行平滑时也存在着同样的问题。例如，频率响应 $H(\omega)$ 是一个连续的周期函数，可以被扩展成一个傅立叶序列。在实际操作中，傅立叶序列必须是有限的，即可以被截断的，在不连续的地方截断引起的误差比较大，称为 Gibbs 现象。理想的低通滤波器在带通和带阻之间有不连续。因此，不管采用什么方法，这个基本问题始终存在。

有一种称为开窗术的数字滤波器方法。在这里，滤波器的系数是根据频谱的边缘效应尽可能小的原则来确定的。这些相当广泛的目标只能在具体应用时按规则去考虑：在一种应用中可以容易地被接受，而在另一种应用却可能是一个问题。

2.5 相关文献

有大量的书籍介绍数字信号处理和相关领域，例如数字滤波、时间序列和傅立叶变换。书中的大部分内容都是针对电子工程师、数学家或者物理学家的，对于非专业人士不太容易理解。一些关于数字图像处理的专著中包含对信号处理的介绍性章节。

J. H. Karl 的《An Introduction to Digital Signal Processing》(Academic 出版社)是一本很值得一读的书。借助该书，读者不需要事先掌握一定的基础知识和复杂的数学技巧，就能大概理解数字信号处理知识。A. Oppenheim 和 R. Schafer 的《Digital Signal Processing》(Prentice－Hall 公司)则对该科目进行了深入的阐述。R. W. Hamming 的《Digital Filters》(Prentice－Hall 公司)对数字滤波进行了精彩、详细的介绍。

第三章　数字图像处理

数字图像处理主要包括图像的获取、传输、处理和表达。图像处理技术可以提高图像的可视化质量便于人们更好地观测，同时处理图示信息便于机器感知。数字图像处理主要分为以下几个方面。

1）图像的获取。主要讨论图像获取的方式。例如，利用数码相机或数字化模拟相片。

2）图像的存储和压缩。主要研究适当的技术来存储需要巨大存储容量的数字化图像。例如，一幅航片，如果像素大小为15μm，那么就需要232MB的存储容量。在生产环境中，高效地实现图像的压缩、存储和检索尤为重要。

3）图像增强和恢复。主要用于提高图像的可视化质量或者重建被破坏了的图像。

4）图像分割。将图像分割成一些有意义的小区域。

5）图像可视化。用于将图像呈现在不同的媒体上，包括监视器、打印机和播放器。

图像处理包括许多方面，并和信号处理、计算机科学、模式识别、人工智能和计算机视觉等学科关系密切。学科之间严格的划分通常情况下是不可能的。

显然，数字图像处理在数字摄影测量中起着重要的作用。人们常常将它在摄影测量中的作用和照相馆相类比，然而，该类比没有充分考虑到图像处理的巨大潜力，它不再局限于传统的照相馆的处理流程。

本章的目的在于阐述在本书中的其他地方没有涉及的相关方面。首先简单介绍图像模型和属性，然后重点介绍图像增强和恢复，最后简述了图像分割。图像获取是第七章的主题，图像存储、压缩和可视化将在数字摄影测量工作站中介绍。边缘检测、特征提取、编组和目标识别（图像处理方面的主题）将在第五章计算机视觉中介绍。

3.1　图像模型

该部分总结了一些用于表示图像的数学模型。一幅图像可以认为是一个连续函数$g(x,y)$，其中x,y是两个空间变量，非独立性变量是灰度值（亮度）。自然景观的图像，比如航片，不能采用一个解析式来表达，因为没有一个近似表达式存在。用计算机处理图像的唯一方法就是寻求一个离散函数。将连续表达式转化为离散表达式的过程叫做数字化。离散函数表示的是数字图像，它是通过对空间变量重采样并量化灰度值（振幅）得到的。根据上一章介绍的采样理论，如果条件允许，比如函数性能良好且具有波段有限性，该连续函数就可以以等间隔采样，这就是图像。例如，若记录的强度（能量）是正的、有限的，图像的尺寸也是有限的。图3.1表示的是同一幅图像在不同采样尺寸下得到的结果。

我们采用以下的矩阵形式来表示一幅数字图像：

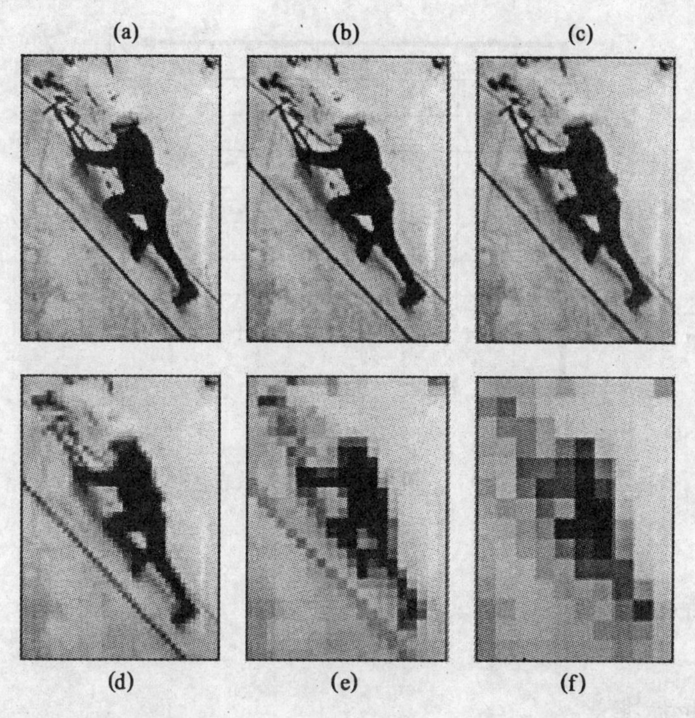

图 3.1　以不同采样间隔表示的图像：(a)448×320，(b)224×160，(c)112×80，(d)56×40，(e)28×20，(f)14×10

$$g(x,y)=\begin{vmatrix} g(0,0) & g(0,1) & \cdots & g(0,C-1) \\ g(1,0) & g(1,1) & \cdots & g(1,C-1) \\ \vdots & & & \vdots \\ g(R-1,0) & g(R-1,1) & \cdots & g(R-1,C-1) \end{vmatrix} \tag{3.1}$$

其中，$x=0,1,\cdots,C-1$；$y=0,1,\cdots,R-1$；R 为矩阵的行数；C 为矩阵的列数；$g(x,y)=\{0,1,\cdots,\max\}$ 为灰度值。

根据式(3.1)，一幅有三个波段的彩色图像可以表示如下：

$$G_c=\{g_1(x,y),\ g_2(x,y),\ g_3(x,y)\} \tag{3.2}$$

如果灰度值的集合中仅由一个值 g_h 组成，那么该图像是均一的。二值图像包括两个灰度值，通常情况下是$\{0,1\}$，但也不一定总是如此。例如，二值图像可以通过将灰度图像分离成包含目标的前景和背景来得到。一幅黑白图像只有一个波段，也就是说只有一个灰度函数 $g(x,y)$。反之，多波段图像有 n 个图像函数 $g_i(x,y)$ $(i=0,1,\cdots,n-1)$。同样地，时间序列图像，比如视频序列，可以用 $g_t(x,y)$ $(t=0,1,\cdots,T_e)$ 来表示。图像序列在移动制图系统中具有重要的作用。图 3.2 是图像的矩阵式离散表达。

非独立变量可能是确定的，也可能是随机的。如果非独立变量是随机的，灰度值的确定就是一个随机过程的结果。随机表达式在解决与图像传输或者压缩相关的问题或统计分析时十分有用。

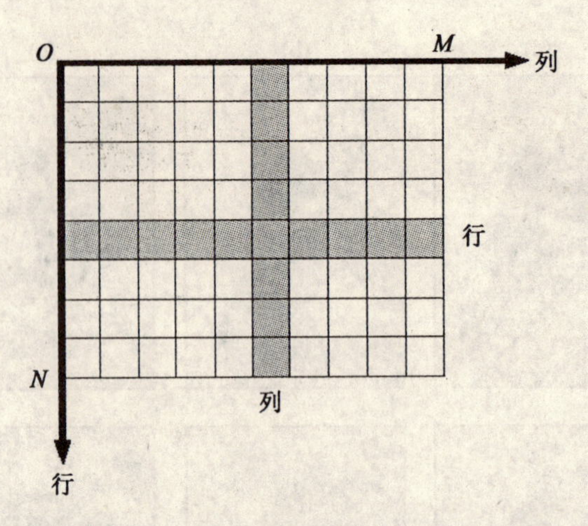

图 3.2 图像的矩阵式离散表达

3.2 图像特征

3.2.1 均值和标准差

一幅图像的灰度均值 g_a 和它的标准差 σ 简单地定义如下:

$$g_a = \frac{1}{R \cdot C}\sum_{x=0}^{R-1}\sum_{y=0}^{C-1} g(x,y) \tag{3.3}$$

$$\sigma^2 = \frac{1}{R \cdot C}\sum_{x=0}^{R-1}\sum_{y=0}^{C-1} (g(x,y) - g_a)^2 \tag{3.4}$$

均值 g_a 反映的是一幅图像的整体亮度，标准差反映的是对比度，标准差的值小就说明该图像均匀，对比度低，也就是说所包含的信息量少。另一个表示信息量的数量是熵。

3.2.2 熵

熵反映的是一组随机变量的随机性。在数字图像中，熵反映的是灰度值的不确定性。假设 $p_i(i=0,1,\cdots,\max)$为一幅数字图像灰度值的概率，那么熵(单位是比特)就可以定义如下:

$$H = -\sum_{i=0}^{\max} p_i \log_2 p_i \tag{3.5}$$

一个二值图像有两个灰度级。假定两个灰度级的概率都是 0.5，熵就是 1。采用熵来表示图像信息量，每个像素仅需要一位，效果良好。对于 256 个灰度级的图像，如果假定所有灰度级的概率都是$\frac{1}{256}$，熵就是 8。

3.2.3 直方图

图像的直方图对图像的许多操作具有很大的作用。假定 $p_i(z)$是图像 $f_i(x,y)$中灰度级

z 的相对频率，$[z_l, \cdots, z_u]$ 是该图像灰度级的范围。如果将灰度级规一化到 $[0,1]$ 之间，那么相应的直方图就表示图像 i 的概率密度函数 $p_i(z)$。为了量化灰度级，可定义如下的累积密度函数：

$$h_i(z) = \sum_{z=l}^{u} p_i(z) \tag{3.6}$$

直方图也可以采用表格的形式表示，但图形表示更便于分析(见图 3.3)。

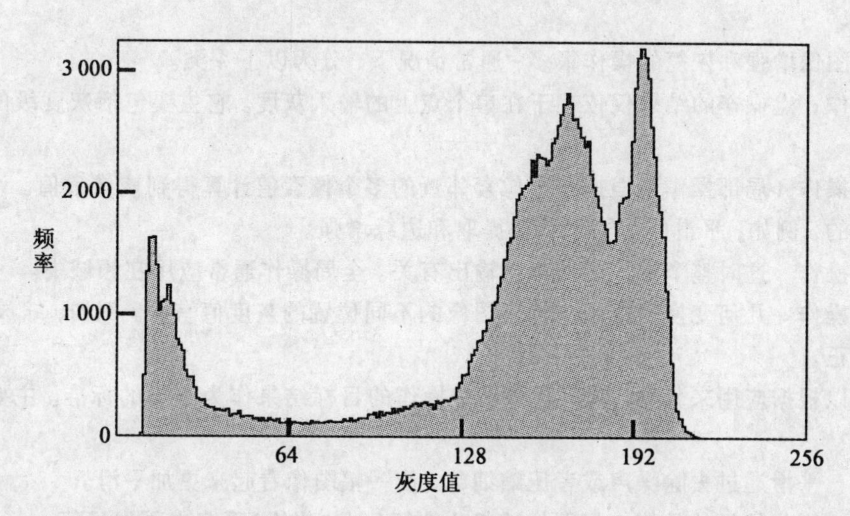

图 3.3　图 3.1(a)影像的直方图。曲线下的区域(阴影区)与总的像素数吻合(448×320)。从灰度 8 到 40 的区域占整个区域的 15%。这部分灰度对应爬山者、雪斧、绳索和一些岩石，它们的颜色都比较深

3.2.4　矩

在摄影测量中，最基本的处理之一就是找出两幅或多幅重叠图像中的同名点。人类通过识别区域(称为图像区，即物方空间中的相同区域)，可以有效地解决该问题。如果图像区有一组随图像区位置变化而剧烈变化的特征属性集合，将有利于该处理的自动化。另外，相对于图像的平移、旋转和缩放，这些属性应保持不变。矩恰恰就满足这些条件。矩 m_{pq} 定义如下：

$$m_{pq} = \int_{-\infty}^{\infty}\int_{-\infty}^{\infty} x^p y^q f(x,y)\,\mathrm{d}x\mathrm{d}y \tag{3.7}$$

其中，$p,q=0,1,2,\cdots$ 表示矩的顺序。当 $f(x,y)$ 分段线性且没有无限零值时，矩序列 m_{pq} 存在。另外，如果逆过程存在，则可以由矩确定 $f(x,y)$。

一幅二值图像的中心矩表示如下：

$$\mu_{pq} = \sum_x \sum_y (x - x_0)^p (y - y_0)^q f(x,y) \tag{3.8}$$

其中，x_0，y_0 是 $f(x,y)$ 的质心，或者叫做一阶矩。

基于中心矩的特征包含影像块的描述信息。实际上，从二阶和三阶矩中可以得到 7 个不变的矩。

3.3 图像增强与恢复

图像增强的目的是提高图像的可视化质量，便于人们更好地观测。该过程主观性比较强，需要人工交互实现。合适的方法和变量的选取都依赖于原始图像的质量及其具体应用。20 世纪 60 年代，图像处理取得了早期的成就，那时源自月球的图像经过处理得到了增强。

用于图像增强和恢复的操作很多，通常情况下，分为以下 4 类。

点操作 点操作的结果仅依赖于在单个点上的输入灰度。它主要包括灰度级的拉伸和阈值化。

局部操作 局部操作是根据一个像素邻近的多个像素值计算得到该像素值。许多操作都是局部的，例如，平滑(平均)，特征提取和边缘增强。

整体操作 这时整个输入图像都与输出有关。全局操作通常应用在频域中。

几何操作 几何变换的结果与输入图像的不同位置的灰度值有关。例如，缩放、旋转、平移和校正。

还可以根据应用来分类，这里是将一个操作的目标结果作为分类的标准。主要分为以下 3 大类：

平滑 平滑通过去除噪声或者压缩细节，使一幅图像看起来更加平滑。

锐化 锐化的目的是使一幅图像的某些特征(例如边缘)看起来更加显著。

校正 校正的目的是改正图像上的错误。例如，去除灰度级中的错误。

操作执行的空间(频率域或空间域)提供了第三种分类的依据。前面的章节讲述了在频域和原始域(比如空间域)中的信号表达和一些操作的作用。对两个域中的操作进行分析，益处显而易见。因此，转换操作是图像处理中不可缺少的工具。图 3.4 表示了频率域或空间域两种表达方式之间的对偶性。在空间域中，一幅图像 $f(x,y)$ 与单位采样响应 $h(x,y)$ 做卷积；在频域中就相当于该图像的频率表达式 $F(\mu,v)$ 与转换函数 $H(\mu,v)$ 相乘；其中单位采样响应和转换函数通过傅立叶变换及其逆变换联系在一起。

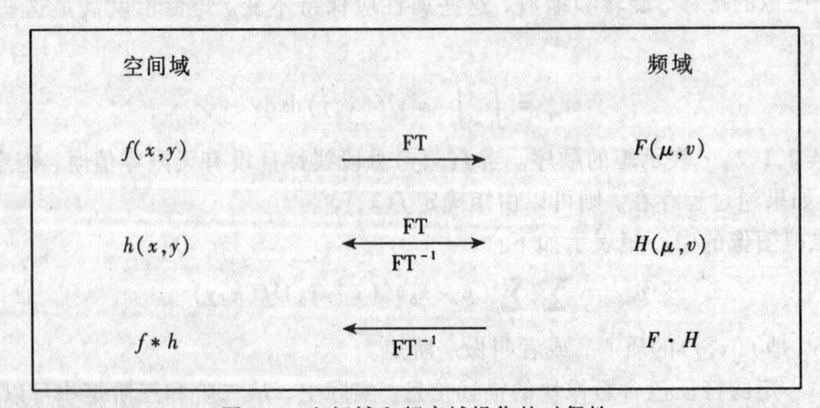

图 3.4 空间域和频率域操作的对偶性

傅立叶变换在两个域之间建立了联系。上一章中的公式，对于图像而言，就需要扩展为二维离散函数。

图像$f(x,y)$与单位采样响应$h(i,j)$的卷积如下式：

$$f(x,y)*h(i,j)=\sum_{i=0}^{M-1}\sum_{j=0}^{N-1}f(x-i,y-j)h(i,j) \tag{3.9}$$

离散傅立叶变换的公式如下：

$$F(\mu,v)=\frac{1}{M\cdot N}\sum_{x=0}^{M-1}\sum_{y=0}^{N-1}f(x,y)\mathrm{e}^{-\mathrm{i}\cdot 2\pi(\mu x/M+vy/N)}$$
$$f(x,y)=\sum_{x=0}^{M-1}\sum_{y=0}^{N-1}F(\mu,v)\mathrm{e}^{\mathrm{i}\cdot 2\pi(\mu x/M+vy/N)} \tag{3.10}$$

式(3.10)中傅立叶变换将空间域转换为频域，逆变换将频域转换为空间域。

以下部分介绍图像增强和恢复的技术，包括点操作、平滑、锐化和校正。这些操作在空间域或在频率域(如果适合)执行。

3.3.1 直方图修正

将图像$g_1(x,y)$经过T变换得到$g_2(x,y)$，如下式所示：

$$g_2(x,y)=T[g_1(x,y)] \tag{3.11}$$

如果想保存灰度的顺序，例如，从黑到白，函数T就必须是单调的。另外，一个合理的约束是，函数T的逆变换必须存在。

3.3.1.1 对比度拉伸

在对比度拉伸中，对灰度进行调整，以扩大灰度值的取值范围。例如，一个线性的拉伸如下式所示：

$$g_2(x,y)=(g_1(x,y)+t_1)t_2 \tag{3.12}$$

我们可以选取合适的变换参数t_1和t_2，使g_2的灰度级取值区间为$<g_2^{\min},g_2^{\max}>$。假定在图像g_1中，最小灰度值为$g_1^{\min}$，最大灰度值为$g_1^{\max}$(可从直方图中得到)。就可以得到如下所示的变换系数：

$$t_1=g_2^{\min}-g_1^{\min} \tag{3.13}$$

$$t_2=\frac{g_2^{\max}-g_2^{\min}}{g_1^{\max}-g_1^{\min}} \tag{3.14}$$

【例3.1】

假定原始图像的最小灰度值是89，最大灰度值是176。欲将图像的灰度值拉伸到区间[0,255](8位图像的最大灰度区间)上。则有：

$$t_1=0-89=-89$$

$$t_2=\frac{256}{87}\approx 2.94$$

例如，原始图像中灰度值100，经过拉伸后得32。

拉伸函数也可以不是线性的。有时候，对数拉伸更适于人的视觉系统。人的视觉系统是根据对数刻度来感知亮度差异的。

3.3.1.2 直方图均衡

直方图均衡的基本思想是把灰度值为g_1的原始图像变为均匀分布的g_2，如图3.5

所示。

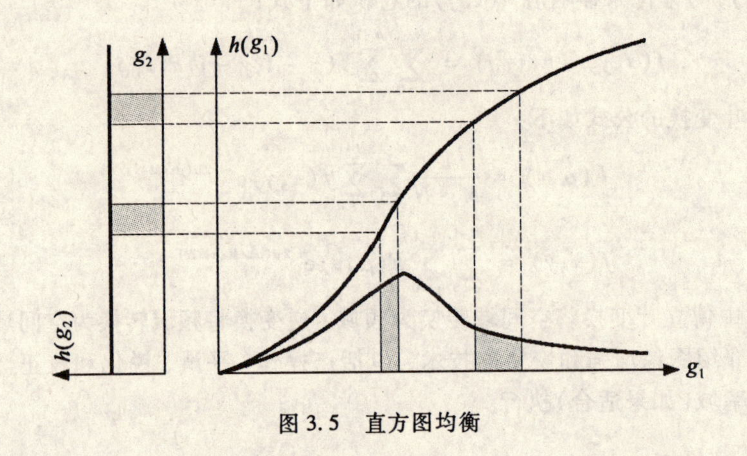

图 3.5　直方图均衡

假定某时刻灰度分布是连续的。图 3.5 表示的是 g_1 正常位置的直方图。图形左半边是 g_2 的直方图，这里的直方图旋转了 90°。现寻求一个转换函数 $h(g_2)=\frac{R\cdot C}{n}$，其中 R、C 分别是行数和列数，n 是灰度级的数目。将直方图曲线下面的区域等分成$\frac{n}{R\cdot C}$个部分，直方图均衡化的条件为：

$$h(g_2)=\frac{n}{R\cdot C}\int_0^{g_2}h(r)\,\mathrm{d}r \tag{3.15}$$

其中，r 是虚拟的积分变量；积分函数是累计分布函数。一个可以得到均衡化直方图的转换函数就是累计分布函数。

对于数字图像，其灰度值是离散的。累积分布函数的离散形式可以通过将所有的灰度值累加得到(见式(3.6)和图 3.3)。

图 3.6 表现了直方图均衡化的效果，原始图像 3.6(a)反差比较小，从它的直方图中也可以看出来，均衡化后的直方图(d)形成了一幅有很大改进的新的图像(如图 3.6(b))。

3.3.2　平滑

平滑的目的主要有以下两个。

(1)去除或者减少噪声。如果一幅图像中的噪声是高频信号，采用低通滤波器就可以减少噪声。

(2)降低分辨率。例如，假设一幅航空像片有 10^9 个像素，为了视觉需要，不需要全分辨率。由于在较低的精度下，自动浏览会取得更好的效果，所以在浏览时不需要最大的精度。按照预设的步骤降低分辨率就可以生成影像金字塔。

3.3.2.1　平均

在上一章中，我们已经介绍过移动平均滤波器。在图像处理中，通常称为邻域平均。由于该算子是线性的，具有偏移不变性，因此在空间域中一般通过卷积来实现。将上一章中的概念拓展到二维空间，式(2.38)中一维脉冲响应 h 则对应于：

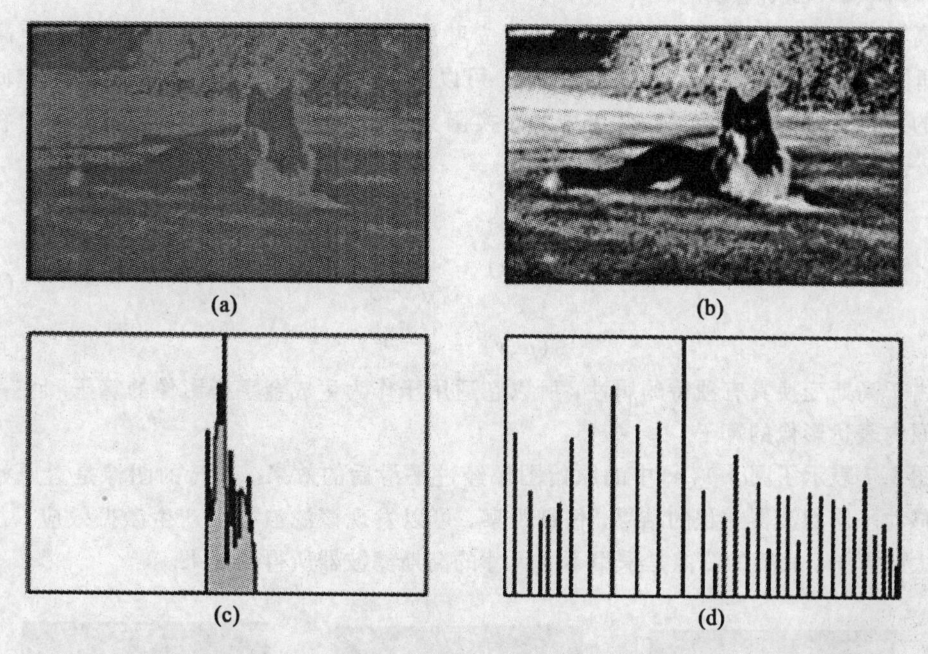

图 3.6　直方图均衡的实例：(a)为原始图像反差小；(c)为原始影像的直方图，反差也很小；(d)是均衡后的直方图；(b)是经过直方图均衡新生成的图像，可以看出有很大的改进

$$h=\frac{1}{(2N+1)(2M+1)}\begin{vmatrix}1 & 1 & \cdots & 1\\ 1 & 1 & \cdots & 1\\ \vdots & & & \vdots\\ 1 & 1 & \cdots & 1\end{vmatrix} \tag{3.16}$$

该二维脉冲(单位采样)响应有时称为窗口或掩膜，窗口中的数字就是滤波器的系数。

平滑图像可以通过将原始图像与式(3.16)中定义的平均算子做卷积运算得到。具体操作如下式所示：

$$g_s(x,y)=\sum_{i=-N}^{N}\sum_{j=-M}^{M}g_0(x-i,y-j)\cdot h(i,j) \tag{3.17}$$

其中，$(2N+1)\times(2M+1)$表示窗口大小，一般情况下，窗口是正方形的，即 $N=M$。邻域平均简单易行、运用广泛、效果显著。然而，正如在 2.4 节中说明的，由于平均算子的傅立叶变换 Sinc 函数有一个相对较宽的过渡波段，并在频率轴左右振荡(如图 2.7)，导致在频域中得到的结果不太好。

为了减少这种负面效应，有时要更改滤波器的系数。例如，将第一行、列和最后一行、列的数据都以 0.5 代替，式(3.16)就变成如下形式：

$$h=\frac{1}{(2N+1)(2M+1)}\begin{vmatrix}0.5 & 0.5 & \cdots & 0.5 & 0.5\\ 0.5 & 1 & \cdots & 1 & 0.5\\ \vdots & & & & \vdots\\ 0.5 & 1 & \cdots & 1 & 0.5\\ 0.5 & 0.5 & \cdots & 0.5 & 0.5\end{vmatrix} \tag{3.18}$$

3.3.2.2　高斯滤波器

高斯函数有一个独特的属性，它的傅立叶变换不改变函数的形式，也是一个高斯函数，即保持高斯函数的形状。根据该属性，可以减少滤波过程中的一个基本问题：空间域中有限的窗口经过高斯变换得到频域中的转换函数是无穷的，反之亦然。脉冲是一个极端的例子——它的傅立叶变换是个常量。

二维高斯变换定义如下：

$$g(x,y) = \frac{1}{\sqrt{2\pi\sigma}}e^{-\frac{x^2+y^2}{2\sigma^2}} \tag{3.19}$$

$$G(\mu,v) = e^{-\frac{\mu^2+v^2}{2\sigma^2}}$$

由于高斯变换具有独特的属性，所以它适用于作为生成金字塔影像的算子和在一定尺度空间内表达影像的算子。

图3.7表示了图3.1(a)中的原始图像经过平滑后的效果。顶行的图像是对原始图像进行移动平均滤波器卷积的结果，仔细观察，可以发现该滤波器会产生激振效应，尤其对于较大的算子。底行的图像是采用不同尺寸的高斯滤波器所得的结果。

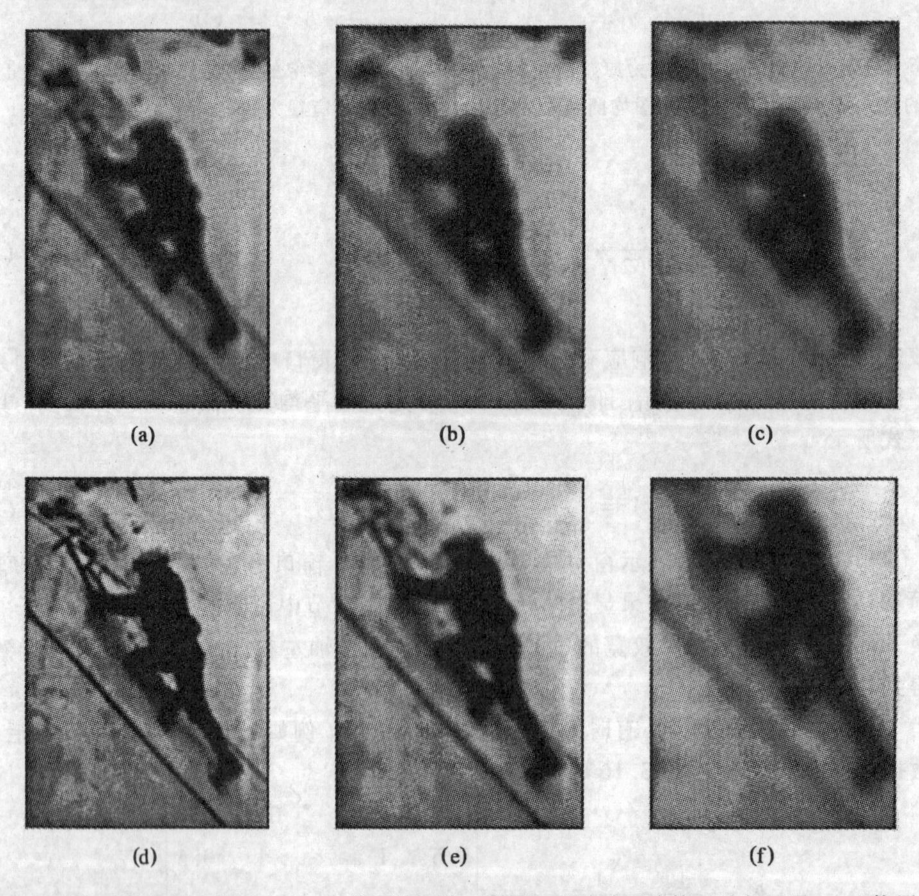

图3.7　图像平滑实例：对图3.1(a)中的原始图像，利用一个移动平均算子进行平滑。(a)使用的窗口大小是15像素×15像素，(b)是25像素×25像素，(c)是35像素×35像素。底行的图像是采用标准差逐渐递增的高斯算子平滑得到的结果。在(d)中，$\sigma=2$；(e)中，$\sigma=4$；(f)中，$\sigma=8$

3.3.3 锐化算子

锐化滤波器的目的是增强图像中的细节部分(高频部分)。一个典型的例子就是边缘的增强。锐化可以在空间域进行，也可以在频域进行。

3.3.4 差分算子

差分算子用于检测小区域中灰度值的变化，该方法类似于连续函数的微分，它利用离散图像函数的差分来代替连续函数的微分。一阶导数用下式近似：

$$
\begin{aligned}
\frac{\Delta f(x,y)}{\Delta x} &= \frac{f(x+1,y)-f(x,y)}{(x+1)-x} = f(x+1,y)-f(x,y) \\
\frac{\Delta f(x,y)}{\Delta y} &= \frac{f(x,y+1)-f(x,y)}{(y+1)-y} = f(x,y+1)-f(x,y)
\end{aligned} \tag{3.20}
$$

由此就引出了图像梯度的概念。

3.3.4.1 图像梯度

一个连续函数$f(x,y)$的梯度是一个向量，它的模表示了在向量方向上单位距离的变化率。梯度以及它的模表示为：

$$
\mathrm{grad}[f(x,y)] = \left[\frac{\partial f}{\partial x}, \frac{\partial f}{\partial y}\right]^{\mathrm{T}}
$$

$$
|\mathrm{grad}[f(x,y)]| = \left[\left(\frac{\partial f}{\partial x}\right)^2 + \left(\frac{\partial f}{\partial y}\right)^2\right]^{\frac{1}{2}}
$$

以式(3.20)中的差分代替微分得到图像的梯度如下：

$$
|\mathrm{grad}[f(x,y)]| = [(f(x+1,y)-f(x,y))^2 + (f(x,y+1)-f(x,y))^2]^{\frac{1}{2}} \tag{3.21}
$$

有时候，可以进一步近似为：

$$
|\mathrm{grad}[f(x,y)]| \cong |f(x+1,y)-f(x,y)| + |f(x,y+1)-f(x,y)| \tag{3.22}
$$

图像的梯度(简称梯度)是个标量——梯度向量的模。

由上述讨论可以得知，梯度算子窗口定义为：

$$
G_x = \begin{pmatrix} 0 & -1 & 0 \\ 0 & 1 & 0 \\ 0 & 0 & 0 \end{pmatrix}, \quad G_y = \begin{pmatrix} 0 & 0 & 0 \\ -1 & 1 & 0 \\ 0 & 0 & 0 \end{pmatrix} \tag{3.23}
$$

该算法取的是直接相邻的两个灰度值的差，易于受噪声的影响。为了克服这个缺点，又出现了许多不同的算子，以下介绍两种比较常用的算子。

1) Sobel 算子。它采用上下、左右相邻像素点灰度的差，另外，对于直接相邻的像素赋予较大的权值，因此适用于噪声图像。

$$
S_x = \begin{pmatrix} -1 & -2 & -1 \\ 0 & 0 & 0 \\ 1 & 2 & 1 \end{pmatrix}, \quad S_y = \begin{pmatrix} -1 & 0 & 1 \\ -2 & 0 & 2 \\ -1 & 0 & 1 \end{pmatrix} \tag{3.24}
$$

2) Roberts 算子。它采用不同的方式近似表示导数(或者梯度)。这时，梯度由对角线上的差分近似：

$$\text{grad}[f(x,y)] = [(f(x+1,y+1) - f(x,y))^2 + (f(x,y+1) - f(x+1,y))^2]^{\frac{1}{2}} \tag{3.25}$$

3.3.4.2 梯度图像表示

有很多方法表示梯度算子的结果。通过将梯度作为中心像素的新的灰度值就可以得到一幅梯度图像。平滑区域的梯度值较小。由于在自然景观中平滑的区域所占比例较大，因此梯度图像看起来大多较暗。表示梯度图像的一种更好的方法是设定一个阈值，当大于阈值时表示为梯度，小于阈值时仍保持原始图像不变。该阈值操作用公式表示如下：

$$g(x,y) = \begin{cases} \text{grad}[f(x,y)], & \text{如果 grad} \geq T \\ f(x,y), & \text{否则} \end{cases} \tag{3.26}$$

其中，$f(x,y)$表示原始图像；$\text{grad}[f(x,y)]$表示梯度操作；$g(x,y)$表示梯度图像。

图3.8描述了Sobel算子的结果。图3.8(a)中的原始图像与式(3.24)中的两个掩膜做卷积，得到的梯度图像如图3.8(c)和图3.8(d)所示。可以看出，在自然图像中，梯度并没有发生太大的改变。梯度图像(图3.8(d))的直方图(图3.8 (b))表明，梯度图像变灰了，没有太大的反差。将梯度图像二值化并将其结果叠加在原始图像上会得到更好的结果。通过直方图分析，在梯度图像中将所有小于80的灰度值都设为0；另一方面，将所有大于180的灰度值都设为255。然后将结果图像叠加到原始图像上，结果如图3.8(e)和图3.8(f)所示，分别与图3.8 (c)和图3.8 (d)进行比较，可以看出可视化效果得到了提高。

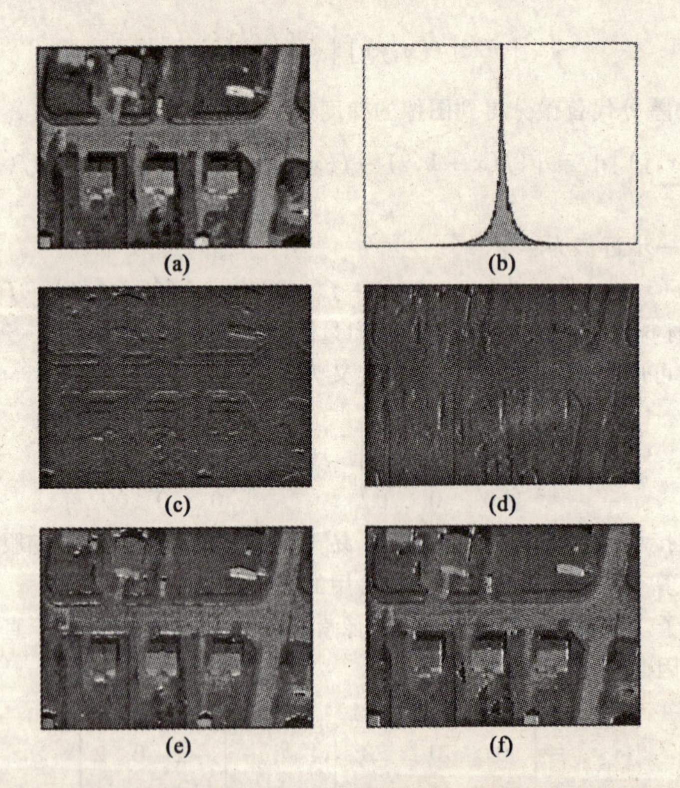

图3.8　原始图像与Sobel算子卷积的结果。(a)表示原始图像，(c)和(d)分别为原始图像与水平和垂直Sobel卷积核做卷积的结果。直方图(b)表示Sobel图像的灰度值都集中在中间。将位于直方图两端的灰度值设为0和255，并与原始图像叠加，得到的结果图像如(e)和(f)所示

3.3.4.3 Laplace 算子

以上所介绍的微分算子都是一阶差分算子，它们都具有方向依赖性，为了检测所有方向上的不连续点，需要采用不同的卷积核。例如，梯度算子有两个卷积核，分别用于检测行向和列向的不连续。在某些特定的应用中，需要一种独立于方向的算子，Laplace 算子就具有这种属性。对于连续函数 $f(x,y)$，Laplace 算子定义如下：

$$\nabla^2 = \frac{\partial^2 f(x,y)}{\partial x^2} + \frac{\partial^2 f(x,y)}{\partial y^2} \tag{3.27}$$

通过取行向和列向的二阶差分可得到它的离散形式。

$$\begin{aligned}\nabla_x^2 &= [f(x+1,y) - f(x,y)] - [f(x,y) - f(x-1,y)] \\ &= f(x+1,y) - 2f(x,y) + f(x-1,y)\end{aligned} \tag{3.28}$$

$$\begin{aligned}\nabla_y^2 &= [f(x,y+1) - f(x,y)] - [f(x,y) - f(x,y-1)] \\ &= f(x,y+1) - 2f(x,y) + f(x,y-1)\end{aligned} \tag{3.29}$$

将上述两个式子叠加在一起可得 Laplace 卷积核：

$$\boldsymbol{L} = \begin{vmatrix} 0 & 1 & 0 \\ 1 & -4 & 1 \\ 0 & 1 & 0 \end{vmatrix} \tag{3.30}$$

由于 Laplace 算子是二阶差分算子，所以与梯度算子相比，它更易于受噪声的影响。有时，将 Laplace 算子做如下修改：

$$\boldsymbol{L} = \begin{vmatrix} 1 & 1 & 1 \\ 1 & -8 & 1 \\ 1 & 1 & 1 \end{vmatrix} \tag{3.31}$$

利用 Laplace 算子对一幅图像做卷积，显示卷积结果的一种方法就是将其从原始图像中减去。假定 $\boldsymbol{I}_0$ 是原始图像，$\boldsymbol{I}_c$ 是做卷积后的图像，$\boldsymbol{I}_r$ 表示结果图像。将 $\boldsymbol{I}_c = \boldsymbol{I}_0 * \boldsymbol{L}$ 和 $\boldsymbol{I}_r = \boldsymbol{I}_0 - \boldsymbol{I}_c$ 两步操作结合起来得：$\boldsymbol{I}_r = \boldsymbol{I}_0 * (\boldsymbol{Z} - \boldsymbol{L})$，其中，$\boldsymbol{Z}$ 表示一个保持原始图像不变的算子，新的卷积核 $\boldsymbol{S} = \boldsymbol{Z} - \boldsymbol{L}$ 叫做锐化算子，表示为：

$$\boldsymbol{S} = \begin{vmatrix} 0 & 0 & 0 \\ 0 & 1 & 0 \\ 0 & 0 & 0 \end{vmatrix} - \begin{vmatrix} 1 & 1 & 1 \\ 1 & -8 & 1 \\ 1 & 1 & 1 \end{vmatrix} = \begin{vmatrix} -1 & -1 & -1 \\ -1 & 9 & -1 \\ -1 & -1 & -1 \end{vmatrix} \tag{3.32}$$

3.3.5 图像校正

图像校正的目的是去除图像中的错误，包括灰度值与相邻的、一组内的或者沿一条直线上的像素差别迥异的单个像素。这些图像错误主要是由于相机和扫描仪操作不当引起的。常常用中值滤波器和频域滤波器剔除图像错误。

3.3.5.1 中值滤波器

与以上所介绍的算子不同，中值滤波是非线性的，它根据亮度值对一个邻域中的像素排序，然后用其中值作为窗口中心像素的灰度值，其原理如图 3.9 所示。

正如图 3.9 所描述的，中值滤波十分适于滤除错误的点——错误的或丢失的像素，这种现象很常见，例如，数码相机或者扫描系统的单个接收器可能有缺陷。

输入图像

11	8	14	24	14	24
13	11	15	7	15	25
21	4	11	21	10	21
18	12	17	19	99	27
9	11	19	13	29	14
17	14	12	22	12	22

排序

7	10	11	15	15	17	19	21	99

中值

输出图像

11	8	14	24	14	24
13	11	15	7	15	25
21	4	11	15	10	21
18	12	17	19	99	27
9	11	19	13	29	14
17	14	12	22	12	22

图 3.9　中值滤波的实例

3.3.5.2　滤除错误的像素

中值滤波在滤除错误点的同时对图像进行了平滑。如果不希望图像得到平滑，那么以下的方法更适于滤除单个错误点。

将一个像素值与其八个邻域方向上像素值的平均值相比较，如果两者差值大于一定的阈值，就认为该像素值是错误的，并用相应的平均值代替该像素值。将式(3.16)表示的平均卷积核中位于中心的值改变，得到的新的卷积核：

$$h = \frac{1}{8}\begin{bmatrix} 1 & 1 & 1 \\ 1 & 0 & 1 \\ 1 & 1 & 1 \end{bmatrix} \tag{3.33}$$

如果一个像素值满足 $|h*f-f|>T$，就认为该像素值是错误的。其中，f 表示图像函数，T 是设定的一个阈值。

3.3.5.3　滤除错误的行和列

数字图像一般通过相机或扫描仪获取。这些装置偶尔会出现故障，从而导致整行或整列像素出现错误。一种检测错误的行和列的方法就是将其与相邻的行和列做比较。检测错误基于以下假设：邻近的行和列灰度值具有相似的分布，该假设在自然场景中通常是正确的。灰度值的相似性的测量可以通过相关性实现。

行 i 和 $i+1$ 之间的协方差 $r(i,i+1)$ 定义如下：

$$r(i,i+1) = \frac{1}{C}\sum_{j=0}^{C-1}[f(i,j)-f_a(i)][f(i+1,j)-f_a(i+1)] \tag{3.34}$$

其中，C 表示列数；$f_a(i)$ 和 $f_a(i+1)$ 分别表示行 i 和 $i+1$ 的平均灰度值。

将协方差规一化可得到相关系数：

$$\rho(i,i+1) = \frac{r(i,i+1)}{[r(i,i)\cdot r(i+1,i+1)]^{\frac{1}{2}}} \tag{3.35}$$

如果某行的相关系数 $\rho(i,i+1)$ 比较小，那么两行中极有可能有一行是错误的。在所有的行对 $i,i+1(i=0,1,\cdots,C-2)$ 都进行以上操作，通过分析相关系数，可以选取一个合适的阈值，图 3.10 描述了该操作的流程。测试图像(图 3.10(a))有两个错误的行，其中一行灰度值接近 255，另一行灰度值非常小。根据上述流程，所有相邻的行都是相关的。图 3.10(c)描述了其相关系数，其中只有那两个错误的行的相关系数是 0。通过分析相关系数可以滤除错误的扫描行，然后将相邻像素取平均对其进行改正。

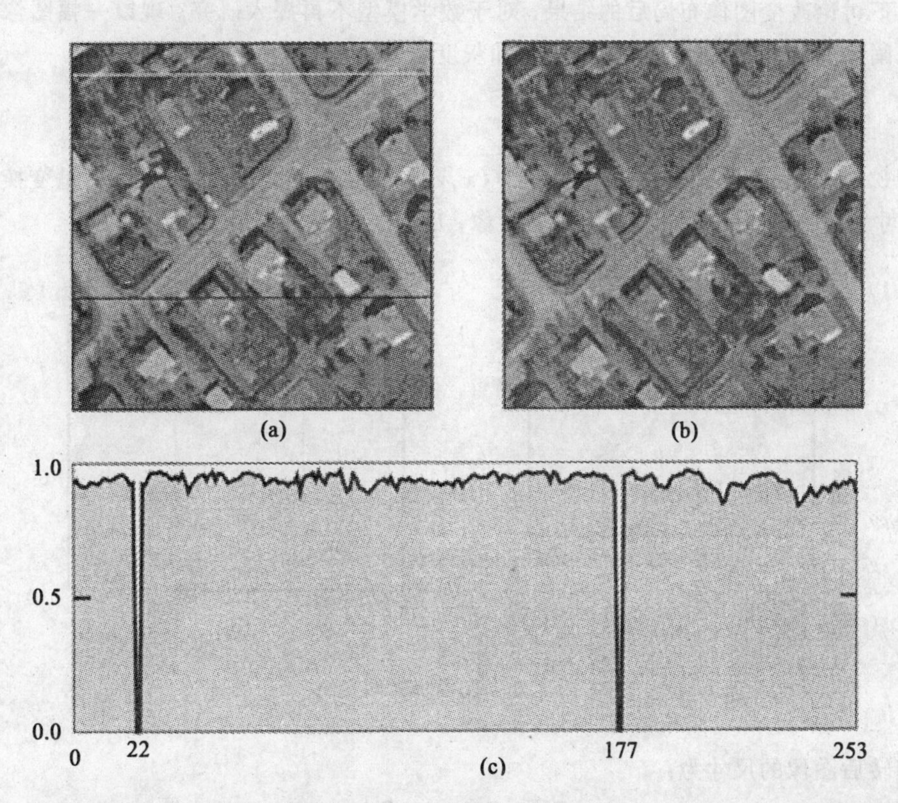

图 3.10 (a)表示具有两个错误行的图像。通过计算相邻行的相关性可以检测这两个错误行。(c)表示254个行对的相关系数，从中可知，错误的行与直接相邻的行不相关。通过采用与该行直接相邻的两行的平均值代替错误行，得到的正确图像如(b)所示，从中可以看出相邻行之间表现出强相关性

3.4 几何变换

与以上讨论的操作不同，几何变换改变了图像的布局，经过处理后的图像尺寸或者形状发生了变化。在数字摄影测量中几何变换十分常见，下面列举几个例子。

1)内定向将对影像坐标系进行变换，使之与像平面坐标系平行，且具有相同的比例尺。

2)相对定向或绝对定向将航空影像坐标对转换成它们的核线影像坐标(见第十二章)。在这里，行就是核线，同名点位于同一行。

3)图像纠正是摄影测量中一个重要的处理过程，它包括从简单的面纠正到较复杂的操作如数字正射影像生成等。

4)透视法是显示具有阴影和色彩的各表面透视图的一种通用的方法。

5)图像配准，也称之为橡胶板变换，它是根据一系列控制点集进行的图像的多项式变换。该处理主要在卫星图像和地图之间进行。

构建两幅图像或一幅图像与其目标空间之间的关系的数学模型很多，以下是变换的通式：

$$\boldsymbol{X}' = \boldsymbol{S} \cdot \boldsymbol{R} \cdot \boldsymbol{X} + \boldsymbol{t} \tag{3.36}$$

其中，$\boldsymbol{X}$ 表示输入图像的点向量；$\boldsymbol{X}'$表示在变换后的图像中相应的点向量；$\boldsymbol{S}$ 是一个缩放

矩阵；**R** 是一个旋转矩阵(也可以不是正交矩阵)；**t** 表示平移向量。

以下讨论改变图像布局后的结果，对于数学模型不再深入研究。现以一幅图像的旋转为例来阐述如何确定变换后图像的尺寸和灰度值。

3.4.1 变换后图像的大小

图 3.11 表示了尺寸为 $R \times C$ 的图像 $f(x,y)$ 旋转后的效果，假设 $f'(x,y)$ 是变换后的图像，尺寸为 $R' \times C'$。图 3.11(a)为原始图像，旋转 α 角后的结果见图 3.11(b)。

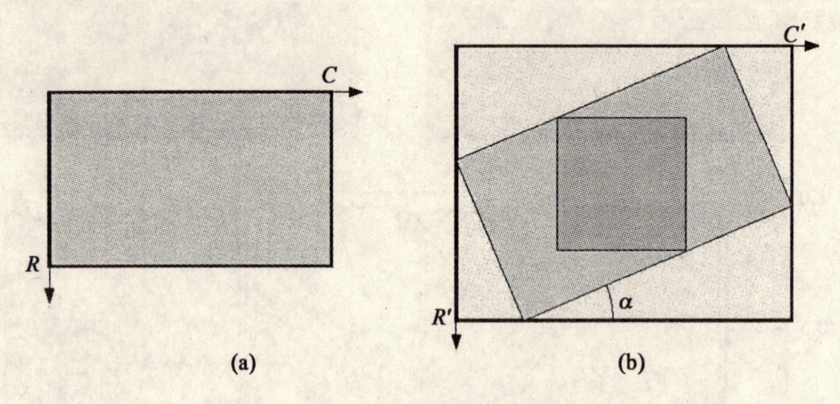

图 3.11 图像旋转的实例

旋转后图像的尺寸为：

$$R' = R\cos\alpha + C\sin\alpha \tag{3.37}$$

$$C' = C\cos\alpha + R\sin\alpha \tag{3.38}$$

由于旋转后的图像某些区域没有信息，我们可以从中截取一个完全被原始图像覆盖的正方形区域，如图 3.11(b)所示。

由于旋转后的图像尺寸变大，为了表示整个旋转图像，就需要扩大像素的大小或者采用更多的像素。

3.4.2 重采样

许多几何变换后，像素与原始图像不再吻合，图 3.12 表示了变换图像与原始图像叠加的结果，其中假定像素的左上角为原点。如何确定变换后像素的灰度值呢？这可以通过直接使用原始图像像素值或根据邻近像素插值得到。第一种方法相当于将变换后像素的真实值截取为整数(图 3.12(a))，或者四舍五入(图 3.12(b))。后者又被称为最邻近像元重采样法，这类方法的优点是原始图像的灰度值被保存了下来，但几何变换后的图像发生了变形——像素位置发生了移动。

第二种对变换图像灰度的赋值是基于插值的，根据原始图像中邻近的像素值进行插值的方法有多种。

图 3.13(a)表示双线性插值的概念，它沿着行和列的方向进行线性插值，先计算出位置 R_1 和 R_2 处的灰度值，作为中介值，然后再对这两个中介值进行插值。假定 x、y 分别是变换后的行和列的小数部分，则双线性插值如下：

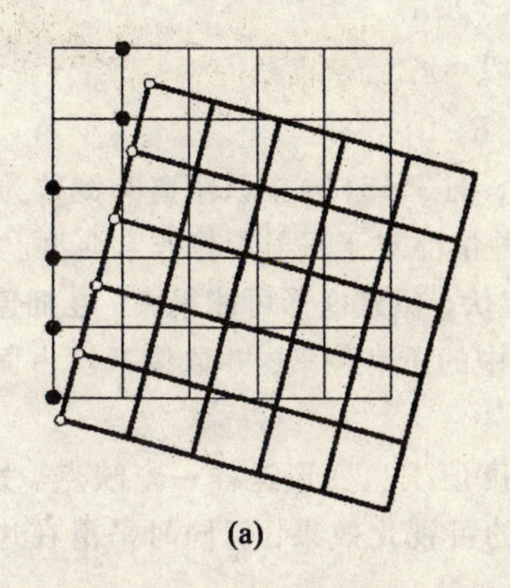

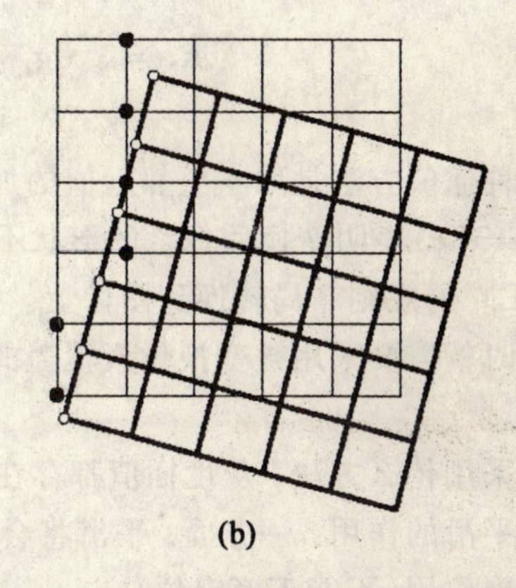

图 3.12 原始影像的重分布。叠加在上的是转换影像的分布。通过逆变换可以得到格网的原始位置。图(a)中，通过截取表示位置的实数的整数部分来把原始影像的灰度赋给变换后的影像。图(b)中，表示位置的实数被四舍五入来确定最近的整数。这两种方法都保留了原始灰度，但由于对变换后的像素位置取整和四舍五入，引入了几何变形

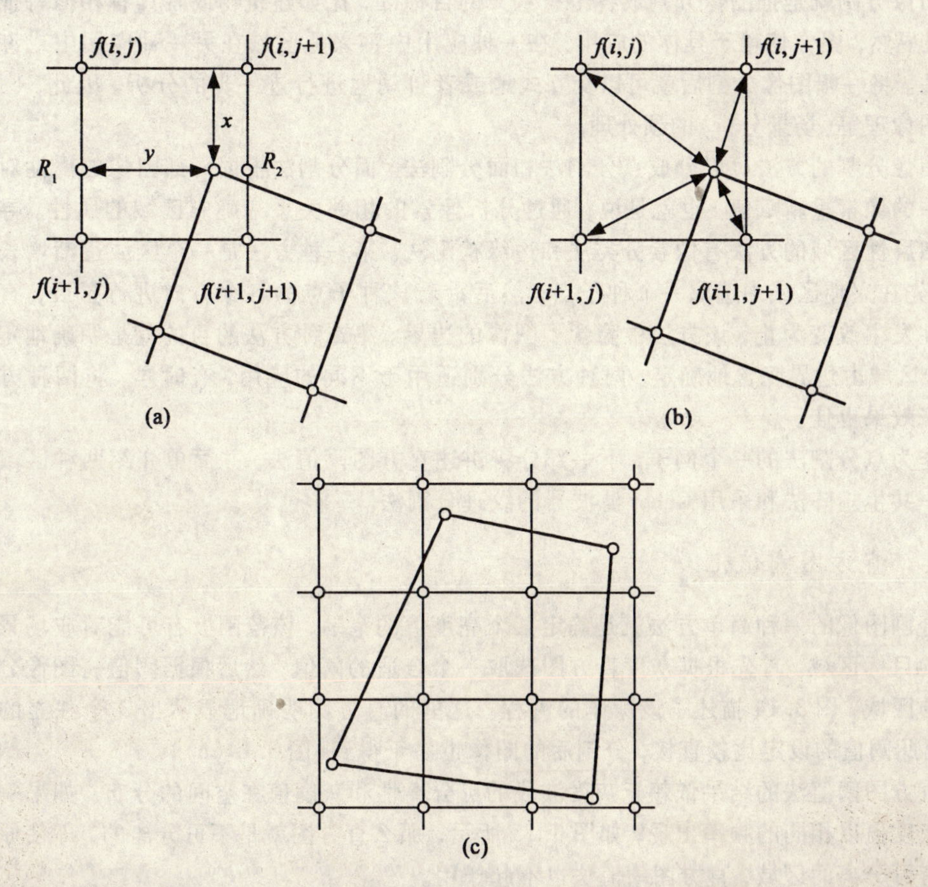

图 3.13 插值法重采样。(a)表示线性插值；(b)中取以距离的倒数为权重的加权平均值；(c)中取以像素所占面积的比例为权重的加权平均值

$$
\begin{aligned}
R_1 &= x \cdot g_{i,j} + (1-x) \cdot g_{i+1,j} \\
R_2 &= x \cdot g_{i,j+1} + (1-x) \cdot g_{i+1,j+1} \\
P &= y \cdot R_1 + (1-y) \cdot R_2
\end{aligned}
\tag{3.39}
$$

另一种插值方法是取 4 个邻近值的加权平均值，图 3.13(b)中以距离的倒数为权重。

图 3.13(c)表明变换后像素的形状不规则，这种情况对于正射影像非常典型。在这里，通常将 DEM 的规则布局转换到图像上。由于地形起伏，像素变形可能很大，在插值计算一个灰度值时就需要采用被变换像素覆盖的图像区域中的所有像素，并取像素所占面积的比例为权重。

不管采用什么方法，灰度插值都存在着原始灰度值发生变形这样一个缺点。另外，插值法具有平滑的作用，一方面，平滑将会提高图像的可视化效果；但同时平滑在边缘检测中会产生副作用(不能正确定位)。

3.5 图像分割

图像分割就是把图像分割成各个有意义的目标区，比如建筑物或者具有相似特征的区域。很显然，图像依赖于具体的应用，在一种应用中感兴趣区域在另一种应用中或许完全不相关。将一幅图像分割后就可以交互式地或者自动地进行进一步的分析。因此，图像分割是图像理解(场景分析)的预处理。

图像分割的方法可以分成点分割法和面分割法。面分割法根据局部图像的属性对特定区域中的像素重新赋值，也就是说，通过分析像素的相邻关系来确定区域的属性。寻找具有相似属性区域的方法有像素分类法和边缘检测法。第一种方法是一个区域逐渐增长的过程：首先在兴趣区域中选取一个种子点，然后沿着该种子点的各个方向进行扩展，直到图像属性发生改变为止，该方法中隐含了图像的边界。第二种方法的目的就是明确地定位边界，则区域由边界隐含地确定。两种方法分别适用于不同的应用，有时候，将两种方法结合起来效果更佳。

作为点分割法的一个例子，下一部分将讲述直方图阈值法，并简单介绍两种区域分割法——共生矩阵法和采用 Gabor 滤波器的纹理分割法。

3.5.1 直方图阈值化

分割图像的一种简单方法就是确定某个亮度值的范围，该范围极有可能对应场景中有意义的目标区域。首先根据灰度直方图选取一个合适的阈值，然后根据阈值将图像分割成不同的区域，图 3.14 描述了该操作的流程。这里的直方图明确地显示出 3 个独立的灰度带，因此阈值的设定比较直接，分割后的图像也易于得到(图 3.14(c))。

直方图阈值法的结果依赖于灰度波段的可分离性和灰度值在空间的分布。如果一幅图像的灰度值以相同的频率出现，如图 3.15 所示，那么直方图就是不可分离的，即使原始图像具有可分离的区域，直方图阈值法也不起作用。

图 3.16 所示的图像和图 3.14(a)具有相同的直方图，尽管该直方图可以很容易地划分成 3 个区域，但是由于选取的灰度波段与空间相关区域不吻合，导致分割的结果没有意义。

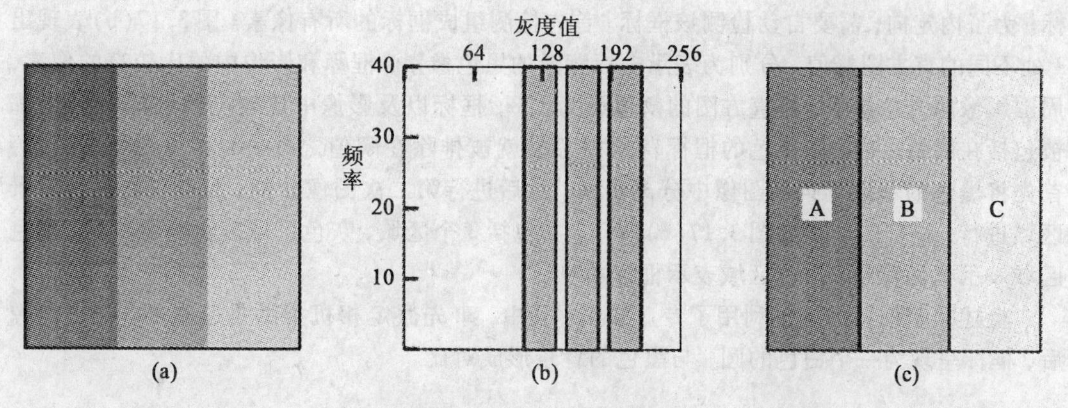

图 3.14　合成图(a)包含了 3 个不同灰度的区域。直方图(b)表示了 3 个不同的值，从中可知应将阈值设为 148 和 190。第一处像素的灰度值最大，第二处偏小，结果就得到 3 个区域 A、B、C，如图(c)

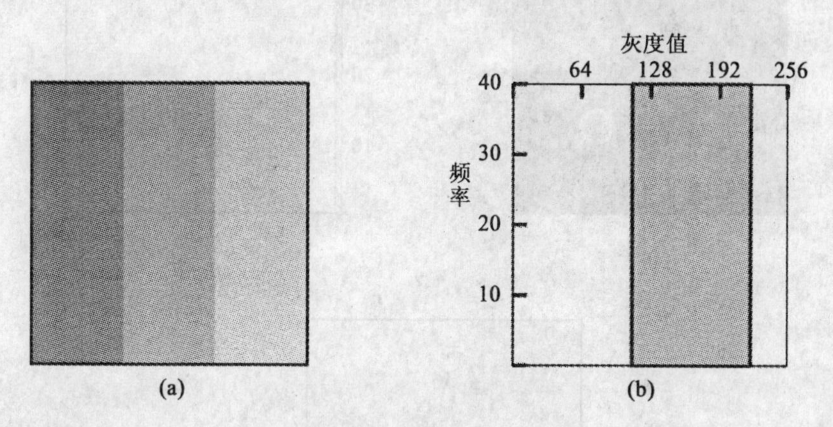

图 3.15　尽管合成图(a)包含了 3 个截然不同的区域，但是由于在直方图(b)中所有的值都集中在一处，故无法设定直方图的阈值

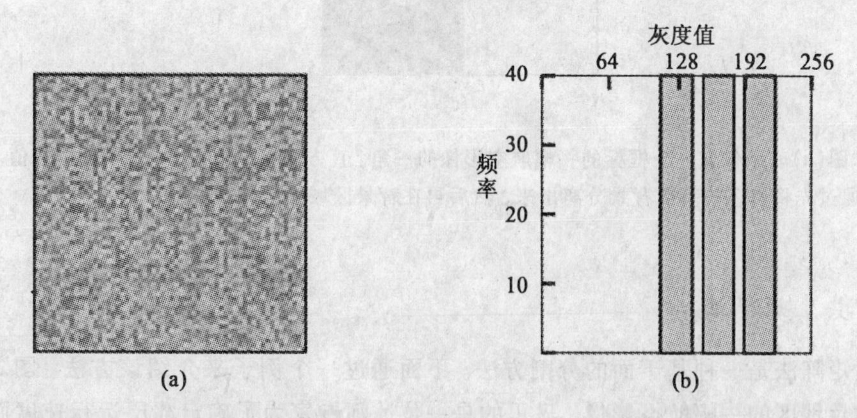

图 3.16　合成图(a)包含与图 3.14(a)相同的灰度值，但是像素是随机分布的。尽管直方图(b)有 3 处不同的值，可以很容易地设定阈值，但是由于直方图每处的值与空间相关区域不吻合，导致分割的结果没有意义

图 3.17 进一步描述了直方图阈值法的使用。图 3.17(a)表示一幅航空影像的角点框标。为了内定向，需要自动检测该框标。首先检测组成框标的所有像素。图 3.17(b)表现出 3 处不同的直方图峰值，分别为表示框标背景的黑色像素，框标和影像中的比较亮的像素，周围影像的灰色像素。将直方图的阈值设为 128，框标以及影像中比较亮的区域(冰原)都被包括在阈值之内，则黑色的框标背景很容易就被排除在阈值之外。为了得到分割图像，首先将黑色的基准背景从图像中分离出来，然后进行第二次图像分割，分割仅在黑色背景区域进行，得到的结果如图 3.17(c)所示，共包括 3 个区域，灰色区域表示图像内容，黑色区域表示框标背景，白色区域表示框标本身。

上述关于框标的例子利用了专业知识，其中，事先假定相机类型是已知的，拍摄图像后，框标呈现为一个白色的圆，与黑色的背景形成对比。

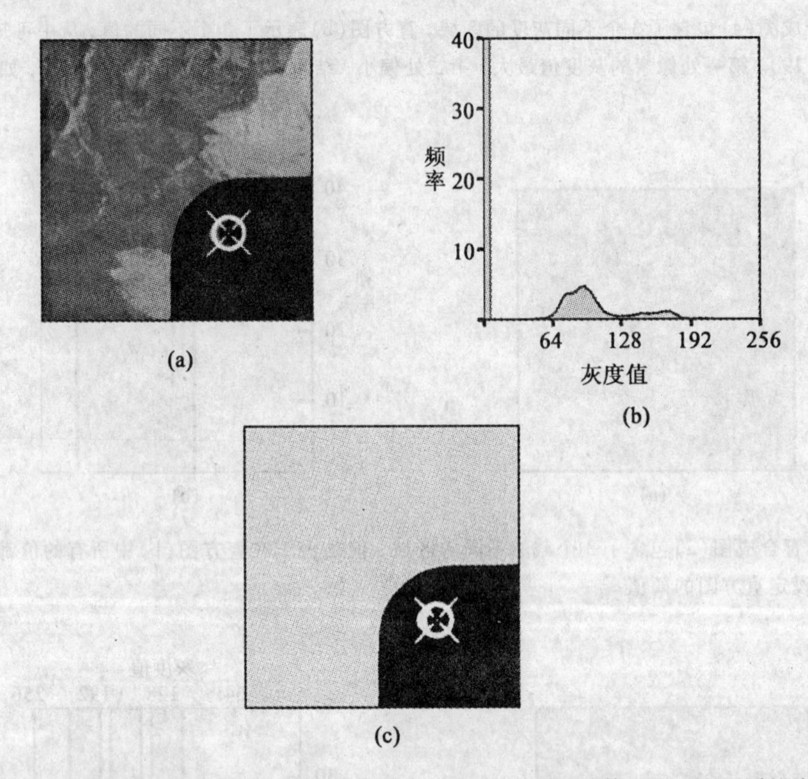

图 3.17　图(a)表示包含一个框标的一幅航空影像的一角。直方图(b)体现了 3 个不同的峰值。分割图像(c)是通过先将黑色的基准背景分离出来，然后再在背景区域进行分割得到

3.5.2　共生矩阵法

共生矩阵法是一种基于面的分割方法。下面通过一个例子来介绍该方法。图 3.18(a)表示格陵兰地区的一幅航空影像，显示的是一位冰河专家为了确定冰层运行速度而研究的冰层漂流模式。现在需要将图像分割成具有相似表面纹理的小区域，图 3.18(b)表示的是一个小的冰河子区域，包含 3 种具有微小区别的纹理模式。图 3.18(c)中的直方图清楚地表明，无法设定阈值对原始图像进行分割。

纹理体现的是一个小区域中亮度的偏差，该变化呈规则性、重复性。一个区域中灰度值的变化是对偏差的一种简单测量，然而，这种变化不适于检测具有方向性的结构，比如条纹。

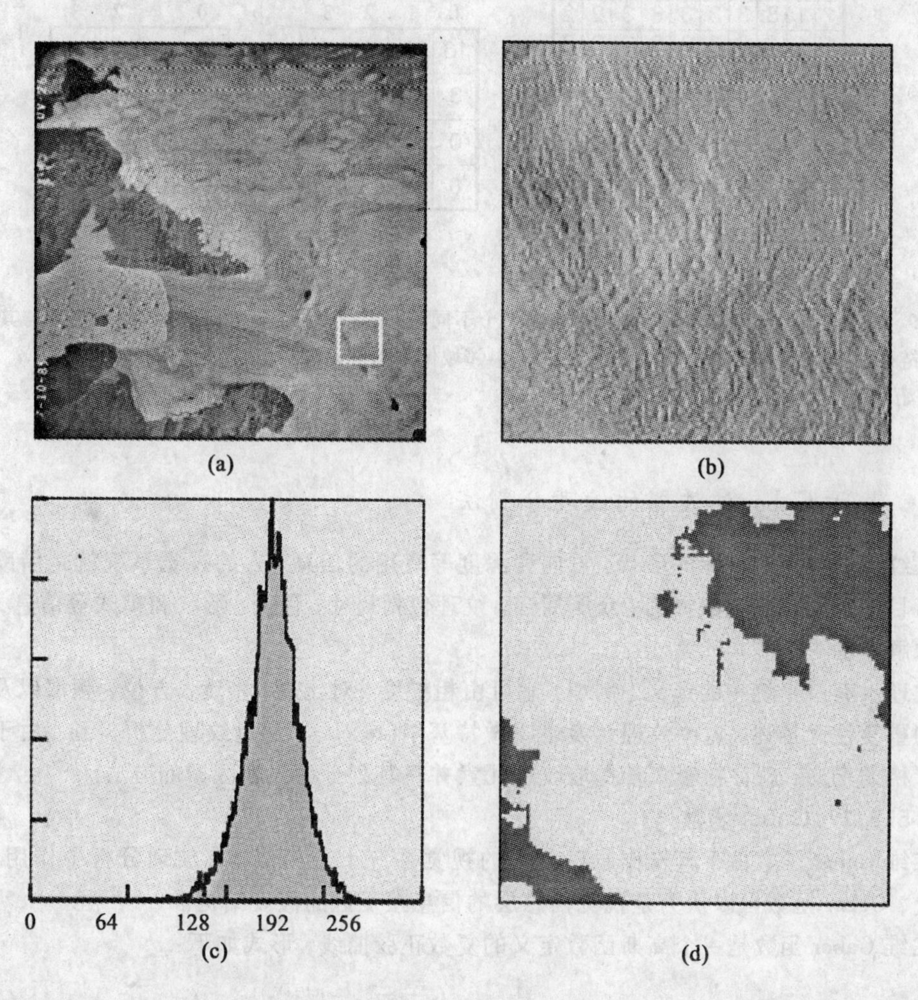

图 3.18　图(a)显示的是格陵兰地区的 Jakobshavn 冰川。图(b)是图(a)中白色框内区域的放大显示，大约 $2.8km^2$，这块区域的直方图如图(c)所示，它并没有提供如何分割该图像的线索。基于共生矩阵的分割结果如图(d)所示

另一种测量纹理的方法就是共生矩阵法。这里，共生矩阵中的值表示在预先定义好的空间模式中灰度值对出现的概率。如图 3.19 所示，合成图像的大小为 8 像素 ×8 像素，包含 4 个不同的灰度值。共生矩阵的维数等于灰度值的数目(该例中为 4)。空间模式以相对于中心像素的像素位置为特征。按照链码模式，右边相邻像素的码值是 0，上对角线和下对角线相邻元素的码值分别是 1 和 7。通过计算像素联合函数 $g_n(i,j)$ 和 $g_m(i', j')$ $(n=0,\cdots,g_{max};\ m=0,\cdots,g_{max})$，可得到共生矩阵，其中，$i$, j 表示所考虑像素的行列号，i', j'是根据空间关系确定的像素位置。例如，对于空间关系"0"，有 $i'=i$, $j'=j+1$。

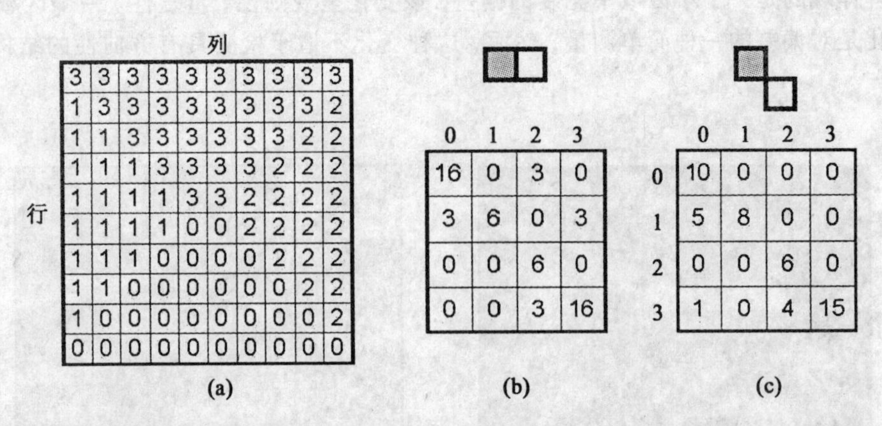

图 3.19　共生矩阵的表示。合成图像(a)包含 4 个不同的灰度值，共生矩阵(b)表示一个像素与其右侧像素(链码 =0)之间灰度值联合的频率。图(c)中邻域像素的链码为 7。共生矩阵的维数是 $n \times n$，其中 n 是原始图像灰度级的数目

3.5.3　基于 Gabor 滤波器的纹理分割法

从纹理中可得知目标的形状、方向和深度等有用的信息。人的视觉系统就是借助纹理来进行目标识别和图像解译的。众所周知，纹理包括尺寸、色调、形状和模式等信息，是人工图像解译的一个基本元素。

纹理没有一个统一的定义，例如，它可由粗糙度、对比度、密度、方位、频率以及空间模式的重复性来描述。这些纹理元素也叫做特塞尔(texels)，通过纹理分析得到。由于没有一个严格的定义，就存在着多种提取纹理元素并将其划分为兴趣区域的方法。

3.5.3.1　Gabor 函数

二维 Gabor 函数由于其操作原理与人的视觉系统十分相似，在纹理分析中作用显著。实际上，Gabor 函数可以认为是视觉信息层的信息接受区的假设结构。

二维 Gabor 函数是一个高斯函数定义的复数正弦曲线，形式如下：

$$g(x,y) = \frac{1}{2\pi\sigma_x\sigma_y} e^{-\left(\frac{x^2}{2\sigma_x}+\frac{y^2}{2\sigma_y}\right)} e^{(2\pi i(U_x+V_y))} \tag{3.40}$$

其中，σ_x、σ_y 分别表示与 x 轴和 y 轴方向的标准差；$U_x = F\cos\theta$；$V_y = F\sin\theta$；$\theta = \arctan\frac{V_y}{U_x}$。

由于人类视觉系统中视网膜敏感区具有统一的纵横比，即 $\sigma_x = \sigma_y = \sigma$，式(3.40)就简化为：

$$g(x,y) = e^{-\left(\frac{x^2}{2\sigma_x}+\frac{y^2}{2\sigma_y}\right)} \sin(\omega(x\cos\theta - y\sin\theta) + \varphi) \tag{3.41}$$

其中，频率角 $\omega = 2\pi F$；φ 表示相位偏移量。图 3.20 表示的是 Gabor 滤波器在空间域中的一幅透视图。Gabor 滤波器的参数如下：σ 表示高斯卷积核的标准差；ω 表示空间频率；θ 表示方位角；φ 表示相位。

这 4 个参数表示纹理模式。因此，通过选取不同的参数，利用 Gabor 滤波器可提取不同的纹理元素，但是，通过纹理分析从图像中提取有用的信息需要多种参数。

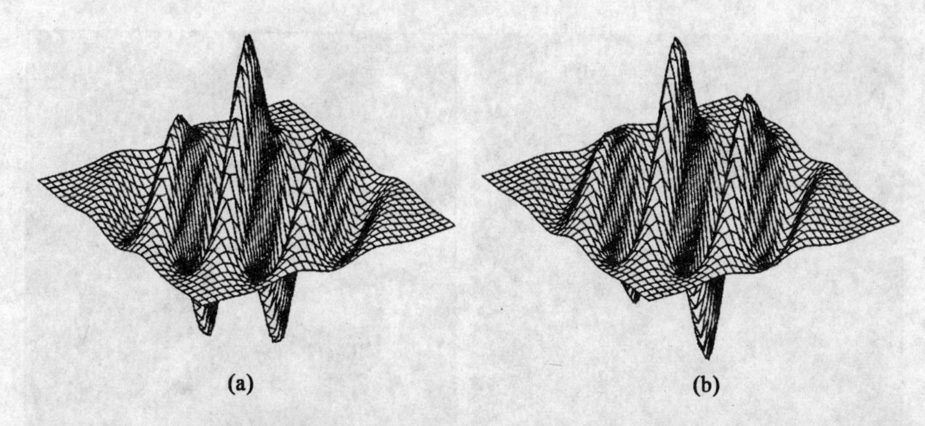

图 3.20　Gabor 滤波器的透视图。其实部(图(a))是偶对称的，虚部(图(b))是奇对称的

3.5.3.2　滤波器参数的选择

在借助 Gabor 滤波器进行纹理分割中最关键的一步就是滤波器参数的选择。首先将图像分割为子区域，作为初始分割，这一步可以通过计算熵来实现，熵表征的是图像灰度值的随机性；然后，在每个子区域中独立地确定 Gabor 滤波器的参数。

a）方位角。假定在每个子分割中纹理都有一个局部主方位角。决定局部主方位角 θ 的一个直接的方法就是计算区域中每个像素上梯度向量的加权平均值。

$$\theta_{i,j} = \arctan\left(\frac{G_y(i,j)}{G_x(i,j)}\right) \tag{3.42}$$

$$l_{i,j} = \sqrt{G_x^2(i,j) + G_y^2(i,j)}$$

$$\theta = \frac{\sum_{i=0}^{m-1}\sum_{j=0}^{n-1}\theta_{i,j}l_{i,j}}{\sum_{i=0}^{m-1}\sum_{j=0}^{n-1}l_{i,j}} \tag{3.43}$$

其中，$G_x(i,j)$和 $G_y(i,j)$分别表示像素(i,j)处梯度向量的 x 分量和 y 分量，窗口尺寸是 $m\times n$。

式(3.43)中的方位角的标准差表示局部方位的明显程度。在描述自然景观的航空影像中，经常没有明显的局部方位角，因此不得不将方位角离散化，比如以45°的增量进行离散化。

b）空间频率。局部空间频率定义为 $\omega=\frac{2\pi}{T}$，其中 T 表示波长，即子区域中局部纹理元素尺度的平均值。空间频率必须针对主方位角来决定，这就是先计算方位角的原因。

c）滤波器尺寸。高斯卷积核的标准差制约着 Gabor 滤波器的尺寸。主要根据图像内容、比例尺和分辨率来选取合适的尺寸。在第四章将看到，人的视觉系统中视网膜中心细胞成像区域有数种不同的尺寸，据此以两倍的增长来选择不同的滤波器尺寸。每一个子区域的合适滤波器尺寸由熵决定。

图 3.21 表示一幅航空影像采用 0°相位和 90°相位的 Gabor 滤波器对处理后的结果。卷积从初始设定的子区域开始，逐个进行。

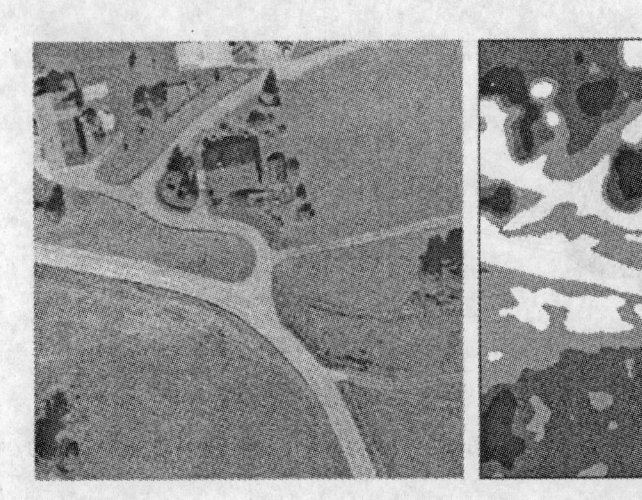

图 3.21　城市景观航空影像(左边)，尺寸是 512 像素 ×512 像素。利用 Gabor 滤波器进行纹理分割的结果如右图所示，分别采用了 $\sigma=3,6,9,12$ 的四种滤波器

3.6　相关文献

有关数字图像处理的著作很多，比较经典的有 Pratt 的《Digital Image Processing》(Wiley 出版，1978)，J. Ross 的《Handbook of Image Processing》(CRC 出版，1996)。Rosenfeld 和 Kak 的《Digital Picture Processing》(Academic 出版，1982)以及 Gonzalez 和 Wintz 的《Digital Image Processing》(Addision – Wesley，1987)对该领域进行了详细的介绍。最近出版的有 K. Castleman 的《Digital Image Processing》(Prentice – Hall，1996)。Jaehne 的《Practical Hand-Book on Image Processing for Scientific Applications》(CRC 出版，1997)中介绍了数字图像处理的基本理论及其在各方面的主要应用。

第四章　人类视觉

动物或人要对变化的环境做出适当的反应，就必须能够察觉目标、事件和结构。这种能力叫做感知能力，它需要一个对各种刺激反应敏感的活跃的感官系统，该系统可以获得有关环境的重要信息。许多动物都具有视觉，对人来说，视觉是最重要的感官，同时也是最深奥、复杂的器官。

我们对环境的觉察和分析是连续进行的，几乎是实时的，然而无意识地进行这些活动并不意味着我们知道如何去分析和理解景观。实际上，正是由于对视觉缺乏一个详细的了解，才导致操纵计算机来分析和理解图像变的困难重重。很显然，要想试图解决该问题，应对人类视觉有一个基本的了解，该章将带你遨游迷人的视觉世界。

4.1　人类视觉系统简介

假定你要穿越一条繁忙的街道，被街道景观反射的光被视网膜上大约120 000万个杆状和锥状细胞所捕获，这些细胞将光强度转换成神经信号，并传输到视觉皮层，进而传输到大脑中枢。在那里，场景被解译并表达，使得我们可以作出决定、计划或者执行适当的行为。

视觉信息在特殊的神经细胞中心经过各个阶段的处理过程是：首先由视网膜经横向膝状体传输到视觉皮层，然后再传输到大脑中枢；各处理中心由视觉通路连接在一起，可视为一个沿神经轴突将信息传输到树突的连续的脉冲链，如图 4.1 所示。

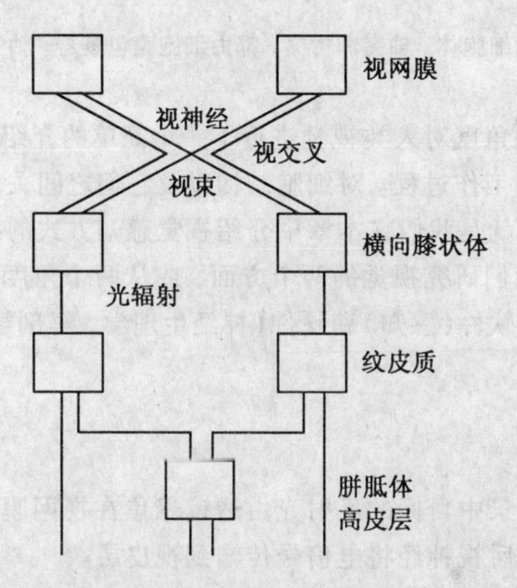

图 4.1　视觉通路图。每个结构都由数百万个细胞组成，信息被传输到一个或多个更高层的结构

如图 4.2 所示，一个神经细胞(也称为神经元)由一个球状的细胞体(核)、一个神经轴突和一些树突组成。神经轴突将信息传输到其他的神经元。细胞核和尖细纤维被一层细胞膜包裹着。由神经轴突上传输的信号叫做脉冲，神经细胞包含有盐溶液，在溶液中有多种盐，例如钾盐、钠盐和氯化钙。

细胞膜上有微小的洞(气孔，管和通道)，使得盐离子可以出入神经轴突。细胞膜的气孔具有一定的特殊性，它只允许某一类盐离子离开或者进入薄膜，气孔的张开和关闭由薄膜的潜压或者薄膜内外的化学物质控制。

在休息状态，钾离子气孔张开，通过轴突将 K^+ 排出细胞膜外。因此，穿越细胞膜就会产生一个 70mV 的负压。当出现一个脉冲时，钠离子气孔就会张开，Na^+ 会进入轴突，因此，电压会减少为负 40mV，这个过程叫做去极化，它发生在轴突上一个相对较小的范围内。在该活动状态的两端，细胞膜都处于休息状态。正电压诱发了细胞膜去极化的下一个环节，因此轴突中离子排进、排出的过程就会一直重复下去，脉冲传输到轴突末梢。神经传递素通过轴突和树突之间的微小间隙(叫做突触间隙)释放。

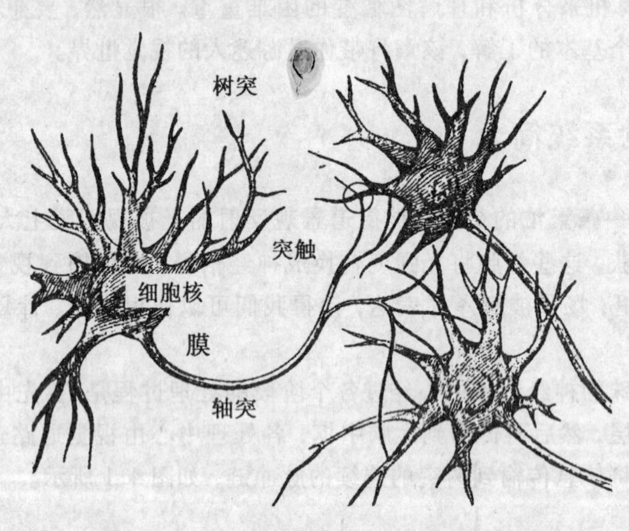

图 4.2　神经元包括细胞体、轴突和树突，都由细胞膜包裹着。轴突将脉冲传输到树突

下一部分从生理学的角度对人类视觉进行了一个简单的介绍。神经生理学研究神经系统中细胞以及特殊组织的工作过程。对细胞结构以及它们之间关系的详细了解尚不能解释我们观察世界的方式，这就是我们在本章中介绍视觉感知方式的原因。

基于类比原理促使我们研究视觉的两个方面，或从两个角度研究视觉。为了理解计算机系统，也需要首先分析软件(感知)和硬件(神经生理学，解剖学)。

4.2　眼睛

视觉从眼睛开始。场景中目标的反射光由透镜聚焦在视网膜上，视网膜中的感光器迅速将光转化为电信号，然后视神经将电信号传输到视皮层。

该部分介绍光学属性，例如图像的形成、图像的分辨率以及眼睛的成像特点。将眼睛与一个照相机进行类比时需要注意的是，首先，视网膜上形成的图像质量远远低于任何照相机摄取的图像，因为透镜和角膜的畸变会导致图像扭曲变形。视网膜的弯曲使目标空间的直线变弯，从而打乱了图像和目标空间之间的度量关系。另外，眼睛持续的晃动使产生的图像比较模糊。照相机的目的是摄取环境中的一个静态点，而眼睛和大脑的目的是提取有用的信息以引导人对持续变化的环境做出反应。

相机模型并没有解释物体如何呈现在我们眼前。从接受信号中提取对场景描述有用的信息从视网膜开始。本节最后介绍接受区以及神经细胞如何对入射光做出响应。

4.2.1 眼球

眼睛近似于一个平均直径为20mm的球形，如图4.3所示。眼睛由三层薄膜包围，最里层的薄膜是携带感光器的视网膜，接下来是脉络膜和巩膜。在最前面，巩膜就变成了角膜，它是一个坚硬的透明的组织，使眼睛具有折射功能。

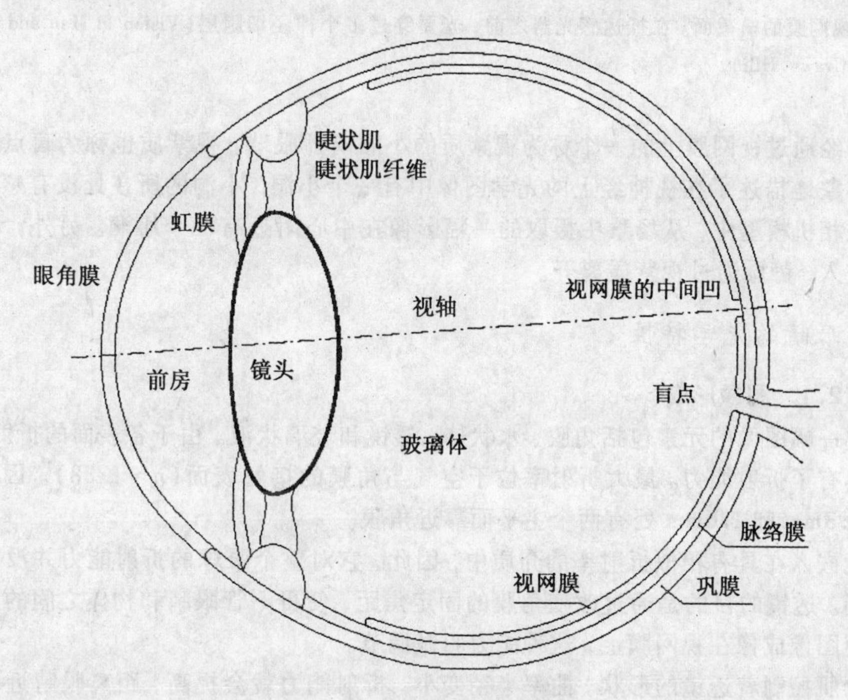

图4.3 人眼的简化横断面图

睫毛部位和虹膜是脉络膜的前端延长物。脉络膜中包含有血管以提供营养。在眼球中闪动的反射光被脉络膜中的黑色素吸收。

透镜由同心细胞层组成，纤维组织将透镜与睫状肌联系在一起，睫状肌控制透镜的弯曲度来改变焦距，以使不同距离处的目标快速地成像在视网膜上。

光聚焦在视网膜上形成一幅图像，12 500万个感光器(杆状和锥状细胞)在整个眼球的后面呈不均匀分布。视网膜由感光器、中间层和神经节细胞组成。神经节细胞的轴突被捆在一起形成了视神经。图4.4是视网膜的一个横截面。从图中可以看出，光通过神经节细胞和中间层抵达光感受器。位于视轴线和视网膜之间的小区域叫做凹区，是真正的视区所在。在视区的中心，只有锥状细胞存在，其他类的细胞层都位于两边。

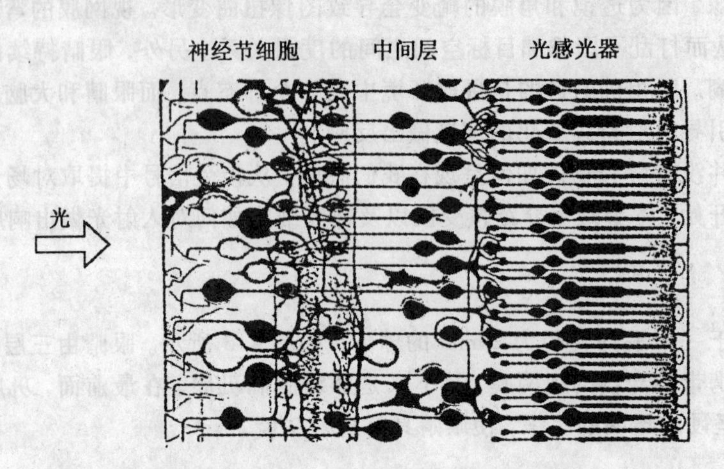

图 4.4 视网膜的横截面。在抵达感光器之前，光要穿过多个神经细胞层(Vision in Man and Machine，1985，McGraw - Hill)

视神经通过视网膜上的一个称为视紫质的小洞离开眼球，视紫质也称为盲点。盲点这种叫法形象地描述了在视神经上的光学图像中有一个小洞，小洞的所在处没有感光器，相当于在照相机模型中，从场景中摄取的一幅影像在中心附近有一个小洞。另外，动脉通过视紫质进入，静脉通过视紫质离开。

4.2.2 眼睛的光学特性

4.2.2.1 图像形成

形成一幅图像的元素包括角膜、水状体、透镜和玻璃状液。由于各表面的折射率不同，眼球就具有了折射能力。最大折射率位于空气与角膜的接触表面($n \approx 1.38$)。因此，在焦点后面 1.3mm 和 1.6mm 处有两个主平面靠近角膜。

透镜嵌入在具有相似折射率的介质中，因此，它对整个眼球的折射能力并没有起到太大的作用。透镜的目的是通过改变角膜的固定焦距，使得不管眼睛和物体之间的距离是多少总能使图像成像在视网膜上，这种能力叫做调节。

睫状肌控制着透镜的形状。曲率半径变小，折射能力就会提高，距离眼睛近的物体就易于在视网膜上成像，视网膜和后节点之间的距离在 14mm 和 17mm 之间变化。

虹膜控制着眼睛的进光量，相当于眼睛的一个孔径光栅，其直径在 2mm 和 8mm 之间。通过改变感光器强度(亮度调节)，可以更加有效地控制光的强度。

4.2.2.2 分辨率

眼睛辨别细节层次的能力叫做视觉灵敏度。在最简单的形式下，灵敏度是分辨率的一种量测方式。但是，分辨率是一个模糊的概念。例如，它可由光线对、调制转换函数、对比度或者点尺寸来定义。

无论采用哪种方法来表达分辨率，感光器的分布(间距，镶嵌)都是一个重要的因素。图 4.5 描述了感光器在中心凹区的分布。从中可以看出，最初只有锥状细胞存在。为了将存储密度最大化(减少空间的损失)，锥状细胞呈六角形。在中心区域相邻两个锥状细胞之间的平均距离位于2μm和3μm之间。离中心距离越远，锥状细胞之间的间距越大，因此，视觉灵敏度就会降低(如图4.6)。

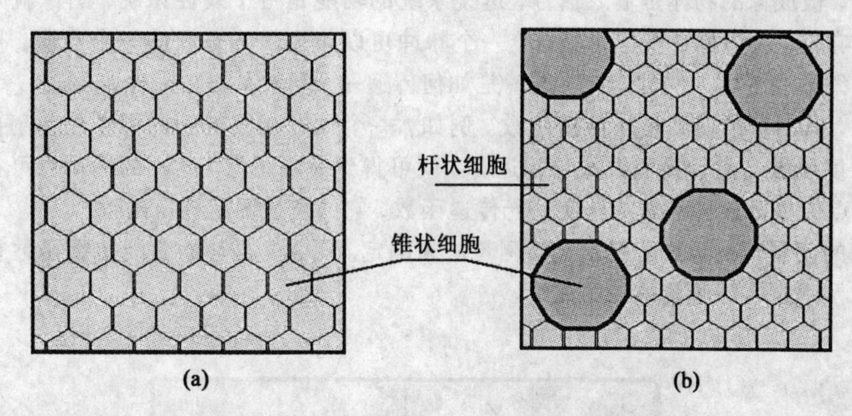

图4.5 杆状和锥状细胞的空间分布图。在凹区的中心，只有锥状细胞存在，图(a)中细胞的间距大概是2μm到3μm。锥状细胞的六角形状优化了排列存储的密度。越远离可视域，锥状细胞的间距越大，其间距由杆状细胞填充，如图(b)

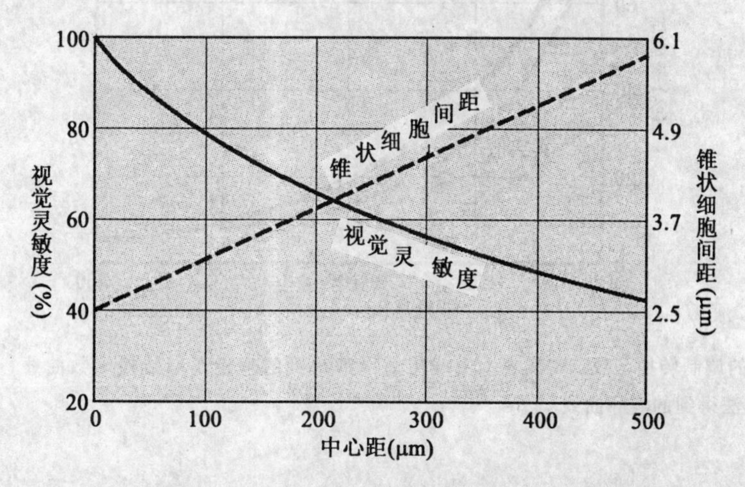

图4.6 锥状细胞间距与视觉灵敏度之间的函数关系。相邻锥状细胞之间的间距随着中心与凹区之间距离的增大而增大，几乎呈线性变化。因此，随着角分辨率的降低，灵敏度也随之降低

当锥状细胞之间的间距为2.5μm，凹区和节点之间的距离为17μm，这样构成的角度为0.5′(半分)，可将此作为视觉敏感的一个限制因素。我们将此数目转化为更通用的分辨率的方式，比如线对每毫米(lpm)。在一个可视距离内，比如30cm，半分的角度相当于11 lpm。作为一个参考数，通常假定为8 lpm。

在一个光学参数等同于眼睛的衍射受限系统中，分辨率的理论极值是多少呢？如果我们取埃利圆盘的尺寸作为区分相邻两个点源的限制因素，那么分辨率$\delta = 1.22\dfrac{\lambda}{D}$，其中，$D$表示小孔的直径，$\lambda$表示光的波长。当平均波长$\lambda$为550nm、瞳孔直径为4mm时，最大分辨率$\delta$约为0.57′。因此，视网膜上的锥状细胞的排列密度仅够使衍射受限系统达到最大分

辨率。图 4.6 将视觉灵敏度表示为关于锥状细胞间距的一个函数。

图像形成的过程可以被描述为一个线性系统，至少在近似的情况下可以这样认为。在第二章中，被成像的物体是输入信号，透镜系统的功能是一个线性系统，图像就是输出信号。系统响应主要以脉冲响应为特征。一个脉冲可以作为目标空间的一个点源，目标物体就是脉冲缩放和平移的线性组合。透镜是如何传递一个脉冲的呢？一个点通过一个小孔形成的图像，其对应的函数是点传播函数。例如，一个针孔相机得到的图像是衍射图。将物体的点强度函数与点传播函数做卷积运算，就可得到一幅图像。相同的操作也可在频率域中进行。点传播函数的傅立叶变换是光传递函数，它的模是调制转换函数。

眼睛的调制转换函数由视觉干涉测量法来确定。图 4.7 描述的是线传播函数得到的理论曲线以及通过实际测量得到的曲线。

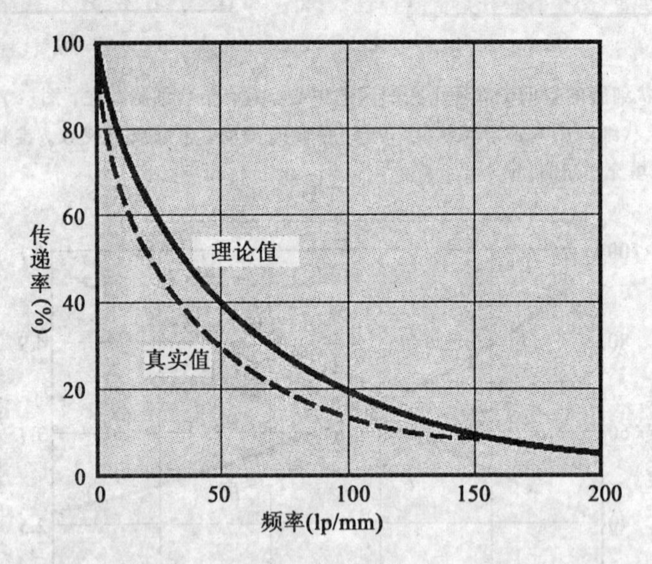

图 4.7　眼睛的调制转换函数。实线表示由线传播函数得到的理论调制转换函数曲线，虚线表示采用视觉干涉测量法得到的实际曲线

4.2.3　光感受器的光度学特性

杆状细胞和锥状细胞之间主要的不同点是它们有不同的敏感度、空间分布和数量。杆状细胞的数目远远大于锥状细胞。从图 4.8 可以看出，两者还具有不同的形状：杆状细胞呈长细状，锥状细胞较短，像锥形。只有在凹区的中心，才有锥状细胞的尖端。

光线穿过感光器，从里面到达外部。感光器的外部有吸收光的色素。经研究得，与锥状细胞相比，这种色素在杆状细胞中分布量更大。

与其他神经细胞相反，感光器在休息状态下被去极化。也就是说，没有光线时，离子流(暗电流)会穿越细胞膜：钠离子流进，钾离子流出。杆状细胞的感光色素就是视紫质。

如果一个光子被吸收，就开始进行无数个过程，所有这些过程统称为漂白。首先，分子被分解为视蛋白和维生素 A，这就促使了一种酶的激活，从而使细胞膜上的许多气孔关闭。因此，暗电流就停止了离子的流动，穿越细胞膜的潜压就会提高。也就是说，细胞被超

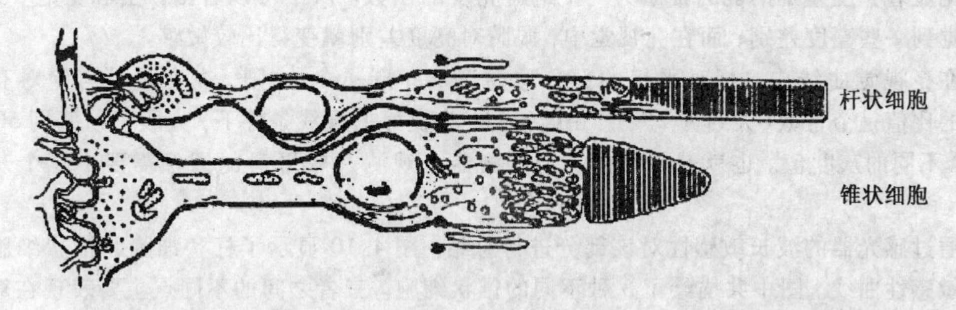

图 4.8　杆状和锥状细胞。杆状细胞比锥状细胞细且长(Vision in Man and Machine, 1985, McGraw-Hill)

极化，伴随着突触中的神经传递素被释放出来。

如果一小部分杆状细胞每个吸收一个光子，与这些杆状细胞相连的神经节细胞就会做出响应。这个微小的能量构成了视觉的较小的阈值。暗适应视觉由杆状细胞初始化，起始亮度为 10^{-6}mL(毫朗伯)(毫朗伯为一种亮度单位)。

现将杆状细胞的灵敏度与高速的照相材料感光乳剂的灵敏度相比较。在这里，要在银的卤化物晶体上形成一个银斑点，一些光子是必须的，它们可以促使整个晶体在进展过程中分解成银粉。接下来，杆状细胞与感光乳剂就不再具有相似性。因为感光乳剂可以存储一幅潜像，而视网膜在一秒之内、一天之中以及人的一生中接收了多幅图像。

由于锥状细胞的光色素比杆状细胞的色素密度小，因此与杆状细胞相比，锥状细胞对光不太敏感。改变锥状细胞对光的响应需要更多的能量。由锥状细胞初始化的视觉叫做明适应视觉，亮度范围从 10^{-3}mL 到 10^{5}mL，视觉的动态范围大约为 10^{9}(如图 4.9)。

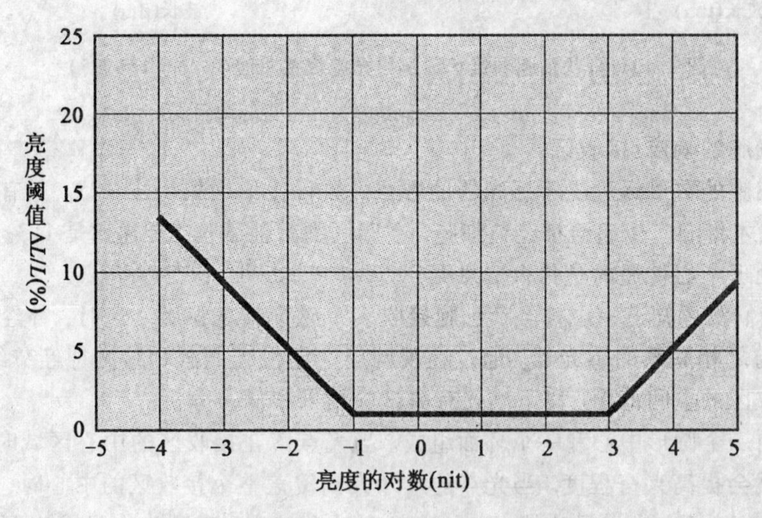

图 4.9　人眼的亮度感觉(Weber-Fechner 法则)。在一个很宽的亮度范围内，能够觉察到的亮度差异只有亮度的大约 2%

由于感光器仅对一个或两个数量级的亮度敏感，所以视觉系统不可能同时对整个动态范围进行处理。感光器适于一个特定的值，与环境的照明相关联(亮度适应)。图 4.9 将眼睛察觉显著亮度差别的能力描绘为一个绝对亮度的函数。从中可以看出，在暗视觉中，只能感觉到一些亮度差别；而在亮视觉中，眼睛对亮度差别就变得比较敏感。

在亮视觉曲线中，相对平坦的部分遵循 Weber-Fechner 法则，亮度差异与绝对亮度之间的比值是个常数(大约为2%)。由此得知，在良好的视线条件下，人眼可以区别50到100个不同的灰度值。也就是说，在一个监测器上观测一幅平滑的图像需要100个灰度级。

通过感光器的波长敏感性对该部分进行总结。图4.10显示了杆状细胞和锥状细胞的波长敏感性曲线。图中共描绘了3种不同的锥状细胞。三者之间的不同点主要表现在对视色素的敏感度以及视网膜上的分布上。

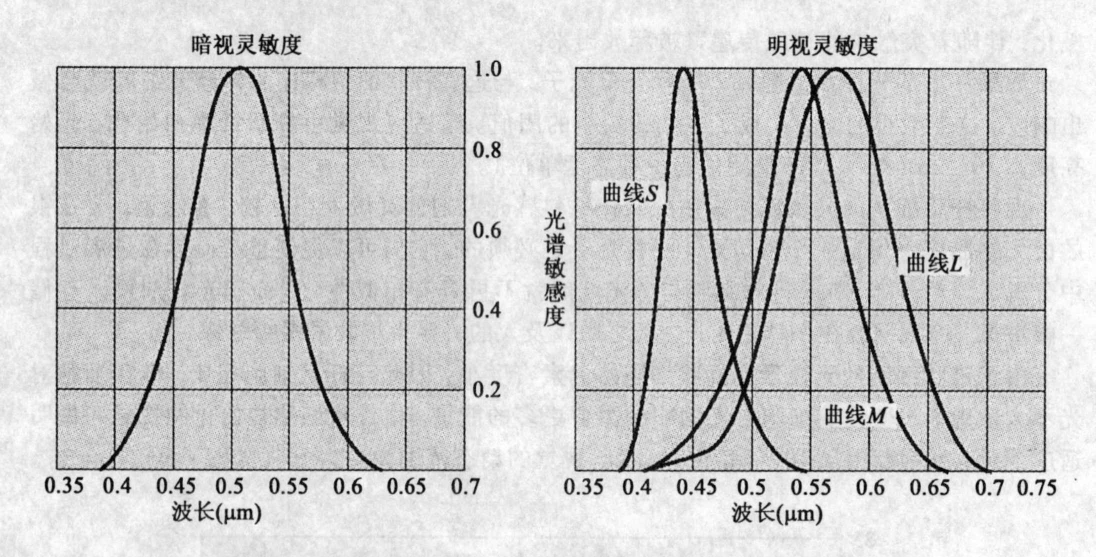

图 4.10　杆状细胞和锥状细胞的光谱敏感曲线(Wandell, 1995)

神经节细胞的响应:接收区

神经节细胞的数量远远少于感光器的数量，数目比值大概为1∶125。只有在凹区的中心，锥状细胞才将响应传递给神经节细胞，在凹区的其他部位，传递比是1∶3。那么神经节细胞向下一处理中心传递的是什么信息呢?

首先，我们需要知道一个神经节细胞接收多个感光器的脉冲，这时，神经节细胞的接收区指的是与之相联系的感光器。通过在视网膜上定位光刺激和检测神经节细胞的响应，可以得出接收区的空间范围。以下阐述有关试验结果和深入分析。

接收区由一个圆形中心和一个环面组成。当光点落在接收区的中心区域时，一个中心神经节细胞就会提高兴奋程度。当光点的尺寸大到覆盖整个接收区的中心时，脉冲频率就会达到最大值；之后，光点尺寸越大，脉冲频率就会越小；直到光点尺寸大到覆盖了整个接收区，神经节细胞就处于休息状态。仅当光点落在环面上时，细胞完全静止，且在光刺激停止时细胞产生一个脉冲。非中心神经节细胞在光刺激的作用下，所表现的行为与中心神经节细胞完全相反:当光点落在接收区中心时，兴奋停止；当光点落在环面时，兴奋程度增大。

促进和抑制之间复杂的相互作用使神经节细胞对接收区中的亮度对比反差作出响应。假定一个包含亮区和暗区的光刺激落在视网膜上时，如果神经节细胞的接收区完全在亮区或完全在暗区，由于促进和抑制响应相互抵消了，所以对该刺激没有任何反应。只有接收区同时与暗区和亮区部分重叠的神经节细胞才会作出响应。考虑一种极端情况，即视网膜在漫射光下的情况:由于没有显著的亮度差异，神经节细胞就不会作出响应。如果当你在滑雪时突然进入云或雾，这时你会误以为自己丧失了通过观看雪地来进行计划并控制行为的能力，这个比喻表明漫射光的强烈效应。

图4.11用图表描述了中心细胞和非中心细胞的功能行为。图的顶层表示的是5种不同刺激模式A到E以及相应接收区的空间分布。在模式A中，点光源落在接收区中心，中心细胞响应最大化，非中心细胞没有响应。如果采用宽度等于接收区中心部分直径(如图4.11(b))的条带光源时，由于部分周边区域产生了一定的响应，所以中心响应会减弱。同样，在第三种模式中，一多半的周边区域中和了中心响应。在模式D中，光刺激仅落在环面上，抑制了任何响应。最后，在模式E中描绘了光刺激落在整个接收区上时的情况，中心细胞和非中心细胞都处于休眠状态。

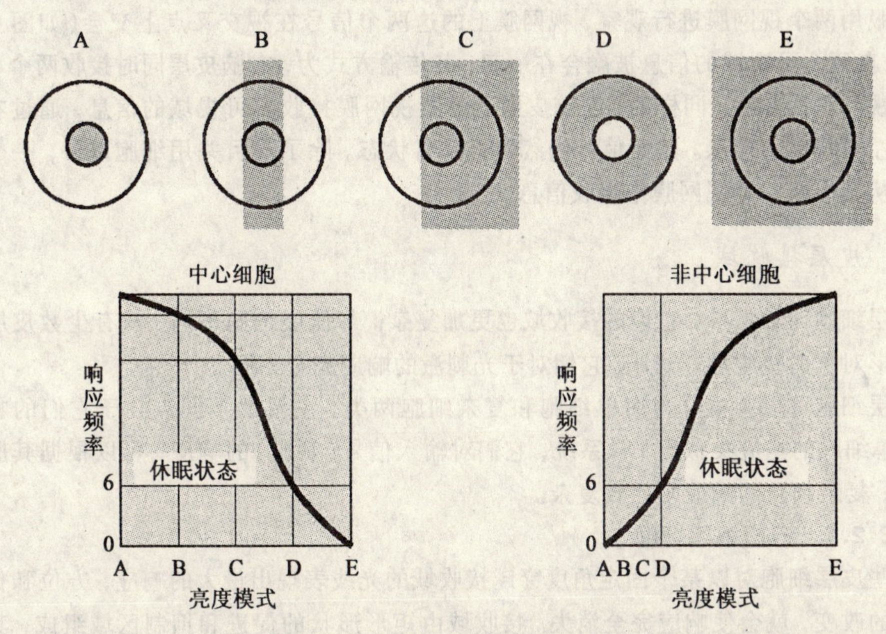

图4.11　中心以及非中心神经节细胞的响应图表。最上面的图形表示在5种不同刺激下的各响应模式A到E，其中描述了具体位置以及接收区。接收区中心的响应频率在左下图中描述。接收区非中心区域的响应频率如右下图所示

可以看出，神经节细胞对它们接收区内的亮度反差(局部强度差异)作出响应，不同的接收区具有不同的尺寸。在凹区中接收区尺寸最小，离可视域越远，尺寸越大。光强度的变化经由视神经传输，被视网膜上的生理滤光器感知。在4.5节中将继续对此进行阐述。

4.3 视觉皮层

4.3.1 概述

主要的视觉皮层是大脑皮层的一个复杂的子结构，由大约 1.5×10^8 个神经细胞组成。视觉皮层主要分为六层。各层的神经元、轴突和突触不同，与脑部其他区域的相互联络也不同。

来自视网膜和横向膝状体的视觉信号落在视觉皮层和其他皮层组织上。然而，由于视觉皮层比其他相对位置较深的大脑组织更易于观测，因此得到广泛研究。

视觉皮层呈有组织排列，一个 2μm 的方形区域具有所有的功能。这些区域——皮层的一个自包含模块，对应了可视域的一部分。因此，如果这样一个区域被毁坏，视网膜上相应的图像部分就不会再进行进一步处理，从而导致局部失明。邻近的模块并不会补偿该损失，然而，感知填充过程会根据周边区域进行插值来填补丢失的信息。

人眼用两个视网膜进行观察，视网膜上的这两个信号在视交叉点上交会（如图 4.1 所示）。来自两个可视域的信息被融合在一起，其传输方式为，右脑皮层同时接收两个可视域和两个视网膜的脉冲。同样的，左脑皮层通过左视网膜接收右可视域的信息，通过右视网膜接收左可视域的信息。然而信号仍然处于分离状态。除了双目并用细胞以外，一个皮层细胞仅从其中的一个视网膜中接收信息。

4.3.2 *皮层接收域*

皮层细胞比较特殊，它们的接收域也更加复杂。与低层细胞不同，只有少数皮层细胞具有圆形对称的接收域。另外，它们对于光刺激的响应完全不同。

皮层细胞可以大概分为简单细胞和复杂细胞两类，主要的不同点在于它们的响应不同，简单细胞的响应类似于 LSI 系统，它们对输入信号（刺激）的响应，可以根据其脉冲响应预测；复杂细胞的响应则比较复杂。

4.3.2.1 方位敏感细胞

一些皮层细胞对以某个固定角度穿越接收域的光线表现出最大的响应，方位和位置发生微小的改变，就会使响应完全消失。接收域由矩形形状的促进和抑制区域组成，其中矩形长边对应反应最强的方位。

当接收域的一半受到光刺激时，其他简单细胞的响应更加强烈。

4.3.2.2 方向敏感细胞

在条纹状皮层中最常见的细胞是复杂细胞。像简单细胞一样，它们对固定方向的刺激做出响应。然而，除非光刺激是移动的，否则细胞的兴奋程度就会急剧下降，因此，复杂细胞具有移动敏感性。另外，以某个固定方向移动的光落在接收域上，它们会做出强烈响应。也就是说，一些复杂细胞具有方向敏感性，即光束移动的方向很重要。至少从进化论的观点来看，大部分复杂细胞具有高度的移动敏感性是合理的。为了对环境做出合适的快速的反应，应该迅速地发现移动的物体。

4.3.2.3 端点细胞

端点细胞更为特殊，它们对光刺激的长度很敏感。当在接收域中光束结束时或者改变方向时，这些细胞响应较为强烈。因此，它们对角状和弯曲状的刺激响应最强。

4.3.2.4 双目敏感细胞

到目前为止，来自两个眼睛的信息被分开处理，尽管皮层的每一边接收双眼的信息。作为摄影测量学者，我们对立体片尤为感兴趣。当两个视网膜都受到光刺激时，视觉皮层的最初几层中的许多神经细胞响应较为强烈。

双目细胞对深度做出响应。有些细胞仅当刺激大致位于两眼聚焦的地方(固定点)时才会兴奋，其他细胞当刺激位于固定点附近或远离固定点时作出敏锐的响应。在摄影测量领域表达为：双目敏感细胞对零视差的刺激响应强烈，其他细胞对视差为 $\pm x$ 的刺激敏感。

与视差相应的细胞还具有方位敏感性和移动敏感性。这些细胞在只有一个眼睛受到光刺激时不做出响应。毫无疑问，对视差敏感的细胞产生了立体视觉，但它们仅对我们如何感知深度进行了部分解释。立体仅是几种深度信息中的一种。

综上所述，我们应该认识到，抵达大脑的不是一幅图像，而是有关场景变化的信息，例如，亮度的差值、方向以及移动。细胞种类增加，它们的接收域也更复杂。那么细胞会复杂到什么程度呢？当在猴子的可视域发现对爪子的形状作出响应的细胞之后，就引出了祖母细胞的概念。是否存在一个对祖母的脸庞作出响应的细胞？如果这样的细胞存在，它是不是可以帮助我们根据特征细胞模糊的、变形的且不完全的响应来重建丰富的三维场景呢？

4.4 视觉感知

宇宙由粒子、原子、分子、电磁场和许多真空的空间组成，然而，我们所接触的是一个完全不同的世界，即由物体以及它们之间的关系组成的三维世界。物体具有维数，它们由具有色彩的表面组成，可能还具有气味。一些感知，比如色彩、色调和气味，它们在“现实”世界中本来是不存在的，而是基于我们的感知信息进行内部重建的结果。我们对物质世界有着不同的精神反映，但是在重建以及对它们做出响应的方式来看，我们的感知都是类似的、一致的。

通过研究动物的知觉发现，动物更容易记录现实世界的信息，人类有时感觉不到某些电磁光谱的频率和味道等信息。

视觉感知的主要问题是，如何通过模糊的、变形的且不完全的数据重建一个相似的世界。

几百年来，哲学家都试图去解释知觉。联结主义学派的哲学家认为，视觉信息不足以进行正确的感知，为了进行正确的感知，我们必须学习如何解释视觉信号，一般通过联结的方式学习。著名科学家 Hermann von Helmholtz 也认为，感知基于推论，可以通过无意识的推论从视觉刺激中确定物体的性质。

格式塔学派的心理学家对感知可以通过简单感觉的联合来解释的观点持反对态度，他们的基本思想是“整体大于部分之和”。例如，两点可以表示方向，而一点就不可以。同时他们认为，感觉的形式和结构以及其内在联系也应该考虑在内，该感知协同作用是由脑活动中的电磁场完成的。然而，由于没有任何证据可以证明大脑中存在这种电磁场，所以该理论不成立。

心理学研究者还提出了另外一种解释感知的方式。与经验主义者和格式塔主义者相反，他们认为所有一切可以解释感知的信息都来自于现实世界。感知，例如形状、尺寸、深度、运动或者颜色，包含在我们所接收的信号中，感知是恰当地记录视觉刺激并进行编码的过程。

第四种解释感知的方法基于认知心理学。这里采用更多信息论的方法，把感知过程的计算模型作为建立心理学理论的合理目标。该方法和研究中的许多定量方法为"计算感知"以及其他算法的出现作了有利的准备。

4.4.1 感知编组

采用神经生理的方法来解释视觉时，图像会分割为简单的局部特征，例如边缘、角点和深度信息。这种低层次的描述信息必须被整理成更大的感知信息。感知编组是感知的第一步，它从图像中提取分组信息和结构信息，而不需要关于图像内容的先验知识。这些分组和结构信息是进行目标识别和图像理解所必需的输入信息。

人类视觉系统十分善于检测一组随机分布元素的不同模式和分组信息。分组过程包括聚类、单条直线平行直线以及曲线的检测、将图像分割为具有相似图像特征的小区域。

感知编组并不仅是一个后期的视觉或感知过程。预留意视觉试验(人类视觉系统对刺激的无意识反应)表明感知编组在视觉通路上很早就已经出现了。通常情况下，分组过程是递归的，一个处理过程的结果是另一个处理过程的输入信息。有时也要输入其他的图像信息，例如，将边聚类为边元素，继而将边元素分组为线。

以下是进行图像分组和发现联系时的一组标准。这些标准中的大部分被格式塔心理学家采用，并被称为格式塔分组法则。

邻近法分组将邻近的特征归为一组。在图 4.12(a)中，由于点的垂直间距比较小，我们感觉到的是列。深度是邻近法中的一个重要因素。深度值差别小的事物被分为一组并作为同一表面看待。

相似法分组将相似的特征归为一组。在图 4.12(b)中，实心点的水平间距小于垂直间距，我们仍然感觉到列。这是一个相似法代替邻近法的例子。

共同趋势法分组将将要移动到一起的事物归为一类。它可以通过生成随机点，用图示的形式来表示，随机点经过旋转叠加到原始点上。

良好连续法分组如图 4.12(c)所示。我们感知到两条平滑的相交曲线，而不是 V 形的线。与突然变化相比，平滑连续性更易被感知。

封闭法强调的是一个封闭的图像。图 4.12(d)被认为是矩形而不是括号。

对称法将具有相似特征的事物归为一类。图 4.12(e)中曲线 1 和曲线 2 由于具有对称性被归为一类，曲线 4 和曲线 5 由于关于垂直轴对称，相似性更强，曲线 3 不属于其他任何一组。

图像背景分割法将两个区域中较小的区域作为图像，将较大的区域作为背景。图 4.12(f)被看做是白色背景上的黑色螺旋。

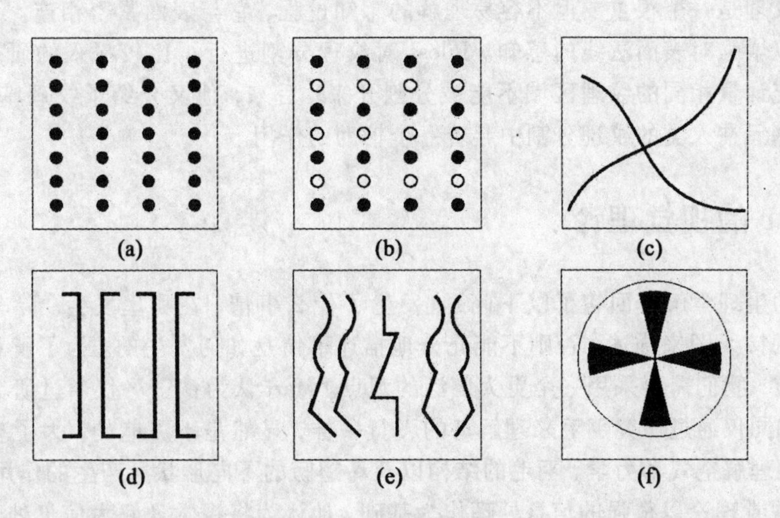

图 4.12 格式塔法则。 (a)表示邻近法；(b)表示相似法；(c)表示良好连续法；(d)表示封闭法；(e)表示对称法；(f)表示前景/背景分割法

4.4.2 其他感知过程

以下介绍一些有效的可以在计算视觉中使用的感知过程。

填充或完备 它们避免了使我们将世界感知成边和块的拼缀物(研究视觉的神经生理学就将世界看成边和点的拼缀物)。一个典型的例子就是盲点(见 4.2.1 节)。闭上一个眼睛，用另一个睁开的眼睛盯着一个点，用手拿着一枝铅笔移动并穿越可视域，当铅笔成像在盲点上时，我们就会看不见铅笔。然而，我们并没有感觉到一个黑色的斑点，因为视网膜图像中的小洞被周围的背景遮盖(填充)。填充属于一种更普遍的感知过程，称为表面插值。

虚拟线 虚拟线就是假想的线，连接周围的特征。如图 4.13 所示。一个类似的现象就是 Kanizsa 研究的错觉轮廓线。从图 4.13(b)我们感知到一个正方形结构，四个角落在圆上。该图像的另一种(不太可能)解释就是基于四个残缺的圆形。

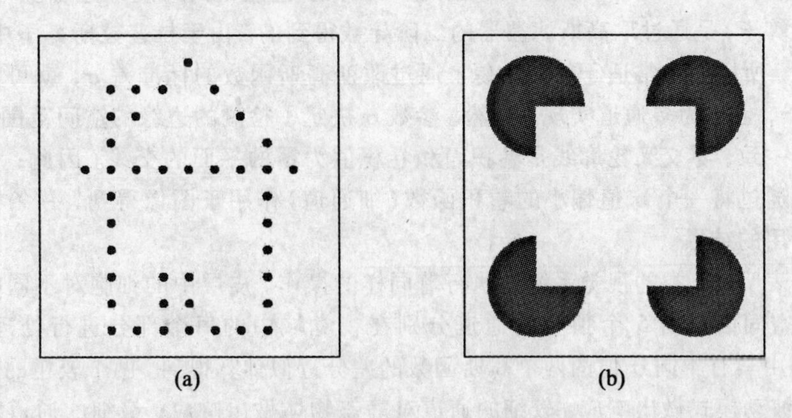

图 4.13 (a)虚拟线实例；(b)描述了错觉轮廓线的现象，图像被解释为一个正方形，而不是四个残缺的圆

纹理 纹理是一个很重要但不容易理解的感知过程，它与表面紧密相连。纹理模式的缓慢变化可以增强对表面法线的感知。Julesz 对纹理分割进行了比较深入的研究，他认为一阶和二阶统计量相同的纹理区域不能被分割开来；后来，他又介绍了纹理基元的概念，并认为纹理基元在人类的纹理分割中起着一个辅助的作用。

4.5 Marr 的视觉理论

对视觉的生理学解释回答了以下问题：发生了什么事情，在哪里发生。除非细胞活动由一个完全的接线图来描述，否则不能充分地描述事情是如何发生的。为了解释单个细胞如何做出反应，我们需要采用一个更为广泛的观点。Marr 认为："……仅通过研究细胞来理解感知，就如同仅通过研究羽毛来理解鸟的飞行一样，显然是不可能的。为了理解鸟的飞行，我们必须理解空气动力学、羽毛的结构以及鸟翅膀的不同形状所产生的作用。"

Marr 的视觉理论以很强的信息处理作为基础。他认为将视觉理解为信息处理，有 3 个层面。

计算理论 它将视觉系统要做的事情具体化。计算理论解释了计算的目的和解决的策略。

表达和算法 它研究输入和输出的表达方式，以及它们之间相互转化的算法。

硬件实现 它解决了表达和算法如何由神经元执行的问题。

Marr 理论的原则是在不知道事物是什么且不知它担任什么角色的情况下，可以从图像中明确地得知事物的形状和位置。然而，这些事情在一步之内是完成不了的，为了重建目标的物理属性，需要一系列重复表达过程。以下简要介绍 3 个主要步骤。

4.5.1 *初始简图*

初始简图的目的就是从图像中检测出明显的强度变化。强度变化，简称为边缘，它是物体的重要属性。在现实世界中，边缘具有一个较宽的空间尺度。比如，一条清晰锐利的边缘，占据的空间范围小，仅有少数像素组成；相反，一条模糊的边只能在一个较大的区域中检测到。Marr 和 Hildreth 提出用一系列 LOG 算子检测不同尺度的边缘。LOG 算子（拉普拉斯高斯算子）是通过取高斯滤波器的二阶导数得到的。由于拉普拉斯算子中的 ∇^2 具有方向独立性，所以它非常适于检测边缘。通过改变高斯函数的标准差 σ，就可以得到一系列 LOG 算子，也称为多通道实现。显然，参数 σ 决定了检测的边缘的空间范围。边缘与零交叉轮廓线一致，零交叉轮廓线是卷积面和卷积值为零的平面的交线。因此，一条清晰锐利的边缘是通过将一个 σ 值偏小的卷积函数（细通道）作用于图像得到，一条模糊的边则是粗通道作用的结果。

有证据表明，人类的视觉系统也执行着同样的操作。皮层中的细胞对不同的空间频率做出响应。空间信息由 5 个独立的通道分别在视觉域中的每个部分进行处理。实际上，LOG 算子是由具有不同 σ 值的两个高斯函数的差分近似计算得到。两个较粗的通道具有瞬态特性，对波动模式做出响应，较细的通道对静态物体做出响应，最细的通道对应最敏锐的视觉。

初始简图不仅仅是零交叉线的组合。感知过程作用于图像且作用于图像的边缘，得到的结果为曲线组合、虚拟线和分组信息。不同通道的零交叉边被合并在一起，并根据不同通道的边缘在空间积聚的原则进行管理。

4.5.2 2.5 维简图

2.5 维简图的目的是提取可视面以及间断线的深度信息和方向信息。该简图名字的来源基于以下假设:可以提取出很多可视面的相对深度和表面方向、局部变化和不连续，其中有些方面得到更加精确的表达。

根据运动或立体片信息，我们可以很容易地得知一个点是否在另一个点的前面。但是，假如我们想比较该点到位于可视域中不同位置的两个面的距离，就不太容易，并且得到的距离精度比比较两个面方向的精度要差得多。

2.5 维简图是根据初始简图得到的，另外还从立体片、纹理、移动分析和阴影等方面补充了信息。表面方向比深度精度要高，只有局部的深度变化具有相当的精度。深度上的不连续可由立体信息或遮挡得到。遮挡可由初始简图中的遮挡边来表示，或者通过分析运动来获得。

2.5 维简图表示为一系列原始信息的集合，可以称为“针”。每条针的长度表示了相应部分表面的倾斜度，针的方向表示的是倾斜的方向。表面与观察者之间的距离通过一个标量来表示。

2.5 维简图是早期视觉处理的最终结果，不依赖于后期视觉和场景信息，仅根据图像得到。早期的视觉处理过程是模块化的，它们可以并行处理，互相独立。通过确定不同表面之间的不连续，使分割问题得到了隐式的解决。

4.5.3 3 维模型表达

最后一步的目的就是在以物体为中心的坐标系中将其形状和空间组织表示出来。Marr 和 Nishihara 提出了一种在由形状本身决定的坐标框架(规范化坐标框架)中描述形状的模块组织方法。该模块组织中，描述方法与物体被描述的详细程度无关。

该理论仅限于一组广义锥。一个广义锥可以通过沿一根轴移动一个形状不变但尺寸变化的横断面得到，一个花瓶就是一个广义锥的例子。一个物体可由多个广义锥组成，每个广义锥都有自己的轴。一个物体所有的轴组成了该物体的组件总轴。

根据场景中可能出现的物体，可以建立一个不同详细程度的 3 维模型库。相同的模型表达必须从图像中得到。目标识别包括与库中不同描述进行比较。

一幅图像中的遮挡轮廓线为寻找广义锥的轴线提供了很大的线索。遮挡轮廓线是物体的轮廓。尽管大部分轮廓线比较模糊，但人类可以以一种特殊的方式对其解译。Marr 假定，采用辅助的信息将 3 维模型的感知限定在轮廓线之内。这些限定是普遍的，不需要基于场景的先验知识。

4.6 相关文献

本章中有关神经生理学的大部分知识都是基于以下两本书，即 D. H. Hubel 的《Eye, Brain and Vision》(Scientific Ameracan Library, 1988) 和 Brain Wandell 的《Foundation of

Vision》(1995)。Hubel 的书适用于非专业人士，他在书中写道："在写这本书时，我心中将天文学家作为第一读者——即经过科学训练但又不是生物学(更不要说神经生物学)专家的人"。Wandell 的《Foundation of Vision》提供了丰富的数据并解释了许多作为线性系统的视觉处理过程。在 M. D. Levine 的《Vision in Man and Machine》(McGraw-Hill Book Company, 1985)一书中，作者从信号处理的角度对视觉进行了深入的阐述。Marr 的著作《Vision》(W. H. Freeman, San Francisco, 1982)基于视觉的信息处理过程。他关于视觉的理论，尤其是关于早期视觉的理论，已经被不同领域的研究者广泛接受。I. Rock 的《Perception》(Scientific American Library, 1984)一书从一个有趣的角度介绍了视觉感知的方法。

第五章　计算机视觉

和人类视觉系统一样，计算机视觉也关心从二维投影重建三维世界，并用一种有效的方式对其进行解释和描述。数字摄影测量具有类似的目的，也面临着相同的基本问题，因此，有必要分析计算机视觉中出现的概念、算法和解决办法。但是本书不只是盲目照搬计算机视觉领域已有的东西。为了判断什么理论能够解决摄影测量问题，我们必须对计算机视觉解决什么问题，哪些方法已被证明是有效的以及解决方法的理论基础是什么进行了解，从而形成一套合理的理解体系。

本章是对计算机视觉及其流程、基础概念以及主要问题的简短概括，以前面的章节，特别是第三、四章为基础。计算机视觉、图像处理以及模式识别之间，没有明确的界限。实际上，许多初级视觉处理纯粹是图像处理的任务，这正是图像处理终止的地方，同时也是计算机视觉开始的地方：提取图像的结构，通过视觉感知和匹配将其与场景中的实体模型匹配。

本书并未对所有问题泛泛而谈，而是将重点放在几个关键概念上，然后介绍多尺度空间中的边缘检测和特征跟踪，作为初级视觉处理的例子。物体识别部分作为高级视觉的例子。

5.1　背景知识

计算机视觉是一个相对年轻又发展迅速的领域。很多重要概念也只是在近20年内才发展起来的。其目标是由二维图像重构三维世界，并用一种有效的方法来解释和描述它。“有效的”是一个模糊的概念，因为对一种应用有效的描述可能完全不适用于其他的应用。

有几个基本问题使得视觉系统的发展遇到困难，从而限制了它的应用，比如重建就是个病态问题。数字图像含有大量的不仅无用而且具有误导性的数据，因此，在开始，信息只能盲目地获得。可见的(画像)输入与(高度抽象、符号化的)现实模型在描述上有很大的差距。这个差距无法一步就解决，所以中间描述是必要的。这样，计算机视觉的任务是更详尽地提取信息，设计合理地描述，以一种独立于不同光照和视点条件的方式来描述物体。

总的来说，计算机视觉所追求的目标和人类视觉是一样的，那就是从图像中提取对场景的描述，并且这种描述必须是详尽而有意义的，这样其他系统组件才能执行任务。在这方面，计算机视觉是和环境相作用的整个系统(比如机器人)的　部分，但是诸如计划、决策和执行之类的任务并不属于计算机视觉。因为人类视觉具有很大的随意性且没有有意的努力，所以计算机视觉正尝试模仿人类视觉。如前面章节所讨论，人类视觉系统还没有很好地被理解，特别是感知部分。在对生物视觉的研究中，我们确信存在解决视觉问题的有效的方法。计算机视觉正面临着重新发现解决方法的挑战。

图 5.1 以图表形式描述了计算机视觉的流程。实际上，没有统一、可被广泛接受的流程，所以不要太严谨地对待该流程。因为输入和输出间有很大差距，所以大部分人同意视觉必须以模块的方式解决。实际上，这些模块(对视觉的规范分解)以及它们之间的关系仍然是值得争论的问题。

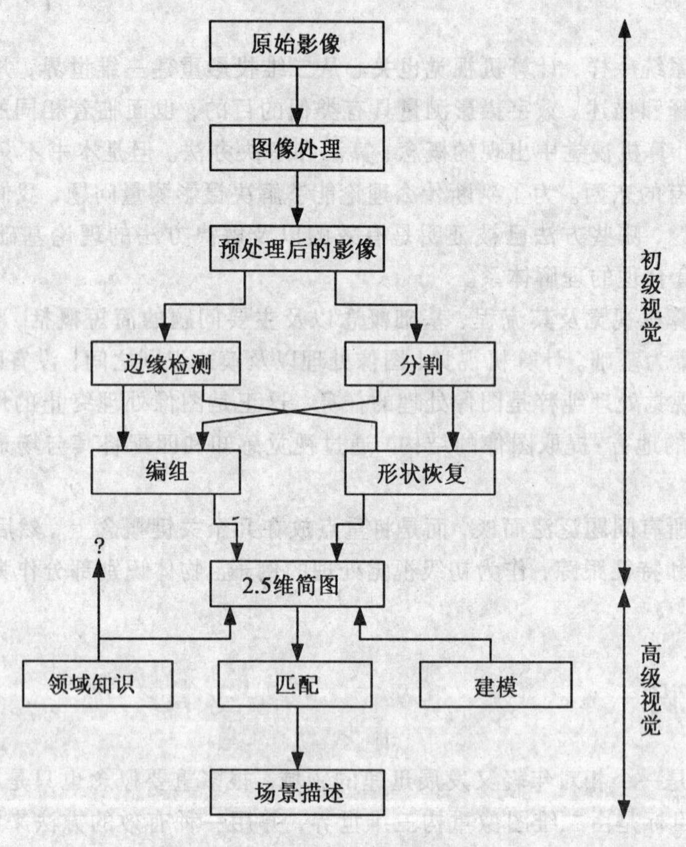

图 5.1　计算机视觉总体图

视觉在图像形成时就开始了。由于计算机视觉可被看成是图像形成的逆过程，所以对图像的形成有一个大致的了解是很有用的。在第六章里将对其作更细致的介绍。

低级的图像处理任务，如灰度级的修改，是从原图像到预处理图像的变换，同时可以克服图像获取系统引起的图像缺陷。

下面介绍提取有用信息，该过程包括角点以及边缘的检测。这两者都是图像函数的不连续。边缘很可能是由于场景中的构造不连续所造成的，如物体边界、斑点和表面的不连续。边缘像素连成边缘，然后组成更高级的实体，如直线、弧线和平行线等。

寻找与场景相对应的图像结构的另一种方法是分割。分割是基于空间相关像素的相似性来确定图像区域的。纹理是定义图像区域的一种方式(见 3.5 节)。具有相同属性的像素集合，通过专业知识分组成更高层次的区域。

很久以前人们就意识到形状在物体识别中起的基础作用(想想人类视觉系统，通过画家所勾画的几笔就能识别出人脸的技巧，就不难理解这一点）。表面形状是物体重建的重要前提。多种线索提供形状信息。立体视觉可能首先在摄影测量界引起关注，除此之外，还有其他重要的线索，如阴影、运动、纹理、颜色等，统称为形状恢复（计算机视觉领域称为“shape from X”）。

2.5 维简图是初级视觉处理结果的代表。在 Marr 的视觉理论中，2.5 维简图应该是在没有任何关于这个场景的知识和关于这个视觉系统的潜在应用（如从航空影像识别建筑物，在传送带上检测零件，机器人导航等）的知识的情况下获得的。实际的视觉系统常违背这一要求，比如说，分割和编组通常伴随着特殊的应用。正如你所意识到的，这使得系统专门化并依赖于应用，只要不用于其他的应用都是可以接受的。因此大部分成功的视觉系统都依赖于具体应用，实现一个通用的视觉系统仍然是个梦想。

2.5 维简图与原始图像相比，数据更少，但它更为明确。例如，一个边缘可能是物体的边界或是阴影，而一个单独的像素可能是任何东西。深度和三维形状信息更重要。2.5 维简图是从图像空间到实体空间的转变。接下来的处理称为高级视觉，是面向场景而不是面向图像的。

编组处理是对提取出的特征进行感知编组，这发生在 2.5 维简图之后。实际上，有些研究人员将编组称为“中级视觉”，以此来强调感知编组和特征参数化的重要性。

如果视觉系统的应用是目标识别，那么可以生成一个存放实体模型的数据库（建模）。分组和参数化了的特征就能和实体库相匹配。通常，模型和提取出的特征间不会完全吻合，因此在一个更为复杂的设置中，以减少和解释残留差异为目的的推理过程就开始了。

5.2 关键概念与关键问题

5.2.1 视觉是模块化的和多层次的

计算机视觉的核心在于认识到视觉（生物的或人工的）是模块化的。模块可看成是视觉的规范分解（Haralick 和 Shapior, 1990）。视觉任务（如物体重建和导航）的解决方法通常需要多个层次的处理。关于场景描述的有用信息并不能立刻直接来自原始图像。诸如表面的不连续、深度、反射和亮度等物理现象在图像处理过程中表现为像素的强度变化，原始图像不能直接用于解释图像。目前的问题是中间层的定义（模型）及其相应的描述。局部极值和它们的微分都是恰当的原始信息，因为它们经常与物方空间相关联。

获取强度不连续的其中一个问题是尺度，因为物理现象在尺寸和广度上有很大的区别；而且要找到所有的不连续是不可能的，应该抑制噪声和不必要的细节，这可以通过平滑原始图像来解决，如用高斯滤波器来进行卷积运算。高斯滤波器 σ 的大小决定了所代表的强度不连续的尺寸。如果 σ 连续变化，则可以有无限种表示，这些表示就是尺度空间图像。与其他卷积核相比，高斯函数的一大特点是随着 σ 的增加不会产生新的物方空间事件。在较为粗糙的尺度上的描述可以出现在较精细的尺度上，尽管不是在完全相同的位置。

在连续的尺度空间内表示描述性基元非常重要，因为它屏蔽了确定物方空间事件发生在什么尺度下的问题。但是，大部分实际实现都是离散的，也就是说尺度空间被离散化了。

用有限个光滑算子，如不同 σ 值的高斯算子，来平滑原始图像的结果称为影像金字塔。其每一层对应着原始图像不同的分辨率，称为多分辨率。离散尺度空间的基本问题是从上一层到下一层连续地跟踪描述性基元。平滑算子会使基元错位，因此难以在离散尺度空间跟踪特征。

5.2.2 视觉是病态的

从整个流程可以清楚地看出，初级视觉处理针对基于影像的场景重建，这是影像成像的逆问题。像很多逆问题一样，初级视觉也是病态的。以边缘检测为例，它需要数值微分，这很显然是病态的。当某个数学问题的解存在、唯一、而且对噪声不敏感时，Hadanard 认为这个问题是非病态的。

正则化理论可以解决病态问题，其基本思想是通过选择一个恰当作用范围的最小化函数来限制可行解的空间。比如，要找到满足 $y=Ax$ 的 x，那么就可以定义函数 $\|Ax-y\|^2+\lambda\|P_x\|^2$，并使其最小化，其中，$P_x$ 是稳定函数，λ 是正则化参数。本质上，一个病态的视觉过程可以通过加入物理上可行的约束（如表面光滑性等）来使其正则化。

尽管正则化理论具有数学优势，但是它仍然不是一个完美的解决方法。对于不连续的计算量，使用该理论就会产生问题，但我们通过图像要重构的世界充满着不连续性。另一个问题是要恢复的未知函数的光滑度问题，在内插表面时会遇到该问题。在将正则化理论作为一个通用方法来处理病态视觉过程之前，必须解决这些问题。

当然，也可能在正则化理论框架确定之前，视觉处理问题就已经解决了，比如通过引入假设和约束或其他方式。关键在于提供约束使得能够得到一个解，同时又要尽可能保持通用，在此二者之间找到一个平衡点。通常是假设太严格，算法在应用于不同场景时就可能失败。

解决视觉问题的另一种方法是多种视觉过程综合应用。单个形状恢复的过程在计算过程中考虑的约束比较少，使其本身并不稳健。通过综合不同的处理方法，参数会被进一步约束，使得解会变得更稳健且唯一。这仅仅是因为综合了不同的处理方法，而不是引入了多余约束，使得解更加稳定。

综合（或集成）可在两个层次上实现。单个形状恢复过程的结果可以认为是对表面三维形状描述的约束。综合还可以在假设检验框架下起作用。

另一种方法是对某个处理过程中不同线索所提供的信息进行综合。如综合立体和阴影，或同时计算光照方向和基于阴影恢复形状。最小二乘匹配中将辐射模型加入几何模型的思想，属于综合立体和阴影这一范畴。

5.2.3 初级视觉到高级视觉的转化

在计算机视觉中，2.5 维简图是初级视觉和高级视觉的分界面。诸如边缘检测、边缘分类，立体观测 、纹理、运动和颜色等初级视觉过程都是数据驱动过程，其目标是从图像隐含信息中提取物方空间（场景）的物理属性信息。2.5 维简图中最重要的信息是形状、深度和表面边界，其中边界出现在深度或表面法线方向上不连续的地方。

根据 Marr 的视觉理论，在没有关于场景中物体的任何先验知识的情况下，这些信息只能从图像中获取。表面重建是初级视觉处理的结果。随机点立体图(图 5.2)证明了人类视觉系统重建表面仅仅利用了视差信息。如果在立体下观察图 5.2，可清楚地看出中心区域浮在周围背景之上。

图 5.2　随机点立体图。当在立体下观察时，会发现中心一个正方形区域浮在周围背景之上

如果认为初级视觉主要是重建可见表面的话，那么高级视觉主要关心的是以符号处理的方式解译这些信息。其原理是将 2.5 维简图分割(融合)成更高级的标记并赋予其意义。使用“意义”这个模糊术语，目的是为了清楚地表明高级视觉是依赖于具体应用的。离 2.5 维简图越远，高级视觉就越依赖于具体应用。可以看出，感知编组是 2.5 维简图的继续，它可能就依赖于具体应用。

高级视觉处理都依赖于对场景的认识(领域知识)和通用的知识(世界知识)。比如，当阴影投到一个光滑表面时，尽管其边界是一个很清晰的边缘，但是人们并不会感觉到有两个不同的平面，这就是一个高级知识。这种知识人们很容易接受，这也部分地解释了为什么人类视觉是如此的灵活，并能够处理不同场景，计算机视觉系统正是缺少这种灵活性和应变性。

在任何视觉系统中，初级视觉和高级视觉之间的交互都至关重要。数据驱动处理应该在什么地方结束，而目标驱动模型又应该在什么地方开始呢？场景独立能够保持多远呢？怎样才能引入知识，而又不会限制应用的范围呢？

5.3　边缘检测

物体的物理边界在人类视觉系统识别物体的过程中起着非常重要的作用。想想画家用几笔就能勾画出人脸。通常，实体边界在图像小区域内表现为灰度级的急剧变化。灰度函数不连续的部分就称为边缘。不是所有的物体边界都能产生边缘，也不是所有的边缘都和边界相对应。从局部强度变化中推断边界是一个相当复杂的过程，主要有以下几步。

检测边缘像素是在灰度级上确定局部不连续的处理。什么是不连续？或者更具体地说是相邻像素间灰度差必须是多大(阈值)？邻域应该多大(空间范围)？

将边缘像素链接成边缘是确定哪些边缘像素属于同一个边缘。边缘链接可以看成是一个标记过程，它使得边缘更清楚。

边缘分组用来确定直线、折线、二次曲线、平行线等，这可能依赖于具体应用。分组后的边缘是有意义的场景描述的基本元素。

图 5.3 以图形的形式描述了几种不同的边缘，包括它们的空间分布。每一幅图可看成是通过边缘的灰度曲线。灰度变化的空间分布用灰色阴影表示。图 5.3(a)是台阶状边缘，特点是灰度级的一个突然变化。灰度变化越大，越容易感知该边缘。它的空间分布是一个像素。图 5.3(b)中的斜坡状边缘有几个像素的空间分布。显然，范围越大，灰度级变化越小，而边缘越模糊。图 5.3(c)中的屋脊状边缘显示了一个有趣的问题：是认为有 3 个边缘还是将屋脊状边缘看作是一种现象？图 5.3(d)描述的楼梯状边缘也有类似的问题：该边缘是一个现象还是我们有两个台阶状边缘？有的学者将图 5.3(e)的长钉状边缘称为滴状边缘或是线，该边缘有几个像素宽。

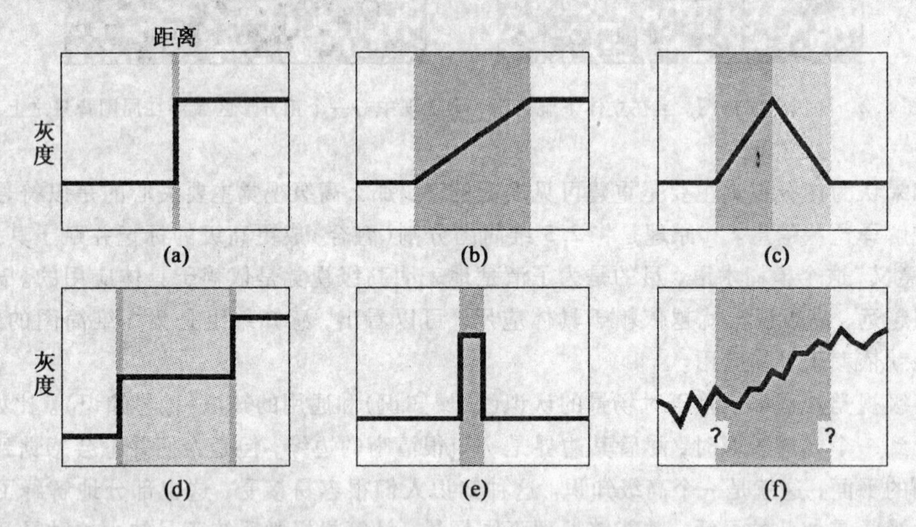

图 5.3　不同边缘举例。(a)台阶状；(b)斜坡状；(c)屋脊状；(d)楼梯状；(e)长钉状；(f)噪声。灰度级变化的空间分布用阴影表示

以上讨论的都是理想边缘。在真正的图像里，灰度包含了各种各样的噪声，并且这时的斜坡状边缘看起来更像图 5.3(f)，很难确定边缘的空间分布和位置。可以把边缘与一个“符号”联系在一起，通过由较暗处向较亮处(或相反)的过渡确定该符号。

5.3.1　检测边缘像素

边缘算子用来检测局部边缘(这里称其为边缘像素)。一个好的边缘算子，能精确定位边缘(好的定位性)并能找到所有的(最多的)边缘，而不检测出错误的边缘。检测强度变化相当于在小空间范围内分析灰度差。使用微分将扩大噪声，因此，边缘检测方法应该能够减少噪声的影响。在边缘检测之前应该首先平滑图像，有的边缘算子将图像平滑和边缘提取合成一步。

要求一个边缘算子检测出所有的边缘是没有意义的。从图 5.3 可以发现有多种不同的边缘。以较宽的空间范围来检测边缘较困难。如何根据具有灰度变化的像素个数，灰度级

的差异明显程度，来认定边缘呢？可以看到，边缘这一概念没有严格的数学定义，它依赖于具体应用。因此虽然已经提出了多种边缘算子，但不存在最好(或最优)算子。通常几个边缘检测算子一起使用来解决一个特殊的应用。

有几个标准可以用于分类边缘算子，如一次微分或二次(更高次)微分算子以及有方向或无方向的算子。如图 5.4 所示，一阶微分在边缘处取最大值，二次微分通过零交叉点来确定边缘，边缘检测算子主要分为 3 种类别。

梯度边缘算子 确定图像函数的梯度。在 3.3.3 节中，我们讨论了确定数字(离散)图像梯度的各种不同的方法。梯度算子包括 Roberts, Prewitt, Sobel, Kirsch 等算子，这些算子都是在 20 世纪六七十年代提出的。

模板匹配算子 用理想的边缘模板和图像进行匹配。当发现很好的吻合度时，当前的像素就标记为边缘，如 Kirsch 算子。

二次微分算子 用零交叉点确定边缘像素(如图 5.4)。如果微分在各向上都是对称的，那么该算子就是无方向算子。

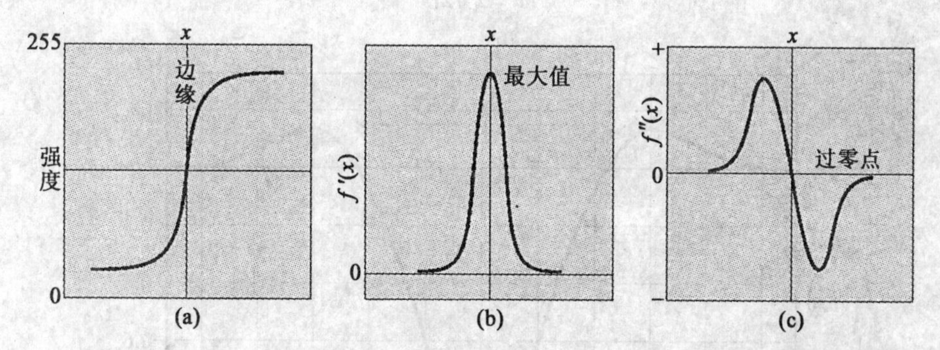

图 5.4 函数的一阶微分和二阶微分。图(a)表示一个边缘，图(b)中用一阶微分的最大值来确定边缘，图(c)中用二阶微分的零交叉点来确定边缘

方向边缘算子可以使用各个方向的微分，较好的方向是垂直于边缘或是沿梯度的方向，这一类算子比无方向检测算子更能精确地定位边缘。但是微分方向一定要先确定，通常是在一个单独的步骤里，而且方向算子不能将光滑算子和差分算子合并，因为光滑因子是一个标量而梯度算子是矢量。

旋转不变边缘算子采用无方向的差分。对于边缘检测，应该使用方向算子还是无方向算子，除了个人喜好，还取决于进一步的处理任务，即依赖于具体应用。

拉普拉斯 - 高斯(LOG)边缘算子

拉普拉斯算子的定义为：

$$\nabla^2 = \frac{\partial^2}{\partial x^2} + \frac{\partial^2}{\partial y^2} \tag{5.1}$$

它独立于坐标系方向。因为它是个标量算子(两个梯度的点乘)，所以它能和光滑算子相联合，后者对减少噪声是必需的。

LOG 算子使用高斯函数作为平滑算子。在 3.2.2 节我们介绍了高斯函数并知道它具有在频率域和空间域形式不变的突出特点。

$$g(x,y) = \frac{1}{\sqrt{2\pi\sigma}} e^{-\frac{x^2+y^2}{2\sigma^2}} \tag{5.2}$$

其中，σ 是高斯函数的尺度或空间常量。

首先对图像 I 按顺序使用平滑和差分算法。用符号表示如下：

$$S = G * I \tag{5.3}$$

$$C = \nabla^2(S) = \nabla^2(G * I) \tag{5.4}$$

其中，S 为平滑后的图像；C 为卷积后的图像。根据卷积属性，也可以把式(5.4)重写为：

$$C = (\nabla^2 G) * I = \mathrm{LOG} * I \tag{5.5}$$

该式的突出特点在于将平滑和差分合为一步。高斯函数的二次微分引出了 LOG 算子的定义：

$$\mathrm{LOG} = \nabla^2 G = \frac{1}{\sigma^4}\left(\frac{x^2+y^2}{\sigma^2} - 2\right) e^{-\frac{x^2+y^2}{2\sigma^2}} \tag{5.6}$$

图 5.5 中显示了 LOG 算子的函数曲线。中心波瓣的宽度 w 和 σ 的关系是：

$$w = 2\sqrt{2}\sigma \tag{5.7}$$

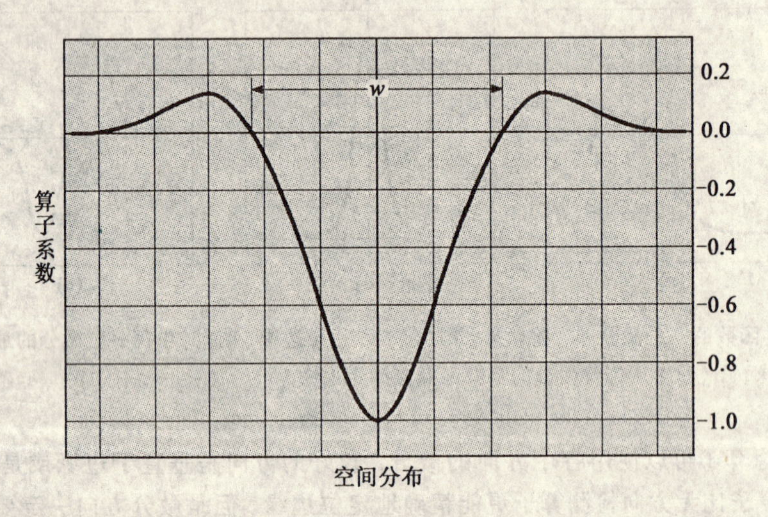

图 5.5　LOG 算子的函数曲线。中心波瓣的负数范围的直径为 $w = 2\sqrt{2}\sigma$。算子的有限尺寸通常限制在半径为 1.5w 的区域

像高斯函数一样，LOG 算子也在无穷远处趋近于 0。然而，在实际实现时，该算子的操作范围是有限的，常选为 3w，忽略该范围外的影响。

使用 LOG 算子得到的图像卷积产生的是标量。检查这些标量比检查方向算子产生的矢量更简单。边缘像素在卷积值为 0 处获得。因为我们处理的是实际的数值，所以很难找到精确为 0 的卷积值。更灵活的做法是寻找符号相反的相邻像素并认为零交叉点在它们中间。

图 5.6 描述了用 LOG 算子获得的一些边缘检测结果。在图 5.6(a)中，两个边缘交叉在 Y 字形的中间交点处。零交叉点不能很好表达这种情况，因为它们是封闭的轮廓线从而产生影子边缘。然而这种任意的边缘特征很弱，并且当被阈值限制时这种边缘就会消失，

这时就会出现缝隙。图5.6(b)表示的是在拐角处位置偏离的问题。如果在算子作用范围内边缘是笔直的，那么过零点只能精确到一个边缘。图5.6(c)表示的是一个台阶状的边缘。LOG算子很好地检测出了两个边缘，但是也产生了两个影子边缘(虚线)。通过观察图5.5中的算子形状，就能够预测这一相当奇怪的行为。假设算子作用在图5.6(c)最左边的边缘上，这时，过渡是从亮到暗；卷积值在一侧为正，而另一侧为负。现在在最右边的边缘上重复该过程；而且，过渡也是有从亮到暗，但卷积值正好相反。为处理该奇怪的现象，引入两个影子边缘。但是使用正确的边缘强度阈值能使影子边缘消失。

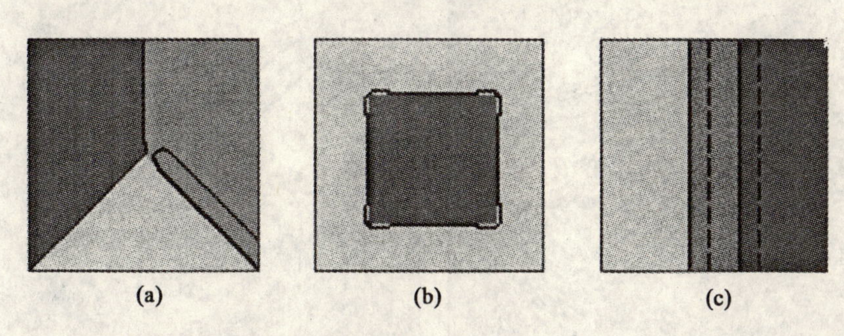

图5.6　通过这些合成图像证明了用LOG算子获取边缘的三个普遍的问题。由于零交叉点组成的是封闭的轮廓线，所以它不能恰当地描述图(a)中两个边缘交叉在Y形交叉点处的情况。图(b)证明在拐角处的位置偏移问题。在算子作用范围内，只要该位置上的边缘不直，在零交叉点就不能正确地标记边缘。拐角越尖锐，则位置偏移越大。图(c)中的台阶式边缘产生了两个影子边缘(虚线)。这是由台阶区域内要颠倒卷积信号的需求造成的。两个边缘都是从亮向暗过渡

5.3.2　链接边缘像素

通过边缘检测处理，我们知道边缘像素在什么地方以及我们应该在哪里找到它们。为了得到有意义的描述，单个的边缘像素必须链接在一起。接下来的任务是将边缘像素转换成边缘。边缘是有起终点的实体，起终点之间的像素按顺序排列。链接边缘像素可以看做是使边缘更清晰的处理。这个过程依赖于使用的边缘算子。

使用LOG算子对图像进行卷积运算产生的新的图像包含有实数。寻找边缘像素就是寻找零交叉点，也就是，卷积值由正向负或是相反的过渡点。用扫描线方法，每一行都要检查是否有零交叉点，接近零交叉的像素作为边缘像素，并与上一行相邻的边缘像素连接。如果不能够互相连接，那么可以认为是一个新边缘的开始。正如你所猜想的，这一简单的方法也存在一些问题，比如对于如何连接边缘会出现一些奇异的情况。

另一个方法是跟踪边缘。假定我们已经确认了一个边缘像素。那么下一个边缘像素一定在该像素周围3×3的区域里。当有多于一个候选像素出现时，在保持很好连续性的格式塔法则的引导下(见4.4.1节)，我们选择使边缘方向变化最小的像素。

下面将从概念上简单解释一下确定过零交叉点轮廓线的最好方法。将卷积运算后的图像作为DEM，也就是作为地形表面的离散表示。这个DEM有正负高程。如果我们用零高程水平面来切DEM，那我们就能追踪到零交叉轮廓线。实现这个概念的一个方法是确定所有卷积值为正的区域。首先寻找最大峰值，然后将峰值处的像素作为种子像素做区域增长

直到遇见负高程值，这就是边缘像素。在找到属于这个峰值区域的所有边缘像素之后，我们对下一个最高峰值进行同样的处理，直到结束。根据后续的任务，给边缘像素赋予一些属性是很有意义的，比如倾斜坡度的大小和方向等属性。

图 5.7 显示了一个用不同大小的 LOG 算子所得到的过零交叉点轮廓线的例子。

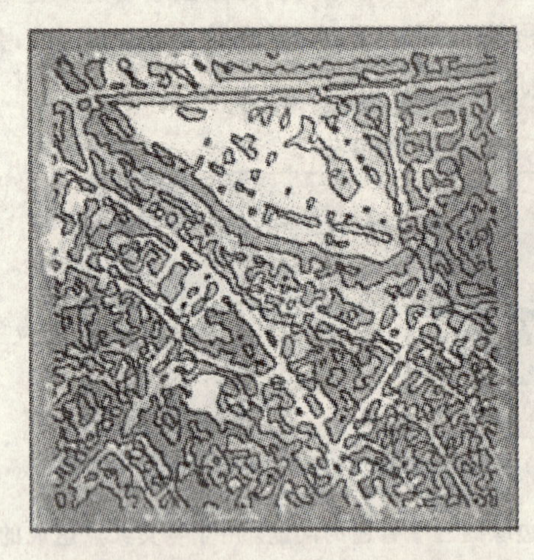
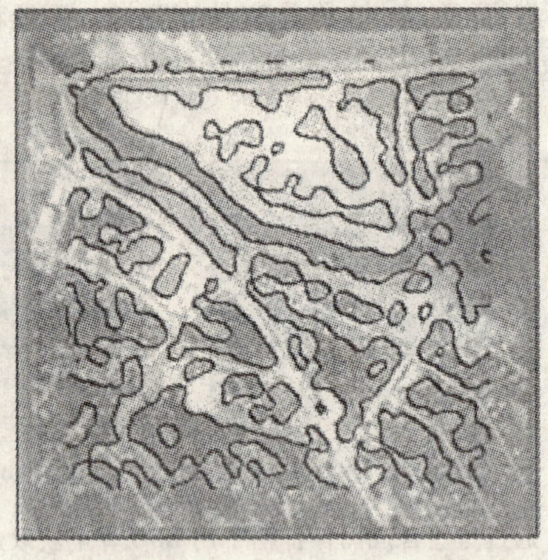

图 5.7　LOG 算子得到的过零交叉点轮廓线的例子。左图中的 w 取值为两个像素，右图中是 4 个像素。可以看出，随着 LOG 算子尺寸的增大，过零交叉点轮廓线的间距增大

5.4　尺度空间理论和影像金字塔

现实世界的物体可以以不同的细节层次描述，范围可以从组成物体的分子结构到物体所在的宇宙，这就引出了尺度的概念。然而，对我们的实际应用来说，只有相当窄范围的尺度才有意义。比如说，对于从空中拍摄的场景识别建筑物，在微米级或是千米级上描述建筑物是没有意义的。显然，影像分辨率定义了尺度的下界，整个影像或包含物体的子影像的大小决定了尺度的上界。

地图是多尺度表示法的常见例子。其他的例子包括使用光学方式和电子方式的增强，以及图形显示中的放大和缩小。正如我们在前面章节（4.2.3 节）所发现的，感知区是多尺度的生物实现，视网膜和视皮层中的感知区的反应和高斯微分类似。

直到最近，多尺度的概念才发展为尺度空间这样一个数学理论。其理论基础是信号在多个尺度上表示，其中在较粗的尺度上表示时，其细节被压缩。影像金字塔是多尺度概念的另一种实现，这里，目标是在每一层都减少像素数量，而在多尺度空间表示中采样数量仍然是常量。图 5.8 用一维信号说明了这些概念。图 5.8（a）中的尺度空间表示是由一个尺寸不断增长的算子平滑原始信号得到的。图 5.8（b）中的影像金字塔则要求随着采样尺寸的不断增长，在每一个尺度中都对平滑后的信号重采样。因为平滑处理减少了原始信号中的信息量，所以尺度空间表示法是非常冗余的。特征的一个很重要的特点是它们在尺度空间中的尺度范围。图 5.8（a）中的特征 A 发生在整个尺度空间中，因此这是个很突出的特征。另一方面，特征 B 只存在于三层中，细节很快就消失了。

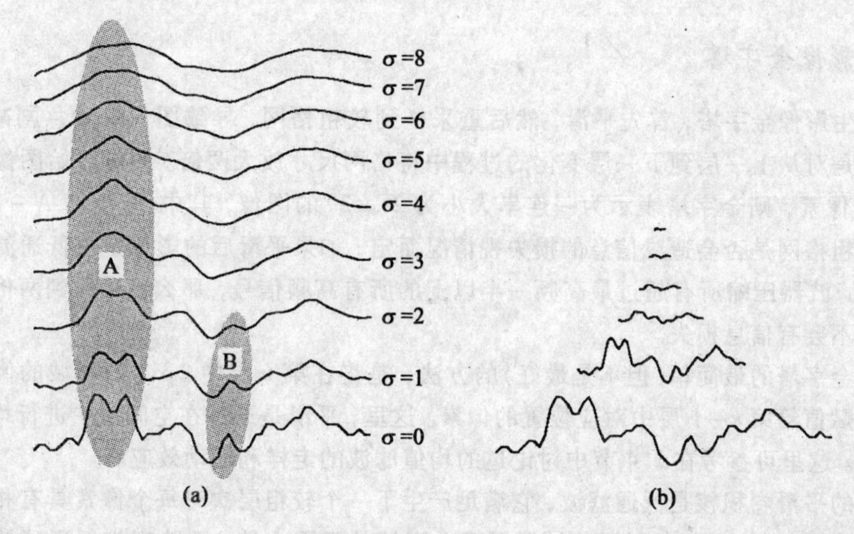

图 5.8　一维信号的多尺度表示。两个图的底部都是原始信号，用 σ 不断增大的高斯平滑滤波器卷积作用到该信号。(a)中的多尺度表示显示了具有原始大小的平滑后信号，而(b)中的金字塔表示法显示了分辨率不断降低的平滑后信号。如图(a)中特征 B 所示，注意在相对小范围的尺度中较细的细节是如何消失的。较粗的细节能坚持多个尺度级，如特征 A

5.4.1　尺度空间的生成

一个信号，比如 $f(x,y)$，其尺度空间表示是一系列信号 $f_s^n(x,y,n)$，它们表示在各个尺度级别上将原始信号表示为尺度参数 n 的函数。这些派生信号组成了 $f(x,y)$ 的尺度空间集。尺度空间的生成不是个随意的过程。为了使原始信号中隐含的信息清晰的显示出来，必须满足两个标准。

1)为了生成尺度空间集，必须用单尺度生成函数 $s(x,y;n)$ 对原始信号进行卷积运算。

2)尺度生成函数必须有使对应于高频信号的细节在较粗的层次中被压缩的属性，而且，任一层都不会出现其上一层没有表示的新的信息。

第一个条件可以描述成

$$f_s^n(x,y,n)=f(x,y)*s(x,y;n) \tag{5.8}$$

其中，$f_0^0(x,y,0)$ 显然就是原始信号 $f(x,y)$。

满足第二个条件的尺度生成算子是高斯函数

$$G(x,y;\sigma)=\frac{1}{2\pi\sigma}e^{-\frac{x^2+y^2}{2\sigma^2}} \tag{5.9}$$

现在，原始信号 $f(x,y)$ 的尺度空间集 f_s^n 可以由下式获得

$$f_g^\sigma(x,y;\sigma)=G(x,y;\sigma)*f(x,y) \tag{5.10}$$

尺度空间理论为用尺度函数检测有用的信息提供了一个框架，然而，信息只能隐性获得，但是可以通过跟踪特征来使嵌入到尺度空间的信息清晰。边缘就是能通过尺度空间提取并跟踪到的特征之一。当尺度略有不同时，提取边缘是相似的。还可以从较粗尺度到较细尺度跟踪边缘来得到更好的定位特性，也就是说，粗尺度显示有意义的边缘而细尺度给出它的确切位置。跟踪特征还可以使关系更清晰，这个特性将在关系图像匹配中进行更深

入的讨论。

5.4.2 影像金字塔

要产生影像金字塔，首先平滑，然后重采样到较粗格网，导致图像尺寸急剧减小。常用的方法是对从上一层到下一层变化的过程中将格网尺寸放大两倍。假定原始图像大小是 $2^N \times 2^N$ 个像素，则金字塔表示为一连串大小为 $2^k \times 2^k$ 的图像，其中，$k = N, N-1, \cdots, 0$。重采样到粗格网是否会造成信息的损失视情况而定，如果平滑后的影像是由低通滤波获得的，低通滤波器压缩所有超过最高频一半以上的所有高频信号，那么重采样到两倍格网大小理论上不会有信息损失。

生成金字塔的最简单(但不是最好)的方法，是将在第 k 层中 2×2 的邻域的像素的灰度平均值赋值给第 $k-1$ 层中对应位置的像素。这里，平滑是通过在空间域中进行均值滤波来实现的。这里可参考在2.4节中讨论过的均值滤波的走样和摆动效应。

更好的平滑卷积核是低通滤波，它满足产生下一个较粗层次时每个像素具有相同贡献的标准。但是，一个理想的低通滤波器需要空间域的无限支持。消除理想低通滤波和无限支持间的矛盾，已经有多种不同的解决办法。对于 3×3 的尺寸，通常使用带常数的二项式滤波器

$$\frac{1}{16}\begin{pmatrix} 1 & 2 & 1 \\ 2 & 4 & 2 \\ 1 & 2 & 1 \end{pmatrix}$$

该滤波器具有对称特性。当递归调用时，二项式滤波器逐渐趋近于高斯滤波器。

产生金字塔的另一种方法是表达光滑前后图像之间的差异，这一类金字塔又称拉普拉斯金字塔。k 层的拉普拉斯图像 L^k 由 $L^k = I^k - I^k * S$ 得到，其中，L^k 是第 k 层的图像，S 是平滑卷积核。在重采样 L^k 得到下一个较粗层次后，进行差值图像的计算。显然，拉普拉斯金字塔强调了灰度级的差异，如边缘。

图5.9描述了一个常规的影像金字塔和相同原始图像的拉普拉斯金字塔。这两个金字塔表现了原始图像的不同方面。

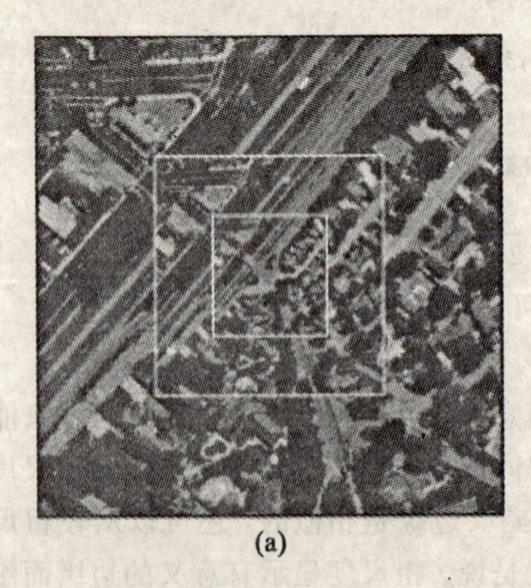
(a)

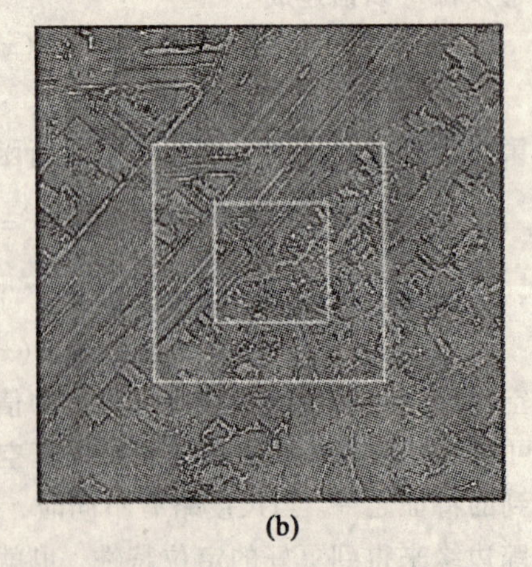
(b)

图5.9 (a)常规影像金字塔，(b)拉普拉斯金字塔，只显示了三层

影像金字塔的优点是使得尺寸急剧减小，从而大大方便了计算(费用)和表示(内存)。金字塔有很多的应用，例如影像匹配(分级方法)、表面表达、不同分辨率下影像的快速浏览和存储；缺点是金字塔随平移发生变化。这类操作需要产生一个新的金字塔。

5.5 感知编组

对视觉感知的概述参见4.4节。

5.5.1 背景

感知编组就是在不知道其包含内容的先验知识下提取有关的分组(groupings)和结构的能力。即使是任意的元素集，人类视觉系统也可以很容易地感知不同的模式和对元素进行有意义的分组。这些分组操作包括聚类、单条线、平行线以及曲线的检测，其结果将图像分割成包含相似图像特征的区域。

感知编组是物体识别的先决条件。它必须大大独立于光照条件、视点和尺度。因此，这样所得到的分组是图像的固有属性。由于单个像素的单个灰度级几乎不含有视觉信息，所以必须通过区域检查来获得，因此，感知编组也可以看成是一种中层视觉处理，它支持多种视觉任务，例如，人物背景区分，基于运动的分组，变化检测和物体识别。

因为视觉是病态的，一幅图像可以有多种不同的解释。为了缩小解空间，我们必须对所观察的世界作一些假设。感知编组特别是编组的格式塔法则为人类视觉系统提供了对于物体和生物体的合理假设。一般地说，自然界中物体的形状变化平滑、连续并且通常是对称的。物体是聚合在一起的，所以相邻区域很可能属于同一结构。

在计算机视觉中，感知编组就是分类，更一般的说法是分割。

5.5.2 积木世界场景的分析

早在二十多年前，人工智能领域的许多研究人员就试图采用将视觉场景分成许多不同物体的方法来解决分割问题，这样可以避免自然物体图像的复杂性。在人工智能领域，试验被限制在所谓的“积木世界”——白色的、棱柱形的、具有均匀亮度的物体。

最有名的可能是由 Waktz 编制的程序。该程序从一系列直线出发来识别物体。他在分析中采用的重要元素是交叉点(两根或更多的直线的交会处)。交会类型和可能的表面分布有直接的联系。另一个重要的关系是不同类型的边缘(凸的、凹的、封闭的)是怎样联系的。

尽管有些场景分析程序取得了成功，但是它们的实际意义仍然有限。块状世界场景分割中采用的原理不能实现从自然图像中提取有意义的结构。

5.5.3 曲线分割

物体边界是从图像中提取的最为重要的结构之一。自然，很多计算机视觉程序将边缘像素组成边界。通常它们从连接边缘点开始(边缘跟踪、边缘连接)，接下来是用直线和曲线拟合轮廓线。解决边缘跟踪问题的技术包括图搜索和动态规划。

5.5.3.1 Hough 变换

Hough 变换是检测直线和曲线最常用的方法之一。该方法首先由 Hough 提出，然后被不同的研究者改进。Hough 变换是一种寻找适合解决分割问题的表示方法。该表示方法称为参数空间法。Hough 使用斜率－截距方程式 $y = mx + q$ 来建立 m、q 参数空间。xy 坐标系中的直线在 mq 空间中是一个点，同样，在 xy 平面上通过某点的所有直线在参数空间中表示为一条直线。该方法的策略是，在 mq 参数空间中计算对应于 xy 空间中所有边缘像素的直线，则 mq 参数空间中的交点对应 xy 平面上的直线。参数空间被离散化，用一个累加数组实现。因此，在 mq 参数空间中的直线必须栅格化并且所有访问到的单元都被增加。

由于在斜率－截距表示法中斜率可能无限大，所以对直线更好的参数化方法是使用极坐标方程 $x\cos\phi + y\sin\phi = r$。在极坐标形式下，参数空间是 r、ϕ。这种形式也更适合于其他的曲线，这样 Hough 变换就更通用。例如 $(x-a)^2 + (y-b)^2 = r^2$ 能够在三维参数空间 a、b、r 中检测圆。在第十三章中我们将采用这种技术。Hough 变换的广义形式我们将在高级图像匹配中介绍。

尽管 Hough 变换方便、简单，它也有很多缺点。除了要求有巨大的累加数组外，它没有考虑两点之间的距离。如果两点刚好在同一条直线上，它将把很远距离区域内的点纳入分组中，而舍弃了许多稍微有些偏离直线的近距离点。这和人类视觉共线分组方法形成鲜明的对比。

5.5.3.2 虚拟线法

图 5.10(a)显示了一个随机点流模式，它是将随机点模型和稍微旋转后的同一模型相叠加产生的。人类视觉系统是通过感知旋转流的方式来对这些点进行分组的。将随机点的复制向径向延伸，然后再和原随机点相叠加产生相同的效果，如图 5.10(b)所示，编组过程产生一个径向辐射流模式。

虚拟线算法基于接近度和方向来连接点。取一个点然后利用所有距离小于 $d_{\min}$ 的点来确定方向。对每个点重复这个操作来确定所有方向的分布。在一个典型的流模式中，有些方向比较突出。突出的方向在方向分布中以峰值的形式出现。一个简单的阈值操作就可以决定哪个方向是可以的，这时重复将虚拟线赋值给满足方向要求的最近点。如果所有的方向都以相同概率出现，那么对这种一般模式的修改是必须的。图 5.10 中的旋转流模型就是这种情况，但是，突出的方向是在局部基础上获得的，如在一个象限内。

5.5.4 区域分割

区域分割是将图像分成一种或多种性质相似的单元的图像处理方法。从感知的观点出发，在解释涉及的范围内，这些区域应该是有意义的。所以，区域分割在某种程度上是依赖于具体应用的，问题是关于场景的先验知识是如何影响这个过程的。

区域分割的一种方法是区域增长。局部范围内像素的属性聚集在一起。在最简单的情况下，根据它们的属性和邻域，将像素组成不同的区域。全局技术考虑了更多像素的属性，例如使用直方图阈值，这可以实现前景和背景分离。

另一个方法称为分裂合并法。这里，图像认为是在离散状态并且每一个像素初始就是一个区域。当两个区域间的边缘被移除(合并)或是引入(分割)时，状态就发生改变。

毫无疑问，纹理在感知编组中起着很重要的作用。纹理分割将图像分成具有相似纹理

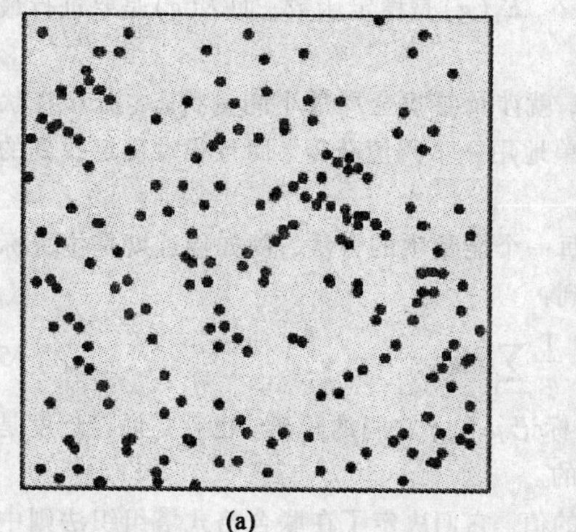

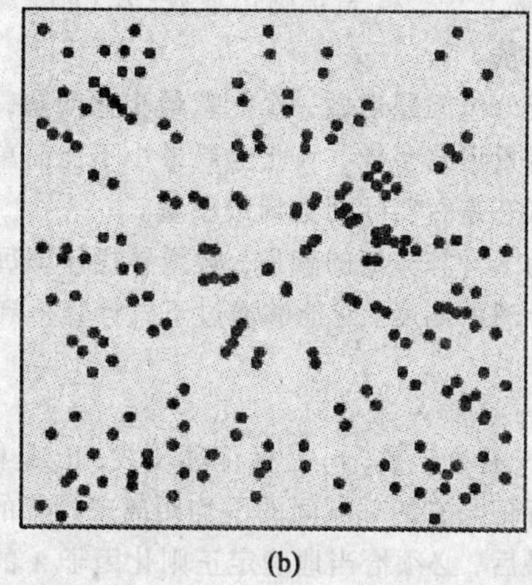

图 5.10　虚拟线图。图(a)中随机产生的点经过旋转来得到旋转运动的感觉。图(b)表示的是同样的点被缩放后和原来的点叠加，虚拟线给出辐射运动的感觉

特征的区域，有时候指的就是纹理块。纹理块具有某些在不同位置和方向上重复出现的不变的性质。Julesz 对人类纹理感知进行了广泛的研究。他指出，如果确定两个区域的一阶统计和二阶统计是相同的，那么它们就不能被区分开。一阶统计指的是整体亮度，而二阶统计指的是在粒度(纹理块的空间分布)和斜率(方向)上的差异。

当 Julesz 尝试以通用数学公式来解释纹理边界的感知时，Marr 已经解释了如何用一系列描述来发现纹理的信息处理理论。原始框架中的基元包括带有相关方向、对比度、维数和位置的边缘、线和斑点。通过将位置标记聚集成小结构，然后基于邻近度和空间密度变化合并成更大的单元(Marr 将该过程称为 θ 集聚)，就可以恢复结构。

5.5.5　更一般的方法

尽管很多计算机视觉程序已经实现了感知编组的一些方面，但方法仍然是相当低级的。很多方法是特定的，并且独立地对待编组。显然，作为一个信息处理系统，感知编组并没有在理论层上被理解。缺乏集成方法的另一个可能的原因是一些感知处理的结果不能立即用于场景的物理解释。

McCafferty 提出了一种实现结构化和分组的计算方法。该方法从构建数学模型出发，将感知编组的格式塔法则包含在视觉系统中。在他的成果中，编组被定义为一个能量最小问题。

如前所述，通过引入稳定函数(正则化理论)来缩小病态视觉重建问题的解空间。因为格式塔法则约束了人类视觉系统以得到物理可行解，为稳定函数提供了基础。为加强基于接近度、相似度、封闭性、连续性、对称性、背景前景分离等特性来进行分组，就形成了下面的最小化问题：

$$E(g) = \lambda_1 \| E_1(g) \|^2 + \lambda_2 \| E_2(g) \|^2 + \cdots + \lambda_7 \| E_7(g) \|^2 \tag{5.11}$$

其中，λ_1，…，λ_7 是正则化参数；$E_1(g)$，…，$E_7(g)$是稳定函数；而 $E(g)$是要进行最小化的总能量。

把分组问题当做一个能量最小化问题，就涉及寻找全局最小能量状态。分布在状态空间的能量形式多样，因此全局最小不能简单地用一个阈值获得。而且很难确定找到的最小能量状态是否实际的全局最小量。

为了计算分组的能量，必须寻找计算每一个能量项的方法，例如接近度是位置标记的空间分离的测度。它能够通过下式计算得到：

$$\frac{1}{i}\sum_{p=1}^{i}\frac{1}{n_i}\sum_{q=1} n_i d_{pq} \tag{5.12}$$

其中，i 是标记数；n_i 是标记邻域数；d_{pq}是标记 p 和 q 之间的距离。也就是说接近度是以每一个标记与它的邻域间的平均距离来计算的。

最后，必须恰当地确定正则化因子 λ 的值。它们决定了在联合格式塔组织法则中每个分组的权重。在分组的相对重要性不变的情况下，权重可以是常数或其他信息的函数，如原图像数据或先验知识等。

5.6 物体识别

一个人要正确地对环境作出反应，必须要分析、解释和理解视觉刺激。例如理想上，必须让机器人或自动驾驶交通工具具有相同的能力。为了从箱子中取出一个零件或是为了在复杂的环境下导航，机器人必须从传感器数据和已知知识中了解环境。图像理解的结果是充分理解了的场景。图像理解或图像解释都是与具体应用相关的。

物体识别是图像理解的一个重要内容。图像理解对很多计算机视觉应用来说都是根本，它在数字摄影测量中的作用不那么明显。摄影测量的重点是识别和定位物体，分析物体以及它们之间的相互关系，一般由 GIS 来完成。

物体识别是一个非常广泛和活跃的研究领域，很多学者已经提出了不同的方法。当然，不可能在一节中对所有这些不同的方法进行描述或者对数量巨大的参考文献进行介绍。这里的目的是给出概括以及涉及一些最为关键的问题，例如缩小搜索空间、物体建模以及匹配数据特征和物体模型。

5.6.1 基于全局模型的识别

传统的物体识别方法是在物体模型和传感器数据(如图像)间寻找对应(匹配)。匹配建立了与现实世界中的物体和现象一致的图像数据的理解，最为重要的是找到对物体和输入数据都适合的表达方法。大多数识别系统都将物体和数据描述为几何或关系结构。

普遍的解决方法是参数化物体模型和数据，然后，在两个参数表达之间找到最佳的匹配度。匹配度用目标函数 $M(p, q)$来衡量，其中，p 是描述物体的参数矢量，q 是从数据中提取出的参数矢量。包括直接解析解和爬山(梯度)法在内的多种技术能优化这些参数。

这些参数可以指形状，如曲线边缘描述；也可以是物体的其他全局属性，例如面积、延伸度、欧拉数等。在变换或投影下仍然保持不变的属性是可用属性。

1. $\psi-s$ 曲线匹配

$\psi-s$ 曲线表示了 $\psi(s)$ 函数曲线，其中，s 是切线 ψ 的参数。图 5.11(a)显示 xy 域的曲线，图 5.11(b)描述了同一曲线在 s，ψ 参数空间中的形式。水平直线转换成 s 轴($\psi=0$)上的水平直线，斜率为 α 的直线表示为水平直线 $\psi=\alpha$。因此角点引起 $\psi-s$ 域不连续，不连续值和角点处的曲线夹角成比例。因为圆的切线是个常量，所以圆可以表示为一条斜率和半径成比例的直线。

描述物体模型和数据模型的 $\psi-s$ 表示法是有优势的，因为它不依赖于旋转和平移。第十一章将进一步阐述该方法。

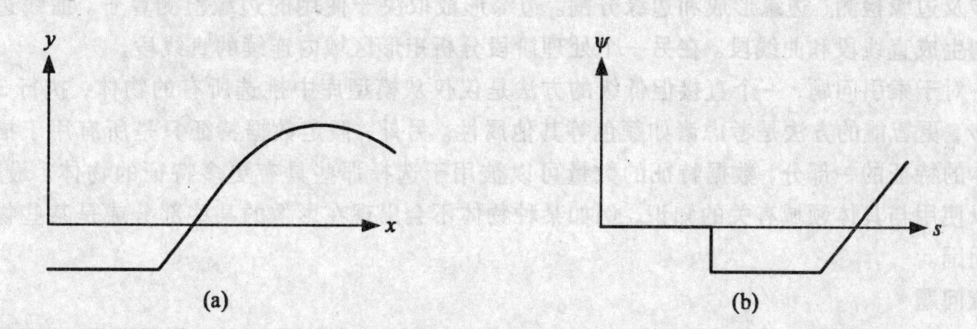

图 5.11　图(a)表示 x,y 空间中一条含有直线段和部分圆弧的曲线，图(b)是该曲线在 ψ，s 参数空间中的表示

2. 矩不变匹配

矩不变特性对模式识别很有用。图像可以表示为强度函数的空间力矩。第 ij 个综合力矩为：

$$m_{ij}=\int f_{ij}I(x,y)\,\mathrm{d}x\mathrm{d}y \tag{5.13}$$

其中，$I(x,y)$是图像强度函数。当 $f_{ij}(x,y)$ 表示密度时，m_{ij}对应于力矩的标准定义；甚至它可能涉及正弦和余弦函数，其中 m_{ij}可以表示 $I(x,y)$的傅立叶级数的系数。

线性、二次、三次矩可用于形状描述。线性回归通过将矩的幂作为新的线性变量来区别上述非线性函数。

有人曾提出一个带有两个矩常量的简单的模式来识别飞机的方法。对每个飞机，计算两个矩常量

$$\begin{aligned} X &= u_{20}+u_{02} \\ Y &= \sqrt{(u_{20}-u_{02})^2+4u_{11}^2} \end{aligned} \tag{5.14}$$

模式在 xy 参数空间中表示成一个点。在从包含 132 种不同飞机类型的库中识别飞机的测试中证明，建立在上述方法上的系统胜过人类观察。

5.6.2　带有几何约束的特征匹配

和全局匹配方法相反，基于特征的匹配将物体识别问题分为几步，其基本思路是提取局部数据特征，然后和空间已定位的物体特征进行匹配。这些特征包括明显点、边缘、曲

线和表面片。必须解决的任务如下。

1)建立实体库(基于模型)。在局部物体坐标系中每一个实体的几何描述表明其形状特征。

2)从图像中提取特征。分组和分割这些特征使其与物体对应(分割问题)。

3)从模型库中选择那些可能与给定的一系列数据特征一致的物体(索引问题)。

4)通过建立数据特征和物体特征之间的对应，在数据中寻找物体的实例(对应问题)。

5)通过将物体转换成图像来检查全局一致性，并在数据中寻找物体的实例(假设-测试问题)。

提取特征，并用恰当的形式组织和表示这些特征是典型的感知编组问题。最简单的形式涉及边缘检测、边缘形成和边缘分割。边缘形成取决于使用的边缘检测算子。曲线边缘分割生成直线段和曲线段。在另一个处理阶段分析矩形区域内连续的直线段。

对于索引问题，一个直接但低级的方法是仅仅从模型库中挑选所有的物体，执行3)、4)步，更智能的方法是考虑诸如颜色等其他属性。另外，假定数据特征只是所有用于描述物体的特征的一部分，数据特征的数量可以被用于选择那些具有更多特征的物体。最后，可以使用与具体领域有关的知识，例如某种物体不会出现在影像的某些部分或是某些物体的周围。

对应问题

这里使用简单的二维例子来解释对应问题和几何约束的重要性。假设特征提取处理(边缘检测、分组和分割)得到3个数据特征f_1、f_2、f_3(见图5.12(a))，假设这些特征和物体边界相对应，问题是要在不将物体变换到影像的条件下建立数据特征和物体特征间的对应。

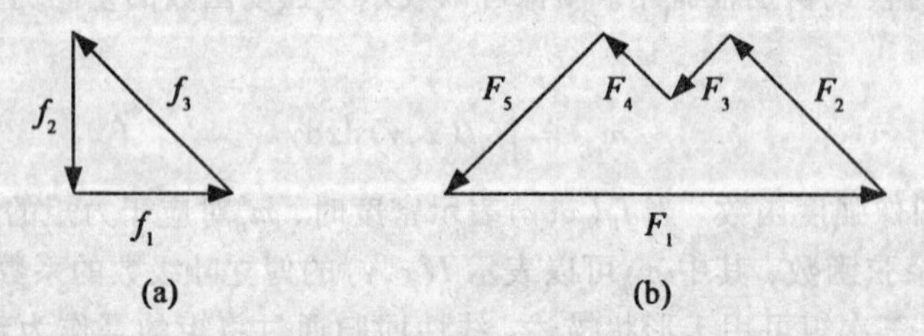

图5.12　图(a)是从图像中提取的数据特征，图(b)是从实体库中提取的物体

使用枚举方法，我们可以将每个数据特征与所有的物体特征匹配，检查所有可能的组合来寻求一致，这是对对应空间的耗尽式搜索(见图5.13)，相当于n维对应空间(n是数据特征个数)被物体特征个数分割。根据例子，得到$5^3=125$个分组，其中很多没有意义，目的是只确定可能的匹配对。

不搜索所有的匹配对，而是使用几何约束消除那些无意义的匹配对。然而，相对于把物体转换到图像检查它是否匹配的严格解法，该方法应该使用更少的计算时间。在我们的例子中，将角度作为几何约束。表5.1列出了物体特征间的所有夹角。表5.2针对的是数据特征。

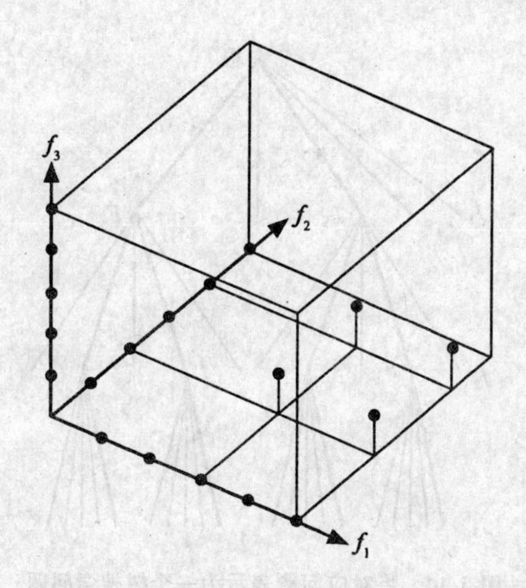

图 5.13　对应空间。实心点表示通过应用几何约束得到的可能的对应

表 5.1　物体特征之间的角度(度)

	F_1	F_2	F_3	F_4	F_5
F_1	0	150	250	150	250
F_2	250	0	100	0	100
F_3	150	300	0	300	0
F_4	250	0	100	0	100
F_5	150	300	0	300	0

表 5.2　数据特征之间的角度(度)

	f_1	f_2	f_3
f_1	0	300	150
f_2	300	0	250
f_3	250	150	0

如图 5.14 所示，将数据特征 f_1 与每一个物体特征 F_i 匹配。接下来，将数据特征 f_2 与那些满足角度约束的物体特征匹配。从表 5.2 取出 f_1 和 f_2 之间的角度(300°)，然后在表 5.1 中找到相同角度的那一行。对于 f_1 和 F_3，有两个匹配对满足约束。对于 f_1 到 F_5，情况相同。进一步跟踪这些匹配对，对于 f_3 考虑角度约束 $\angle(f_2,f_3)=250°$。这时，会得到对应 f_1、f_2、f_3 有四组可能的匹配对 (F_3,F_2,F_1)、(F_3,F_4,F_1)、(F_5,F_2,F_1)、(F_5,F_4,F_1)。若加入诸如距离等其他约束，则候选匹配对会进一步减少。

这四个解不是全局一致的，几何约束只能保证局部一致。角度约束是二元的约束，如

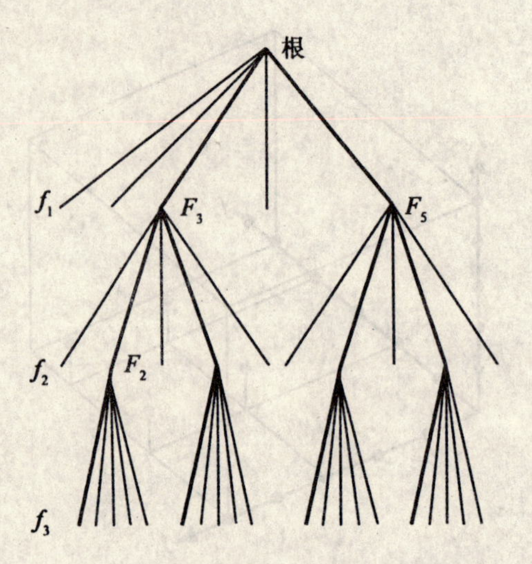

图 5.14　将对应问题表示为一个树搜索问题

果采用该约束，树中的连续节点具有一致性。一个一元的约束保证单个节点是一致的。一元和二元约束不能保证 3 个或 4 个节点间的一致性，因此，物体到图像的变换是必要的。

离散对应空间中的每一个点构成数据特征和物体特征配对的一个假设。显然，大部分的配对能立即被排除。比如，两个完全不同的数据特征不能配对给同一个或相同的物体特征(假设是刚体)。一维和二维约束使得配对进一步减少为一可行解集合。

如图 5.14 所示，寻找可行的对应问题转换成一个树搜索问题。在树的第一层，将数据特征 f_1 和所有的物体特征 F_i 匹配($i=1, \cdots, n$)，这时满足而且只满足一个一维约束。一维约束的一个例子是长度。在树的下一层重复同样的处理。只有满足约束的节点会被进一步扩展。每一个有效的叶子节点定义了一条路径，它表明为获得全局连续必须要检查特征配对。

假设检验

树的每一片叶子是数据特征和物体特征对应的一个假设，这些假设必须通过将物体变换到图像进行测试。如果所有的数据特征都和相应的物体特征匹配，那么就能达到全局一致性。通常物体特征比数据特征多，这也就是说会有一些不配对的物体特征，它们用于在特征提取过程中检查灰度级以发现未被检测出的数据特征的信息。

一般情况下，在三维变换中必须确定 7 个参数。这个变换可以写成一般形式，比如，它应该不仅仅局限于点，还应该允许包括直线段、曲线以及曲面片等。

在到达对应的叶子之前就可以进行检测假设。实际上，只要有足够的数据特征用于执行 3D 变换，那么最好尽快进行假设检验。如果成功了就能终止对应空间中的搜索。如果树很深(比方说有很多的物体特征)或是能找到特殊的明显匹配，对通用方法的这种变化就被证实是合理的。

5.6.3　不基于模型的物体识别

到目前为止，物体识别方法都是基于假设物体是能被几何描述的，例如，通过定义它们的边缘或表面来描述。然而对于识别复杂形状的物体，这也许是不可能做到的，航空摄影测量处理的场景就是这样的情况。甚至是对于相当简单的结构，如建筑物，也有很多不同的尺寸和形状，这样也很难在一个模型库中精确描述并存储。对于室外场景必须找到其他的解决方法。

5.7 相关文献

关于计算机视觉的书很多。尽管相对于该领域的快速发展来说已经很过时了，但是Ballard&Brown 的《Computer Vision》(Pretice - Hall, 1982)仍然很有用，它包括的范围很广。更多倾向于数学领域的读者可能会喜欢 Haralic 和 Shapiro 的《Computer and Robot Vision》(Assison-Wesley 出版，1992)，该书共有两卷，包括模式识别和数学形态学的章节。同样要关注的是 Horn 的《Robot Vision》(MIT, 1986)，摄影测量学家可能会喜欢摄影测量和立体视觉这章，本书还包含了从阴影中提取形状方面的知识。从人工智能的角度讨论计算机视觉，可以在 Charniak&McDermott 写的《Artificial Intelligence》(Addison - Wesley, 1985)第三章中看到。

随着该领域的快速发展，出现了更多相关专著。Shkar 和 Boyer 的《Computing Perceptual Organization in Computer Vision》(World Scientific, 1994)一书中对中层视觉作出了重要的贡献。在《Scale-space Theory in Computer Vision》(Kluwer academic, 1994)一书中，Lindeberg 提供了关于尺度空间的理论框架，除了这些理论，作者还介绍了尺度空间理论有趣的应用。

第六章　辐射度量学和光度量学

本章介绍一些关于辐射度量学和光度量学的背景知识。要了解相机和扫描仪的性能指标就需要熟悉辐射度量学和光度量学的概念及其有关数量指标；还应该对探测器的工作原理有所了解；并知道通量转换器的知识，这涉及电磁辐射的作用方式。

第一节总结电磁辐射最重要的属性。辐射度量学一节以辐射量的定义及其之间的关系开始，以热辐射结束。简短叙述了光度量之后，本章最后讨论了辐射能量传递，目的是为了对能量通过镜头进行传递有一个基本了解。

本书内没有讨论光学，这里假设读者已经对瞳孔、成像、畸变、抖动以及衍射等概念很熟悉。

6.1 电磁辐射

电磁辐射(EMR)是能量与物体相互作用时所表现的一种动态形式，在真空中以 3×10^8m/s 的速度传播。可将其认为是一种发射源和传感器间方便快捷的联系方式。当 EMR 和物体相互作用时(如反射、吸收)，其属性会发生变化。监测该变化可用于推断受 EMR 作用的物体的种类。

6.1.1　电磁辐射的波特性

James Clerk Maxwell 推导了描述电磁波传播的方程。电磁波包含了一个电场 E 和一个磁场 H。这两者是相互垂直的，并同时垂直于传播方向。在相同的介质内，它们传播速度相等。在真空中其速度等于光速。图 6.1 描述了这些属性。

通过单位面积的电磁辐射的速度和方向用坡印亭向量 Π 表示，它是电场和磁场的叉乘：

$$\Pi = E \times H \tag{6.1}$$

该等式可以由 Maxwell 方程推导出来。坡印亭向量表示通过同介质区域的流量，它垂直于平面 E 和 H，证明能量的传播垂直于这两个场。

6.1.2　辐射的量子特性

通过观察，我们知道当光作用于物体时，其特性表现为其好像包含有粒子。比如说，光电效应可以解释为由于吸收量子而引起的电子释放。另一方面，电子就像波一样，具有干涉和偏振的特性。目前还无法解决这种二相性——两种性质不能统一在一个模型中。

普朗克发现了电磁辐射的量子理论。电磁波的生成出现在短波链中(脉冲)，也就是说，辐射可以看做是相分离的能量包(量子)以与连续波相同的速度和方向传播。每一个辐

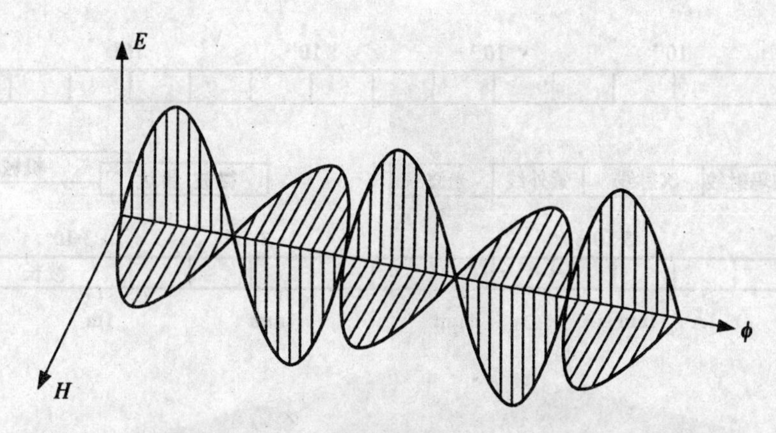

图 6.1　电磁波的电场部分和磁场部分相互垂直，并垂直于传播方向 ϕ

射量子都带有 Q_v 的能量。这个能量称为一个光子。注意，这里的下标表示与频率相关：

$$Q_v = h \cdot v \tag{6.2}$$

其中，h 是普朗克常量($6.625 \times 10^{-34}\,\mathrm{J \cdot s}$)。波长 λ、频率 v 以及光速 c 间的关系是：

$$c = \lambda \cdot v \tag{6.3}$$

将 v 代入式(6.2)中，可以得到：

$$\lambda = \frac{h \cdot c}{Q_v} \qquad Q_\lambda = \frac{h \cdot c}{\lambda} \tag{6.4}$$

式(6.4)将光线的波特性和粒子特性(电磁辐射的波粒二向性)统一对应起来。

【例 6.1】

式(6.4)能够确定以特定能量辐射的波长，带有 1eV($1\mathrm{eV} = 1.59 \times 10^{-19}\mathrm{J}$)能量的光子的波长是 1.25μm。同样地，带有 1MeV 能量的光子的波长是 1.25pm。辐射的能量越强，波长越短。

6.1.3　电磁光谱

电磁能量横跨了 10^{-10}μm 到 10^{10}μm 的惊人的波长范围，或者说是 10^{24}Hz 到 10^{4}Hz 的频率范围。如图 6.2 所示，光谱可划分为从高频宇宙射线到具有较长波长的广播波的不同区域。遥感和摄影测量应用最感兴趣的区域是可见光光谱，它占据了 0.3 到 15μm 的波长段。在这个范围内，通过光学能表示电磁能量。我们对 1GHz 到 10GHz(30mm 到 300mm)范围内的微波也很感兴趣，因为微波设施可以不顾虑天气条件。

光谱的光学部分可进一步分成可见光部分和红外部分。可见光部分大概在 0.38μm 到 0.76μm之间，接下来是近红外(0.76μm 到 3.0μm)，中红外(3.0μm 到 7.0μm)和远红外(7μm 到 15μm)。

这些光谱的能量作用于不同的物体时反应不同，比如，在可见光和红外范围内，反射的电磁辐射取决于植被的状态(含水量、细胞结构、着色)和土壤状态(含水量和含矿量)。

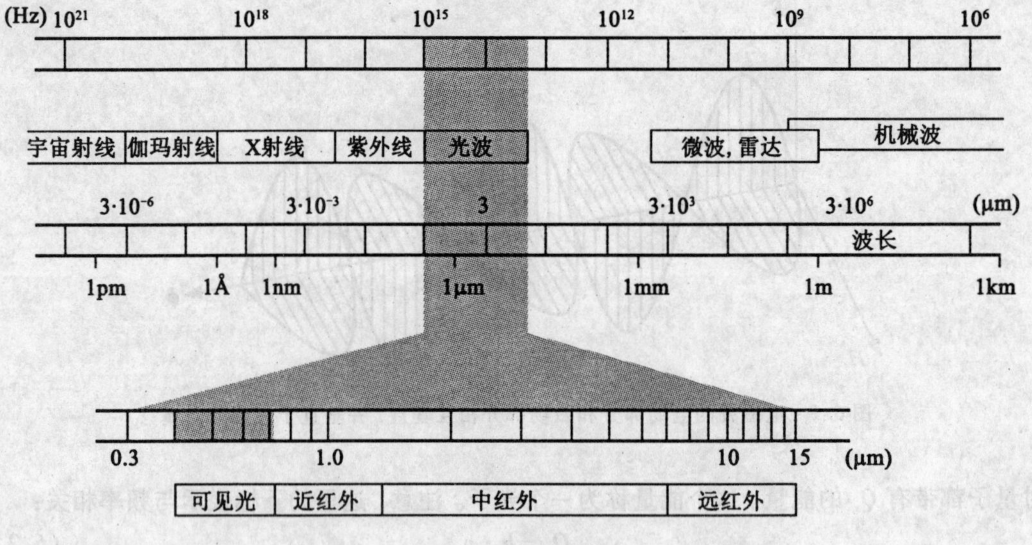

图 6.2　电磁光谱

表面的热属性在远红外中表现得最为突出。通过分析电磁光谱中的微波部分可以推断表面的电特性和粗糙度。

已经形成了不同的感知系统来记录光谱中的一个或几个部分，它们用于从反射波推断表面和材料属性。因为大部分低于 0.3μm 的波长都不能穿过大气层，所以摄影测量与遥感不使用这一部分光谱。

6.2　辐射度量学

辐射度量学是一门测量电磁辐射的科学。辐射指的是能量在空中的传播。前一节总结了 EMR 的一些最重要的特性，如量子属性和辐射在电磁光谱中的分布。

这一节介绍辐射度量学和光度量学中一些数量的确定，以及这些数量间一些有用的关系，最后总结一些理解光子通量所必需的热辐射法则。

这里使用的单位和命名规则与国际照明委员会制定的一致。辐射量足以描述电磁辐射数量方面的问题。

6.2.1　立体角

确定辐射度量学和光度量相关数量的关键是立体角。立体角 Ω 定义为圆形表面区域 A 除以球面半径 r 的平方。它的单位是立体弧度（sr），是一个无维数量。在一个球面 $\left(\frac{4\pi r^2}{r^2}\right)$上有 4π 个立体弧度。图 6.3 描述了立体角的概念。

【例 6.2】

假设太阳是一个点光源。太阳和地球之间的立体角是什么呢？区域 A 是直径约为 12 730km的地球截面。地球与太阳之间的距离大概是 1.5 亿 km，因此我们可算得立体角大

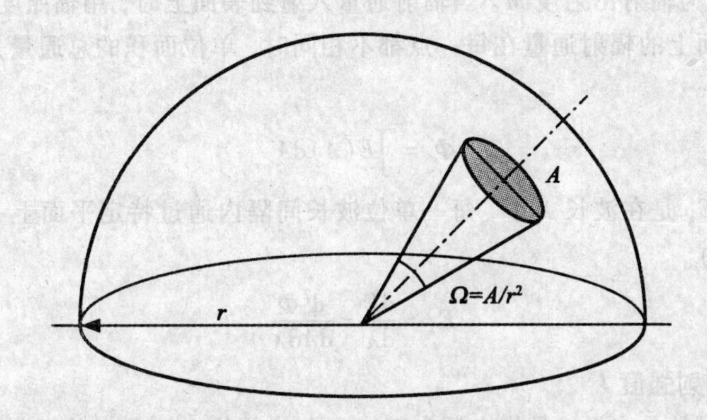

图 6.3 立体角定义：球面上的区域 A 除以球的半径的平方，单位是立体弧度

概是 5.7×10^{-9} 立体弧度。

6.2.2 辐射量

6.2.2.1 辐射能量 Q

电磁辐射所携带的能量称为辐射能量。当和物体相互作用时，辐射能量表现为物理作用过程，它以焦耳为单位进行度量。辐射包括了所有的波长，而光谱辐射能量 Q_λ 定义为对于给定波长 λ 每一个单位波长间隔的辐射能量，单位是焦耳每纳米：

$$Q_\lambda=\frac{\mathrm{d}Q}{\mathrm{d}\lambda} \tag{6.5}$$

6.2.2.2 辐射通量 Φ

辐射通量，有时候也称为功率，是辐射能量通过某一空间位置的时间率。从概念上说，它相当于水在管子中流动的速度。定义为：

$$\Phi=\frac{\mathrm{d}Q}{\mathrm{d}t} \tag{6.6}$$

通量用焦耳每秒($\mathrm{J\cdot s^{-1}}$)或瓦特(W)量测。当辐射通量是常量时，在时间间隔 Δt 内通过空间位置的全部辐射能量是 $Q=\Phi\Delta t$。当通量随时间发生变化时，Q 就是时间间隔内通量的积分，如下式：

$$Q=\int_{t_1}^{t_2}\Phi(t)\,\mathrm{d}t \tag{6.7}$$

光谱辐射通量 Φ_λ 是指具体波长 λ 下每波长间隔内的辐射通量(W/nm)。

$$\Phi_\lambda=\frac{\mathrm{d}Q_\lambda}{\mathrm{d}t}=\frac{\mathrm{d}\Phi}{\mathrm{d}\lambda} \tag{6.8}$$

6.2.2.3 辐射通量密度 E 和 M

用一平面截断辐射通量，将该辐射通量除以平面区域的面积，得到通量密度的定义，如下式：

$$E=\frac{\mathrm{d}\Phi}{\mathrm{d}A} \tag{6.9}$$

通量密度的单位是瓦特每平方米 [$\mathrm{W\cdot m^{-2}}$]。当辐射通量从某个表面发出(比如反射的辐射通量)时称为辐射出射度 M。当辐射通量入射到表面上时，用辐照度 E 表示。

当入射到表面上的辐射通量在每一点都不相同时，单位面积的总通量是通过面积的辐照度的积分，即

$$\Phi = \int E(A)\,\mathrm{d}A \tag{6.10}$$

光谱辐照度 E_λ 是在波长 λ 下，每一单位波长间隔内通过特定平面上一点的辐射通量($\mathrm{W \cdot m^{-2} \cdot nm^{-1}}$)。

$$E_\lambda = \frac{\mathrm{d}E}{\mathrm{d}\lambda} = \frac{\mathrm{d}^2\Phi}{\mathrm{d}A\mathrm{d}\lambda} \tag{6.11}$$

6.2.2.4 辐射强度 I

辐射强度针对的是点源，是指点源在某一方向的单位立体角上的辐射通量，单位是瓦特每立体弧度。辐射强度的定义是：

$$I = \frac{\mathrm{d}\Phi}{\mathrm{d}\Omega} \tag{6.12}$$

辐射源能否看成是一个点源不仅仅取决于辐射源的物理属性，还取决于它特殊的结构，如辐射源和接收面间的距离和接收面的大小。

光谱辐射强度 I_λ 是在从空间某点在给定方向上发出或接收到的波长 λ 下单位波长间隔单位立体角内的辐射通量：

$$I_\lambda = \frac{\mathrm{d}I}{\mathrm{d}\lambda} = \frac{\mathrm{d}\Phi}{\mathrm{d}\Omega\mathrm{d}\lambda} \tag{6.13}$$

6.2.2.5 辐射度 L

辐射度针对的是辐射源，其定义是辐射源在某一方向上，单位立体角内的辐射通量，即

$$L = \frac{\mathrm{d}^2\Phi}{\mathrm{d}\Omega\mathrm{d}A\cos\theta} \tag{6.14}$$

如图 6.4 所示，$\mathrm{d}A\cos\theta$ 指的是辐射源在立体角方向上的投影面积，单位是 $\mathrm{W \cdot m^{-2} \cdot sr^{-1}}$；$\theta$, ϕ 角是立体角的方位。辐射度还与位置有关，也就是说 L 取决于两个角度和两个坐标(立体角的位置和方位)，通常用 $L(x,y,\theta,\phi)$ 表示。

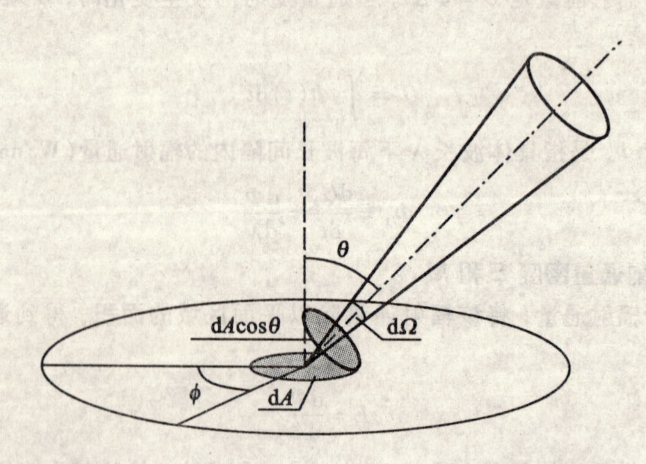

图 6.4 辐射度的定义。辐射源在一个给定方向的立体角 Ω 内的辐射通量

辐射度的使用很频繁。点源的情况是指向传感器方向的辐射通量。

光谱辐射度 L_λ 是辐射的光谱集聚

$$\sum_{i=1}^{n} L_\lambda = \frac{dL}{d\lambda} = \frac{d^3\Phi}{\cos\theta d\Omega dA d\lambda} \tag{6.15}$$

6.2.3 兰波特辐射

兰波特辐射(也称为兰波特表面)是和角度无关的辐射，表示为:

$$L(\theta,\phi) = 常数 \tag{6.16}$$

其中，θ 和 ϕ 确定了立体角的方向(如图 6.4 所示)。可以通过将图 6.4 中圆锥绕表面点 S 旋转一个角度来表示兰波特辐射，使得通过立体角的辐射度是相同的，无论其方向如何。

在平行于包含辐射源的平面的某个平面内，辐射度是多少呢？设 E_0 为对应于轴垂直于辐射源($\theta=0$)的立体角内的辐射度，这个立体角的方向偏离 θ，相同量的辐射将入射到以$\frac{1}{\cos\theta}$的比例放大的区域内，这时，辐射度减少为:

$$E = E_0 \cos\theta \tag{6.17}$$

这就是兰波特余弦定理。

兰波特表面就像是一张白色的无光泽的纸，被漫射太阳光照射，无论从哪个方向看，该纸都显示为相同的亮度。

6.2.4 辐射量之间的关系

辐射度与辐照度之间的关系

通过形式如 $E=f(L)$ 的函数关系，用式(6.9)代替式(6.14)中的$\frac{d\Phi}{dA}$，得到:

$$L = \frac{E d\Phi}{d\Omega \cos\theta} \quad 或 \quad E = \int_{\Omega} L(\theta,\Phi)\cos\theta d\Omega \tag{6.18}$$

辐射度描述辐射的角分布，辐照度为在给定的立体角 Ω 范围内角分布的积分。式(6.18)表示平面上某点处的该函数关系。

立体角 $d\Omega$ 用球面坐标表示更方便。用 $\sin(\theta)d\theta d\Phi$ 代替 $d\Omega$(见图 6.5)可得:

$$E = \int_0^{2\pi}\int_0^{\frac{\pi}{2}} L(\theta,\Phi)\cos(\theta)\sin(\theta)d\theta d\Phi \tag{6.19}$$

兰波特辐射 $L(\theta,\Phi)$ 为常数的情况下，L 可以从积分中移除，则式(6.19)等于 π，则有如下简单关系

$$E = \pi L \tag{6.20}$$

辐射度和辐射通量间的关系

人们通常对由辐射度确定辐射通量感兴趣。从式(6.14)中可以得到:

$$d^2\Phi = L\cos\theta dA d\Omega$$

$$\Phi = \iint_{A\,\Omega} L(x,y,\theta,\Phi)\cos\theta d\Omega dA \tag{6.21}$$

将通过表面区域 A 和立体角的辐射作积分可以得到辐射通量。立体角要素用 $d\Omega$ 表示。

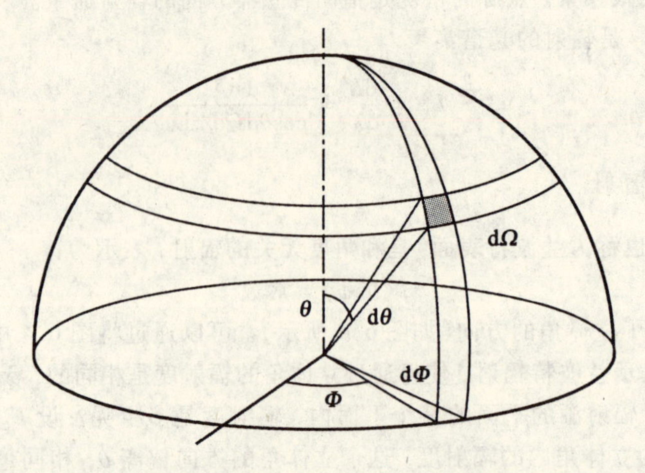

图 6.5　用球面坐标表示立体角要素

考虑辐射与位置有关，要获得通量必须用式(6.21)对整个表面进行积分。

6.2.5　热辐射

物体中粒子随机运动引起粒子碰撞，导致了电子轨道的改变或分子和原子的振动。粒子运动的动力能量是热能。如果电子轨道发生变化，如从高能带向低能带跳跃，则热能转换成辐射能。光子携带了电子的动力能量差；同样，光子照射在物体上，可能使电子从一个低能轨道变化到一个高能轨道，也就是吸收了光子的辐射能量。

普朗克基于热力学定律描述了这一过程。一个理想的热发射源称为黑体，它根据热力学定律所允许的最大可能比例，将热量转换成辐射能。任何真实物体(灰体)以相对较低的比例发射或是吸收能量。

普朗克黑体辐射法则可表示为：

$$M_\lambda = \frac{2\pi hc^2}{\lambda^5\left(e^{\frac{hc}{\lambda kT}} - 1\right)} \tag{6.22}$$

其中，M_λ 为光谱辐射量，单位为 $W \cdot m^{-2} \cdot \mu m^{-1}$；$T$ 为绝对温度，单位为 K；λ 为波长，单位为 m；h 为普朗克常量，$h = 6.6256 \times 10^{-34} W \cdot s^2$；$k$ 为玻耳兹曼常数，$k = 1.38054 \times 10^{-23} W \cdot s \cdot K^{-1}$；$c$ 为光速，$c = 2.997925 \times 10^8 m \cdot s^{-1}$。

式(6.22)中的分子值通常称为第一辐射常量 c_1，$c_1 = 3.74151 \times 10^{-16} W \cdot m^2$；第二辐射常量是 c_2，$c_2 = \frac{c \cdot h}{k} = 1.43879 \times 10^{-2} m \cdot K$。

图 6.6 显示了不同温度下的黑体光谱辐射。光谱辐射 M_λ 是波长的函数。当温度较高的黑体以较短波长辐射时，光谱辐射达到一个极大值。λ_{max} 作为温度的函数变化，该变化可用维恩位移公式表示

$$\lambda_{max} = \frac{C}{T} \tag{6.23}$$

其中，$C = 2.898 \times 10^{-3} m \cdot K$。该式可以由式(6.22)的一阶导数为 0，解算 λ 得到。

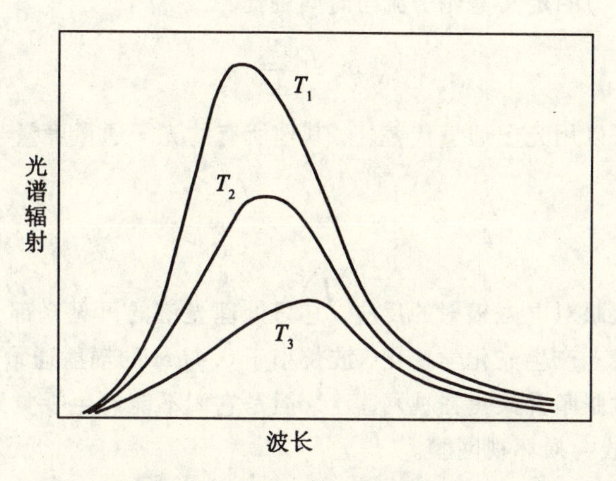

6.6　不同温度下，黑体的光谱辐射曲线，$T_1>T_2>T_3$

【例 6.3】

太阳辐射是接近于 5 900K 的黑体。将这个温度带入式(6.23)可得 $\lambda_{max}=0.49\mu m$，它对应于可见光的蓝/绿部分。

在 l、u 范围内对普朗克法则进行积分可得到在 λ_l 到 λ_u 光谱段间的黑体(辐射)能量。对整个光谱积分的结果是温度 T 下的全部辐射能量，可以由斯蒂芬－玻尔兹曼定律得到：

$$M_T=\sigma T^4 \tag{6.24}$$

其中，$\sigma=5.669\times10^{-8}\mathrm{W\cdot m^{-2}\cdot K^{-4}}$。

任何实际物体的辐射都和它的温度及材料特性有关。它的辐射低于作为理想热辐射体的黑体，灰体相对于黑体的辐射率是光谱辐射率 ε_λ：

$$\varepsilon_\lambda=\frac{M_\lambda^g}{M_\lambda^b} \tag{6.25}$$

根据基尔霍夫定律，当物体处于热平衡状态时，其光谱辐射率等于它的光谱吸收率。光谱辐射率通常由测得的光谱吸收率确定。

光谱辐射率大小取决于材料、波长和温度。温度的影响几乎可以忽略(除非材料发生状态的改变，如从固态变成液态)。在确定的波长范围内，辐射率对任何材料几乎都是常数，如对于 8 ~ 14μm 间的热红外波段，ε 在 0.85 ~ 0.95 之间。

6.2.6　光子通量

前几小节定义的辐射量反映的是辐射的波特性。比如说，辐射通量和一个振荡的电磁场的振幅的平方有关。式(6.1)介绍的坡印亭向量表示电磁能量通过单位面积的速率。

对于辐射度量学的一些应用，将通量和光子相联系非常有用，如计算撞击传感器的光子数的探测器。因此，可用光子通量度量代替辐射度量。

由辐射源发射的所有波长的光子总数称为光子数，记为 N_p，它可以通过将辐射能量转化成光子能量来确定：

$$N_p=\int\frac{Q_v}{h\cdot v}\mathrm{d}v=\int\frac{\lambda\cdot Q_\lambda}{h\cdot c}\mathrm{d}\lambda \tag{6.26}$$

光子通量 $\Phi_p(s^{-1})$ 的定义是光子流与时间的比：

$$\Phi_p = \frac{dN_p}{dt} \tag{6.27}$$

除了辐射通量可以用光子通量代替外，其他所有的光子通量度量与辐射度量一致。

6.3 光度量学

光度量指的是人眼对电磁辐射的反应，它只处理光谱的可见光部分。只有可见光谱内的辐射才能在视网膜上产生光化学变化，波长小于0.4μm 的辐射通量才能被角膜吸收。近红外波段的波长穿过眼睛并聚焦在视网膜上，但是它们不能产生视觉感知。波长为0.7μm到0.9μm 的过量光线会损坏视网膜。

6.3.1 光度量

光度量也称为发光量或是视觉量，如亮度、色度、强度，它们只针对可见光部分而定义。相同的辐射量和光度量使用相同的符号，这种情况下，下标 e 表示辐射度量，而 v 表示光度量，尽管辐射度量和光度量的有些定义可能相同，但是单位差别较大。注意辐射量和光度量总是用于表达这些度量的意义。

光量 Q

它是光的量度，单位是流明秒(lm·s)，也称为塔尔博特。

光通量 Φ

光通量是光通过指定空间位置的时间比，单位是流明(lm)。1 lm 是1 坎德拉光强度通过点光源的单位立体角的通量。

光通量密度 E 和 M

和辐射通量密度的定义一样，但是使用的单位不同，比如勒(流明每平方米，lx)，尺烛光(流明每平方英尺，$lm \cdot ft^{-2}$)，以及厘米烛光(流明每平方厘米，$lm \cdot cm^{-2}$)。

光强度 I

光强度是点光源在给定方向上通过单位立体角的光通量，单位是坎德拉(cd)，这里，1坎德拉是在铂的固化温度下的黑体点源的光强度。尽管坎德拉和烛光定义上有些不同，但是对所有的实用目的它们是一样的。

光亮度 L

光亮度也称为光度，它和辐射度的定义一样，单位不同。常用的单位是坎德拉每平方米($cd \cdot m^{-2}$)，其他单位包括坎德拉每平方厘米($cb \cdot cm^{-2}$)和朗伯 L($cd \cdot \pi^{-1} \cdot cm^{-2}$)。

6.3.2 辐射度量和光度量间的联系

光谱的辐射通量到视觉刺激的转换依赖于波长。图6.7 描述了光谱发光效率 $\nu(\lambda)$。在更广的意义上，$\nu(\lambda)$ 可以认为是人眼的L形、M形和S形锥状细胞的平均波长灵敏度(和图4.10 相比较)，最大值大概是0.55μm。

对辐射通量 Φ_e 的视觉反应 Φ_v 可通过用 $\nu(\lambda)$ 与通量相乘计算得到：

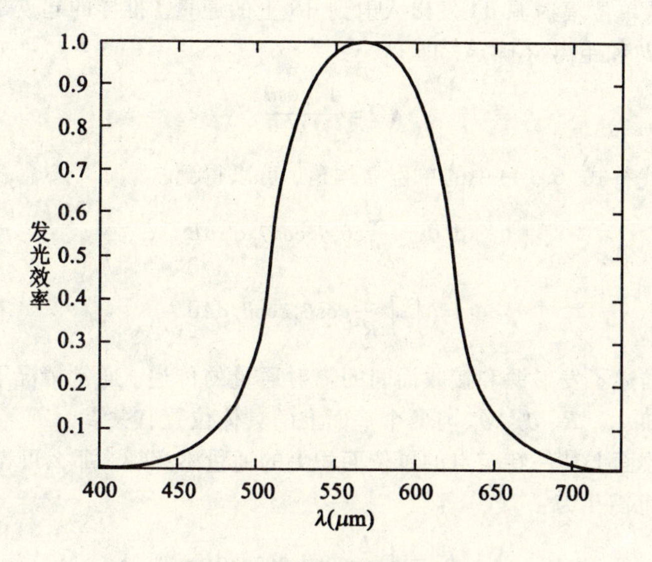

图 6.7　光谱发光效率 $\nu(\lambda)$

$$\Phi_v = c\int_0^\infty \Phi_e(\lambda)\nu(\lambda)\,\mathrm{d}\lambda \tag{6.28}$$

其中，$c=680(\mathrm{lm}\cdot\mathrm{W}^{-1})$。

6.4　辐射能量传递

在辐射度量学和光度量学中常遇到的问题是确定从一个表面传递到另一个表面的通量值。本节叙述的原理适用于辐射通量和光通量。

6.4.1　一般情况

图 6.8 描述了通量在两个表面间传递的一般情况。左侧的表面包含辐射源(源表面)。假设距发射源的距离为 R 处是接收面上的基元 $\mathrm{d}B$ 点，A 面的表面法线与 R 之间的夹角用 θ_A 表示。同样，B 面的表面法线和 R 之间的夹角用 θ_B 表示。

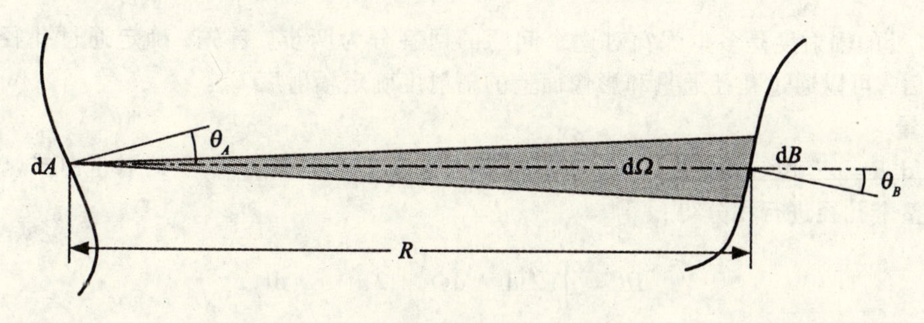

图 6.8　发射源和接收面间的辐射传递

现在来确定从单位辐射源 dA 发出入射到 dB 上的通量。推导的起点是定义辐射量。立体角单元 $d\Omega$ 由 dB 和距离 R 确定，即

$$d\Omega=\frac{dB\cos\theta_B}{R^2} \tag{6.29}$$

用式(6.29)代替式(6.14)中的单位立体角，可以得到：

$$d^2\Phi=\frac{L}{R^2}\cos\theta_A\cos\theta_B dAdB \tag{6.30}$$

$$\Phi=\int_{A_0}\int_{B_0}\frac{L}{R^2}\cos\theta_A\cos\theta_B dAdB \tag{6.31}$$

这个函数式描述了发射源和接收面间的辐射通量的传递。通常情况下，根据两个平面上的两次积分可知，L、R、θ_A、θ_B 与两个平面上的具体位置有关。

如果只对接收面上某一特定点的单位面积上的通量感兴趣，那么可得到这一点的辐射度并且式(6.31)可简化为：

$$E=\int_{A_0}\frac{L}{R^2}\cos\theta_A\cos\theta_B dB \tag{6.32}$$

6.4.2 通过透镜系统的辐射能量传递

式(6.31)的一个特殊应用是确定通过透镜系统的辐射能量传递。图 6.9 描述了从单位发射源 dA(物方点)辐射的能量怎样在 dC 处成像。相对于图 6.8，dC 处接收到更多的能量，这是因为透镜大大增加了能量通过的立体角。下面的讨论，假设有一个平面的、圆形的入口(孔)。

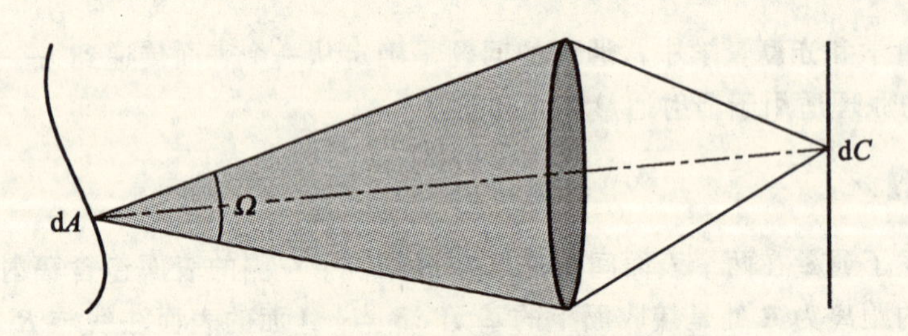

图 6.9 通过透镜系统的辐射能量传递

dC 处的辐射度是多少呢？对这个问题的回答分为两步。首先，确定通过孔径的总通量；然后，可以通过孔径通量和影像面上的辐射度确定辐射度 E_B。

孔径通量

设 $d^2B=r\cdot d\Phi\cdot dr$ 为圆形孔径的表面单元(见图 6.10)。d^2B 上的通量由式(6.31)得到。对整个孔径进行积分得：

$$dB=\int_0^{2\pi}r\cdot dr\cdot d\Phi=2\pi\cdot r\cdot dr$$

$$B=2\pi r\int_0^{r_0}dr=\pi r_0^2 \tag{6.33}$$

其中，r_0 是孔的半径。

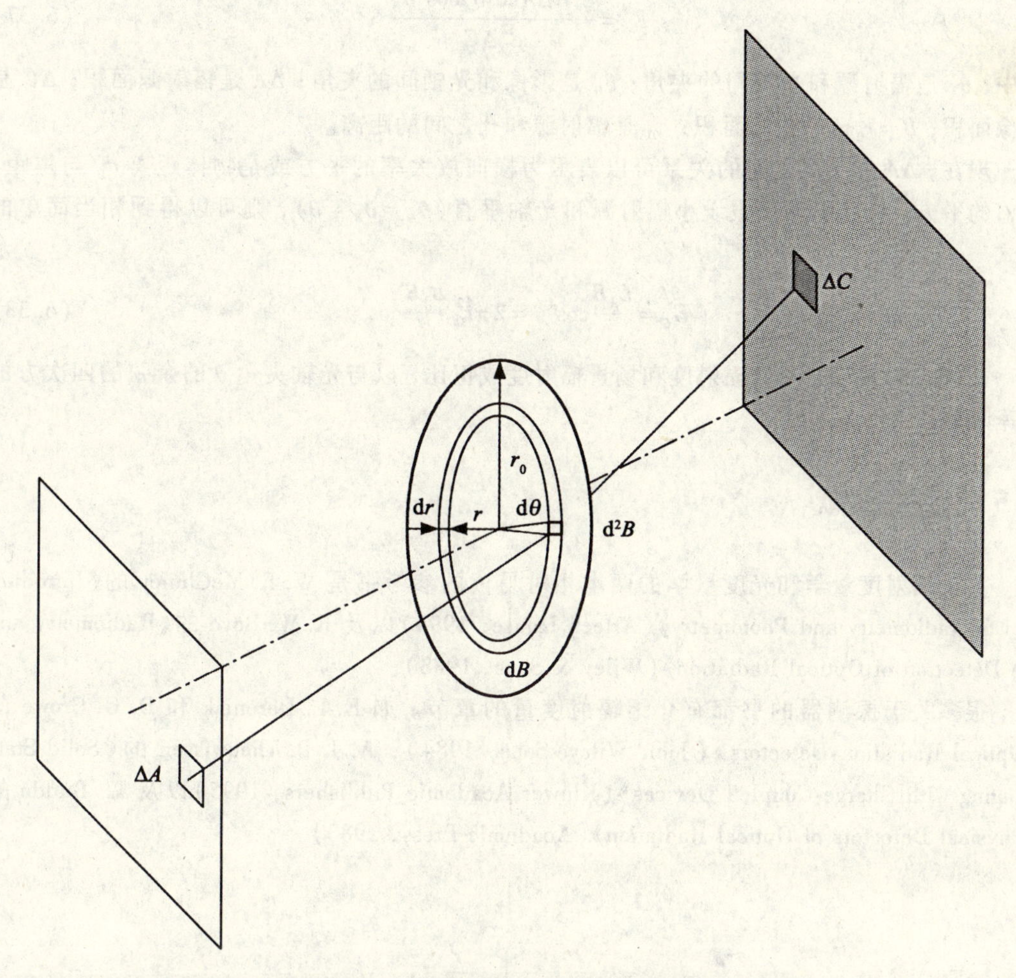

图 6.10　在孔径 B 和图像面 C 上的辐射度

由式(6.33)和式(6.31)，得到如下孔径通量：

$$d\Phi_b = \pi r_0^2 \int_A \frac{L}{d^2} \cos\theta_A \cos\theta_B dA \qquad (6.34)$$

用$\frac{d_0}{\cos\theta_b}$代替上式中的 d 可得

$$d\Phi_b = \pi r_0^2 \int_A \frac{1}{d_0^2} \cos^3\theta_B \cos\theta_A dA \qquad (6.35)$$

影像面上的辐射度

通过单位影像面 dC 的辐射度 E_c 可简单地由式(6.11)得到：

$$E_c = \frac{d\Phi_b}{dC} \qquad (6.36)$$

因为点光源实际上是不存在的，所以式(6.35)必须对小面积 ΔA 作积分。同时还要用平面兰波特辐射源近似小面元 ΔA，得到辐射通量 E_c 为：

$$E_c = \frac{L_A B \Delta A \cos\theta_A \cos^3\theta_B}{d_0^2 \Delta C} \tag{6.37}$$

其中，θ_A 是辐射源和光轴间的夹角；θ_B 是影像和光轴间的夹角；ΔA 是辐射源面积；ΔC 是影像面积；$B = r_0^2\pi$ 是孔的面积；d_0 是辐射源和孔之间的距离。

现在，ΔA 和 ΔC 之间的关系可以表示为横向放大率的平方或是物体距离 d_0 与焦距 f 比值的平方。将其引入并假设小辐射源和光轴垂直($\theta_A = \theta_B = \theta$)，则可以得到相当简单的公式

$$E_C = \frac{L_A B}{f^2}\cos^4\theta = 2\pi r_0^2 \frac{L_A B}{f^2}\cos^4\theta \tag{6.38}$$

式(6.38)表明，图像辐射度和场景辐射度成正比，以与光轴夹角 θ 的余弦的四次方的比率衰减。

6.5 相关文献

关于辐射度量学和光度量学的两本相对易读的参考书是 W. R. McCluney 的《Introduction to Radiometry and Photometry》(Artech House, 1994) 以及 R. W. Boyd 的《Radiometry and the Detection of Optical Radiation》(Wiley & Sons, 1983)。

很多关于探测器的书都有介绍辐射度量的章节。如 E. L. Dereniak 和 D. G. Crowe 的《Optical Radiation Detectors》(John Wiley&Sons, 1984)；A. J. P. Theuwissen 的《Solid-State Imaging with Charge-Coupled Devices》(Kluwer Academic Publishers, 1995) 以及 W. Budde 的《Physical Detectors of Optical Radiation》(Academic Press, 1983)

第二部分　数字摄影测量基础

数字摄影测量使用的是数字影像而不是模拟相片，这也是与传统摄影测量的最主要区别，而大多数其他的差别都是由这个差别引起的。其关键问题在于怎样获取和有效地使用数字图像，以及怎样用计算机进行自动摄影测量处理。

摄影测量中使用的数字影像可以直接由数码相机获得或是由扫描航空像片间接获得。数码相机在性能、分辨率、操作的稳定性方面还不能和传统航空相机相比。尽管航空相机的生产厂家宣称能使用数码相机，但是要获得全数字的数据还需要一段时间。本部分主要比较数字摄影测量与传统摄影测量中的系统及处理流程。因此，在讨论数码相机的原理之后，我们将比较其与航空相机和基于胶片材料以及其他一些方面的差别，在此基础上讨论分辨率问题和寻求合适的像素大小方面的问题。

在操作环境中，有效使用数字相片的唯一的方法是数字摄影测量工作站（软拷贝工作站）。目前它的自动处理过程还没有达到能在黑盒环境中没有人为干预自动执行任务所需要的通用性和稳定性水平。考虑到摄影测量工作站功能和性能的快速发展，为了讨论更通用的原理，省略了系统性能的具体细节。

摄影测量中一个基本的处理是在两度或更多度重叠图像中寻找和测量同名点。实际上，立体摄影测量完全依赖于同名点。数字摄影测量已经对自动立体匹配进行了严格的实验。我们可以用整本书讨论影像匹配，但是这里只用了两章来介绍这方面的内容，这又一次将重点放在通用的原理及对现有的匹配方法进行较少外延的回顾。第一章介绍了基本问题和方法，接下来对一些较先进的匹配方法进行讨论，包括基于特征的匹配、符号（结构）、模板匹配以及广义霍夫变换匹配。第三部分和第四部分（第二卷）中的几章中将介绍多张影像匹配，物方空间中的匹配，以及试错法匹配等方面。

第七章　电子成像系统

图 7.1(a)表示了基于胶片的框幅式相机获取影像的传统方法。这里，扫描仪用于数字化模拟照片，如将正片或负片数字化成数字像片。本章还涉及直接获取数字影像的方法，如图 7.1(b)所示。

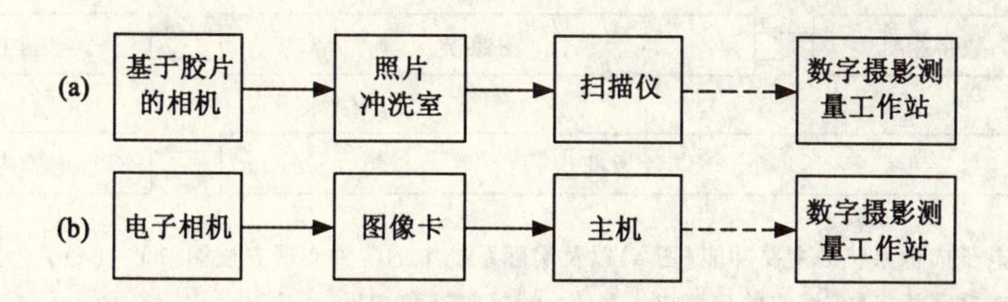

图 7.1　影像获取流程。图(a)给出了获取影像的传统方法。在图(b)中电子相机取代了胶片相机

电子成像是一门交叉学科，它包括设计和开发成像系统。早期的系统应用非常有限。摄像管相机并不精确，而专用的硬件和软件增加了成本而且缺乏灵活性。20 世纪 80 年代早期固态照相机的出现克服了这些缺点。基于电荷耦合器的电子相机(CCD 相机)大大地改进了电子成像系统，并扩展了其应用领域，包括摄像放映机、电子静止摄影机、文件扫描、机器视觉以及科学摄像机等。

但是电子成像系统的成功不仅仅和 CCD 相机有关。计算机技术的进步，例如高性能的 CPU，32 位操作系统，还有 PCI 总线等将电子成像带入个人计算机领域。结果是提高了性能和灵活性，并减少了花费，在机器视觉领域形成了新的研究热点，如工业检测、监测与监控以及医学成像等。

电子成像直接影响数字摄影测量的进展，它使得实时摄影测量成为可能。移动测图系统的核心是电子成像系统。与此同时，近景摄影测量经历了巨大变化。

考虑到电子成像技术的快速发展，本章将重点介绍其原理而忽略系统的描述和规格，因为它们会很快过时。本章让读者对数字相机的工作原理和主要特点有基本的了解。因为 CCD 相机占主流，我们先介绍 CCD 传感器的背景知识；然后讨论固态相机，包括与胶片相机的比较。该章还对帧接收器进行了简要描述。

7.1　概述

图 7.2 描述了在实际系统中实现电子成像系统的基础功能的多种不同的方法。图 7.2(a)中所示的功能被分成几个模块。图像获取指的是曝光时获取图像的过程。对于 CCD 相

机，由每个半导体电容器的积累电荷构成获取的图像。因为获取的图像是模拟的，因此在某些阶段要进行模/数转换，得到经过低级信号处理的原始数字图像，然后进入主处理单元，根据具体的应用再进行进一步的处理和分析。一般情况下，图 7.2(a)中的概念性框图会受技术发展的微小影响。

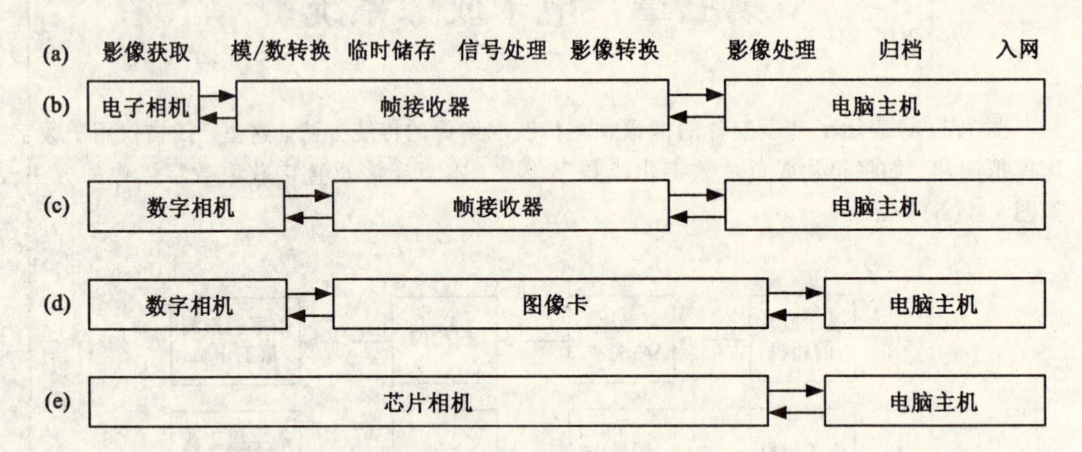

图 7.2　电子成像系统的主要功能(图 a)以及实际系统中的各种实现方法图(b) ~ (e)，包括由电子相机(b)或数字相机(c)组成的传统成像系统、帧接收器和主机。

图 7.2(b) ~ (e)是基本功能的 4 种不同实现方法。第一个例子描述了传统电子成像系统，它包含电子相机(如固态相机)，用于提供模/数转换的帧接收器、处理和转换器以及主机。第一种实现和第二种实现中有微小却很重要的不同。如图 7.2(c)所示，由相机进行数模转换，输出数字信号，因此这种相机就称为数字相机。

图 7.2(d)表示的实现方法又和其他的实现方法略有不同。其主要目的是证明另一种技术趋势。随着新处理芯片的出现，可接受价格内的内存的快速发展及微处理器的小型化，帧接收器的处理能力也增加了。一些生产厂家尝试用“图像卡”来表现帧接收器不断增加的功能，但是难以区分这两者的差别。

最后一个例子描述了一个芯片上的相机——这种小型化的极端情况。这种相机包含了一个单独芯片和带有一个信号处理芯片的镜头(用于图像处理)。信号处理芯片用于进行影像压缩、颜色内插和实现界面交互功能。其主要优点在于其尺寸小，易于携带。

7.2　CCD 传感器的工作原理和特性

固态 CCD 传感器已被很多文献介绍(Budde，1983；Dereniak 和 Crowe，1984；Theuwissen，1995；Yang，1998)。

电荷耦合器件(CCD)发明于 1970 年。第一个 CCD 线阵传感器含有 96 个像素，现在，已经可以买到含有多于 5 000 万个像素的芯片。图 7.3 表示了在过去 25 年内 CCD 传感器的惊人发展。以像素数表示的传感器大小通常定义为“分辨率”，因为在摄影测量中它有不同的含义，使用这个术语容易引起混淆。

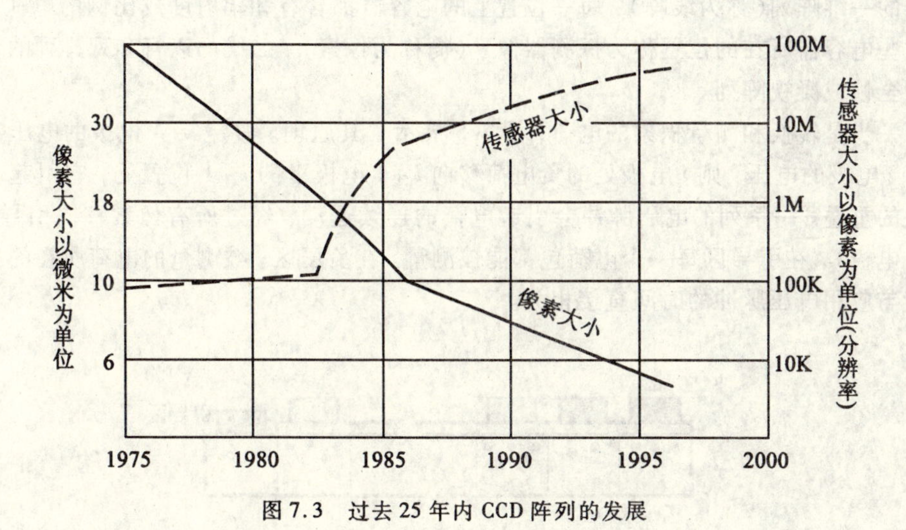

图 7.3　过去 25 年内 CCD 阵列的发展

7.2.1　工作原理

图 7.4(a)是一个半导体电容器的示意图(CCD 的基础组件)。半导体材料通常是硅，而绝缘体是一种氧化物(MOS 电容器)。金属电极用绝缘体与半导体相隔离。在电极处给予正电压，使得流动孔向地极流动。这种方式下，绝缘体背面的电极下面形成没有正电荷的区域(负压区)。

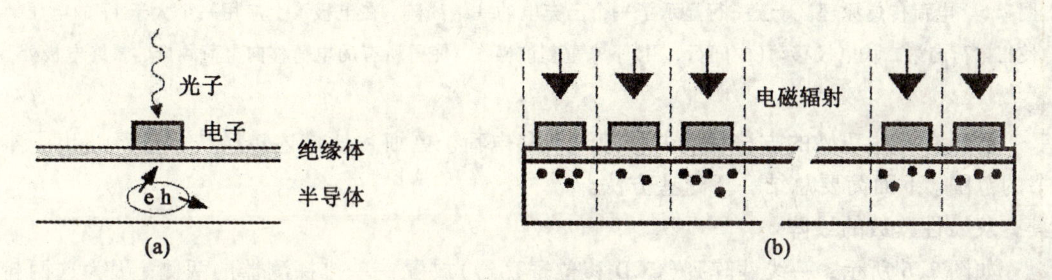

图 7.4　CCD 探测器示意图。具有比半导体带宽高的能量的光子产生一个电子空穴对，如图(a)。电子 *e* 被电极的正电压吸引，而流动孔流向地极。电极与集聚的电子形成一个电容器。图(b)中，这种基本的配置重复排列形成阵列。

假设电磁射线投射到设备上，具有比半导体带宽更高能量的光子可能被吸进负压区，形成一个电子空穴对。这里的电子指的是光电子，被金属电极的正电荷吸引，当流动孔移向地极时电子驻留在负压区内，结果电荷集聚在绝缘体的反面。最大电荷数取决于电极的电压，实际电压和电极吸收的光子数成正比。

硅的带宽能量和波长为 1.1μm 的光子能量相对应(见式(6.4)中波长和能量的关系)。低能量光子(但仍大于带宽)可能穿过负压区并在外部被吸收。在这种情况下，产生的电子空穴对可以在电子到达负压区前就重新结合。不是每一个光子都能产生积累在电容上的电子，因此，量子效应小于 1。

数量不断增加的电容器被排列成所谓的 CCD 阵列。图 7.4(b)描述了一个含有几千个电容器的一维阵列(称为线阵),每一位置上的电容器都含有和辐射度成比例的电荷。习惯上将这些电容器所在的位置称为探测器像素(简称为像素)。二维的以行和列排列的像素排列称为全帧或凝视阵列。

下一步是转换和测量积累的电荷,图 7.5 展示了其原理。假定 $i+1$ 电极的电压某个时刻大于 i 电极的电压,则 i 电极处的负电荷移向 $i+1$ 电极下的 $i+1$ 位置处,它引起了相邻负压区的重叠。一系列的电压脉冲会引起电荷的连续运动,经过所有像素移向引导区(最后一个电极),在引导区每一个电荷包都能被测量。在负压区,被测量的电荷所在的原始像素位置与应用电压脉冲的时间直接相关。

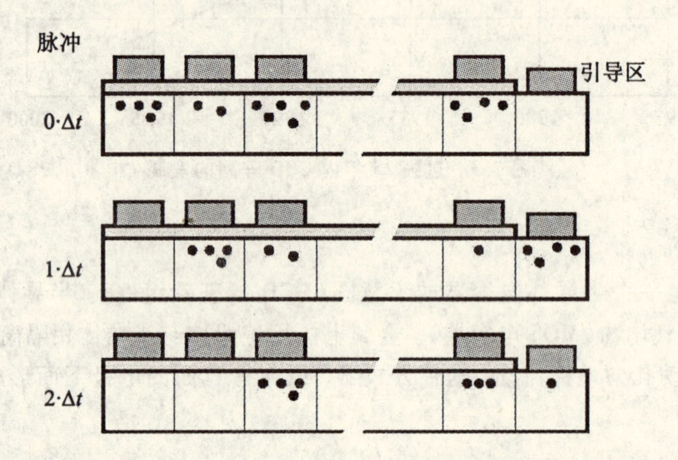

图 7.5 电荷传递原理。最上一行显示了一个已充电的一维线阵。在电极 1 上应用一个大于 V_1 的电压,使得电荷向第二块电极移动(中间行)。接下来重复该操作,使得所有的电荷移向电荷测量的最终电极处

已经有一些巧妙的方法精确并快速地转移电荷。更细致地描述转换技术已经超出了本书的范围。下面简要总结一下这些方法。

具有双线性读数的线阵

如图 7.6 所示,一线性阵列(CCD 移位寄存器)放置在单排探测器的两侧。因为这两排 CCD 对光敏感,所以它们必须屏蔽。连接之后,在活跃探测器上积累的电荷在一个时钟周期内转移到两个移位寄存器中。移位寄存器以一系列上面描述的方式读出。如果读出时间等于积分时间,则该传感器可以在没有快门的情况下连续工作。这种方式称为推扫式,固定在移动平台上的线阵相机,常用这种方式来获取物方空间连续的图像(见 7.3.3 节)。

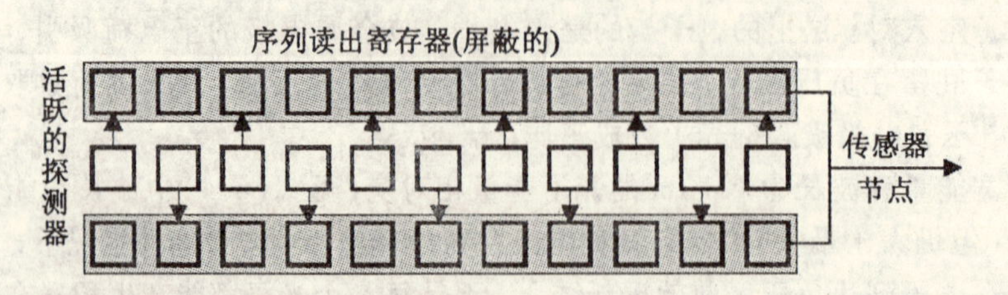

图 7.6 具有双线性读数器的线阵的原理图。积累的电压在一像素时钟周期内从活跃探测器转移到相邻的移位寄存器,然后在移位寄存器被连续读出

帧传递方式

可以把一个帧图像传递器视为包含两个相同的阵列。在积分时间内活跃阵列积累电荷。该电荷稍后转移到存储阵列中，因为存储阵列对光敏感，所以必须被屏蔽。在转移期间，电荷仍不断积聚在活跃阵列上，这使得图像稍有模糊。

存储阵列被逐行读出。从存储阵列读出数据的时间远大于积分时间。因此，这种结构需要一个机械快门。快门使得模糊效果减弱。

隔行传递方式

图 7.7 描述隔行转移阵列的概念。这里活跃探测器(像素)的列被垂直传送寄存器隔开。像素上积累的电荷立即转换并被连续读出。假设读出时间不超过积分时间，则允许有打开快门的操作。

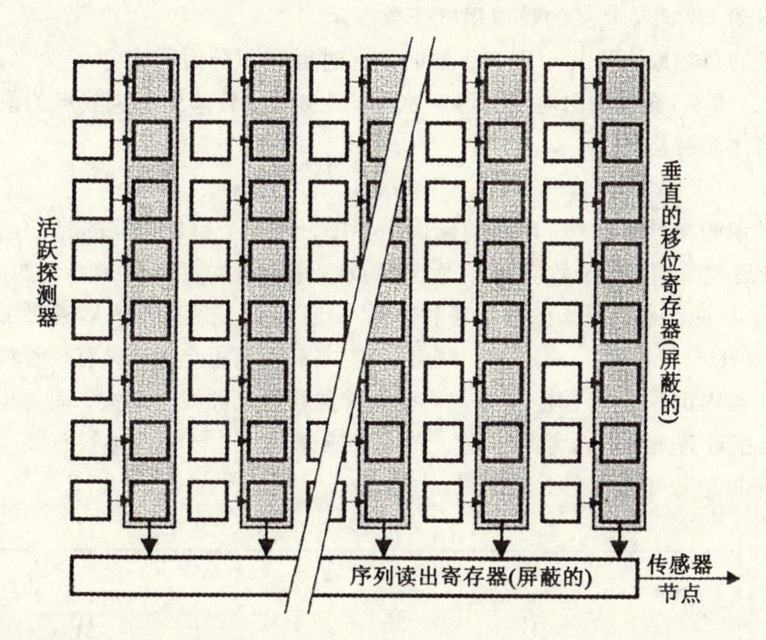

图 7.7　隔行传递读数器的线阵原理图。积累的电荷在一像素时钟周期内从活跃探测器转移到相邻的移位寄存器，然后在移位寄存器被连续读出

因为带有移位寄存器的 CCD 探测器对辐射也是敏感的，所以它们必须被屏蔽，这样就减少了芯片区上的有效辐射度。有效辐射度通常也称为填充系数。这里所讨论的隔行传递方式，图像的填充系数是 50%。因此，为获取图像需要更长的积分时间。为增加填充系数，需要使用微透镜。每一个像素之前有一个透镜，它将光引导到该像素周围的活跃像素所对应的区域上。

时间延迟积分传递方式(TDI)

时间延迟积分是一种有趣的 CCD 阵列结构，它和摄影测量中的航空相机的前向运动补偿很相似。假设物体或相机以一定的速度移动，则沿运动轨迹引起影像模糊。TDI 的思想是将积分时间平均分成 n 份，然后将每一时间间隔内积累的电荷转移至下一列像素中，下一时间间隔内的电荷持续积累在这一列上。理论上，这种方法的效果和在曝光时间内以与物方移动距离成正比的移动胶片的效果一致。

7.2.2 主要特点

噪声

不是所有在引导区测量的电子都由入射辐射通量产生，包含电子部件的探测器也能产生电子，这些电子统称为噪声。系统噪声是可以确定的，比如检测未曝光的阵列随后从信号中剔除(如系统误差)，但是随机噪声仍然存在，并会破坏信号。

随机噪声有几个不同的来源。根据电磁辐射的粒子特性，CCD 传感器上的入射通量含有随机部分(辐射噪声)。探测器中光子生成电子(光电子)的过程也是随机的。电荷粒子的热运动、探测器中的热流波动和 CCD 传感器的其他电子成分等都引起所谓的暗流，温度对暗流的影响很大。实际上，温度每增加 8℃，暗流就增加一倍。暗流以温度波动平方根为标准方差进行波动。和暗流相关的噪声用电子数表示。

噪声电子的总数取决于几个因素，如暗流、温度和积分时间有很大关系。另一方面，时钟频率(读出频率)影响输出电子的噪声水平。比如说，转移到感应节点的最小电荷必须被扩大很多倍才能被检测到。

光谱响应

硅是最常用的半导体材料。理想的硅探测器中，每一个超过带宽的光子产生的光电子都被收集，最后被量测。量子效应是 1，而光谱反应用一个阶梯函数表示。如图 7.8 所示，一个实际的 CCD 探测器的量子效应因各种原因小于 1。不是所有的入射通量都作用在探测器上(如被前面的电极反射)，此外，一些电子-空穴对重新组合了。具有较长波长的光子穿过负压区并在硅内部深处产生电子-空穴对，这时重新组合的概率更大，而更少的电子被电容器吸引。当接近蓝光区以及紫外区时，光谱反应减弱，这与电极材料有关，电极材料对于 $\lambda < 0.4\mu m$ 的光谱可能完全不起作用。

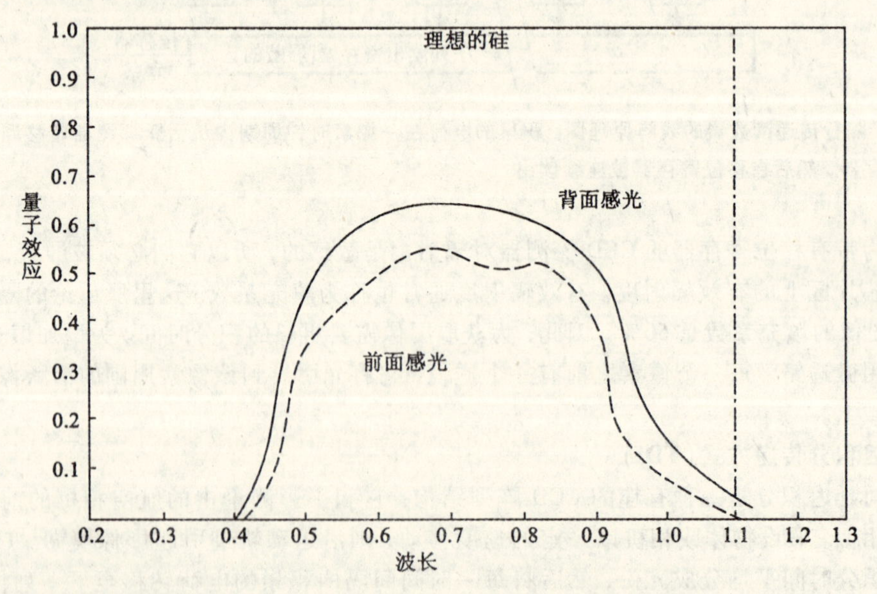

图 7.8　CCD 传感器的光谱反应。理想硅探测器中，所有具有大于带宽能量的光子都能生成电子。前面感光的传感器的量子效应比背面感光的传感器低，这是因为部分入射通量可能被吸收或被电极反射

背面感光的传感器避免了电极引起的衍射和反射，因此它们比前面感光的传感器有更高的量子效应。但是探测器必须更狭窄，因为高能量的光子在表面(负压区的背面)被吸收，电子-孔穴重新组合的几率更小。

为了使传感器对其他光谱波段(主要是IR)也敏感，必须选择具有对应带宽能量的探测器材料。这就导致了混合CCD阵列上的半导体和CCD装置是两个分离的组件。

线性以及动态范围

图7.9描述了某一像素上的辐照度和积累电荷间的基本关系。基本噪声指的是随机生成的电子，比如由暗流产生的的随机误差。组成信号的入射通量产生光电子。实际上测量得到的是带有噪声的信号。随着辐照度的增加，产生更多的电子(也包括噪声电子)，直到电子总数达到传感器的饱和度为止。辐射度大于E_{max}时会使产生的光子向相邻传感器溢出，这一过程称为开花。

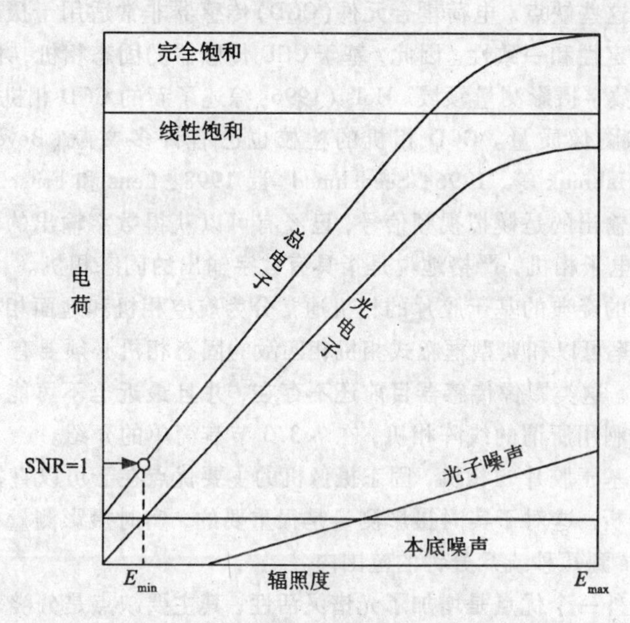

图7.9　某一像素上的辐照度和积累电荷间的基本关系

传感器响应在很大的辐射度范围内是线性的。传感器厂家指定了线性和全饱和度对应的电子数。图7.9中的E_{min}指的是生成信号所需的最小辐照度，它和噪声一样大(信噪比SNR=1)。全饱和度取决于有效像素的尺寸和传感器结构。饱和度的范围在10 000~500 000个电子之间，摄影测量使用的图像通常是50 000。

动态范围DR定义为最大信号值和噪声标准差的比值，即

$$DR = \frac{n_{sat}}{n_{noise}} = \frac{E_{max}}{E_{min}} \tag{7.1}$$

$$DR = 20\log \frac{n_{sat}}{n_{noise}} \tag{7.2}$$

其中，n_{sat}是达到饱和时的电子数；n_{noise}是噪声电子数；E_{max}和E_{min}分别代表最大辐照度和最小辐照度(见图7.9)。式(7.2)表示了以分贝为单位的动态范围。

【例 7.1】

如果一个阵列具有 200 000 个电子的高能量和 60 个电子的本底噪声，则它的动态范围是 3 333 或 70 分贝。假设输出信号被一个 A/D 转换器量化，为保持量化噪声和信号噪声相当，需要多少个字节？ADC 的动态范围是 $2^N\sqrt{12}$，其中，N 是字节数。具有 14 189 或 83 分贝的动态范围的 12 位转换器不会明显地增加整体噪声。但是对于 887(59 分贝)的动态范围，8 位转换器是不够的。

7.3 固态相机

自从 20 世纪 70 年代初，电子相机在特殊的摄影测量应用中已经开始使用了，但是当时的光导摄像管相机由于其本身的成像管不稳定使其精度并不高。20 世纪 80 年代初出现的固态相机避免了这些缺点。电荷耦合元件(CCD)传感器非常适用于摄影测量中，因为它提供了非常好的稳定性和一致性。因此，基于 CCD 传感器的固态相机，术语上称为 CCD 相机，广泛地应用于数字摄影测量领域。Holst(1996)综述了新的 CCD 相机，其中包括传感器结构、相机性能和图像质量。CCD 相机的检校也已有许多文献(Beyer，1992；Chen 和 Schenk，1992；El-Habrouk 等，1996；Seedahmed 等，1998；Lenz 和 Fritsch，1988)。

传统固态相机输出的是模拟视频信号，已经有可以获得数字输出的相机，称为数码相机，有时候也称为电子相机，严格地说是指具有数字输出的固态相机。

摄影测量使用的经典的基于胶片的相机通常分为航空相机和地面相机。固态相机可以借用其原理。分辨率可以和典型框幅式相机相匹敌的固态相机必须要有 20 000 × 20 000 数量级的传感器元件。这类影像传感器目前还不存在，并且最近也不可能在商业上获得。替代的解决方法就是利用所谓的线阵相机，在 7.3.3 节有简单的介绍。

相对于经典的基于胶片的相机，固态摄像机的主要优点在于可以直接获得影像以用于进一步的处理和分析。这对于实时摄影测量是很重要的，实时摄影测量中图像获取和分析的时间延迟在 20ms 到几秒或几分钟的范围内。

固态相机的另外一个优点是增加了光谱灵活性，其主要缺点是分辨率和视场角有限。

7.3.1 相机概述

图 7.10 显示的是一个固态摄像机主要构件的功能结构图。

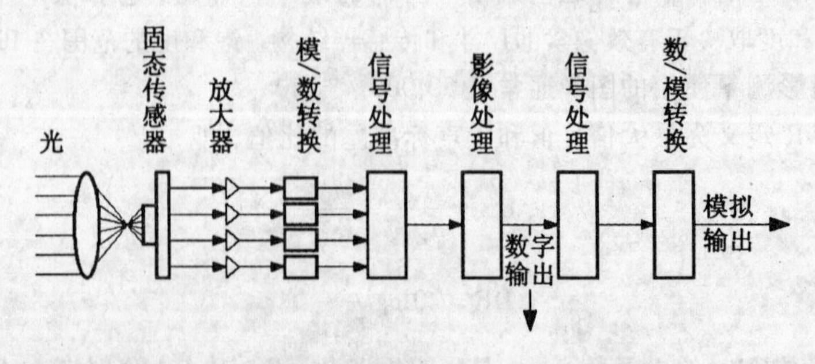

图 7.10 固态摄像机的功能结构图。实际的摄像机可能并不包含所有的构件。该图被简化了，比如，没有显示摄像机接收的外部信号

光学部件包括镜头组和滤波器，比如将光谱反应限制在可见光光谱范围内的红外阻隔滤波器(见图7.8)。很多相机的镜头使用C型接口(C-Mount)。这里C型接口和像平面的距离是17.526mm。光学子系统可能包含快门。

电子摄像机最独特的部分是影像传感装置。7.2节对CCD装置进行了概述。

安置在像平面的固态传感器和陶瓷基底粘合在一起。传感单元可以以线阵或面阵排列。线阵应用于航空相机，而近景应用包括移动测绘系统用的面阵摄像机。

固态摄像机的精度很大程度上取决于传感元件的精度和稳定性，例如传感元件空间排列的一致性以及线阵的平面度，在制造过程中能达到1/10μm的精度。如果传感元件的尺寸是10μm，则正则性达到1/100。相机检校、位置测量以及传感元件间距确保正则性在1/50到1/100之间。

为了将模拟信号转换成数字信号，传感器读出装置产生的电压必须放大。这不仅仅对数字输出是必须的，而且对信号和图像处理也是必须的。在实际的相机中，这两部分的功能可能是初步的，也可能是高级的。

光学和固态传感器是图像获取部分，放大器和模/数转换器是图像数字化部分，信号和图像处理是图像恢复部分。可以用一些例子说明图像恢复的重要性。暗流可以被测量并消除，这样只留下噪声信号部分。找出有瑕疵的像素，然后用内插得到的输出信号代替；对比度可以改变(GAMMA矫正)；可以进行图像压缩。接下来的例子证明图像压缩的必要性。

【例7.2】

假设CCD传感器有5k×5k大小的阵列和12个字节的动态范围。那么每一张图像需要300兆字节的存储量。现在假设摄像机以30帧/秒的速度运行，那么对应的像素获取率是768兆像素/秒。

图7.10描述的数字输出实际上包括了多个并行端口。大型CCD阵列可以分成有自带读出装置的子阵列。这样，所有的子阵列平行运作，平行输出数据，以减少带宽。

为增加摄像机的功能，摄像机可能还加入其他部分，比如使摄像机和其他装置同步的外同步装置。对某些近景应用可能需要带有严格同步的多相机装置。摄像机中加入了越来越多的传统帧接收器的功能。

快门控制是辅助组件的又一个例子。带有机械(或是LCD)快门的摄像机需要适当的电子装置释放一个外部信号来触发快门。

7.3.2 模拟输出

模拟信号遵循视频标准，但是，并没有统一的可被全世界接受的电视标准。第一个标准可以追溯到1941年，当时是美国国家电视系统委员会(NTSC)对黑白电视定义的RS 170标准。今天，单色标准通常采用EIA 170而彩色格式是NTSC。北美、部分南美以及日本和菲律宾都使用这些标准。

欧洲国家形成了自己的标准，比如PAL(逐行倒相)和SECAM(连续彩色存储)。CCIR(国际无线电咨询委员会)对黑白电视还定义了其他的标准，但是它与NTSC只有微小的差别。

对于改进中的标准，主要考虑能在非常有限的视频转换带宽限制下，得到视觉上良好的图像显示。这种优化过程的结果是隔行交替扫描和多次扫描，这样能使屏幕闪烁降至一个可接受的水平。

图 7.11 描述了隔行扫描的原理。在 NTSC 和 EIA 170 标准中（以前是 RS 170），包含 525 条扫描线的一帧包括奇数域和偶数域。垂直回扫消耗了一些时间，因此只显示 485 条扫描线，也就是说每个域只有 242.5 条有效扫描线。奇数域的第一条线从左上角开始。这样最后的半条线显示在底部，随后是垂直回扫顶部扫描线的中间，开始偶数域的显示。

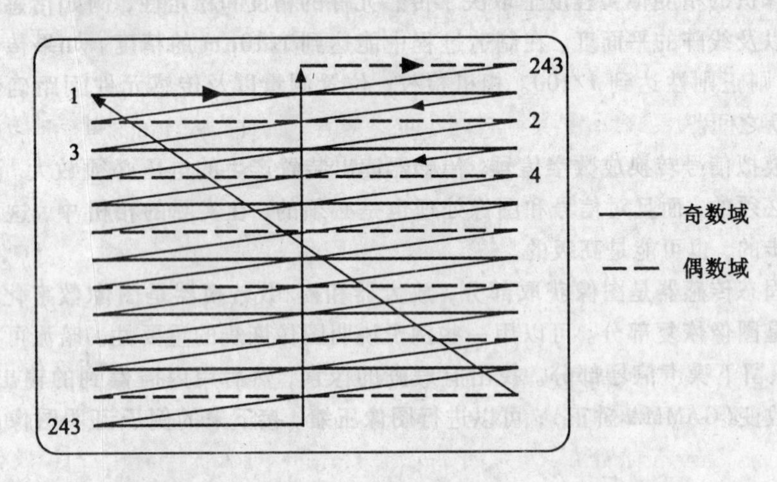

图 7.11　符合 EIA 170 标准的视频显示示意图

视频标准指定了最大带宽、行扫描频率（帧数/秒 * 线/帧）和消隐期。所有其他参数可以由这些参数得到。NTSC 中相对应的数值是：4.2MHz 的标称带宽，6MHz 的总带宽，15.7343kHz的行扫描频率和 11.1μs 的消隐期。总的线扫描时间简单为行扫描频率的倒数，对 UTSC 是 63.555μs，减去消隐期得到的最小活动线扫描时间是 52.455μs。

【例 7.3】

一个更有趣的实验是确定一个视频信号能传输多少像素。根据奈氏（Nyquist）准则可以得到理论上的最小像素大小，即可分辨的两个脉冲间的最小时间是 $\Delta t = \frac{1}{2}f_c$，其中 f_c 是视频带宽的截止频率。在 52.455μs 的活动线扫描时间和 4.2MHz 的标称带宽下，可以得到每条扫描线 $2 \times 4.2 \times 52.455 = 440$ 个像素。如果对图像使用全部带宽，则可以显示 625 个像素。

7.3.3　线阵相机

摄影测量中使用的经典的基于胶片的相机通常分为航空相机和地面（近景）相机。同样的分类也可以用于固态相机。一个分辨率可以和经典框幅式相机相当的固态摄影机必须有 20 000 × 20 000 数量级的传感元件。这类图像传感器还不存在并且在短期内也不可能在商业上获得，但是可以在像平面上使用几个传感器。面阵相机的一个替代方案是使用线阵相机。考虑到线阵相机比大面阵相机更便宜，因此通常使用线阵相机，而且，可以较容易地将它们绑在一起来增加传感元件的数量，而读出时间更短。

图7.12(a)描述了线阵相机获取数据的原理。线阵CCD安置在相机焦平面上。如7.2节所讨论的，对地面上一窄条(这节指的是一条线)区域，在积分(曝光)时间内积累电荷。电荷转移到相邻存储器，然后连续读出(参照图7.6)。线阵像素在地面上的投影称为IFOV(瞬时视场)。投影区域大小为 $s_1 \times s_2$。

$$s_1 = \frac{H}{f} p_1 \tag{7.3}$$

$$s_2 = \frac{H}{f} p_2 \tag{7.4}$$

其中，p_1 和 p_2 是CCD阵列的像素大小；H 是航高。根据这个公式和阵列的像素数 n，可以通过如下公式得到宽度 L_w 和长度 L_l：

$$L_w = s_1 \tag{7.5}$$

$$L_l = s_2 \cdot n \tag{7.6}$$

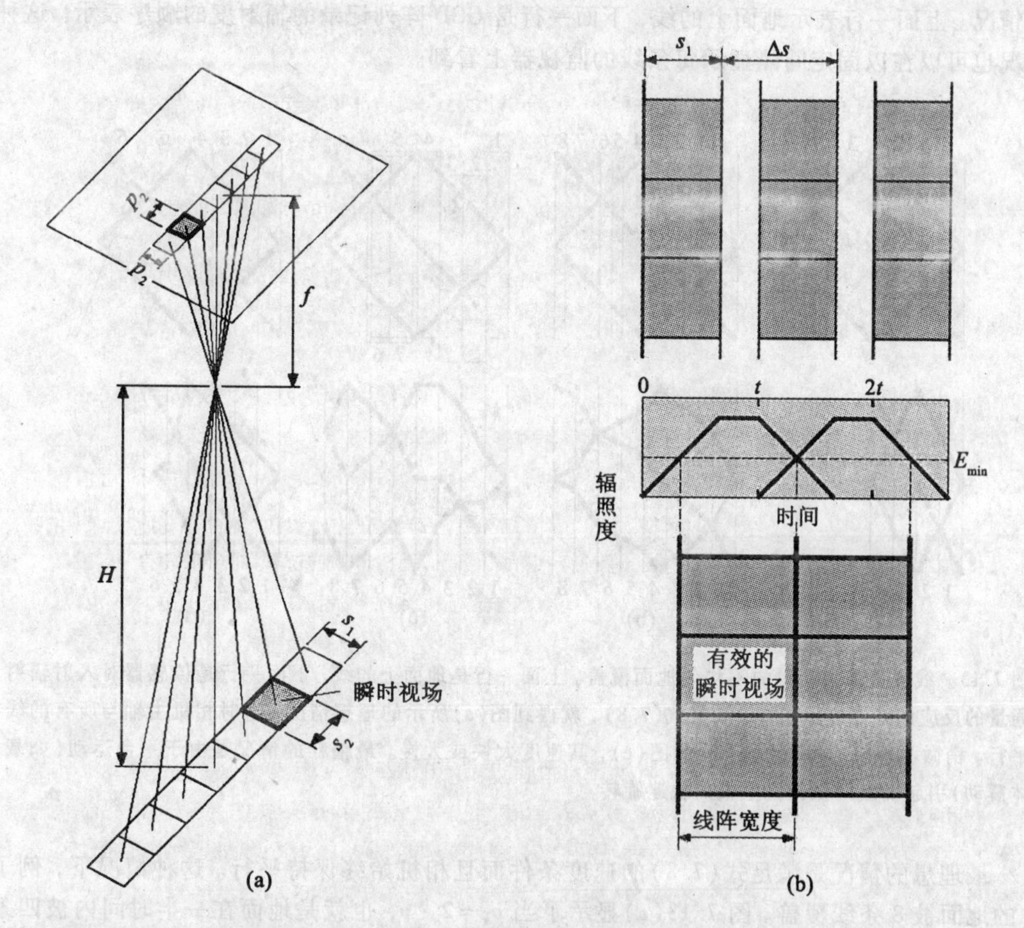

图7.12　线阵相机的数据获取原理。如图(a)，固定在焦平面上的传感器的像素长宽是 p_1 和 p_2。线阵区域投影到地面上，其长宽分别是 L_w 和 L_l。地面上的像素大小是 $s_1 \times s_2$，也就是IFOV(瞬时视场)。图(b)表明平台移动的影响。在积分时间内线阵移动了 Δs。理论上，电荷在宽 $s_1 + \Delta s$ 的区域集聚。也就是说，地面像素在飞行方向较大，但是有效尺寸较小，这是因为在积分周期的开始和结束部分对应的区域对总电荷没有明显贡献

在积分时间内，平台移动距离为：

$$\Delta s = v \cdot t_i \tag{7.7}$$

图 7.12(b)描述了在一个周期内线扫描如何从起点移向终点。因此，线阵采集地面上$(s_1 + \Delta s) \times s_2$ 的区域上的光子。图 7.12(b)中间的图表明了辐射度和时间的关系。可以看出，沿线边缘只有很少的能量转化为记录的电荷，因此有效的瞬时视场更小。在实际应用中，认为线宽 $L_w = \Delta s$。

因为积分时间内积累的电荷很快转移到位移寄存器中，线阵可以立即准备开始新的积分周期。CCD 线阵的重要性质保证连续的地面覆盖。

为在飞行方向和与垂直飞行方向得到相同比例尺的地面覆盖，要求 Δs 等于 s_2，或：

$$v = \frac{H}{f \cdot t_i} p_2 \tag{7.8}$$

如果式(7.8)中的速度条件不能满足，则会引起不均匀的地面覆盖。图 7.13 描述了几种情况。上面一行表示地面上的线，下面一行是 CCD 阵列记录的辐射度的顺序表示。这种情况也可以在以固定间隔显示每条线的监视器上看到。

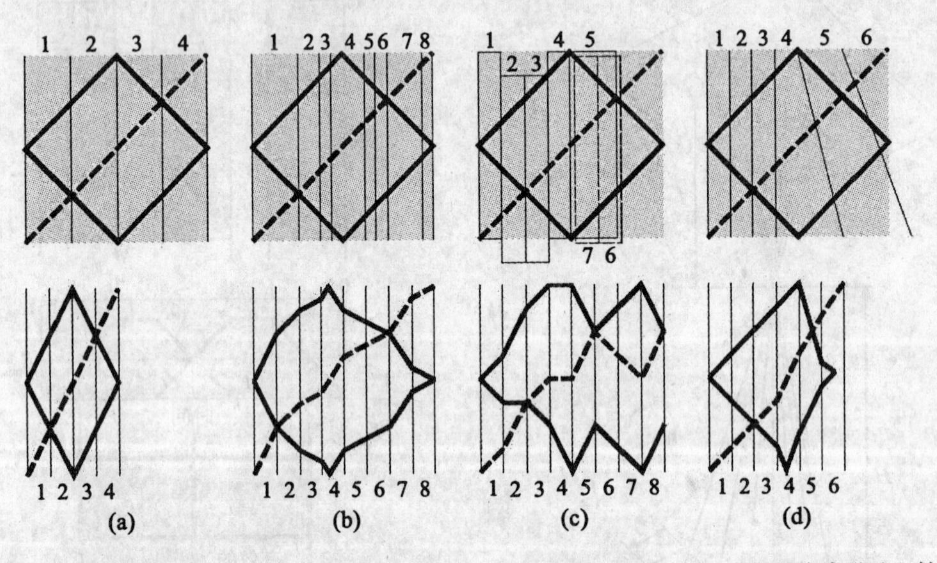

图 7.13 线阵摄像机获得的不均匀地面覆盖。上面一行是地面上的线，下面一行是传感器对入射辐射通量的反应的顺序表示。如果满足式(7.8)，就得到图(a)所示的理想情况，这时相机主轴与所有的线平行。稍微不理想的情况如图(b)和图(c)，其速度太快或太慢。最糟糕的情况是由于平台运动(如载体震动)引起的线间摄像机主轴的快速旋转

最理想的情况是满足式(7.8)的速度条件而且相机始终保持平行。这种情况下，例子中的地面被 8 条线覆盖。图 7.13(a)显示了当 $v_a = 2 \cdot v$，也就是地面在一半时间内被四条线覆盖。图 7.13(b)显示了以不均匀的速度通过地面范围，结果是图像变形。速度的这种剧烈变化一般是不可能的，但是速度的明显变化可能是由于相机主轴旋转造成的，如倾斜和滚动。假设绕着平台长轴旋转，即飞机横滚，也就是摄影测量中的 ω 旋转，这时的结果是如图 7.13(c)所描述的直线(线 2 和线 3)的横向位移。当旋转垂直于载体(φ 旋转)时会发生有趣的情况，这时的速度可能变成负的(如图 7.13(c)中的线 6 和线 7)，得到的图像

高度变形并且与地面的模式完全不同。最后图 7.13(d)显示了 κ 旋转的影响。

很显然，图 7.13(a)～(d)描述的例子有些夸张。这样做的目的是针对线阵相机的基本问题，确定每一条线的外方位元素在一个积分时间(比如说 3ms)内，那么每秒就有 300 多个外方位元素。这显然超出了任何 GPS/INS 平台定位系统的性能。

【例 7.4】

假设线阵相机的数据获取任务具有如下的参数：广角相机，航高为 6 000m，10μm 的正方形像素大小，曝光时间 1/300s，1°/s 的角运动，地面像素大小 $s_1 = s_2 = 6\,000/0.15 \cdot 10^5 \approx 0.4\text{m}$，要使行间距等于像素大小而需要的速度是 $v = 0.4/3.3\text{m/ms} = 120\text{m/s}$。在曝光时间内，倾斜 ϕ 角引起的角运动相当于沿飞行方向 $\Delta p = \tan(1°) \cdot 6\,000 \cdot 1/300 = 0.35\text{m}$ 的移动，这基本上等于行间距。也就是说，倾斜将偏移行间距，而使得新行和前一行对相同地面成像。

线阵相机的优点是设计简单和传感器成本低。通过增加针对不同光谱的线阵，能更有效地获取彩色影像。线阵相机一个很著名的例子是 SPOT。单像地面覆盖的缺点可以通过相邻轨道上获得的重叠航带克服。

三线阵相机采用三个线阵，分别安置在像平面的前部、中部和尾部。这种结构下可以得到地面的三重覆盖。其原理如图 7.14 所示。现在的问题在于要配准这 3 个单独的条带，比如使用共同特征来匹配。为了成功实现配准，需要 GPS/INS 提供充分逼近的近似值。

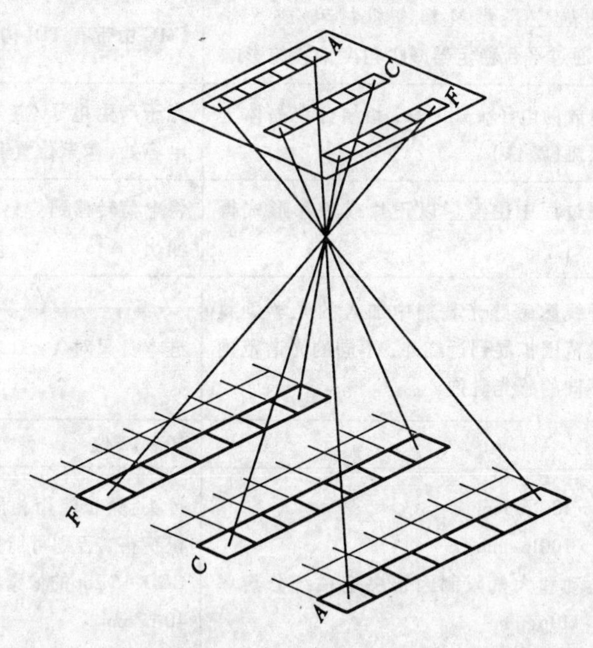

图 7.14　三线阵相机的原理。三个线阵被安置在像平面的前部、中部和尾部。每一个线阵提供连续的地面覆盖(见图 7.12(a))。这种方式下可以得到 3 个独立的扫描条带。问题在于如何配准这 3 条独立扫描条带，比如说通过匹配

三线阵的例子包括德国发明并在德国空间计划中使用的 MOMS 及其相关产品(Hofmann 等，1993；Seige 和 Meissner，1993；Sandau 和 Eckhardt，1996；Kornus，1999)。

7.3.4 比较模拟相机和数字相机

本节重点介绍传统摄影测量相机和固态相机在功能、操作和性能上的相似和不同处(见表7.1)。但是，为了从整体上做比较，应将胶片和相片处理与相机一起考虑，这样需要比较整个数据获取过程。对于航空应用，将包括平台(如运动，震动)和大气(如透视度和气体紊乱)等影响整体性能的因素。

表7.1 基于胶片的相机和CCD相机的比较

	基于胶片的相机	CCD 相机
焦距	3.5″, 8.25″, 12″	对于大面阵，是 50～80mm；对于具有C型接口的小面阵，是 17.526mm
版式规格	9″×9″	高分辨率传感器是 2.5″×2.5″，低分辨率的小于 1″
角度覆盖	60°到 125°	高分辨率传感器有相似的分辨率，芯片尺寸小于 1″的是 25°
影像敏感材料	卤化银感光乳剂	CCD 传感器
运动补偿	现代的航空摄影机都有机械和/或光学 FMC，通过平台稳定器减少角度偏移的影响	FMC 由带有 TDI 构造的 CCD 实现
曝光	光子释放的电子 e^- 和 Ag^+ 相结合在晶体上形成银斑(潜像)	光子产生电子/空穴对，电子被吸收在电容处(像素位置上)
实际图像	在冲洗过程中由潜像以正片或负片形式得到	将电荷转移到传感节点处测量、放大和输出
光谱敏感度	在紫外线敏感感光乳剂中加入的光学染料将光谱范围扩展到近红外；不同的光谱范围需要不同的感光乳剂	硅本身只对 $\lambda < 1.1\mu m$ 的光子有反应
动态范围	6 位灰度	10～12 位
分辨率	镜头：>100lp/mm 胶片：>100lp/mm 图像运动和大气限制因子决定系统分辨率为 50～60lp/mm	镜头：除非使用相同的高分辨率航空相机镜头，否则可能更低 CCD：15μm 的像素对应的分辨率为 30～40lp/mm
优点	已被证明的，完善的技术； 大角度覆盖，高分辨率； 胶片视场宽且存储介质便宜	光谱响应范围大； 高动态范围； 可立即获得数字图像； 实时处理增加了数据获取的灵活性

续表

	基于胶片的相机	CCD 相机
缺点	处理时间长； 图像只能硬拷贝获得	高分辨传感器很贵，因而更倾向于胶片相机； 高分辨率传感器的读出时间太长； 需要高数据转移速度，大存储量

摄影测量中一个很重要的假设是在利用相机进行数据获取时，相机的量测性能在整个操作环境（大气、压力等）中保持不变。相机的量测性能包括像主点（投影中心）的位置和校正后的焦距、径向畸变、切向畸变、框标位置、焦平面的平整度和镜头的分辨力。因此，量测相机的构建方式要保证在两次标定之间，镜头、光轴、带有框标的焦平面（统称为内方位元素）的相对位置保持不变。保证高稳定性的一种方法是将镜头和焦平面组合在一起，称为内角锥，将其与相机的其他部件诸如胶卷匣、传动机构以及相机主体等分离开。通常固态相机不满足这些严格的量测性能。

从图 7.15 中可以明显地看出另一个问题是，用小传感器阵列得到的分辨率和覆盖范围间的冲突。上面的图描述了基于胶片的相机，它的角度覆盖范围由焦距确定。超广角摄影机可得到的覆盖范围最大值超过 100°。角度分辨率用与焦距的比值表示，单位为 lp/mm。

【例 7.5】

对于大于 100lp/mm 的航空胶片和焦距为 88mm 的超广角相机，其角度分辨率可达到 $\frac{1}{200 \times 88} \approx 5.7 \times 10^{-5}$。一带有高分辨率传感器和 60mm 焦距的 CCD 摄影机，其角度覆盖大约是 72°，角度分辨率是 $\frac{2 \times 15\mu m}{60mm} = 5 \times 10^{-4}$。

为了提高分辨率，需要以减小角度覆盖为代价，因此需要选择一个较长的焦距。在带有 C 型接口的相机上可以证明角度覆盖和分辨率之间存在冲突。

让我们以一种更直接的方法总结一下基于胶片的相机和固态相机在分辨率和像素大小方面的比较。在乳剂胶片上覆盖的是卤化银微晶体，它的大小在 1μm 的十分之几（细粒胶片）到几微米（粗粒胶片）之间。晶体可能包含 10^{10} 个银和卤离子，如溴化物。在曝光时间内，光子被晶体吸收，然后从束缚态中释放一个电子。移动的电子和移动的银离子结合形成一个银原子。几个银原子在冲洗时可作为触媒剂，其中带有银斑点的晶体完全变为银；同时，没有曝光的晶体被冲走。实际得到的结果是直接带有二进制信息的底片：乳化剂中的原始晶体或以银元素集合（也称为点或是纹）的形式表示或不存在（被冲走）。

黑白胶片在微粒级上是二值的，那么怎样从黑白胶片上感觉到灰度信息呢。考虑含有 n 个卤化银晶体的小块区域。根据晶体的二值状态（可冲或不可冲），理论上可以得到 2^n 个状态。假设有一个正方形的区域，边长为 $s = r\sqrt{n}$，其中，r 为晶体的平均间距。那么，作为一个最小值，可以表示 n 个不同的灰度级。因为在图像区域内冲洗后的晶体分布在不同的地方，所以大于最小值的数字就被感知为灰度。使用同样的方法，可以证明得到的数字小

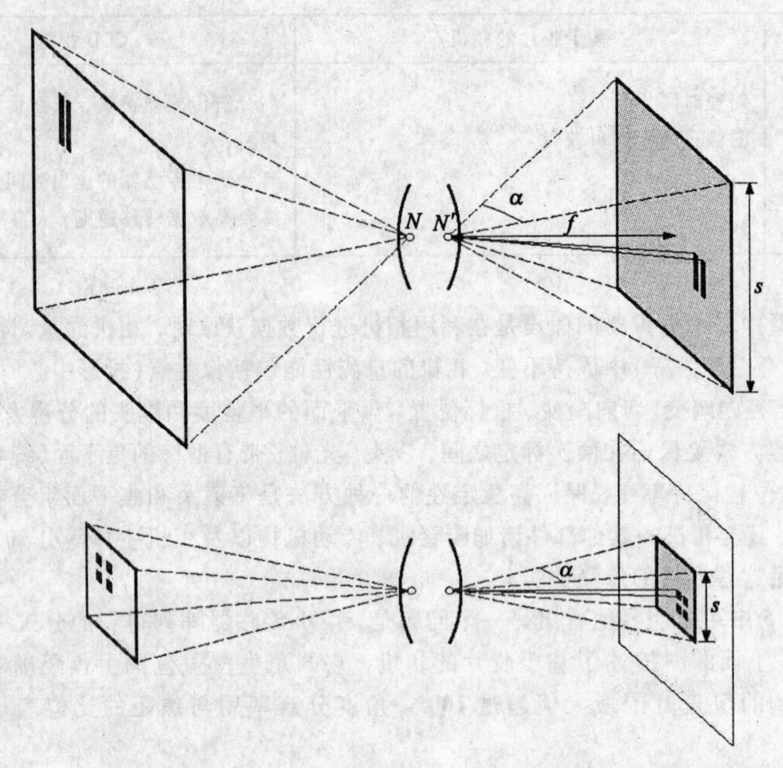

图 7.15　上图表示基于胶片相机的原理图。通过焦平面上的光学系统对物方成像，胶片在焦平面上曝光。角度覆盖范围 α 由焦距 f 和胶片尺寸 s 决定。分辨率通常用每毫米线对(lp/mm)表示。而角度分辨率是$\frac{1}{f \cdot n}$，其中，n 是每毫米线对(lp/mm)的数目。下图表示的是固态相机的原理。注意两者在图像尺寸上的不同，除高分辨率传感器外，探测芯片的尺寸通常小于 1 英尺，如 $s=2/3''$。假设焦距相等则会得到更小的角度覆盖范围。用像素间距除以焦距可以得到角度分辨率。为增加角度覆盖范围，应选择较短的焦距，但是这样角度分辨率就会小于可接受的值。另一方面长焦距会得到更好的角度分辨率，但这是以小角度覆盖为代价的。这就是选择小于或等于 1 英寸的线阵传感器时遇到的矛盾

于最大值 2^n。总之，这个小区域是携带灰度信息的最小单元，灰度级数在 n 到 2^n 之间，这样就建立了微粒与像素在尺寸和分布之间的内部关系。

【例 7.6】

假设细粒乳液的晶体大小是 1μm。进一步假设晶体是紧密排列的(间距等于晶体大小)。一个 5μm×5μm 的区域含有 25 个晶体，因此它可以表示 25 到 2^{25} 个灰度级。上限是理论最大值。因为考虑区域内的被冲洗晶体的位置不同，所以大于最小值 25 个灰度级的灰度是可能的，比如说 100，那么像素大小应该是 5μm。这个和用 lp/mm 表示的胶片的分辨率比是怎样的呢？在我们例子中的细粒乳液的分辨率是 100lp/mm，以此可得到的像素大小是$\frac{1000}{2\times100}=5\mu m$。惊奇吗？

图 7.16 描述了潜像和负片的获取过程。潜像可以和 CCD 传感器获得的电荷相比较。冲洗的胶片对应于感应节点量测的信号。模拟信号进入下一步。一些光子可能形成可冲洗

的银斑或是可量测的电荷。潜像和积累的电荷都是不可见的。潜像的冲洗过程和电荷的转移及量测对应，而且这两个过程都受放大系数的影响。

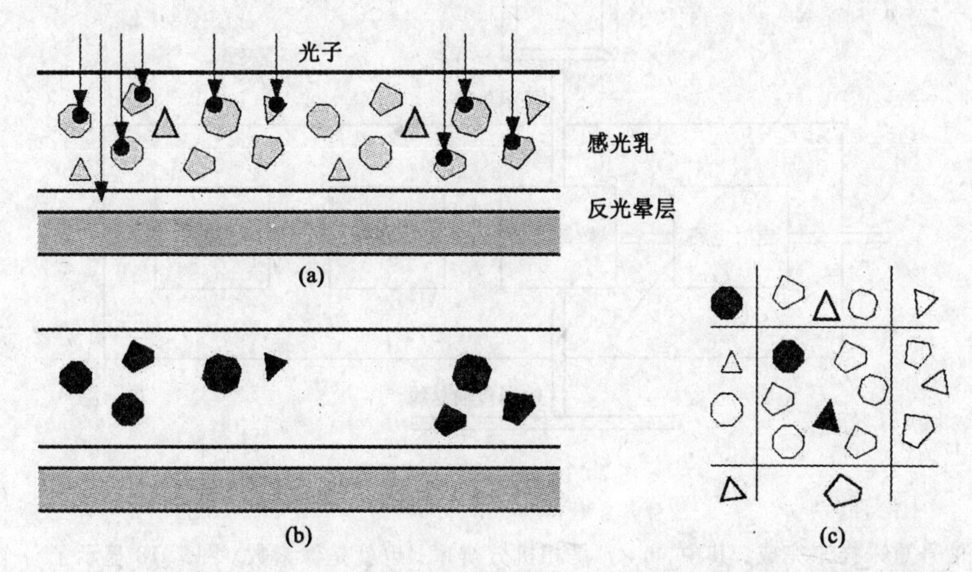

图 7.16　胶片截面图。图(a)中，光线投影到感光乳剂上。适当波长的光子通过释放电子和银离子结合来和卤化银晶体发生作用。图(a)中的黑点是几个银原子形成的银斑。在冲洗过程中，带有斑点的晶体完全转化为银，没曝光的晶体被冲去。产生的负片如图(b)所示。负片的顶视图如图(c)所示，其中，黑色部分表示微粒，白色部分表示为冲去的晶体的原始位置。这些晶体在冲洗过程中被冲去而不存在。卤化银晶体的存在与不存在构成了二值状态。灰度级只在包含几个原始晶体位置的区域中可以感知

7.4　帧接收器

帧接收器以高达每秒 30 帧的速度获取影像。图 7.17 描述了典型帧接收器的主要构件，其中一些功能已经不再需要或是已转至相机中，比如 A/D 转换器现在可能是数字相机的一部分。另外，由于主机具有高速的数据传输和图像增强处理的能力，可能不再需要在线存储和处理。

帧接收器既可以从相机接收模拟视频信号，也可以接收数字信号。

7.4.1　定时电路

时序电路感应视频波的定时信号，即水平同步(见图 7.18)。这对精确的图像获取至关重要，因为它决定了视频信号重采样的开始和结束时刻。

传统的方法是从参考频率(锁相环)中创建一个时钟。该时钟的精度决定了像素的几何精度，称为像素抖动。高精度的帧接收器其像素抖动大概是 2ns。

7.4.2　A/D 转换器

帧接收器的工作原理是将模拟的视频信号转换成数字的。这一过程通过以 n^2 个等间

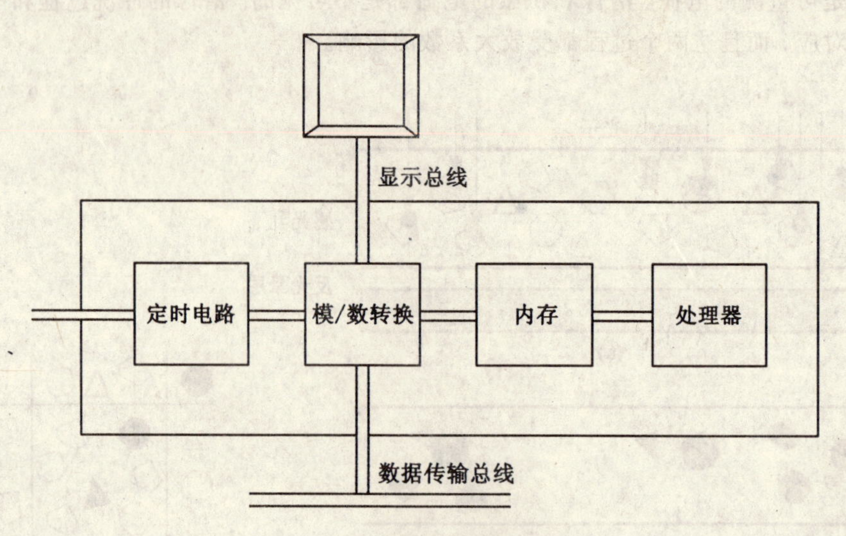

图 7.17　帧接收器的原理图

隔对信号重采样来完成，其中，$n \times n$ 是相机分辨率，也就是像素数。图 7.18 显示了一个视频信号。水平同步信号标记一帧的开始。对于一帧来说，时间间隔 Δt 大概是 33ms，因此，一个像素就有 $\Delta t_p = 33\text{ms}/n^2$ 的时间间隔。对于高分辨率图像产生采样间隔的时钟应该很精确，即视频信号的同步很重要。

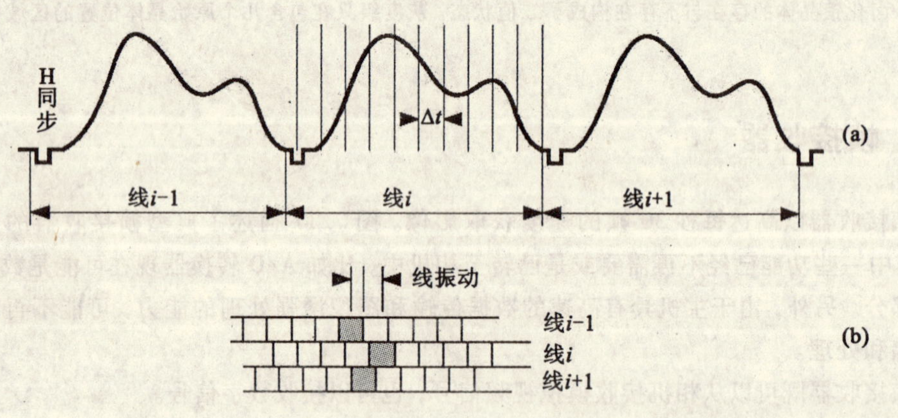

图 7.18　图(a)中的视频信号通过将两水平同步信号(一行)间的时间分成相同的间隔 Δt 来数字化。如图(b)中所示，相邻线中相同列的位置有错动，这是由 Δt 中的误差以及定位水平同步信号中的误差引起的

【例 7.7】

一分辨率为 2k ×2k 像素的相机的时间间隔为 $\Delta t = \dfrac{33\text{ms}}{4.146 \times 10^6} \approx 8\text{ns}$。像素抖动为 4ns 的帧接收器会在数字图像中产生明显误差，如图 7.18(b)所示。

A/D 转换器产生的数字信号经系统总线传到主机进行进一步的处理和永久存储。现在，系统总线的速度还不能处理高分辨率摄像机的每秒 30 帧的数据。继续上面的例子，A/D转换器产生 30 ×2 048 ×2 048 =120MB/s 的稳定数据流，这就是 PCI 总线的最大带宽。但是这个传送速度可能超过其他总线系统的性能，因此数据必须暂时存储在帧接收器上。

表 7.2 包括了几种总线的最大传送速度和典型传送速度。ISA 早在 1985 年就被用于个人计算机。VME 总线是指能通过 40MB/s 的 I/O 接口。PCI(外设部件互连标准)总线被开发之后，32 位微处理器能以等于或大于 33MHz 的速度运行，但必须要等待硬盘和视频卡中的数据到达。

表 7.2　**总线系统的标准传送速度**

	ISA 总线	ESRI 总线	PCI 总线
发明年份	1985	1988	1993
最大传送速度(MB/s)	16	33	132
典型通过量(MB/s)	2	8	65

习题

1. 你认为摄影测量中应用 CCD 相机的主要优点是什么？
2. 在 CCD 相机完全代替基于胶片的航空相机之前还要克服的主要困难是什么？
3. 航空相机的像移补偿和 CCD 传感器的 TDI 结构间的关系是什么？
4. 解释为什么在开放快门条件下工作的线阵相机能获取连续地表图像。
5. 用一个三线阵相机可获得 3 个连续的条带。阐述条带间的不同，特别是前视和后视间的辐射差别。

参考文献

[1]Beyer H A(1992). Geometric and Radiometric Analysis of a CCD-Camera Based on a Photogrammetric Close-Range System. Tech. Report, No. 51[R], ETHZ.

[2]Budde W(1983). Physical Detectors of Optical Radiation[M]. New York, NY: Academic Press.

[3]Chen Y, T Schenk(1992). A Rigorous Calibration Method for Digital Cameras[J]. International Archives of Photogrammetry and Remote Sensing, 29 (B1), 199-205.

[4]Dereniak E L, D G. Crowe(1984). Optical Radiation Detectors[M]. New York, NY: Wiley & Sons.

[5]El-Habrouk H, X Li, W Faig(1996). Determination of Geometric Characteristics of a Digital Camera by Self-calibration[J]. International Archives of Photogrammetry and Remote Sensing, 31 (B1), 60-64.

[6]Hofmann O, A Kaltenecker, F Muller(1993). Das Flugzeuggestutzte Digitale Dreizeilenaufnahme-und Auswertesystem DPA-erste Erprobungsberichte[C]. Photogrammetric Week'93, 97-107, Wichmann Verlag.

[7]Holst G C(1996). CCD Arrays, Cameras, and Displays[M]. JCD Publishing and SPIE Optical Engineering Press, 2932 Cove Trail, Winter Park, FL 32798.
[8]Kornus W(1999). Dreidimensionale Objektrekonstruktion mit Digitalen Dreizeilenscannerdaten des Weltraumprojekts MOMS-02/D2[D]. Dissertation, DGK-C, Heft 496, Munich.
[9]Lenz R, D Fritsch(1988). On the Cccuracy of Videometry[J]. International Archives of Photogrammetric Engineering and Remote Sensing, 27(B5), 335-345.
[10]Light D(1996). Film Cameras or Digital Sensors? The Challenge Ahead for Aerial Imaging [J]. Photogrammetric Engineering and Romote Sensing, 62(3), 285-291.
[11]Sandau R, A Eckhardt(1996). The Stereocamera Family WAOSS/WAAC for Spaceborne/airborne Applications[J]. International Archives of Photogrammetry and Remote Sensing, 31(B1), 170-175.
[12]Seige P, D Meissner(1993). MOMS-02: An Advanced High Resolution Multispectral Stereo Scanner for Earth Observation[J]. Geo-Informations-System, 6(1), 4-11.
[13]Seedahmed G, D C Merchant, T Schenk(1998). Experimental Results of Digital Camera Calibration[J]. International Archives of Photogrammetry and Remote Sensing, 32(3/1), 91-96.
[14]Theuwissen A J P(1995). Solid-State Imaging with Charge-Coupled Devices[M]. Dordrecht: the Netherlands. Kluwer Academic Publishers.
[15]Yang E S (1988). Microelectronic Devices[M]. New York, NY: McGraw-Hill.

第八章　扫　描　仪

尽管固态照相机的研制已经取得了巨大的进步，而且在摄影测量领域已经得到了越来越广泛的使用，但是目前基于胶卷的照相机仍然是航空应用中主要的数据获取手段。现代航空相机是一项伟大的发明，它们与具有高几何分辨率和辐射分辨率的胶卷一起，产生了高质量的像片。

一般来讲，扫描仪是将硬拷贝的文档转换成数字形式。扫描仪除了数字化(扫描)航空和卫星影像外，还可以被用来转换各种各样的地图。本章主要描述摄影测量扫描仪，第一节总结了研制专门用于摄影测量应用的扫描仪的必要性。接下来的章节讲述了平板扫描仪的基本组成部分和工作原理，还包括了一些容易出现错误的情况。

目前，市场上有很多商品化的扫描仪，这里并不描述或者比较这些扫描系统，而是重点介绍其一般的工作原理。

8.1　引言

扫描摄影测量和测图文档(比如航空像片和卫星像片)的要求主要体现在以下几个方面。

1)格式。航片的大小为9″×9″，卫片的大小可能为12″×18″。通常，需要扫描整卷影像。

2)几何分辨率和精度。在空中三角测量等应用中，要求像元大小为15μm，像元精度为2μm。

3)辐射分辨率。密度范围是2.5D(适合于全色摄影)到3.5D(适合于彩色摄影)。这需要10～12bit的分辨率。

随着日益增强的信息系统的应用，大批量的模拟文档需要转换成数字文档，扫描仪变得越来越重要。现今，适用于办公文件数字化的桌面出版扫描仪是桌面出版系统的外围设备。然而，桌面出版扫描仪的功能还不能满足转换摄影测量和测图文档的要求，因此，需要研制适合制图工程要求和特征的扫描仪。

扫描仪性能方面的增强需要昂贵的费用。一般摄影测量扫描仪至少比桌面出版扫描仪贵一个数量级。这是桌面出版扫描仪较少用于摄影测量的主要原因，特别是当几何精度不太重要的时候。Baltsavias 和 Waegli(1996)介绍了有关桌面出版扫描仪质量方面的成效。

就高质量数码相机的快速发展及其在摄影测量上逐渐增多的应用而言，人们或许会认为，当所有的图像都以数字的形式获取和存储的时候，扫描图像的过程会成为一种多余。然而，现代的航空数据采集系统装载有运动补偿的无变形的相机，胶卷具有更好的几何稳定性、高分辨率以及较宽的动态范围等方面的优势，这些仍然是数字数据采集系统近期无法达到的。

8.2 滚筒扫描仪与平板扫描仪

在设计扫描仪时，有两种本质上截然不同的设计原理。图 8.1(a)表示滚筒扫描仪的构造原理。这里，胶片(或者地图)固定在滚筒上，感光元件通常是光电二极管。由于光电二极管的高感光性，滚筒扫描仪提供了很大的密度范围，即滚筒扫描仪达到了一种可靠的色调描绘的效果。光电二极管沿着平行于滚筒轴向的方向逐像元地移动，按照这种方式就可以形成一行数码影像了，让滚筒旋转能得到多行数码影像。即使滚筒扫描仪具有逼真的辐射分辨率，它们的应用同样碰到几何上的问题。不平坦的滚筒表面难以把胶卷固定在滚筒上并且滚筒表面具有不同的旋转速度，这些仅仅是其中的部分问题。此外，由于滚筒扫描仪上安装不了高精度的玻璃板，因此在校准滚筒扫描仪时会带来额外的问题。

图 8.1(b)描述了平板扫描仪的原理。摄影胶片放在像片承载器上，光线从上面照射下来，固态传感器探测到穿过胶片的能量大小。通常需要使用由几千个敏感元件组成的敏感元件线阵。承载有胶片的像片承载器相对于敏感元件、光学器件以及光源移动。

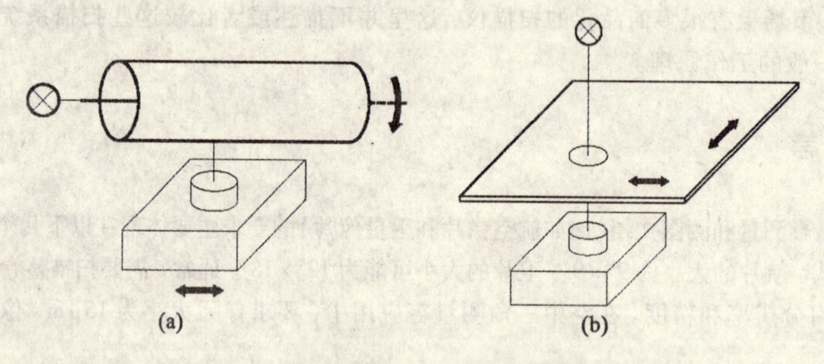

图 8.1　两种不同的扫描仪设计原理

目前的扫描仪绝大多数都是平板式构造的。在固态敏感元件方面的进展(如每个芯片拥有的敏感元件数目逐渐增加，元件的大小逐渐减小)使得平板扫描仪得到了广泛的使用。图 8.2 显示了一个安装有发动机的平板扫描仪扫描胶卷的例子。

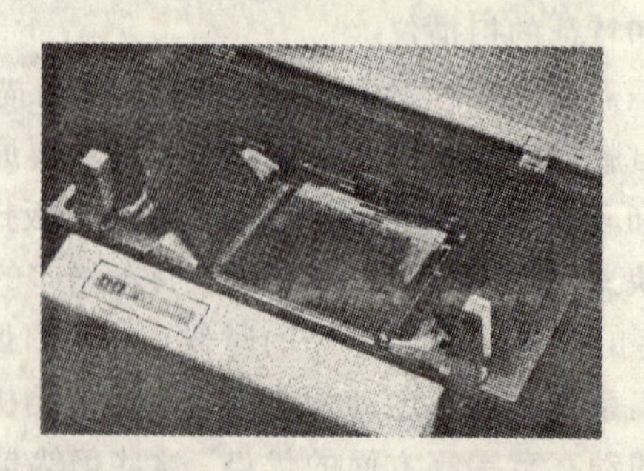

图 8.2　蔡司 SCAI 高精度扫描仪配有胶片驱动设备扫描整卷胶卷。两个步进电机可以在两个方向上移动胶片。为了防止胶片在移动过程中被刮擦，它被一个提升装置压在偏移轴上。一个电子帧计数器能自动定位到预先选择的照片

8.3 平板扫描仪的主要部件

图 8.3 为一个平板扫描仪主要部件的示意图。

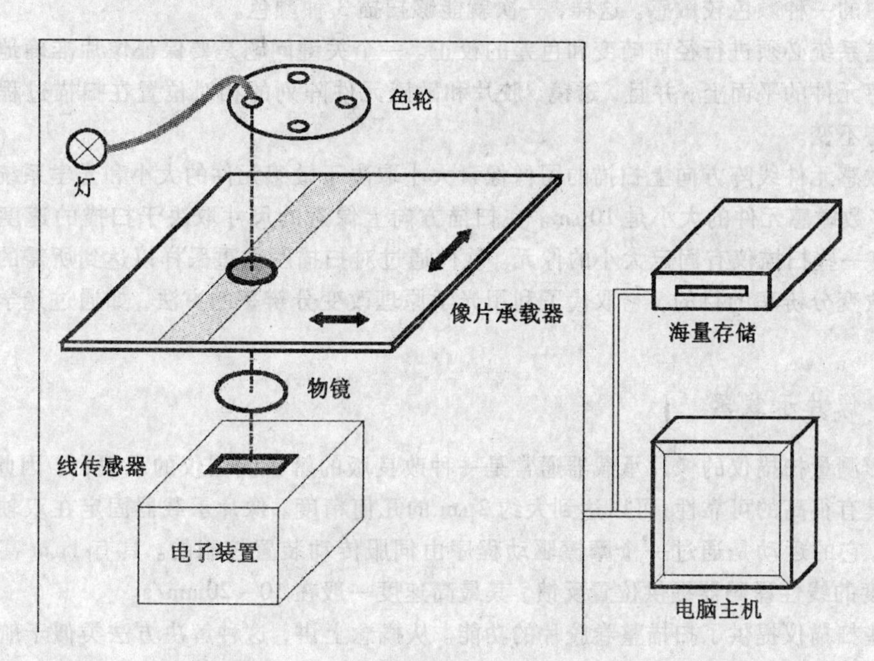

图 8.3　平板扫描仪及其主要部件示意图

8.3.1　照明和光学器件系统

扫描仪的照明系统必须满足的条件中，存在着许多挑战性的因素和部分矛盾性的因素。首先，光源必须要稳定，以使得入射到敏感元件阵列上的通量仅仅是胶卷密度的函数。为了补偿光源能量方面的变化，必须要直接测量出光源的能量大小，然后，可以对敏感元件记录的能量进行相应的校正。

照明系统的另一个必须满足的条件来自于动态的扫描过程。敏感元件的饱和能量是积分时间和入射通量的乘积，为了保证积分时间尽可能地短，光源必须要辐射足够的能量。典型的光源是 100 ~ 300 瓦的卤素灯或者荧光灯。这种灯可能会导致相当多的热量扩散，从而可能会对敏感元件的稳定性以及胶片产生影响。为了阻止这些不必要的影响，应该把绝热灯固定在距离敏感元件和胶卷尽可能远的地方，这时，光纤电缆将光引导到正确的照明位置。

另一个关于设计方面的问题是利用漫射光还是直接光的问题。在漫射光照明的情况下，将光散射玻璃板置于胶卷的上面。漫射光照明的优点是，它能减少感光底片上的瑕疵，比如小污点(如尘土颗粒或者划痕)将不会成像在胶片上。另外，漫射光比直接光源产生的图像噪声更少。

直接照明需要一个聚光透镜，它的作用是从一个点光源发出一系列连续光。直接照明的一个优点源于它的长焦距（由于从光源发出了一束很窄的光线）能减轻聚焦度弱化的问题。

照明系统的一部分是色轮，它包括扫描彩色胶片时必需的过滤器。应用这种方案，胶片被扫描3次。另外一种扫描彩色图像的方法是用3个独立的敏感元件线阵，每一个只对三原色中的一种颜色较敏感。这样，一次就能够扫描3种颜色。

聚焦系统必须进行径向畸变和色差的校正。一个关键问题是要保证像片准确地反映在包含传感元件的平面上；并且，透镜、胶片和敏感元件阵列的相对位置在扫描过程中必须始终保持不变。

在敏感元件线阵方向上扫描的图像像素大小取决于敏感元件的大小和光学系统的放大率。大多数敏感元件的大小是10μm。在扫描方向上像素的尺寸取决于扫描的速度和积分时间，有一些扫描仪有固定大小的像元。软件通过对扫描图像重采样以达到所需的分辨率来完成改变分辨率的目的，它取代了利用光学原理改变分辨率的方法，如通过光学器件的缩放。

8.3.2 像片承载器

摄影测量扫描仪的像片承载器通常是一种改良版的解析测图仪的承载台。因此，像片承载器具有很高的可靠性，可以达到大约2μm的几何精度。像片承载器固定在双轴交错的载片上。它的运动是通过一个摩擦驱动程序由伺服传动装置控制的。具有1μm甚至小于1μm精度的线性译码器提供位置反馈。其最高速度一般在10~20mm/s。

一些扫描仪提供了扫描整卷胶片的功能。从概念上讲，这种解决方法类似于航空相机使用的方法，只不过扫描仪没有应用真空技术将胶片固定在玻璃板上。在此条件下，不需要手动装载胶片，比如，在没有操作者的监控和干预下，整卷含数百帧图像的胶片扫描可以顺利地自动进行。

在像片承载器将图像传送过敏感元件阵列时，图像的一条带状区域（也称为细长的列）就被数字化了。这个带状区域的宽度由敏感元件的尺寸乘以光学系统的倍率确定。在每次扫描结束的时候，承载器首先垂直于扫描方向移动，然后再继续进行扫描。为了防止相邻条带重叠和相互间有空隙，必须非常准确地移动。此外，沿着扫描方向保持不变的速度平滑移动是至关重要的，因为这决定了沿着扫描方向的像元大小。

8.3.3 传感器

传感器的作用主要是测量胶卷的密度。入射通量 Φ_i 与胶片相互作用时，入射量要么被吸收，要么被反射，要么透射过去。透射通量和入射通量的比就是透射比 $\tau=\phi_t/\phi_i$。密度 D 等于透射比的倒数的对数，即 $D=\log(1/\tau)$。人的视觉系统接近于发光特性曲线的对数，即它与胶片的密度成比例。我们认为，相同步长的密度间隔具有线性关系。同样，胶片的密度范围应该用相同的步长数字化。黑白航空像片的密度范围是0.2~2.5D，彩色像片是0.3~3.5D。Ziemann(1996)对摄影图像的数字化进行了详细的解释。

几乎每个平板扫描仪都采用CCD线阵传感器，使用CCD线阵传感器代替二维阵列的原因之一是线阵传感器的敏感性更强。

光电倍增管是最敏感且最准确的传感元件，它们可以计数单个的光子。因此，配备光电倍增管的滚筒扫描仪在摄影材料的全密度范围内具有线性特性就不足为奇了。图 8.4 说明 CCD 传感器的灵敏度行为，随着密度的增加，灵敏度降低，结果，在黑暗区域的密度差异 ΔD 被分解成比明亮区域相同密度差更少的灰度值。

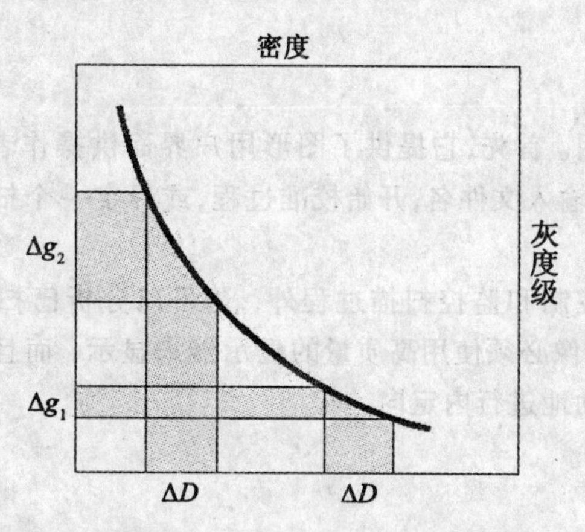

图 8.4　CCD 传感器的灵敏度是密度的函数。CCD 传感器呈线性响应。在高密度时，同样的密度范围 D 所代表的灰度值比在低密度时的小，因而，黑暗和明亮区域的色调表示不平衡

8.3.4　扫描仪电子装置

扫描仪的电子装置由几个部件组成，并提供以下主要功能。

A/D 转换器　读出积累在 CCD 传感元件中的电荷并转换为模拟视频信号。扫描仪输出的是一种含所有像素灰度值的数字信号。该模/数转换模块可以将相同的灰度级的振幅量化成 2^n 级，n 是代表每个灰度级的比特数。虽然大多数的扫描器以 8 位进行输出，内部量化有时在一个更高的灰度级层次上进行，如 10～12 比特的灰度级。这样，在颜色较深区域灵敏度较低的问题就可以得到缓解了。

为了实现快速的转换和单个像元的纠正，需要利用查询表(LUT)技术。对于每一个模拟输入值，它们都包含了一个相应的数字输出。LUT 技术在(内部)检校过程中被利用。

传感器控制　线阵传感元件必须被控制。例如，传感元件平面必须与图像平面相一致。如果使用了颜色敏感元件，控制单元负责确保所用的 3 个线阵传感器从相同的胶卷区域接收光线。

承载器控制　为直流电动机驱动的横向滑动系统提供必要的电路。

内存　数字信号可暂时存放在内部存储器中。举例来说，当前的每个细长条带包含的数字信号存储在内存里，而将之前的细长条带所包含的数字信号读出到磁盘中或者是主机中。

输出接口　提供与主机或海量存储设备之间的连接。理想的数据传输率应与扫描速度相一致。举例来说，扫描速度 15mm/s 产生的数据流约 3MB/s(见例 8.1)。在 7.4 节中讲到过的 PCI 总线可以很容易达到这个数据传输率；其他总线系统或直接连接到大容量存储设备可能会减慢扫描的进度。

【例 8.1】

假定一个像素大小为 10μm，具有 2 048 个传感元件和 8 比特量化的扫描仪。假设扫描器运行速度为 15mm/s，那么传输率 r 等于 $3.076\text{MB/s} = \dfrac{15\ 000 \cdot 2\ 048}{10}$。

8.3.5 主机

主机起着重要的作用。首先，它提供了图形用户界面供操作者与扫描仪进行交互，例如操作员通过参数设定，输入文件名，开始校准过程，或界定一个扫描区域等步骤后进行扫描。

应用软件除了可以控制和监控扫描过程外，还可以分析已扫描图像的完整性和一致性。因此，经过扫描的图像必须使用高质量的显示器来显示，而且可能有必要直接在扫描仪工作站中半自动或自动地进行内定向。

8.4 像素大小

区别平板扫描仪中用到的下列不同像素类型非常地有用(见图 8.5)。

传感器像素 对应一个传感元件的基本单元。像元的大小由行扫描仪的类型确定，传感器像素的大小为 10～15μm。

扫描仪像素 指传感器像素投影到扫描仪胶片上的投影区域，即通过扫描仪扫描输出到界面上的图像区域。

精细像素 经过扫描和后续处理过程后的最终的结果。这种像素通过数字摄影测量方法存储和进一步处理。如果没有在主机上进行后续处理过程，那么精细像素与扫描仪像素是相同的。

像片像素 指胶片分辨率。这不是物理像素，更多的是一种概念上的实现。

不同类型像素间的关系见图 8.5。

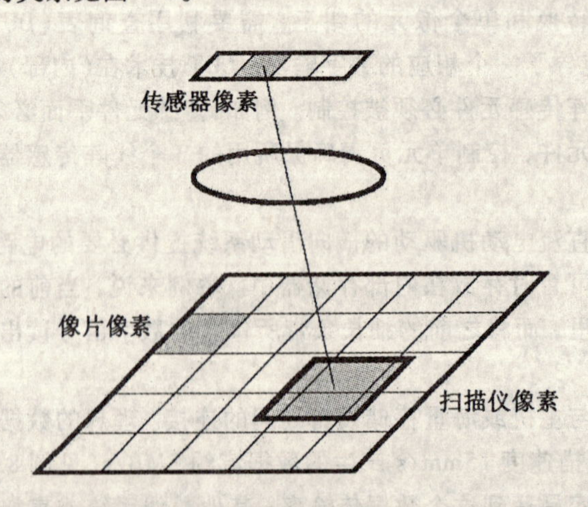

图 8.5 扫描过程中不同类型像素的示意图。传感器像素是关于传感器像素间距的物理量；像片像素是抽象的数量，与扫描的胶片的分辨率有关。扫描仪像素是指投影的传感器像素，即传感器像素通过传感器物镜投影到胶片上形成的像素

8.4.1 传感器像素与扫描仪像素间的关系

假定当前像片承载器不移动，传感器像素通过镜头投影到胶片上。在这种情况下，通过光学系统放大的扫描仪像素与传感器像素大小相同。

现在移动像片承载器。传感器像素在曝光时间内投影到移动的胶片上。在扫描方向上的像素大小是扫描速度和曝光时间的函数。用 Δt 表示积分时间，v 表示扫描速度，则像素大小为 $S_y = v \cdot \Delta t$。传感器行方向上的像素大小 $S_x = S_s \cdot m$，S_s 表示传感器像素的大小，m 表示光学系统的放大率。

因此，可以得出，扫描仪像素在一个方向上的大小是由传感器像素的光学放大率决定的，另一个方向的大小是由像片承载器移动的速率和传感器元件的积分时间决定的。

【例 8.2】

假设传感器像素大小为 13μm，期望得到的扫描像素大小为 10μm × 10μm，固定的积分时间为 0.2ms。应该移动多快呢？我们可以从上述的等式得到像片承载器速度 $v = \frac{S_y}{\Delta t} = \frac{10\mu m}{0.2ms} = 20mm/s$。

8.4.2 扫描仪像素与像片像素的关系

扫描的核心问题是扫描仪像素应该多大才能如实反映原始图像而不至于失真，这就要求图像像素的最小值或分辨率已知。胶片分辨率通常由每毫米可识别的线对的数量来表示。这种方法是很主观的，因为它依赖于图像的对比度和人工判断。调制转换函数(MTF)更适合来表示分辨率。

图像的形成过程可以描述为至少近似描述为一个线性系统。参照第二章，需要成像的物体是输入信号，透镜的作用相当于线性系统，图像就是输出结果。系统响应完全是以脉冲响应为特征的。一个脉冲可以看做物方空间中的一个点光源。这样，一个物体就是脉冲经过缩放和平移后的线性组合。镜头是如何转换脉冲的呢？通过光圈的一个点的图像就是这个点的分布函数。例如，通过针孔相机拍摄的点的图像是由衍射方式形成的。图像是利用点分布函数对光强度函数进行卷积得到的，相同的操作也可以在频率域内实现。点分布函数的傅立叶变换是光学传递函数，而其强度是调制传递函数。

由高斯宽度 σ 表达的点分布函数可以作为分辨率的测度。对于黑白胶片，σ 的值在 20 ~ 30μm之间；彩色感光乳胶具有更宽的分布值。从这些数值可以得出结论，黑白胶片的像片像素大小在 10 ~ 15μm 之间，彩色胶片的像素大小在 15 ~ 25μm 之间。

8.5 潜在的误差源

许多研究者对各种扫描仪的质量进行了测试，对其性能特性和潜在的误差源做了报告。Baltsavias 对几个扫描仪进行了测试，包括 DTP 扫描仪(Baltsavias 和 Bill，1994；Baltsavias，1994a；Baltsavias 和 Waegli，1996)。Kolbl 对扫描仪的色调描绘功能进行了测试(Kolbl 和 Bach，1996；Kolbl，1994)；Bolte(1996)研究了摄影测量专用扫描仪的几何和辐射特性。

Seywaldetal(1994)提出了测试扫描仪的详细指标和过程；Bethel(1994)对摄影测量扫描仪的调制转换函数进行了测试。

本节中主要总结了质量控制的最重要方面和主要的误差源。

8.5.1 定位和分辨率

高质量的摄影测量扫描仪在整个规格上应该具有2μm的可重复精度。即使能保证该精度，仍然可能由于行传感器的错误排列而产生潜在的问题，如图8.6所示，其结果是产生了一个扭曲的图像坐标系，并且，相邻的细长条带(条幅)被狭缝分割开。

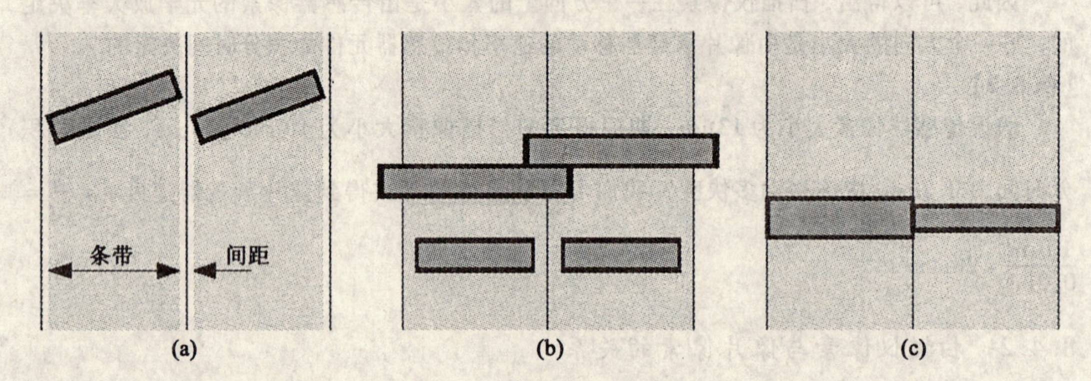

图8.6 一些几何错误的图示。不对齐的行传感器导致整个条带上扫描线的移位，如图(a)。图(b)说明了垂直于扫描方向的错误比例的影响及其导致的相邻条带的重叠或分离。图(c)表明在扫描方向上比例的差异导致矩形的像素形状

类似的问题可能是由于错误的比例引起的。错误的光学放大倍率引起在垂直于扫描方向上产生错误的比例导致条幅之间的叠加或分离，如图8.6(b)所示。非匀速或者传感器与摄影平台的不同步会导致扫描方向上的比例失调，进而产生矩形形状的像素。除此之外，相邻条带间同行的像素不能准确地匹配。

8.5.2 辐射表达

航空胶片上的感光乳剂在密度与曝光度之间有很大的动态范围，并具有对数关系。为了利用数字影像准确地表现这些属性，CCD传感器面临很大的挑战。正如上面所提到的，CCD传感器是线性的。

彩色色差或者投影到彩色敏感阵列传感器的影像块的位置偏移导致的色彩重合失调，会引起一些其他的辐射问题。因为CCD传感器在可见光光谱部分的敏感性有很大的差异，合适的色彩均衡是难以达到的。例如，CCD传感器对蓝色的敏感性比对红色和绿色的敏感性要低得多。

由于电子干扰，如热辐射和太阳风，辐射分辨率会因此而进一步降低。减小电子干扰的方法是冷却传感器，或者采用多次测量取平均值的方法。除此之外，一个较长的积分和读出时间有助于减小噪声。

习题

1. 扫描一幅高质量的航空胶片的时候，怎样确定一个最佳的像素大小？

2. 大多数平板扫描仪使用 CCD 传感器，CCD 探测器与照明呈线性关系，但是胶片材料有一个对数响应。扫描胶片的结果将会怎样？

3. 扫描仪的动态范围和胶片的密度范围之间的关系是什么？

4. 解释几何分辨率和几何精度之间的区别。

5. 确定扫描仪、计算机和平板扫描仪的硬盘之间的数据传输率，该平板扫描仪具有 1K 像素（探测器元素）的线型阵列，像素大小 12μm。问扫描一幅航空影像需要花多长时间？

6. 一个经过曝光和冲洗的胶卷最终是由二值表示的，即硝酸银晶体被完全除去或者不被除去（黑白图）。为什么我们看到的和要处理的是灰度？

参考文献

[1]Baltsavias E P(1994a). Test and Calibration Procedures for Image Scanners[J]. International Archives of Photogrammetriy and Remote Sensing, 30(1), 163-170.

[2]Baltsavias E P(1994b). The Agfa Horizon Scanner-Characteristics, Testing, and Evaluation[J]. International Archives of Photogrammetry and Remote Sensing, 30(1), 171-179.

[3]Baltsavias E P, R Bill(1994). Scanners-A Survey of Current Technology and Future Needs[J]. International Archives of Photogrammetry and Remote Sensing, 30(1), 130-143.

[4]Baltsavias E P, B Waegli(1996). Quality Analysis and Calibration of DTP Scanners [J]. International Archives of Photogrammetry and Remote Sensing, 30(B1), 13-19.

[5]Bethel J(1994). Calibration of a Photogrammetric Image Scanner[J]. ACSM/ASPRS Ann. Convention, 1, 81-88.

[6]Kölbl O(1994). Survey of High-Quality Photgraphic Scanners[J]. In Mapping and Remote Sensing Tools for the 21st Century, American Society for Photogrammetry and Remote Sensing, 7-14.

[7]Kölbl O, U Bach(1996). Tone Reproduction of Photogrammetric Scanners[J]. Photogrammetric Engineering and Remote Sensing, 62(6), 687-694.

[8]Seywald R, F Leberl, W Kellerer(1994). Requirements of a System to Analyze Film Scanners[J]. International Archives of Photogrammetry and Remote Sensing, 30(1), 144-149.

[9]Ziemann H(1996). On the Digitization of Photographic Images[J]. International Archives of Photogrammetry and Remote Sensing, 31(B1), 125-129.

第九章　数字摄影测量工作站

或许数字摄影测量唯一的、最重要的产品就是数字摄影测量工作站(DPW)，也称为软拷贝工作站。在数字摄影测量中，DPW 的作用相当于解析摄影测量中解析测图仪的作用。

DPW 的发展在很大程度上受到计算机技术的影响。考虑这个领域的动态性，就不会奇怪，数字摄影测量工作站经历了持续的变化，特别是在性能、舒适度、组成部件、成本以及销售等方面。由于不能全面了解很多产品的一些细节，因此几乎不可能提供一个当前已经商品化的产品的全部清单。本章的重点放在其共同的部分，比如结构和功能方面。

第一节提供了一些背景信息，包括少量前人的论述和对系统进行分类的尝试；接下来描述了系统的基本结构和功能；最后，简要地讨论了系统最重要的应用。

在相同的背景条件下，我们常常将数字摄影测量工作站与解析绘图仪的性能和功能做对比。9.5 节总结了 DPW 相对于解析绘图仪的优点和缺点。

9.1 背景

在过去的几年内，由于新的硬件和软件的使用，数字摄影测量技术取得了巨大的进步，如出现了具有强大功能的图像处理工作站，并且存储容量大大增加。同时，也出现了一些可操作的有效的产品，这些产品越来越多地被政府组织和私人公司所使用，解决实际的摄影测量问题。我们目睹了从传统的摄影测量到数字摄影测量的转变过程，在这个转变过程中，DPW 扮演了一个关键的角色。

9.1.1　数字摄影测量工作站和数字摄影测量环境

图 9.1 以图表的形式描述了数字摄影测量环境。在该环境中，输入端是数码相机或者扫描仪，扫描仪主要用来数字化已有的航空像片。处理端的核心就是 DPW。输出端包括胶片记录器或者绘图仪等，其中，胶片记录器产生以栅格格式存储的硬拷贝，绘图仪生产以矢量格式存储的硬拷贝。一些作者将扫描仪和胶片记录器作为软拷贝工作站的组成部分。这里的观点是，数字摄影测量工作站是数字摄影测量系统中独一无二的部分。

正如前一章中讨论过的那样，数字影像可以通过使用电子相机直接得到，也可以通过扫描已有的像片间接获取。数字摄影测量产品的精度在很大程度上依赖于电子相机和扫描仪的精度以及使用的摄影测量算法。与解析测图仪(甚至于模拟立体测图仪)相比，数字摄影测量工作站的硬件没有明显地提高精度。

图 9.2 和图 9.3 都是典型的数字摄影测量工作站。它们看上去非常像普通的图形工作站，主要的区别在于数字摄影测量工作站是立体显示的三维可测量系统，日益增大的存储容量能够保存整个项目的所有的数字影像。9.2 节将对这些方面进行详细、深入的阐述。

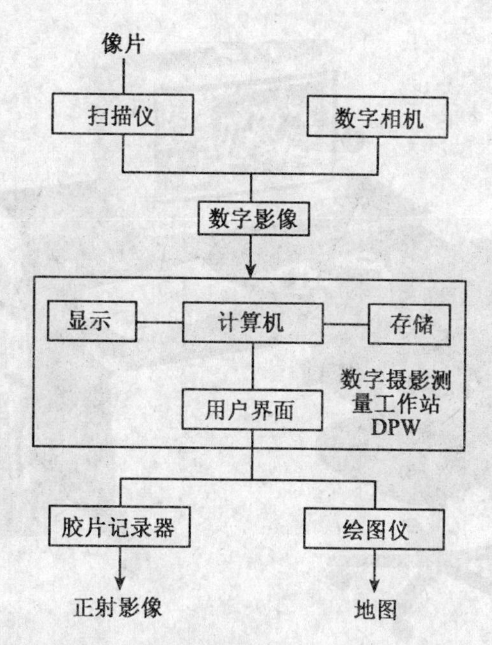

图 9.1　数字摄影测量环境，其中数字摄影测量工作站（软拷贝工作站）是其主要组成部分

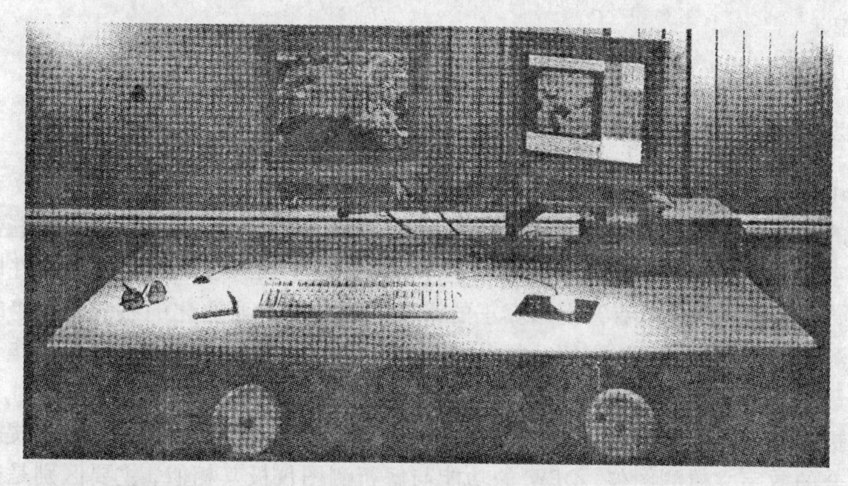

图 9.2　典型的数字摄影测量工作站。这里显示的系统包括可选的手轮以仿效传统摄影测量测图仪上的操作

图 9.2 所示的工作站拥有两个独立的显示器，照这样配置的话，立体显示器仅仅用于显示影像，第二个显示器则用于显示另外的信息比如图形用户界面。装配有手轮（一种 3D 定点设备）的系统，则更接近于传统仪器的操作。

InterGraph 的 ImageStation Z 的主要特征是有一个 28 英寸的全景显示器，支持大范围的立体显示（见图 9.3，标志 1）。液晶眼镜（标志 3）确保了高质量的立体观察。置于显示器上的红外线发射器（标志 4）提供了眼镜的同步从而允许多人同时观察。利用 3D 点跟踪装置（标志 6）可以手动数字化，它所提供的 10 个按钮使得菜单选择更容易。

图9.3　数字摄影测量工作站，Intergraph 公司的 ImageStaion Z。其主要特点是在 28 英寸宽屏监视器上进行立体显示

9.1.2　发展综述

Gulch(1994)就数字摄影测量工作站的发展提出了一种有趣的观点。他将数字摄影测量工作站的发展分成三个阶段。第一个阶段是从 1955 年到 1981 年，该期间的主要特点是出现了数字摄影测量环境的概念、思想和基本设想。由于没有合适的硬件和软件以及缺少数字影像，因此这一阶段没有开发出真正的系统，至少没有商业化的系统。有趣的是注意到在解析测图仪发明后不久，它的发明者 Helava 提出通过自动相关器来取代操作员——这是数字摄影测量的典型思想。

数字摄影测量工作站的第一个合理的、详细的概念是 Sarjakoski 在 1981 年提出的。作为一个完全的数字立体测图仪，DPW 的功能与解析测图仪极其相似，主要区别是数字影像取代了相片。Sarjakoski 提出，以图像处理系统和解析测图仪软件为基础建立数字立体测图仪。Case 在 1982 年提出了另一个基本的概念数字图像开发系统。而且，提出的系统具有解析测图仪的功能，同时具有能够自动完成摄影测量任务(如 DEM 生成)的潜力。

这两种设计理念为 1982—1988 年期间的数字摄影测量工作站的发展铺平了道路，该阶段是 Gulch 认为的数字摄影测量工作站发展的第二个阶段，历史相当短。不同的研究机构提出了各自的观念，研究机构基于各自的原型系统进行实验。在 1988 年日本京都举行的 ISPRS 会议上，摄影测量仪器制造商 Kern 介绍了第一个商业化的数字摄影测量工作站 DPSI，1988 年 Cogan 对该工作站给予过描述。它也被称为遥感与摄影测量领域系统发展的标志性成就。以后的发展主要是实现硬件的组成以及改进低层的系统软件。应用软件主要从解析测图仪衍生而来，该期间的系统是以非常有限的功能和性能为特征的。因此，摄影测量领域对第一代软拷贝工作站持有普遍的怀疑态度就不足为奇了。所有的第一代系统都被淘汰了。

摄影测量工作站发展的第三个阶段的标志是研究者、开发者以及摄影测量协会组织越来越多的活动。例如，出现了一个 ISPRS 工作组，主要负责界定数字摄影测量系统的功能和性能等任务，包括对现存系统的评估。工作组给出了摄影测量系统的一个广义概念："数字摄影测量系统是指利用手动和自动技术从数字影像中得到数字摄影测量产品的硬件和软件。"

9.1.3 现状

数字摄影测量工作站已经从完全单纯的军事应用进入到民用市场。目前，DPW 的销售额已经超过了解析测图仪的销售数量。显然，不久的将来，解析测图仪将会被数字摄影测量工作站所取代。

今天，利用市场上提供的商业产品建立数字摄影测量工作站是可行的。这种方法的优势主要表现在：

1）开发时间和成本的减少；

2）开放的体系结构以及平台独立性；

3）应用软件的可携带、轻便性；

4）系统更新更为方便。

在写这本书的时候，已经有数十个厂家提供 DPW。比较 DPW 的调查报告，发现了一些新现象。例如，根据 Heipke(1996) 和 Gruen(1996) 的报告，可以看出当新的厂家在竞争一份软拷贝工作站市场份额的同时，也有其他的厂家退出竞争。

与第一代系统相比，最近开发出的 DPW 满足了性能标准，可以依靠它有效、可靠地解决摄影测量问题。因此，越来越多的摄影测量组织——政府部门和私人公司将 DPW 引入到他们的生产环境中。

最近的一份调查显示，用户在利用该新技术方面表现出极大的热情(Boniface, 1994)。DPW 被用于生成数字正射影像，空中三角测量，DEM 的生成以及立体编辑(尽管是小范围的)等。

9.1.4 数字摄影测量工作站的分类

在过去的几年里，已经提出了多种数字摄影测量工作站的分类方案。Walker(1996) 提出一种实用的分类法，即数字摄影测量工作站由 5 种功能组成，并将该 5 种功能作为最主要的分类标准。具有所有摄影测量功能的系统被列于最上层，其次是具有有限功能和性能的系统。

Dowman(1991) 提出了下面 4 种类型。

1）具有解析测图仪的性能和功能，并具有自动特征提取功能；

2）具有解析测图仪的性能和功能，并具有机助特征提取功能；

3）为特殊的应用目的而设计的高性能但功能有限的系统；

4）性能和功能有限但成本低的系统。

根据软拷贝工作站生成的产品对系统进行分类，主要包括以下几种类型(Heipke,

1995）。

1）立体的 DPW。主要用于交互式的立体测图（编辑），它们是既包括高端又包括低端的系统。

2）平面 DPW。主要用于平面绘图，如将正射影像数字化。高程信息可以来自数字高程模型。

3）空中三角测量 DPW。具有特殊的功能，执行转点以及尽可能自动化地完成多影像特征的测量。

4）DTM DPW。提供 DTM，可以进行交互式编辑和质量控制。

5）正射影像 DPW。有一个特殊模块用于正射投影生成和图像镶嵌，该模块通常被集成到有关遥感应用的系统中。

9.2 系统的基本组成

图 9.4 描述了一个数字摄影测量工作站的基本系统组成。

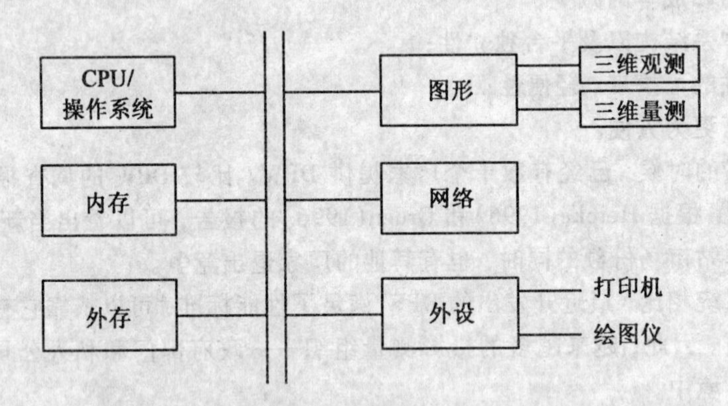

图 9.4 数字摄影测量工作站的基本系统组成

中央处理器单元（CPU）。考虑到计算量，中央处理器应该快，许多处理可以并行。具有适当价格的并行处理机也已出现，但是，运行在并行处理机上的程序仍然是一个稀有商品，这阻止了这类工作站的广泛使用。

操作系统（OS）。32 位并且适用于实时处理。UNIX 满足这些要求；事实上，基于 UNIX 的工作站一直是数字摄影测量工作站的首选。WINDOWS NT 出现后，PC 机成为 UNIX 工作站的主要竞争对手。

内存。由于需要处理大量的数据，因此需要有足够的内存予以支持。典型的数字摄影测量工作站配置有 64M 或更多的内存。

存储系统。必须具有能够容纳几张影像的存储空间。通常它还包括具有较快访问速度的存储设备，例如硬盘，以及具有较慢访问速度的海量存储介质。9.3.1 节将详细讨论存储系统。

图形系统。图形显示系统是数字摄影测量工作站的另外一个重要的组成部分。显示处理器的目标是访问数据，比如栅格数据（影像）和矢量数据（GIS）；在显存中处理和存储数据；更新监视器。另外，显示系统也处理鼠标输入和光标显示。

三维观察系统。这是 DPW 所特有的部分。该系统可以让人们很舒服地观看摄影测量模型，还可能提供彩色的模型。操作员进行立体观测，左右影像必须分开。9.3.3 节阐述了立体观察的原理。

三维测量设备。它是操作员用来进行立体量测用的，解决方案可以是 2D 鼠标和跟踪球的结合，也可以是具有可编程功能按钮的特殊装置。

网络。一个现代化的数字摄影测量工作站很少是孤立工作的，它通常与扫描系统以及其他工作站结合起来，比如地理信息系统。客户/服务器的思想提供了一个合适的解决方案，即采用多个工作站共享资源(如打印机、绘图仪)的方式。

用户界面。包括硬件部分(如键盘、鼠标)以及辅助设备如手轮、脚盘(仿效一个解析测图仪环境)等。最重要的一个组成部分是图形用户界面(GUI)。

9.3 系统的基本功能

基本的系统功能可以分为以下几种类型。

1) 档案管理。存储和访问影像，包括影像压缩和解压缩。

2) 处理。基本的影像处理任务，比如图像增强和重采样。

3) 显示和漫游。在一个模型或者整个工程中显示整个影像或者子影像，对其进行放大、缩小、漫游。

4) 三维测量。交互式地来测量点和特征，并达到子像素的精度。

5) 叠加显示。将测量的数据以及已有的数字地图叠加在已显示的影像上。

本书没有对所有的系统功能做详细的讨论，重点讲述存储系统、显示与测量系统以及漫游功能的实现。

9.3.1 存储系统

在摄影测量制图方面，一个中等项目一般包含几百张影像。在一个大型项目中，处理几千张影像也很常见。假设数字影像的分辨率为 16K×16K(像元大小大约为 13μm)，此时每幅未压缩的黑白影像需要 256MB 的存储容量。考虑到 3 倍的压缩比率，一般每幅影像有 80MB 的大小。可以看出，为了在线存储一个中等大小项目的所有的数据，对存储空间提出了很高的要求。

然而，对于如此高的存储需求，摄影测量并不是唯一的应用领域。例如，在医学成像中，影像库达到 TB 是很正常的。其他的一些对存储要求很高的应用包括气象跟踪和监控，复杂文档的管理以及交互式的录像(视频)等。这些应用相对于摄影测量来说有更高的市场需求，这就要求进一步发展存储技术。

选择已有的存储技术进行组合，可以满足数字摄影测量对存储容量的要求。主要包括以下的几种存储技术。

硬盘。由于具有快速访问以及高性能的优点，利用硬盘是一个明智的选择。然而，从经济方面考虑，硬盘空间的高成本使得在磁盘驱动器上存储整个工程是不可行的。因此，硬盘一般用于一些交互式、实时的应用，比如漫游或者显示一些空间上相关的影像。

光盘。访问时间长，数据传输速率低，但是成本较低(每 GB10 ~ 15 美元，这主要依赖于当时的技术)。传统的 CDROM 以及 CD-R(可擦写的)容量大约为 0.65GB，仅仅能存储一个立体影像对。增加其容量的主要努力在于增加存储量，以及使存储介质可重写。目前，CD 主要作为移动存储介质。

磁带。每 GB 成本最低(比硬盘驱动器低两个数量级)。由于磁带是顺序存取，因此读写慢，主要用于备份装置。然而，最近在磁带技术方面取得的一些进步使得该装置能够用于在线成像。美国 Exabyte 公司制造的自动唱片点唱机(juke boxes)或 DLT 编码磁带(每个磁带大概 20 ~ 40GB 的容量)可以用于建立具有几百个 GB 的在线影像库。

在设计一个分级存储系统时，必须要考虑存储容量、访问时间、传输速率等因素。另外，数据的存取方式也是很重要的，比如顺序存取还是随机存取。图像一般总是采取随机的存取方式，考虑在一个立体模型中漫游，这似乎阻止了磁带的在线应用。显然，谁也不会愿意在一个存储在磁带上的模型里漫游，然而，如果要将整个模型从磁带加载到硬盘，此时访问的模式并不重要，唯一重要的是数据的传输速率。

9.3.2　观测与量测系统

任何一个摄影测量系统，无论它是模拟的还是数字的，其量测系统的重要组成部分是观测部件。具有代表性的观测和量测方式都是通过立体方式进行的，尽管有些操作不需要立体性能。

正如第四章介绍的，人类在正常的 25cm 左右的观测距离能够辨别 7 ~ 8 线对/毫米(lp/mm)。考虑到航空影像的分辨率(70lp/mm)，影像必须在放大的情况下才能被清楚地观测。解析测图仪的目镜是带有缩放功能的光学器件，它允许以不同的放大倍数观察模型。显然，放大倍数越大，可观测的领域越小。表 9.1 列举了放大倍数以及在目镜中显示的相应的影像区域大小。特征提取(编辑)通常在放大 8 ~ 10 倍的情况下进行。随着放大倍数的增大，影像颗粒降低了立体观测的质量。另外，戴立体镜的观测对可观测领域有一个最小限制。若可观测的领域(你所观察的影像块的大小)与表 9.1 中给出的值一致，观测最为舒适。

表 9.1　**解析测图仪的放大倍数与视场大小**

放大倍数	视场大小		
	BC1	C120	P1
5	30	29	40
10	20	21	23
15	15	14	16
20	9	10	10

现在来比较解析测图仪和数字摄影测量工作站的观测性能。首先，该观测性能是通过图形子系统即监视器来实现的。继续以前面列举的分辨率为 70lp/mm 的影像为例，在放大 10 倍的情况下进行观测，通过表 9.1 可以得到在此放大倍数的条件下对应影像上可视范围

的直径为20mm。为了保持比较高的影像分辨率，应当以大约为6μm(=1 000/(2×70))的像元大小进行数字化。那么，监示器应当能显示大于3K×3K 的像元。这种分辨率的监视器要么不存在，要么价格非常昂贵，特别是对于彩色影像和真彩色影像(24 位以上)。

如果稍微降低对高分辨率的要求，即假设影像是以每个像元 15μm 进行数字化，那么当前分辨率为1 280×1 024 的监视器显示的区域与解析测图仪所能显示的范围是相当接近的。

放大倍率(放大/缩小)是通过改变影像像元数量与监视器像元数量的比率得到的。为了放大，需要使用比影像像元更多的监视器像元来显示影像。因此，可观测的影像范围减小了，从而影响了立体观测的效果。

与解析测图仪的浮动光标相类似的是利用像素模式创建生成的三维光标，比如一个十字形符号或一个圆。光标必须通过不显示影像的位面生成。光标移动时，经过的像素不断增多，与解析测图仪的平滑移动相比，光标的移动显示出不平滑。然而，光标的一个优点就是它能以任何需要的形状和颜色表现出来。

交互式测量的精度依赖于特征分辨效果的好坏，依赖于分辨率大小以及光标的大小。像素大小取二者中的较低者。假设最大误差是两个像素，标准差大约是0.5 个像素，有两种方法可以获得一个更好的子像素精度。一种直接办法是使用比影像像素更多的监视器像素。图 9.5(a)举例说明了这种情况。假设我们使用 3k×3k 的监视器像元显示一个影像像素，此时测量的标准差为0.15 个影像像元。正如前面指出的，使用更多的监视器像元显示一个影像像素减小了可观测区域的范围。在上面提到的例子中，仅仅只有一个直径为6mm的区域可以观测，这样的区域几乎不能支持立体观测。

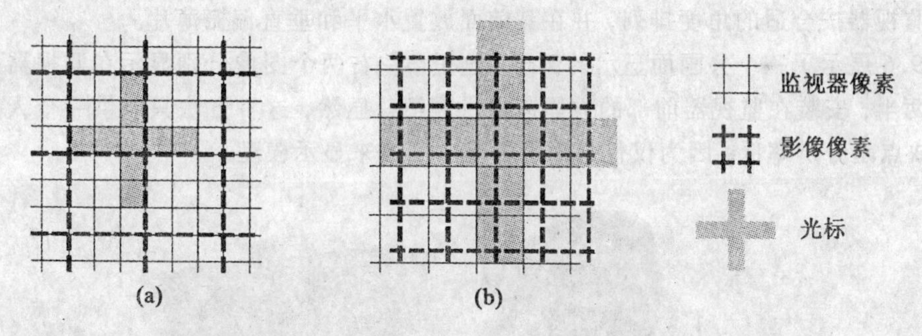

图 9.5 子像素量测的两种解决方案。(a)中，一个影像像素由 m 个屏幕像素显示，$m>1$。光标按屏幕像素移动，对应 $1/m$ 个影像像素。(b)影像在固定光标下移动，移动量小于一个影像像素。这需要在子像素位置对影像进行重采样

对于可观测区域减小的问题，有另一种可达到子像素精度的方法。首先，光标被固定在监视器的中心，移动影像，在子像素位置进行重采样允许更小的移动距离。这种解决办法要求实时重采样以保证流畅的移动。

另外一个方面是观测系统的照明度问题，当观测系统在解译影像时，其照明度问题显得至关紧要。使用偏振极化技术会使得屏幕的亮度降低到原来亮度的25%左右，荧光屏的等待时间会导致重影现象。所有的这些因素都降低了影像的质量。

总之，在数字摄影测量工作站上进行观测时，会受到一些方面的限制，使其远远低于

在解析测图仪上观测同一幅影像的效果。为了减少这些问题的影响，应该使用高分辨率的监视器。

9.3.3 立体观测

DPW 的一个必要的组成部分是立体观测系统（有些摄影测量任务不需要立体环境）。操作员进行立体观测，左右图像必须分离。这种分离可以通过不同的方式完成，例如，可以是空间上、光谱上或者时间上分离（表 9.2）。

表 9.2 **立体观测中的影像分离（Heipke，1995）**

分离方式	实　现
空间	两个监视器 + 立体镜 一个监视器 + 立体镜（分屏） 两个监视器 + 偏振片
光谱	互补色法（比如红绿或红蓝立体） 偏振
时间	左右影像交替显示，通过偏振实现同步

有人认为，达到立体观测最简单的方法是把一个立体像对的两个图像分别显示在不同的监视器上。通过视觉训练实现立体观测，例如，立体镜或者偏振屏。Matra 应用这个原理把两个监视器按合适的角度排列，并在其前面放置水平和垂直偏振薄片。

图 9.6 展示了一个分画面显示的例子。这里，左右两个图像分别显示在监视器屏幕上的左右两半，安装在监视器前部的立体镜提供观测。显然，这种方法只能供一个人观看模型，其缺点是分辨率低，因为仅仅只用了屏幕的一半来显示模型。

图 9.6　分屏观测系统的例子，图中显示的是 DVP 数字摄影测量工作站

最常用的光谱分离实现方法是用红蓝立体镜实现。由于该方法仅仅应用于单色图像以及其降低了分辨率，使得该方法所具有的简单方便和低成本的优势不再明显。目前，大部分系统基于偏振光实现时间分离法。左右两个图像在同一个屏幕上快速连续地显示。为了避免画面闪烁，影像必须以每张像片 60Hz 的速度刷新，这就需要 120Hz 的监视器。

有两种解决方案适合浏览立体模型。如图 9.7(a)所示，显示元件的前部安装一个偏振屏幕，用来过滤从显示器发出的光，并且与监视器同步。配戴偏光眼镜的操作员用左眼只能看到左影像，因为偏振作用阻挡了任何可见光进入右眼。在下一个显示循环中，情况相反，即阻止左眼看见右影像。图 9.2 中的系统用的就是这种偏振方案。

图 9.7(b)描述的方案即第二种方案是一种常用且较廉价的实现方案。它利用包含交替快门的主动护目镜，通过液晶显示装置实现。与显示屏的同步是通过通常安装在监视器上的红外发射器实现的(图 9.3 显示了一个例子)。显然，与第一种方案的简单偏振眼镜相比，护目镜更重且更贵。另一方面，由于偏振屏和监视器紧密地结合在一起，因此选择监视器就不太灵活。

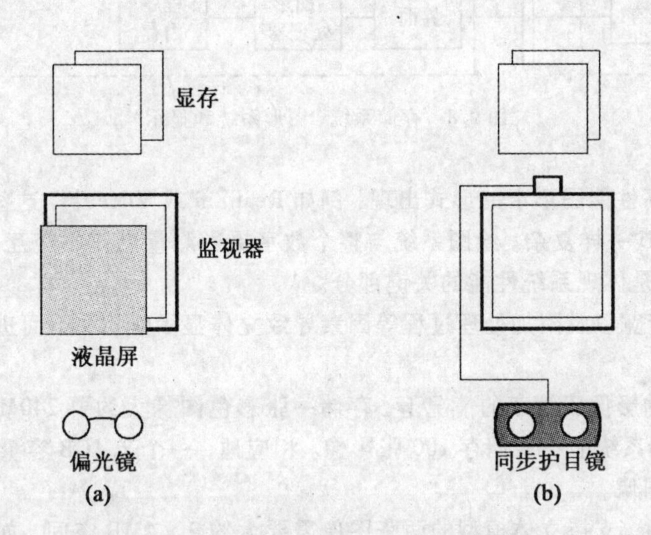

图 9.7　为了立体观测，立体影像对的左右影像在时间上分离的示意图。(a)中，一个偏振屏安装在显示器的前部。(b)中显示屏是通过配有交替快门的护目镜来观察的

9.3.4　漫游

漫游是指移动 3D 定点设备。这可以通过两种途径实现。较简单的解决方案是，光标随着操作定点设备(例如鼠标)的移动而在显示屏上进行移动；更佳的方案是把光标锁定在显示屏的中心，这要求重新显示影像。与解析绘图仪的操作类似，浮动光标总是处在视野的中心。

下面的讨论针对第二种方案。我们有一个具有 1 280 × 1 024 分辨率的真彩色监视器的立体数字摄影测量工作站，另外有一幅像元大小为 15μm 的数字化影像(或者大约 16K × 16K 像元)。现在，我们像在解析测图仪上操作的那样在立体模型中自由漫游，并按照传输速率和内存大小来分析结果。

图 9.8 形象地描述了存储和图形系统。图形系统包含以下几个基本的组成部分:图形处理器，显存，数字模拟转换器(DAC)和显示装置(本例中采用 CRT 监视器)。显存中包含了显示在监视器上的图像。通常，显存需要比屏幕分辨率更大才能实现实时漫游。当漫游出显存中的图像范围时，新的图像数据必须从硬盘中取出并传输给绘图系统。

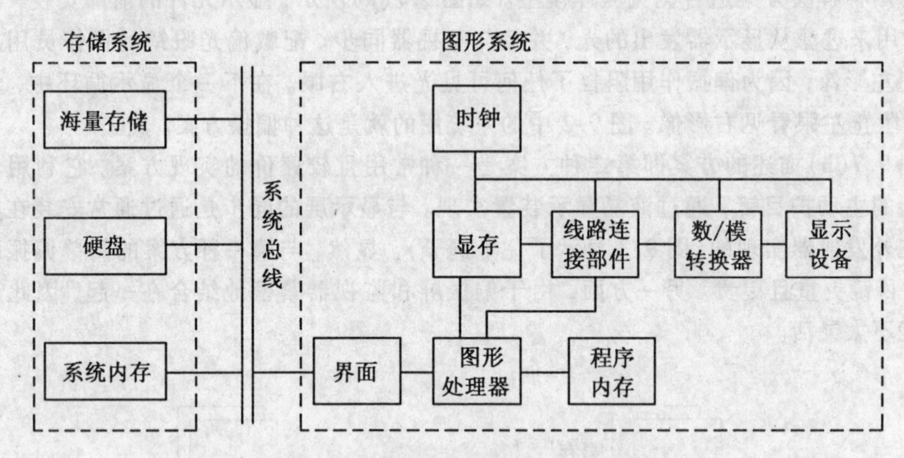

图 9.8　存储系统、图形系统和显示

绘图系统以高性能图形卡的形式出现，例如 RealiZm 或 Vitec 卡。这些最新型的绘图系统和计算机的 CPU 一样复杂。绘图系统与整个数字摄影测量工作站交互作用(例如，请求新的图像数据)，是体现系统性能的关键部分。

存储组织、带宽以及附加处理过程等因素导致立体显示延迟，下面进一步考虑这些问题。

在具有 3 倍的影像压缩率的情况下，存储一张彩色图像大约要 240MB 的空间，因而，一个 24GB 大存储系统能在线储存 100 张影像。相应地，一个 2.4GB 容量的硬盘能存储 10 张经压缩的彩色图像。

显示真彩色时，支持立体模型的两张图像需要大约 2×4MB 空间。如上面章节所讨论的，为了获得可接受的立体模型，左右图像必须以 120Hz 的频率交替显示。显存的带宽要达到 1 280×1 024×3×120 =472MB/s。只有高速率的双端口存储器(如视频随机存储器)能满足如此高的传输率。对于低要求的操作，如存储程序或者文本，在高性能绘图工作站上就可以使用稍便宜的存储器。

对于漫游速度，有经验的操作员能以 20mm/s 的速度跟踪等高线。Case(1982)要求，在 2s 内从各个方向上都能够穿过监视器。在我们的例子中，这个速度转变为 1 280×0.015/2 ≈10mm/s。Grahametal 在 1997 年指出，在 Intergraph 公司的 ImageStation Z 软拷贝工作站上，最大漫游速率是 200 像素/s。当开始移动定点设备时，模型新的部分必须得到显示。为了避免直接从硬盘传送，通常使显存比监视器大 4 倍。因此，我们能在屏幕窗口两倍的范围内无障碍地漫游，但是，这是以增加显存的大小为代价的(本例采用 32MB 的视频存储器)。

假设以 10mm/s 的速度把光标移向显存边缘，从中间开始，1s 后到达边缘，此时，必须用新数据来更新显存。为了保证至少在一个立体模型中持续漫游，显存存储的数据必须在屏幕窗口达到最大限度之前实现更新。窗口的新位置可以通过分析漫游轨迹来预测。一个预测计算程序能判断出最可能的位置并通过存储系统的分层结构触发图像数据的装载。

再次参考我们的例子，我们以 1s 来完全更新显存存储的数据。假定它的存储大小为 32MB，数据必须以 32MB/s 的速率从硬盘通过数据总线传输到显存中。这里的瓶颈就是接口，特别是硬盘接口。今天的系统没有提供这样的带宽，或许 SCSI-2 装置除外。图形系统的 PCI 接口(周边元件扩展接口)能轻易地达到要求的带宽。

为了解决硬盘瓶颈问题，可用系统内存储存一个立体模型的绝大部分，在硬盘和显示存储器之间起到一种类似中继站的作用。这种超高速缓冲存储器广泛应用于操作系统中，以提高从硬盘到存储器的数据传输效率，能为漫游预测方案提供额外的灵活性。在整个模型中，始终以恒定的速度移动定点设备是不太可能的(要数字化的特征往往局限于相当小的一个区域)。就是说，系统内存的数据不需要快速更新。

图 9.9 描述了与数字影像的大小相关的各种窗口。在我们的例子中，显示窗口的大小是 19.2mm×15.4mm，显存能够存储显示窗口中数据量的 4 倍，且专用系统内存是显存大小的 4 倍。最后，硬盘能存储大于一个立体像对的数据量。

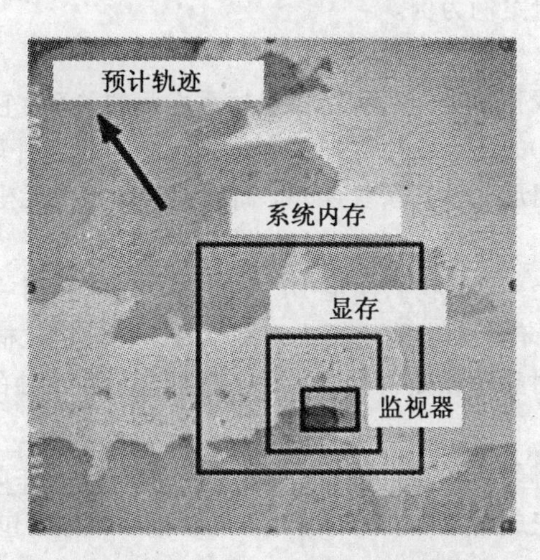

图 9.9 与影像大小有关的各种窗口。在显存内实时漫游是可能的。系统内存中包含了影像的大部分。通过分析最近光标移动的轨迹可以预测位置

9.4 应用软件的功能

前面章节讨论的系统功能基本上决定了数字摄影测量工作站的使用舒适度。例如，如果漫游没有达到最理想状态，那么在监视器显示新的影像块之前可能需要等待几秒钟。现在比较不同工作站在摄影测量应用方面的功能。本节简要地讨论了定向过程、空中三角测量、DEM 自动生成以及特征提取等，同时与解析测图仪的相同功能做比较。有关这些核心应用的更详细介绍将在后面的章节中给出。

9.4.1 准备阶段

准备阶段从工程定义开始，包括工程的大小、容差、平均比例尺、相机检校数据、地面控制点和系统参数等信息。对于每一个模型，通常需要附加信息，例如，正片的标志及其在每个阶段的位置，观测模式(ortho/pseudo)和定向过程。总的来说，在第一个阶段，解析测图仪和数字摄影测量工作站的操作基本是相同的，主要是输入一些基本信息。

下一个准备步骤涉及观察条件的调整，在解析测图仪上，这一步是通过各种通常紧贴观察者眼睛的按钮和转盘协作完成的。首先，胶片的照明必须调整到同等亮度。在DPW中，图像增强技术允许更多细微调整。一系列的图像处理基本上通过操作员的手动操作就能够完成。

9.4.2 定向过程

胶片放在载物台上和观测控制设定好以后，模型就可以定向了。这个步骤对于两类系统来说同样都是重要的。下面主要介绍DPW的不同点以及优缺点。为了讨论主要问题，以一个传统的航空摄影测量案例为例。

9.4.2.1 内定向

内定向过程决定了载物台坐标系和影像坐标系之间的关系，它可以确定载物台上胶片的精确位置。同样，DPW的内定向可以把数字图像与数字化正片联系起来。因此，数学模型必须要考虑扫描的几何形变及其系统误差，而转换参数将像元坐标系与影像坐标系联系在一起。

就像在解析测图仪上一样，我们期望DPW能驱使光标到第一个框标附近。框标的准确测定由操作员完成，也有人期望能用模式识别软件来精确定位框标。DPW的另外一个优点是所有的框标可以同时显示在监视器上，每个框标显示在单独的窗口中，在预测的位置上显示光标。

虽然交互式内定向需要的时间很短，但自动进行内定向也许更为合理，比如在扫描数字化影像后就立即自动完成内定向。在这种情况下，数字图像将包含转换参数。第13章将详细论述这种方法。

9.4.2.2 相对定向

可以通过测量一定数量的同名点(视差点)并计算5个定向参数来完成模型建立任务。另外，我们期望解析测图仪驱动一个预先定义的视差点模式，在这些视差点上，通过移动一个载物台相对于另一个载物台的某个固定位置来消除视差。同样的步骤也可以在数字摄影测量工组站中实现，如在保持一个立体测标的位置固定不变的同时，移动另一个立体测标的位置。当然我们更希望DPW自动确定同名点，特别是当操作员提供了好的近似值。例如，Krupnik和Schenk描述了一个保持光标贴在地面的自动过程。

测了足够的点之后，就可以确定定向参数了。解析测图仪上的转点实现了把立体坐标量测仪模式转变为模型模式，即定向元素被用于实时循环以保持这个模型。两种模式之间的转换是在几乎不被觉察的情况下进行的。如果前6个视差点顺利建立的话，就可立即完成一个模型的建立。那么所有的这些工作是怎样在一个软拷贝工作站进行的呢？点的测定与计算确实是相似的，但模型之间的瞬间转换却不同，除非有一个具有中心定位光标和实时漫游的系统。然而，现有的大多数 DPW 必须通过繁杂的过程来完成坐标量测仪模式与模型模式之间的转换，因为图像需要进行核线几何重采样。核线几何重采样是把实际的图像转换为一个标准化的位置，以使各行与立体基线平行(见12章)。这样的话，同名点落在同一行上。这大大减小了搜索范围，从而实现了更快的匹配和更加容易漫游的目的。

另外，相对定向自动化的程度能够达到像自动地运行批处理程序一样(见14章)。自动的相对定向特别具有吸引力，因为核线几何重采样可以紧跟着定向进行，而且，成批的数据可以运行在一个相对低廉的系统环境中。给出了自动内定向与相对定向方案后，操作员在数字摄影测量工作站上处理一个模型，在经过定向和重采样后，模型即被建立。

9.4.2.3 绝对定向

绝对定向建立了模型空间与物方空间之间的关系。对于航空影像，绝对定向需要测量控制点。控制点的识别经常会遇到很多的问题，因为目标可能只是部分可见，或许与背景对比不明显。如果人工操作员都无法识别的话，那么对于计算机来说就更难了，因而，控制点的自动识别距实际应用仍有很大差距。

9.4.3 数字空中三角测量

空中三角测量是证实 DPW 实现自动摄影测量过程潜力的一个很好的例子，因此，实质上也提高了摄影测量产品的性价比。即便目前的空中三角测量技术已经非常成熟，其性能和可靠性依然有很大的提升空间。

传统上，空中三角测量从准备和整理像片开始，其中，必须选择一些合理均匀分布的点以使这些点尽可能出现在更多的像片上。一旦准备工作结束，这些点必须传递到所有的像片上。后一步很关键，尤其是航带连接点的传递。事实上，空中三角测量工程的成败主要取决于点的传递质量。只有这些点都传递并且清楚地标识以后，测量过程才真正开始。

在此，自动空中三角测量显示出重要的技术进步。点的传递能够与相关图像上同名点的量测融合在一起。空中三角测量很适合于自动化。例如，在准备阶段，在合适的位置自动选择一组点。一个显著的优点是通过一种多像匹配算法能够同时确定出现在两幅以上影像上的同名点。在传统的空中三角测量中，操作员一般只能同时看到两张影像，多影像上的同名点在点的传递装置的协助下得以确定。

自动空中三角测量的另一个优点是，每幅影像上测量的点的数量不受经济因素的限制。如果作为一种批处理来执行的话，计算时间是不成问题的。把点的数量从每张影像的典型的9点模式增加到50个甚至100个点能显著地增强可靠性和准确性。

9.4.4 DEM 的自动生成

数字摄影测量的一个重要目的一直而且永远是 DEM 的自动生成。过去的几年里，这方面已经取得了很大的进步，但是，许多问题依然存在，很难形成一种通用的解决方案。

用于生产正射影像的 DEM 不需要很高的精度，因此自动生成的 DEM 在生产正射影像方面取得了非常大的成功。DEM 自动生成并不一定局限于 DPW。事实上，以批处理的模式运行程序更经济。DPW 可以很方便地进行连续的质量控制——这是 DEM 自动生成的很重要的一面。遗憾的是，DEM 自动生成程序并不总是可以检测并连续地报告错误，人工检查过程和交互编辑消耗了由 DEM 自动生成中节省的费用。

9.4.5 数字正射影像产品

最近，人们对数字正射影像的研究兴趣逐渐增加，这也许归因于很多方面的因素，其中最重要的是数字摄影测量。自动生成的 DEM 一般情况下精度足够精确，可以用于正射影像的生产，特别是当 DEM 来源于小比例尺影像时。在正射影像生成的过程中，DPW 起了重要的作用。图像处理能力容许辐射校正和附加信息（如矢量数据或文本）的叠合。此外，可视化的设备使得 DPW 成为正射影像生成过程中的重要组成部分。

正射影像产品包括把辐射信息投影到地表透视图上。DPW 的另一种用途是动态序列影像的生成，比如可以像“幽灵”中司机驾车穿过城市一样，生成对应的动态图像（类似于模拟飞行，但对真 3D 情景的要求较高）。

9.5 解析测图仪与 DPW

在讨论基本的系统功能和定向过程的时候，DPW 的优缺点已经很明显了。或许，现今的 DPW 最严重的缺点就是它的观测质量和漫游质量，这些方面比解析测图仪差很多。如果我们在解析测图仪上的一个定向模型上移动浮动光标，不管你移动的速度有多快，模型总是在那里，并且有极好的质量。相比之下，当试图把光标从模型的一个边界移动到另一个边界的时候，DPW 就显得性能很差。

有几种因素影响观测质量。首先，监视器的分辨率限制视图区域的大小，而小的视图区域会降低立体观察的能力，这使得图像解译更加困难。其次，闪动问题依然存在，特别在大的监视器上更加明显。第三个影响因素是由于偏振和影像交替显示引起的亮度减弱。最后，光学图像操作（如旋转）简单灵活，在 DPW 上却不能实现，因为重采样是一个耗费时间的过程并且可能会降低图像质量。

就目前来说，DPW 的优点超过了它的不足之处（Kaiser，Helava，1991；Agnon，1995；Madani，Miller 和 Walker，1993；Walker，1996）。Madani（1999）最近给出对 Z/I Imaging 公司的 DPW 产品的调查报告。以下是值得注意的几个方面。

- 操作者可以轻易地实现图像处理的操作。图像的放大、缩小和对比度增强都不需要摄影实验室了，因为 DPW 有内在的摄影实验室。
- 传统的摄影测量设备，如转点装置和坐标量测仪都不需要了，因为 DPW 已经取代了它们，数字化的摄影测量工作站的应用比解析测图仪要普遍得多。
- 不使用任何移动式的光学机械部件使得 DPW 更加可靠，由于检校过程不再是必需的，因此 DPW 具有更高的精确度。Madani 在 1993 年就对 DPW 与解析测图仪的精度进行了比较。
- DPW 同时可以对多个图像进行观测和测量操作。对于识别、测量控制点和连接点，这是一个巨大的进步。
- 可以多人同时在立体下观察模型，并把设计数据叠加显示在立体模型上，这是一个有趣的应用。直接在立体下观测模型而不需要光学系统，是一个很大的进步。
- DPW 比解析测图仪使用起来更加人性化。由于大部分摄影测量过程都是自动的，因此 DPW 的操作不需要非常专业的操作员。

DPW 的很多潜在的优势显然增加了它的用户数量。为了说明这一点，对分别使用模拟立体测图仪、解析测图仪和数字摄影测量工作站的操作人员的技术水平进行了比较，发现人们越来越不喜欢使用专业性很强的摄影测量仪器。观测立体模型不需要光学机械设备以及将友好的图形用户界面嵌入到摄影测量过程中，大大提高了非摄影测量专业人员使用摄影测量技术的机会。

Schenk 和 Toth 提出了一种增强 DPW 漫游功能的方法，它不局限于立体模型。漫游在整个工程中实现，包括矢量数据、DEM、数据库和设计数据，像这样通用的漫游系统更进一步提高了 DPW 的效率和用户界面的友好性。

还有一个重要的潜在优势是摄影测量的自动化应用，如空中三角测量，DEM 产生和正射影像的生成。

9.6 小结

在本章中我们讨论了数字摄影测量工作站的一些基本的功能和问题。DPW 是交互式工作站，它们在数字摄影测量中的作用比传统摄影测量中的解析测图仪的作用更显著。

软拷贝工作站从比较昂贵由专用部件构建演变到由通用部件构建而且价格上可接受的系统，经历了很长的时间。在过去的几年内，DPW 从军事应用领域进入到商业市场领域。相信在不久的将来，DPW 将会取代解析测图仪。

为了便于讲解，本章重点阐述了 DPW 和解析测图仪之间的区别，但这并不表明我们企图用 DPW 仿效解析摄影测量。为了全面开发数字摄影测量的潜能，必须以全新的视角看待传统的做法以解决新的技术和开发新的工具。Schenk 和 Toth 曾讨论过此问题。

今天的 DPW 在开发基本功能方面做了很多的努力，如保存图像、显示和观测立体图像、提供图像处理功能和必要的定向步骤。因为在实际生产中越来越多地应用 DPW，对自动化的要求也在提升，为了满足这些需要，Schenk 和 Toth 提出把这些更困难的问题放在更宽的层面上来考虑。

习题

1. 与解析测图仪相比，数字摄影测量工作站最大的优势是什么？

2. 监视器不是非常精确的设备，例如，显示的图像有变形，解释一下为什么测量并没有受显示问题的影响呢？

3. 假设 DPW 使用分辨率为 1 024 像素 ×1 024 像素的监视器，影像的像元大小为 15μm。如果以最大的分辨率进行显示的话，那么你能看见多大的影像块呢？比较这个大小与解析测图仪在不同的放大倍数的情况下所能看见的图像块的大小。

4. 在前面的那个例子中，如果整幅图在 21 英寸显示器中显示，那么放大率应为多大？显示器尺寸怎样影响放大倍率？

5. 在前面的那个例子中，我们看见的是单视的显示，如果是立体显示的话，有什么变化呢？

6. DPW 和高端的图像工作站有什么显著区别吗？请举例。

7. 分别对利用 DPW 和解析测图仪直接完成数字化等高线任务的优缺点进行评论。

参考文献

[1]Boniface P(1994). State-of-the-art in Softcopy Photogrammetry[J]. In Mapping and Remote Sensing Tools for the 21st Century, American Society of Photogrammetry and Remote Sensing, 205-210.

[2]Case J B(1982). The Digital Stereo Comparator/Compiler (DSCC) [J]. International Archives of Photogrammetry and Remote Sensing, 24(2), 23-29.

[3]Cogan L, D Gugan, D Hunter, D Lutz, S Peny(1988). KERN DSP1-Digitial Stereophotogrammetric System[J]. In International Archives of Photogrammetry and Remote Sensing, 27 (B2), 71-83.

[4]Dowman I(1991). Design of Digital Photogrammetric Workstations[M]. In Ebner/Fritsch/Heipke (eds). Digitial Photogrammetric Systems, 28-38, Wichmann, Karlsruhe.

[5]Gagnon P A, M Boulianne, J P Agnard, C Nolette, J Coulomb (1995). Present Status of the DVP System[J]. Geomatica, 49(4), 479-488.

[6]Graham L, K Ellison, S Riddell (1997). The Architecture of a Softcopy Photogrammetry System[J]. Photogrammetric Engineering and Remote Sensing, 63(8), 1013-1020.

[7]Grün A(1996). Digital Photogrammetric Workstations: Revisited[J]. International Archives of Photogrammetry and Remote Sensing, 31(B2), 127-144.

[8]Gülch E(1994). Fundamentals of Softcopy Photogrammetric Workstations[J]. In Mapping and Remote Sensing Tools for the 21st Century. American Society of Photogrammetry and Remote Sensing, 193-204.

[9]Heipke C(1995). State-of-the-Art of Digital Photogrammetric Workstations for Topographic Applications[J]. Photogrammetric Engineering and Remote Sensing, 61(1), 49-56.

[10]Heipke C(1996). Digitale Photogrammetrische Arbeitsstation[R]. DGK-C 450, 111 pages.

[11]Helava U(1988). On System Concepts for Digital Automation[J]. International Archives of Photogrammetry and Remote Sensing, 27(B2), 171-190.

[12]Helava U(1991). State-of-the-art in Digital Photogrammetric Workstations[J]. Photogrammetric Journal of Finland, 12(2), 65-76.

[13]Kaiser R(1991). ImageStation: Intergraph's Digital Photogrammetric Workstation[M]. In Ebner/Fritsch/Heipke (eds.) Digital Photogrammetric Systems, Wichmann, Karlsruhe, 188-197.

[14]Krupnik A, T Schenk (1994). Predicting the reliability of matched points[J]. In Proc. ACSM/ASPRS Annual Convention, 1, 337-347.

[15]Madani M(1993). How a Digital Photogrammetric Workstation is Compared to an Analytical Plotter[C]. In Proc. of the International Society for Optical Engineering (SPIE), 1943, 266-272.

[16]Madani M(1999). A Complete Digital Photogrammetric System from Z/I Imaging[J]. International Archives of Photogrammetry and Remote Sensing, 32(5W11), 243-251.

[17]Miller S B, K DeVenecia(1992). Softcopy Photogrammetric Workstations[J]. Photogrammetric Engineering and Remote Sensing, 58(1), 77-84.
[18]Miller S B, S Walker(1993). Further Developments of Leica Digital Photogrammetric Systems by Heleva[C]. In Proc. ACSM/ASPRS Annual Convention, 3, 256-263.
[19]Sarjakoski T(1981). Concept of a Completely Digital Stereoplotter[J]. The Photogrammetric Journal of Finland, 8(2), 95-100.
[20]Schenk T, C Toth(1992). Conceptual Issues of Softcopy Photogrammetric Workstations[J]. Photogrammetric Engineering and Remote Sensing, 58(1), 101-110.
[21]Schenk T, C Toth (1997). Conceptual Framework of a Generalized Roaming Scheme[J]. Photogrammetric Engineering and Remote Sensing, 58(1), 101-110.
[22]Walker S(1996). Digital Photogrammetric Workstations 1992-1996[J]. In International Archives of Photogrammetry and Remote Sensing, 31(B2), 384-395.

第十章　影像匹配基础

在摄影测量中最基本的过程之一就是在两幅或者更多幅的重叠影像中识别并定位同名点，立体摄影测量则完全依赖于同名点。在模拟摄影测量和解析摄影测量中，同名点的识别是通过人工操作方式完成的；在数字摄影测量中则通过自动的方式解决同名点识别的问题，即采用我们大家都熟知的影像匹配的方法。

考虑到影像匹配在摄影测量中的重要性，将该主题分为两章进行介绍。本章从引言出发，阐述了影像匹配方面一些典型问题和一般的解决措施。接下来的论述，也是本书的重点，着重介绍影像匹配的原理和方法，而不是对各种用来解决匹配问题的算法进行详细描述。本章讲述了有关灰度匹配方面的方法，其他的匹配方法在第十一章加以介绍。

下面讨论的都是通用的影像匹配方法，但是，大部分例子采用的是具有中心投影的标准航空影像。

10.1　引言

10.1.1　发展综述

影像匹配，或者说自动地寻找同名点，有着相当长的历史。第一次该方面的试验开始于20世纪50年代，其中最著名的是Hobrough在1959年完成的试验。他采用的解决方案本质上是电子相关法，即利用硬件相关器来比较两幅影像灰度的相关性。摄影测量仪器最主要的制造商Wild Heerbrugg在1968年的ISPRS会议上介绍了一种相关器。然而这种具有创新性的仪器并没有取得很大的成功。一方面，摄影测量领域对这种新的概念持怀疑的态度；另一方面由于仪器本身灵活性不强，可靠性不高。

从20世纪70年代初期到20世纪80年代中期，与影像匹配相关的研究主要集中在数字相关技术方面。早期先驱者之一Kreiling为了生成DEM和正射影像于1976年应用了数字相关技术，之后，Helave(1978)和Hobrough(1978)进一步将相关技术运用到摄影测量仪器当中去。尽管他们付出了相当大的努力，但并没有找到一种普遍性的解决方法。研究者们的困惑在于，人类可以很容易地找到同名像点，而机器却不行。现在我们都知道了，人类的立体视觉系统根本没有使用Grimson(1981)和Horn(1983)提出的灰度级的相关性原理，这也恰好印证了我们曾经低估了人类视觉系统的复杂性。

10.1.2　名词术语和涉及的定义

有关的术语一直都不规范，实际上有时非常混乱。如影像匹配有时候又称为自动立体匹配或者简单地称为相关；而在计算机视觉中，更喜欢用“对应问题”这个术语。

由于缺少统一的术语，下面介绍一下本书中出现的一些定义。

同名实体。同名实体是一种比同名点更通用的术语，它是指包括点、线以及区域等物方空间特征的影像。

匹配实体。指基元，通过与另一幅影像上的基元相比较来寻找同名实体。基元主要包括灰度级、提取的特征和符号描述等。

相似性测度。它是一种评价匹配实体匹配程度的度量标准。一般来说，相似性的程度是由代价函数来衡量的。该代价函数最简单的形式可能就是互相关系数和最小二乘匹配的标准差。

匹配方法。指计算匹配实体的相似性测度的方法，匹配方法根据匹配实体进行命名，例如区域匹配、特征匹配以及关系(符号)匹配。

匹配策略。指与影像匹配问题相关的概念或者所用的解决方案。匹配策略包括了匹配环境的分析、匹配方法的选择以及匹配质量的控制。

表 10.1 表示了这些名词术语之间的相互关系，第一列列出了 3 类最常用的匹配方法。基于区域的匹配是与灰度匹配相关联的。这是因为，通过比较两幅影像上小区域(也称为影像块)的灰度分布，采用相关性和最小二乘技术度量两个影像块的相似性。利用相关性的区域匹配通常简称为相关。同样，结合最小二乘方法进行相似性测度计算的灰度匹配即是最小二乘影像匹配(LSM)。10.4 节介绍基于区域的影像匹配。

表 10.1　　**匹配方法和匹配实体之间的关系**

匹配方法	相似性测度	匹配实体
基于区域	相关性，最小二乘	灰度级
基于特征	代价函数	边缘，区域
(关系)符号	代价函数	符号描述

大概是由于历史的原因，在摄影测量中基于区域的匹配是很常用的一种匹配方法，而特征匹配主要应用于计算机视觉领域，它是通过比较原始影像上提取的边缘或者其他的特征来确定对应特征的。它们之间的相似性例如形状、边缘符号以及强度，通过代价函数进行测度。第十一章将详细介绍该方法。

第三种方法，符号匹配是比较影像的符号描述以及通过代价函数测度其相似性的方法。符号描述可能涉及灰度层次或者已得到的一些特征，它们可以用图、树以及语义网络描述，这里只是提及到几种可能性。与其他的方法相比，符号匹配不严格要求几何属性的相似。在进行符号匹配时，拓扑属性取代了形状或位置作为配准的标准。第十一章简要地介绍了关系匹配，作为符号匹配的例子。

尽管大多数匹配问题都涉及两幅影像(典型的是立体影像对)，但是，在空中三角测量或序列影像匹配的过程中，同时匹配几幅影像是非常重要的。通常，多影像匹配这个术语就是指对两幅以上的影像进行匹配。

10.1.3　问题描述

影像匹配的过程主要包括以下几个步骤。

1）在影像中选择一种匹配实体；

2）在另一幅影像中找出它的同名(对应)实体；

3）计算匹配好的实体在物方空间中的3D位置；

4）评估匹配的质量。

显然，第二步是最难解决的。虽然其他的步骤看似简单，但其中仍包含了一些值得注意的问题。这里以具有代表性的立体影像对作为例子进行说明。在两幅影像中选择哪一幅影像进行匹配实体呢？选择什么样的匹配实体，首先得明确怎样确定匹配实体。现在假设已经成功地匹配了同名边缘，如果没有可利用的同名点的话，怎么计算出边缘在物方空间里的位置？匹配策略必须解决这些问题。

10.2 影像匹配的基本问题

这部分的主要目的是详细阐述一些影像匹配中必须解决，以及通过不同的匹配方法可以得到解决的问题。

10.2.1 搜索空间、匹配实体的唯一性

假设有一立体像对，分辨率为32k×32k(像素大小为7μm)。根据第一步，在影像中选择像元p，坐标为(i_p, j_p)，灰度值为g_p。如果在另一幅影像中盲目地搜索同名像元，就需要在右影像上的整个影像重叠区域检测灰度值为g_p的像元，这将需要$0.6\times32k\times32k=6.4\times10^8$次运算。如果参考影像中的每个像元都需要匹配的话，总的运算量将会达到10^{17}数量级，计算复杂度为$O(n^4)$，n^2为影像的分辨率。除了这些难以处理的计算问题，还有另外一些不确定的问题存在。为了证实这点，假设每一个灰度值以相同的几率出现(例如经过直方图均衡)，这样就可以找到$\frac{0.6\times32k\times32k}{256}=2.5\times10^6$个匹配点。再加上±5个灰度级别的噪声，结果就会有$10^7$种潜在的答案，其中只有一种是正确的(假设表面是不透明的)。这个例子生动地说明了以下两个问题。

组合爆炸。如果采用匹配实体之间的相似性测度对整个影像(模型)进行计算的话，则会发生计算量的组合爆炸。

不确定性。若匹配实体不足够典型，则会出现匹配结果的不确定。

为了找到同名实体，对于第一个问题的解决办法是限制(约束)搜索空间(见10.3.1)；第二个问题必须要通过选择更多唯一的匹配实体来解决(见10.3.2节)。

10.2.2 近似值、约束以及假设

如果一个问题满足下列3个条件的话就可以称为是适定的问题：①存在一个解；②这个解是唯一的；③解始终依赖于初始数据。影像匹配是一个病态问题，因为它不满足上述的适定问题必须满足的几个条件。例如，可能存在无解(遮挡)或者存在没有唯一解的情况(不确定性)。影像匹配属于逆问题这一类，这类问题一般都是病态的。关键问题是如何将影像匹配变为适定问题，具体可以采用的方法包括从完全忽略到高级的正则化方法等。

一种使影像匹配适定的简单易懂的方法就是约束可能解的空间，例如设置范围。相似性测度的基本函数是非单调的而且在峰点和谷点周围比较平坦。如图10.1所示，影像匹配过程必须要从非常接近于真实解开始，否则可能得到一个次优解或者需要太多次的迭代才能达到全局最小值。因此，需要非常好的近似值保证结果收敛。收敛半径也称为收敛范围。基于区域的匹配需要从尽可能接近正确同名点的位置(几个像素以内)进行搜索，基于特征的匹配和符号匹配具有较大的收敛半径。近似值和搜索空间是密切相关的，近似值越好，搜索空间越小。

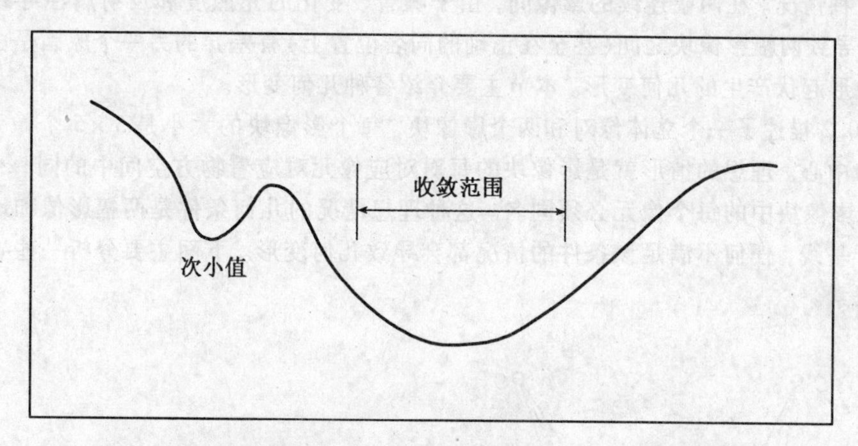

图 10.1　影像匹配的病态性。优化函数是非单调的，收敛半径很小

使影像匹配适定，重要的一步是引入约束机制。根据平差理论，以约束的形式引入参数的附加信息，可以在很大程度上改善解的情况。这在影像匹配中经常得到应用。建立在匹配实体几何属性上的相似性测度可以利用几何约束，其中一个典型的几何约束的例子就是投影中心、同名点和对应的物点共面的条件，这个面称为核面。

附有约束条件的解决方案效果较好，但是困难在于需要在一种通用的解决方法和一种非常具体的解决方法之间找出合适的平衡点。利用最小二乘方法计算相似性，提供了包含多种约束条件同时进行匹配处理的可能。

约束可以被视为关于参数的附加信息，从而也可以认为附加信息就是与匹配过程有关的“知识”。知识不局限于几何条件，它包含了各种各样有用的信息，来保证得到一个可靠的结果。

关于匹配问题的假设是限制解空间的另一种方法。一个比较好的例子就是航空立体像对，我们可以假设立体像对的航向重叠度是60%，而且这种假设具有一定的可靠性。这种假设是非常有用的，因为它使得我们相当准确地预测到了同名点的位置。只要我们使用的是航空像片，采取这种假设就不会有什么问题。尽管如此，了解建立在具体的匹配程序基础上的各种各样的假设是很重要的，我们要阻止具体的匹配程序在违反这些假设条件的前提下被使用。

总之，该问题有两个部分：1)获得足够好的近似值；2)一方面，在所作的假设和强加于解决方案上的约束条件之间达到一种好的平衡；另一方面，需要维持其通用性。

10.2.3　匹配实体的几何变形

10.2.1 节的非常有说服力的结论是:使匹配实体尽可能唯一，以至于只有一种匹配结果(解)存在。在基于区域的匹配中不能只比较一个像元的灰度值，取而代之的是，在相似性测度中必须要考虑到多个像元。因此，需要使用包括 $n \times m$ 个像素的影像块，与另一幅影像中相同大小的灰度阵列进行比较。假设两个影像块都以正确的同名位置为中心。此时如果每个像素的灰度值都相同，则相似性测度达到最大值。这是理想的情况，现实中从不会发生这种情况。在两幅连续的影像间，由于噪音、变化的光照度和反射属性导致了灰度的不同。导致两幅影像块之间(甚至在正确的同名位置上)有差异的另一个原因是由于中心投影和地形起伏产生的几何变形。本节主要介绍各种几何变形。

图 10.2 描述了一个立体像对和两个影像块，每个影像块的大小是 5×5 个像元，以同名位置为中心。理想的情形就是影像块的每对对应像元对应着物方空间中的同一个点。也就是说，影像块中的每个像元必须同名。这种理想情况的几何条件是两幅影像和地面都必须平行于基线，任何不满足该条件的情况都会导致几何变形。下面主要分析一些导致几何变形的因素。

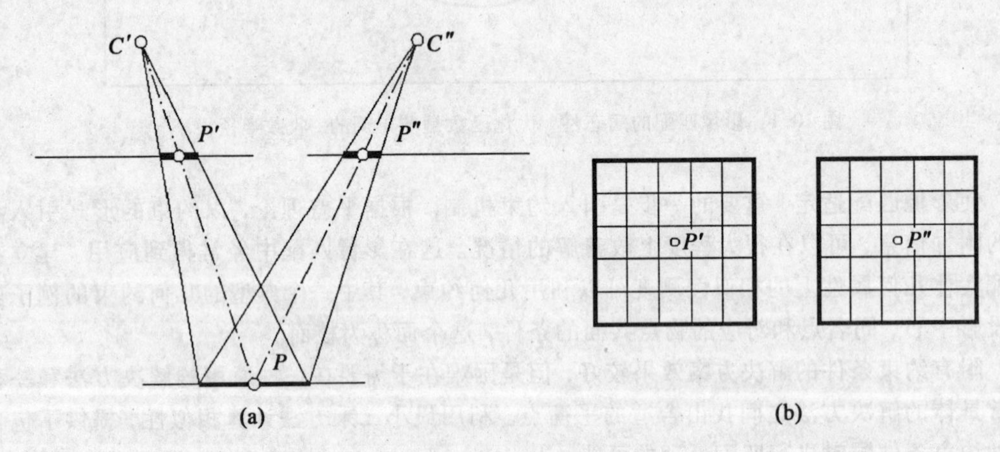

图 10.2　以 P 点为中心的平面片投影到两幅影像上得到两个影像块，它们的中心分别为 P'、P''，如图(a)所示；图(b)表示在理想的情况下，两个影像块完全相同

方位元素导致的几何变形

图 10.2 表示的是一个绝对垂直的立体像对，它具有水平的摄影基线和平坦且水平的地表面。以一个真实的立体像对和一块平坦的地块为例，地块的法线与左影像的相机光轴平行，右影像的比例尺大小和旋转产生的影响是很重要的。该图表示的是独立法相对定向。

需要强调的是，该研究对象针对没有定向的立体像对。如果已知影像的方位，那么这些影像就可以转换成或重采样成标准化的影像(见第十二章)，这就类似于图 10.2 的理想情况。在摄影测量领域中，通常都是从没有定向的立体像对开始，因此了解方位元素导致的几何变形非常重要。

1) 两幅影像的比例尺差异。图 10.3(a)表示的是由飞行高度造成的具有不同比例尺的立体像对。图 10.3(b) 表示的是两个同名影像块在平坦地表上的投影。可以看出，影像块中的对应像元不再是同名像元，因为它们对应着物方空间中不同的位置。为了证实这一点，将两个影像块中的左上角像元用深灰色标示出来，离中心点越远的像元，它们对应着地面的位置差异越大，因此，相似性测度将会受到影响。

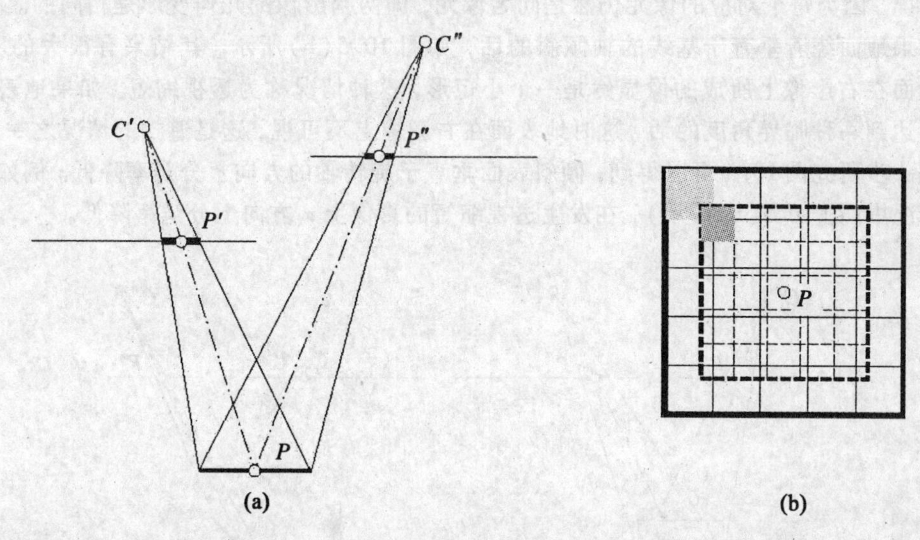

图 10.3　具有不同影像比例尺的立体相对，如图(a)所示。图(b)表示两块同名影像块在水平地面上的投影。在基于区域的匹配中，两个影像块左上角的深色的像素认为是同名的。它们在地面上的不同位置显示了由于不同影像比例尺引起的几何变形

2）两幅影像间的旋转角不同。图 10.4 说明了旋转角不同所造成的影响。由于考虑的是独立相对定向，右影像的旋转角是以左影像为基准计算的。图 10.4(a)给出了右影像绕 x 轴(ϖ 角)旋转得到的结果，右影像块在平坦地面上的投影是一个矩形。图 10.4(b)显示了右影像绕 y 轴旋转(φ 角)的结果。图 10.4(c)给出了绕 z 轴旋转(κ 角)得到的结果。实际中，这三种旋转组合出现。

图 10.4 证实了两个影像块之间像元与像元的对应是错误的，因为在两幅影像块中的同一个像元在物方空间中对应着不同的位置。例如，比较单幅影像块中左上角的像元对应的物方空间中的位置，就可以得到验证。

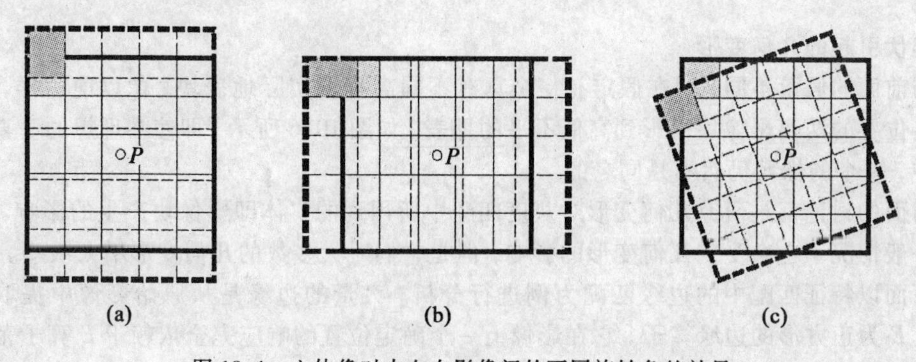

图 10.4　立体像对中左右影像间的不同旋转角的效果

倾斜地面引起的几何变形

到目前为止，我们都假定物方空间的地块平坦并与左影像平行。正是基于这种假设，左影像块在前面的图形中总是呈现为规则的正方形。现在假定立体影像对绝对垂直，而地面是倾斜且平坦的。如图 10.5 所示，地面是由水平地面绕基线旋转得到的，这仍然是一种理想情况，因为每个对应的像元仍然是同名像元，即两幅影像的几何变形是相同的。

如果地面绕着垂直于基线的轴倾斜的话，如图 10.5(b) 所示，其结果有很大的不同，因为地面在右影像上所成的像显然是一个小矩形，这种情况称为透视缩短。如果地表面更加倾斜达到一种临界角度的话，这时地表面在右影像上不可视，这是遮挡的情况之一。

进一步研究图 10.5 可以得到，倾斜表面垂直于旋转轴的方向上分辨率降低。例如在第二种情况中(图 10.5(b) 所示)，在发生透视缩短的影像上 x 方向上分辨率降低。

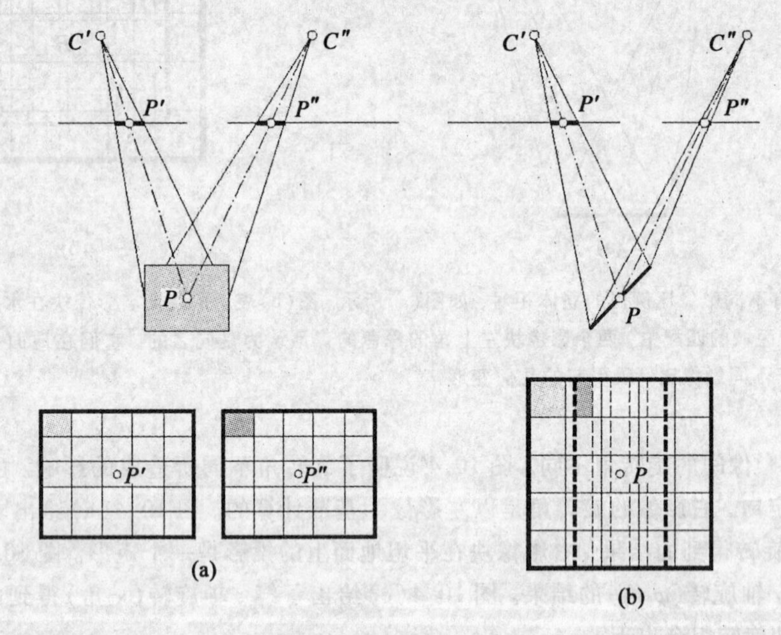

图 10.5　基于区域的匹配中，倾斜地表面对相似性测度的影响。图(a)中的地表面绕基线倾斜，这时同名影像像素对应相同的地面点，所以并没有病态效果。如果地表面绕垂直于基线的轴倾斜，如图(b)所示，这种情况称为透视缩短。这里，“同名”像素点对应物方空间中不同的区域，因此相似性测度就有问题

地形起伏引起的几何变形

与前面的假设不同，现在假定有一个具有不同高程的实际地表块。像以前一样，将处在同名位置的两幅影像块投影到高低不平的地表。如图 10.6 所示，即使在理想的垂直立体像对中，单个的像元仍然不是同名的。

前面的讨论都是研究几何变形对灰度匹配中所用到的实体即影像块产生的影响。特征匹配一般情况下也会受到几何变形的影响，但是它们对大多数的几何变形不太敏感。

下面以特征匹配中的边缘匹配为例进行分析。大量的边缘是从原始影像中提取得到的，设 E 为正方形的边缘算子。它在影像上一个确定位置的响应完全依赖于 E 算子范围内的灰度。假设边缘算子定位在两幅影像上的同名位置，这时即使两幅影像的亮度和反射比

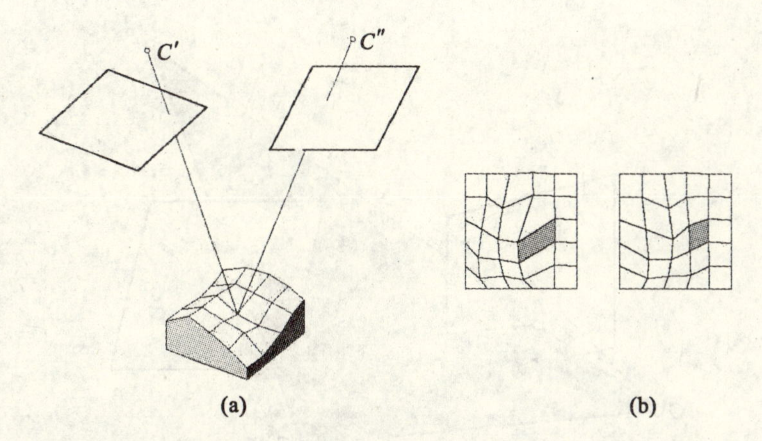

图 10.6　基于区域的匹配中，地形起伏对相似性测度的影响。同名像素，比如图(b)中深色的像素，对应物方空间中不同的区域，因此，它们实际上不是同名像素

相同，响应值也并不同，原因就在于几何变形的影响。在基于区域的匹配中，算子模板中的像元阵列对应着物方空间中的不同位置，结果就导致了边缘的移位。而且，它们的形状会产生扭曲变形——这个因素在设计特征匹配的代价函数的时候，必须考虑进去。

10.3　基本问题的解决办法

10.3.1　搜索空间和近似值

在 10.2.1 节中，我们讨论过将整幅影像作为搜索空间来寻找同名像元。这种盲目的搜索方法导致了不可解决的计算问题。此外，影像匹配的病态特性要求其要有一个非常好的近似值，因此搜索空间不宜太大。对于基于区域的匹配方法来讲，更是印证了这种理论的正确性。因而，搜索空间必须限制在一个非常小的区域，这个区域早期称为收敛范围。本节主要集中探讨缩小搜索空间的方法。

像以前一样，下面的讨论首先假设存在一对标准的航空立体像对。并且，定向过的立体像对和没有定向过的立体像对是有区别的。这里，我们举一个较简单的案例，以定向过的立体像对为例，评估定位影像同名实体的一些几何条件。

10.3.1.1　核线

核线对于同名实体是一个有力的约束，图 10.7 说明了这个问题。核面由两个投影中心 C'、C''以及物点 P 定义。核线 e'、e''是核面和影像面的交线。核面包含了同名点，其中同名点必然位于对应的同名核线上。

核线在很大程度上缩小了搜索空间。如果在一幅影像上确定了一个匹配实体，那么在另一幅影像上的核线就可以计算出来。这里假定提供的立体像对是经过定向的立体像对。

通常情况下，核线与影像坐标系的 x 轴不平行。在很多情况下，我们需要将影像转化为核线与数字影像的行平行的影像。本书中把这种立体像对称为核线影像(标准化影像)。第十二章详细描述了怎样将原始影像转化为核线影像。

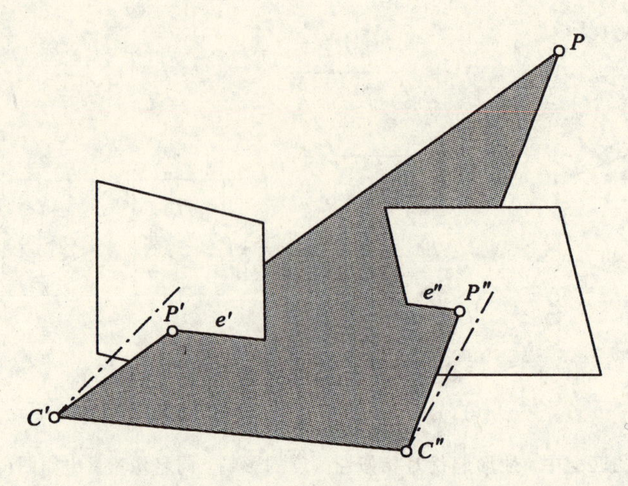

图 10.7　立体像对的核线几何。核面由基线 $C'C''$和物方空间点 P 定义，核面与影像相交得到核线 e' 和 e''

以下讨论都基于核线影像。假设在一幅影像上选择了匹配实体 P'，然后搜索空间被限制在另一幅影像上的同一行上，那么，是沿着整条核线进行搜索呢，还是可以进一步减小线搜索空间呢？当然，通过预测同名位置可以进一步缩小搜索范围。从图 10.8 中可以看到射线 $C'P'$，其中，P 是物方空间中的特征实体，假设其高程为 Z_p，射线 $C'P'$与真实地面相交于点 S。在一个定向模型中，一些高程是已知的(从定向的过程中可以得到)，这样，就可以获得 Z_p 的合理近似值，比如可以取所有已知高程的平均值。已知 Z_p 和方位元素之后，就可以计算出物方特征 P 的同名特征 P''。

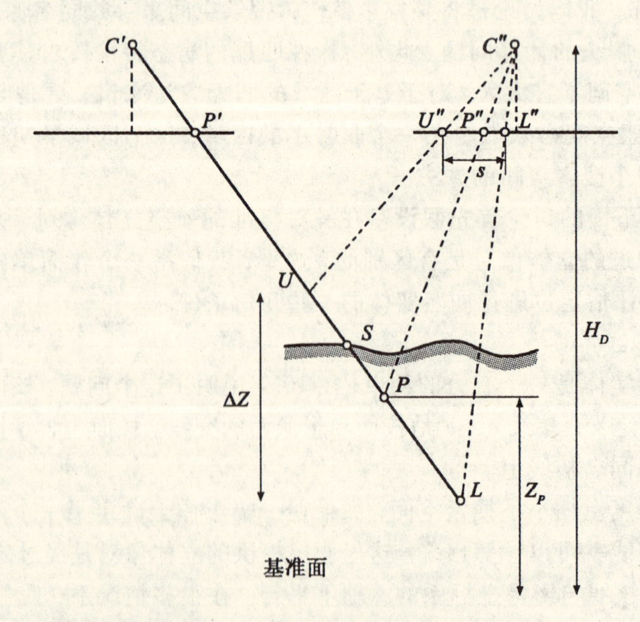

图 10.8　估计核线上的匹配位置和搜索空间。点 P 具有估计的高程 Δz 表示该估计的不确定性。这定义了一个范围 U、L，这个范围投影到右影像上得到搜索空间 s

接下来，高程的不确定值 Δz 必须估计出来，结果表明，Δz 的估测比 Z_p 的估测更难。通常，已知一些关于试验地区的先验知识，比如该地区是山区还是平原。另外，已有定向点的最大值和最小值可以作为预测 Δz 值的基础。

对于近似垂直立体像对，下面的方程可以用来确定同名特征的大概位置 x''_P：

$$x''_P = x'_P - px_P \tag{10.1}$$

$$px_P = \frac{B}{H_D - Z_P}f \tag{10.2}$$

其中，px_P 是点 P 在 x 方向上的视差；B 是基线；f 是焦距；H_D 是参考面以上的飞行高度。

用 $\frac{b_0 H_D}{f}$ 代替上述公式中的摄影基线 B，其中，b_0 是影像基线，从而可以得到获取同名实体位置的表达式：

$$x''_P = x'_P - b_0 \frac{H_D}{H_D - Z_P} \tag{10.3}$$

现在确定了搜索间距 s，再次假设影像为绝对的垂直影像，参照图 10.8 和方程(10.3)，有：

$$s = x'_U - x'_L \tag{10.4}$$

$$x''_U = x'_U - b_0 \frac{H_D}{H_D - Z_U} \tag{10.5}$$

$$x''_L = x'_L - b_0 \frac{H_D}{H_D - Z_L} \tag{10.6}$$

由于 $x'_U = x'_L$，从而有：

$$s = b_0 H_D \frac{\Delta Z}{(H_D - Z_L)(H_D - Z_U)} \tag{10.7}$$

方程(10.8)的分母近似等于 $(H_D - Z_P)^2$，忽略了 $\left(\frac{\Delta Z}{2}\right)^2$，于是得到搜索间距 s：

$$s \approx b_0 \frac{H_D \Delta Z}{(H_D - Z_P)^2} \tag{10.8}$$

从方程(10.8)可以看出，搜索空间 s 的大小是变量 Z_P(点 P 的预测高程)和 ΔZ(预测的不确定范围)的函数。作为位置的函数，这两个变量是变化的。因而，每执行一次新的匹配，搜索空间都会产生变化。

下面叙述沿核线进行匹配的主要步骤。

1）在其中一幅影像中选择匹配实体，如 P'；

2）估测匹配实体的高程 Z_P 以及高程不确定性范围 ΔZ；

3）使用方程(10.3)计算近似位置 P''；

4）用方程(10.8)计算搜索间距 s；

5）在搜索间距范围内执行匹配，选择的匹配实体 P' 保持不变；

6）分析第 5 步中得到的相似性测度以确定同名位置 P''。

【例 10.1】

问题：有一对标准化的数字立体影像对，分辨率为 4k × 4k(像元大小约为 55μm)。飞行高度 $H_D = 700\text{m}$，基线长度 $B = 360\text{m}$，焦距为 152mm。左影像上有一像元，位置为

(2 876, 3 244)，预测在右影像上寻找该像元的同名像元时的搜索空间的范围。模型中的平均高程大约为 100m。

解：在不知道更好的条件下，将平均高程 $Z_P = 100\text{m}$ 作为估计高程值，并且分配一个 50m左右的不确定值。例如 $\Delta Z = 100\text{m}$。首先，将焦距从米制单位转换到像元单位为 $\frac{152}{0.055} = 2\,764$ 像素，这样，就可以获得像元 P 的视差 px_P，即 $px_P = \frac{360}{700 - 100} \times 2\,764 = 1\,658$ 像素。通过方程(10.3)得到 $x''_P = 3\,244 - 1\,658 = 1\,586$，即为搜索窗口的中心。为了计算搜索间距，可以使用式(10.8)或者式(10.5)和式(10.6)。在利用后一种计算公式计算时，可以获得 X''_U 和 X''_L 的值，其中，$X''_U = 1\,531$，$X''_L = 1\,809$，因而，$s = 278$。搜索空间即为(2 876, 1 447 ~1 725)。

10.3.1.2 铅垂线轨迹法

对于搜索空间的另外一个有用的几何约束即是所谓的铅垂线轨迹(Gyer, 1981; Bethel, 1986)。图 10.9 说明了这个概念。

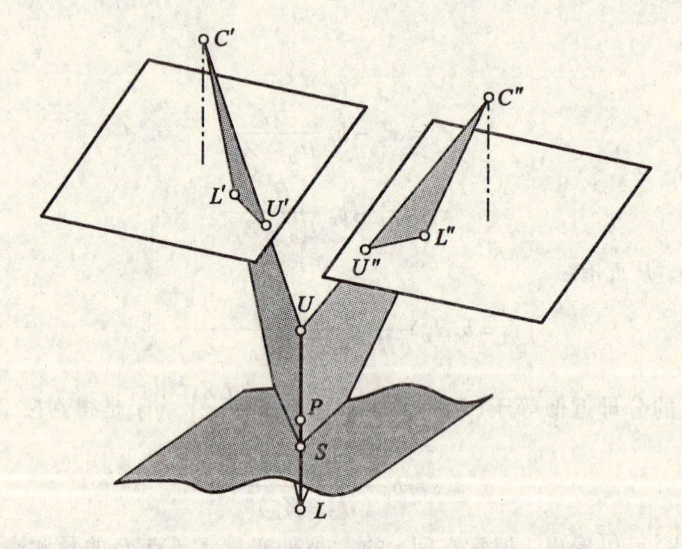

图 10.9 铅垂线轨迹的概念。搜索空间限制在铅垂线在两幅影像上的投影。P 为估计的高程点，S 为真实的高程点(未知)。搜索在不确定范围 U、L 内进行

设 P 是物方空间中特征位置的估计值，Δz 是初始估计值的不确定范围。这就确定了 P 投影到影像中的上界 U 与下界 L。将 L'、U'以及 L''、U''之间的距离分别记为 v'、v''。两幅影像中的同名实体限制在两条线 v'及 v''上，v'、v''为通过投影中心 c'及 c''，近似最低高程点 L 以及近似最高高程点 U 组成的两个三角形分别与两幅影像的交线。由于三角形在包含了从投影中心出发的铅垂线的平面内，铅垂线在两幅影像上的投影是过像底点的射线。而且，L'和 L''、U'和 U''都在对应的核线上。

需要注意的是，v'和 v''有不同的长度。事实上，如果铅垂线 UL 的延长线通过投影中心，它可能收缩为一个点，图 10.10 给出了一些立体影像对中铅垂线轨迹对的例子。

目前，存在多种方法可以用来实现铅垂线轨迹法的思想。图 10.11 说明了其中的一种方法。这里，匹配从近似最低高程点开始，此时，模板和匹配窗口分别以 L'和 L''为中心。对

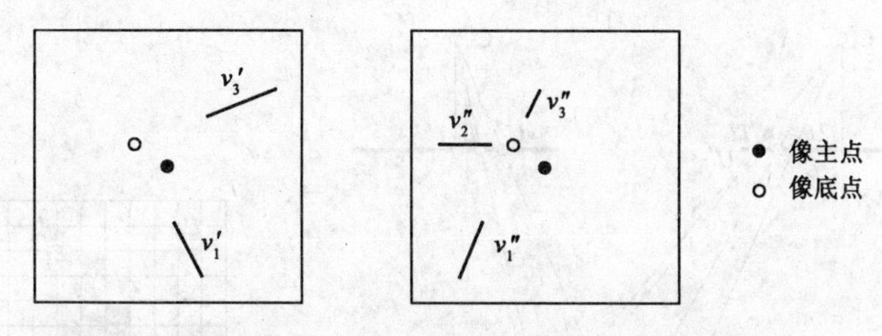

图 10.10 铅垂线轨迹对 v' 和 v'' 的例子。这些线都是过像底点的射线。通过投影中心的铅垂线退化为像底点(原文是像主点)

L 和 U 之间的所有的点循环执行整个匹配过程。在匹配过程涉及的所有位置，只有对应着最大相似性测度的位置 S 才是要求的正确位置。

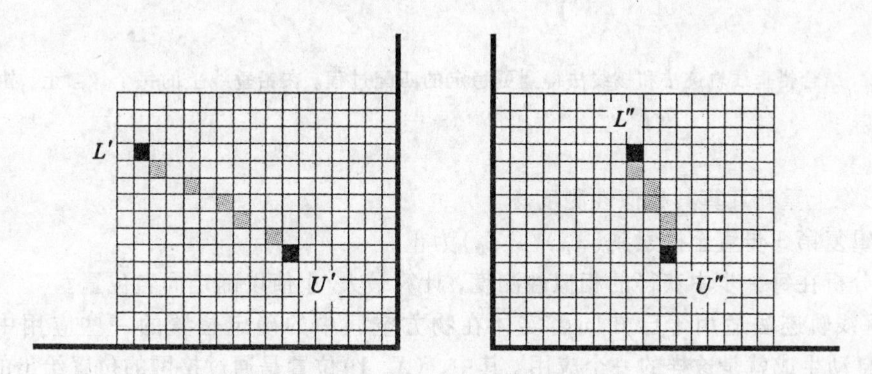

图 10.11 沿铅垂线 $v'v''$ 的匹配

为了增大匹配点的可靠性，铅垂线轨迹法也可以与核线方法结合使用。Krupnik 和 Schenk(1994)提出了一种结合方法，图 10.12 体现了这种方法的思想。假设匹配从 L 开始，在移动到下条核线之前，在通过 L' 和 L'' 的核线上进行几次匹配。在图 10.12 中，L'' 保持不变，通过移动 L' 执行匹配，L' 的正确匹配位置是 E'_L。正确的同名位置总是在 L' 的右边，因为在物方空间中，正确的地面点位置是在 L 的上方。移动窗口到下一条核线上，重复以上的步骤，当到达 U 时，U'' 的同名位置是 E'_U 总是在 U' 的左边，因为正确的地面点位置在 U 的下方(见图 10.12)。匹配线 E'_i 与 v' 的交线位置对应着物方空间中 UL 与地面的交点，该位置点即是我们需要找的点。分析所有匹配位置的相似性测度，可以看出该位置对应着最大相似性测度的位置。

实现铅垂线轨迹法的一般步骤如下。

1) 选择物方空间中的一点 P，设其平面坐标为(X, Y)，估计其高程值 Z_P 以及其上下限 Z_L、Z_U。

2) 将点(X_P, Y_P, Z_L)投影到两幅影像上，开始匹配。计算影像位置(x'_L, y'_L)以及(x''_L, y''_L)的相似性测度。

3) 沿着铅垂线以合适的间距 $\Delta Z = \dfrac{Z_U - Z_L}{n}$ 进行搜索，将物方点$(X_P, Y_P, Z_L + \Delta Z)$投影

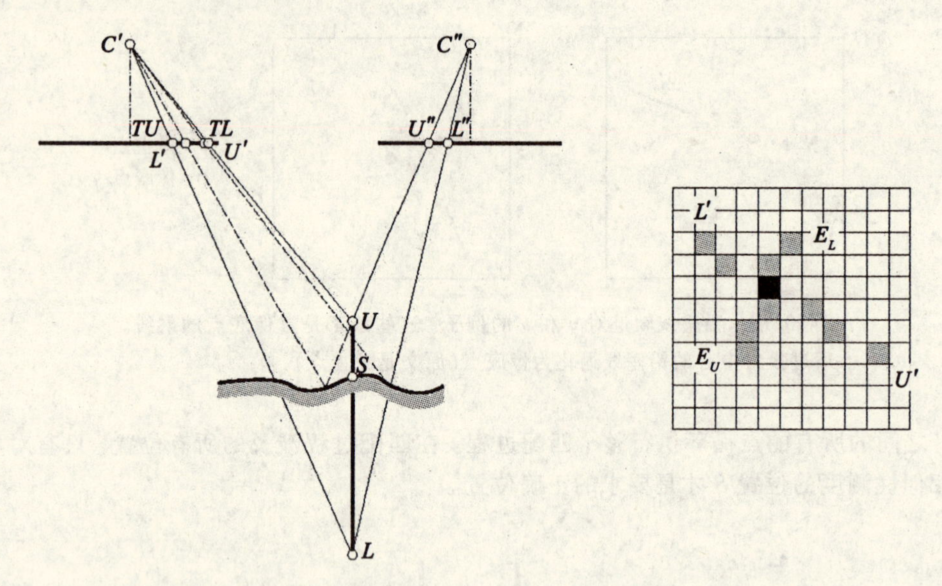

图 10.12　结合铅垂线轨迹法和核线法得到更稳定的匹配过程。在铅垂线上的每个像素上，执行沿核线的匹配。

到两张影像上重新计算其相似性测度。

4）重复第 3 步直至搜索到(X_P, Y_P, Z_U)为止。

5）分析在每一步中获得的相似性测度，计算最大/小值以确定同名位置。

铅垂线轨迹法适用于已知同名实体在物方空间中的确定位置的一些应用中，比如 DEM 的自动生成就是这样的一个应用，其中，(X, Y)位置是通过格网的位置给出的。

与核线方法相比，铅垂线轨迹法在两幅影像中的匹配位置都是变化的（沿着铅垂线的影像），这或许对匹配的实现是一个缺陷，因为不同的匹配位置对应着两幅影像中不同的匹配影像块。

值得指出的是，把铅垂线方法和核线方法结合起来是有利的。在这种结合方案中，沿着核线的匹配补充了沿着铅垂线的匹配。为了分析代价函数会使用更多的数据，从而产生更加可靠的匹配结果。

10.3.1.3　分级的方法

尽管我们在缩小搜索空间方面取得了巨大的进步，从整个重叠区域缩小到沿着核线或者铅垂线几个 cm 的搜索空间，但是匹配时需要有足够精确的近似初始值，在这方面我们仍然需要努力。减小像元搜索空间的另一种方法是增大像元的大小。以例 10.1 为例进行说明，沿着核线进行搜索，搜索间距为 6mm，原始分辨率为 32k ×32k，总计大约有 800 个像素的像元搜索空间。当一个像素大小为 1mm 时，此时的搜索空间为 6 个像元，这是非常好的匹配近似初始值。那么应该选择哪一种方法呢？

显然，能够很大程度上减小搜索空间以及同时能够改善近似值的解决措施是，首先在分辨率不高的图像上进行匹配并将结果传递到分辨率更高一些的影像上，直到将匹配的结果传递到原始影像上，这可以通过给立体像对生成金字塔影像来实现。再次回到具有 32K ×32K分辨率影像的例子，对其生成一个影像金字塔，其中间层的影像大小依次为

16K, 8K, 4K,⋯, 例如通过使用一个具有合适 σ 参数值的高斯滤波器对原始影像进行平滑得到。我们应该生成多少层的影像金字塔呢？换句话说，应该从哪一层分辨率影像开始进行匹配？这依赖于匹配的方法以及高程估计值的不确定性。

【例 10.2】

同名实体的位置估计必须在 6 个像素以内，高程估计的不确定性在 -25 ~ 25m，像片比例尺为 1∶6 000，广角相机。利用视差方程(10.8)可以得到一个 4.7mm 的搜索间距。既然容限是 6 个像素，那么一个像元的大小为 0.8mm 是合适的。影像金字塔通常是上一层经过下一层每相邻 2×2 像元合并得到的，因而，匹配应该从分辨率为 256×256 的影像层开始。

现在，我们已经知道了怎样开始进行匹配，但是怎样继续进一步深入呢？假设在低分辨率影像层上进行的匹配精度达到 1 ~ 2 个像元。如果将匹配的结果从金字塔影像的最顶层传递到金字塔影像的最底层，也就是说将分辨率为 256 的影像层上的结果传递到分辨率为 32K 的影像层时，像元总数增大了 2^7 倍，此时精度将会更低。在最顶影像层上一个像元的精度到最底影像层上达到了 128 个像元。为了保证计算过程中的收敛性，我们在将金字塔中上层中的数据传递到下一层时需要一层一层地进行传递或者每隔一层进行传递。在每一层影像上，都会改善上一层影像上传递下来的匹配结果的精度。在分级的方法(也称为由粗到细的相关策略)中，通过金字塔影像跟踪匹配点的位置是很重要的。图 10.13 阐明了其中的基本原理。

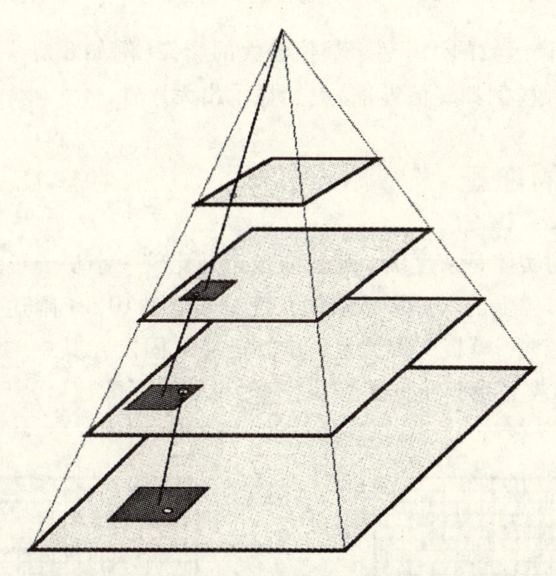

图 10.13　通过影像金字塔跟踪匹配实体。匹配过程必须在每层中重复执行以精确同名点位置。上一层的匹配点作为下一层中匹配窗口的中心

总之，分级方法的主要目的是为了减小搜索空间。准确地讲，以某个度量单位表示的搜索空间的大小(例如用图像坐标来表示)，是关于 P 点的高程估计值以及不确定范围 ΔZ 的函数。其实这与分级的方法还没有多大的关系，以影像金字塔为主要形式的分级方法的实现与像元空间是相关的。也就是说，搜索空间大小的参量以像元为单位进行表示。若选

择的像元尺寸不断增大，则用来覆盖相同搜索空间的像元数就越来越少。

10.3.2 匹配实体的唯一性

在前面的章节中，我们已经讨论了一些简单、有效的方法来减小搜索空间。考虑到如果将一幅影像的整个重叠区域作为一个潜在的搜索空间，那么基于核线或者铅垂线的约束会使得搜索空间大大减小，例如从 0.6×32K×32K 个像元减少到几百个像元。不过，目前我们仍然面临着一些多匹配的问题。为了消除多匹配问题的影响，要求匹配实体必须是唯一的，至少在搜索空间里是唯一的。

如果将灰度级作为匹配实体，那么匹配实体的唯一性随着影像块的大小增加。不幸的是，随着影像块的增大，其几何变形问题凸显出来。问题的关键是需要找出这些矛盾因素中的一个折中的办法。显然，有必要度量匹配实体的唯一性，使得一旦匹配实体具有足够的唯一性的时候，就不需要再增加影像块的大小。下面给出用来度量匹配实体唯一性的 3 种方法。

(1)方差。影像函数的方差提供了灰度级不同程度的测度。小的方差暗示了一幅相当单调(同类的)的影像，大的方差表示具有更大范围的灰度级分布。

(2)自相关。影像函数的自相关提供了影像块的“自对照”测度，一个高自相关因素显示出子影像中的重复模式，它会降低匹配实体的唯一性。在一个完全随机的影像中，相邻像元是不相关的，它最能体现唯一性，但是在现实中是不存在的——真实的影像比随机的影像更有确定性。

(3)熵。熵表示影像函数的无序性。熵值较大的影像(例如 8 对应 $2^8=256$ 个灰度级的影像)比低灰度级的影像(例如二值影像)更能显示出无序性。

10.4 基于区域的匹配

基于区域的匹配的实体是灰度级，其基本思想是比较一小块子影像(也称为影像块)上的灰度分布与另一幅影像上的对应影像块的灰度分布。图 10.14 阐述了这种思想并介绍了一个经常使用的专有名词，模板即影像块，其位置通常固定在其中的一幅影像中。搜索窗口与搜索空间有关，将搜索窗口中的影像块(有时也称为匹配窗口)与模板进行比较，用不

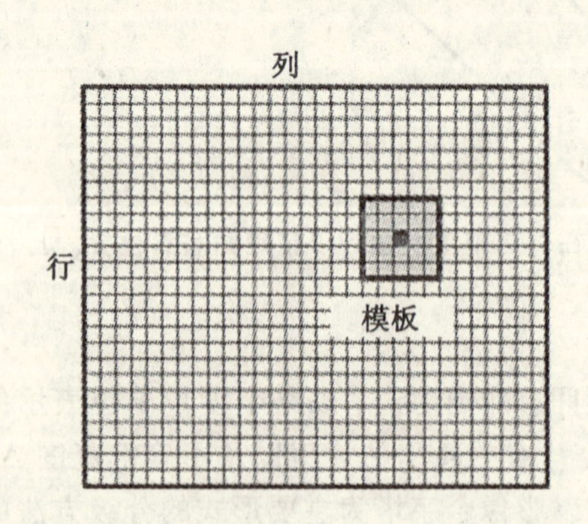

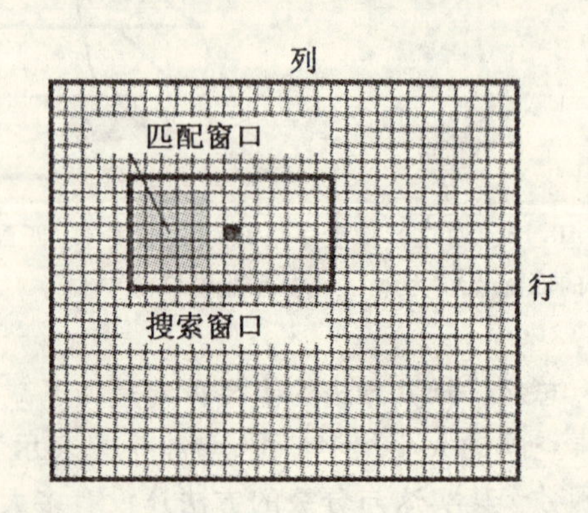

图 10.14 基于区域的匹配

同的相似性测度标准来衡量其关系，其中，两种最著名的标准是互相关和最小二乘匹配。搜索窗口的位置和大小可以通过10.3.1节中提到的方法确定。

这里有几个独立于相似性测度方法的问题必须得到解决。下面简要地讨论一下这些问题。

模板的位置。表面上看，把模板中心选在哪里似乎并不重要。理论上讲，模板的中心可以置于一个区域中，该区域比原始影像的尺寸小半个模板尺寸大小。通过进一步分析，我们希望在可接受的区域范围内有进一步的选择。有些情况可能导致匹配失败，例如把模板置于如下情况的区域中：对应着另一幅影像中不起作用的（遮蔽的）区域；一个具有低信噪比的区域；具有反复性特征模式的区域；包含断裂线的区域等。

模板的大小。模板即匹配窗口的大小是一个重要的参数。随着模板大小的逐渐增大，灰度级函数的唯一性程度也逐渐增大，但同时也会产生几何变形增大的问题。因此，必须要找到一种折中的办法，如可以通过计算不同大小模板的唯一性测度来解决这个问题。这同时也达到了检查模板位置是否有效的目的。

搜索窗口的位置和大小。由于基于区域的匹配要求精密的近似值，因此搜索窗口的位置很关键。然而，搜索窗口的大小不是非常重要，因为对近似值较高的要求已经把搜索范围限制到几个像素范围内。基于分级方法的匹配策略保证了较好的近似值。

接受标准。需要对影响模板和匹配窗口之间相似性测度的因素进行分析。接受/拒绝标准经常会改变，甚至在同一幅影像中也会如此，因此应该在局部范围内确定阈值或者其他的标准。

质量控制。质量控制包括了同名位置的精度和可靠性的评估，而且，必须要对匹配点的一致性给予分析，包括与物方空间的期望或者知识的相容性。

10.4.1 相关

在摄影测量中，采用相关技术寻找同名点已经有很长的历史。事实上，第一次使用模拟相关方法的试验早在50年代就完成了，其主要思想是通过计算相关系数来测度模板与匹配窗口的相似性。Kreiling是使用数字相关技术自动生成数字高程模型的先驱者之一，他们的主要目的是生产正射影像。Makarovic（1980）提出了影像相关算法的总体思路。

10.4.1.1 互相关因子

相关系数ρ定义为：

$$\rho=\frac{\sigma_{LR}}{\sigma_L\sigma_R} \tag{10.9}$$

如果ρ经过了标准化，那么$-1\leqslant\rho\leqslant1$，其中，$\sigma_{LR}$为左右影像块的协方差；$\sigma_L$为左影像块（模板）的标准差；$\sigma_R$为右影像块（匹配窗口）的标准差。

引进左右影像块（或称为模板和匹配窗口）的影像函数$g_L(x,y)$、$g_R(x,y)$以及它们的平均值$\bar{g}_L$、$\bar{g}_R$，函数公式如下所示：

$$\bar{g}_L=\frac{\sum_{i=1}^{n}\sum_{j=1}^{m}g_L(x_i,y_i)}{n\cdot m} \tag{10.10}$$

$$\bar{g}_R=\frac{\sum_{i=1}^{n}\sum_{j=1}^{m}g_R(x_i,y_i)}{n\cdot m} \tag{10.11}$$

$$\sigma_L = \sqrt{\frac{\sum_{i=1}^{n}\sum_{j=1}^{m}(g_L(x_i,y_i) - \bar{g}_L)^2}{n \cdot m - 1}} \tag{10.12}$$

$$\sigma_R = \sqrt{\frac{\sum_{i=1}^{n}\sum_{j=1}^{m}(g_R(x_i,y_i) - \bar{g}_R)^2}{n \cdot m - 1}} \tag{10.13}$$

$$\sigma_{LR} = \frac{\sum_{i=1}^{n}\sum_{j=1}^{m}((g_L(x_i,y_i) - \bar{g}_L)(g_R(x_i,y_i) - \bar{g}_R))}{n \cdot m - 1} \tag{10.14}$$

互相关因子是通过搜索窗口里的匹配窗口的行列位置 r、c 确定的。接下来的问题就是要确定最大相关因子对应的匹配窗口的中心位置 u、v。

10.4.1.2 最大相关因子

假定标准化的互相关因子 ρ 的值在 -1 到 1 之间。如果模板和匹配窗口是完全相同的，则 ρ 的值趋向于 1；如果两幅影像块之间没有相互关系，也就是说根本没有相似性，此时 $\rho = 0$；当 $\rho = -1$ 时，暗示着两幅影像块最大负相关。同一幅影像的正片和底片总是如此。

如果搜索窗口是基于核线约束得到的，那么根据相关因子可以绘制成如图 10.15 所示的图形。根据相关因子值拟合一个多项式(如抛物线)，从中发现其最大值。一般地，相关因子最大值所在的窗口中心很少对应着整像素的像元。

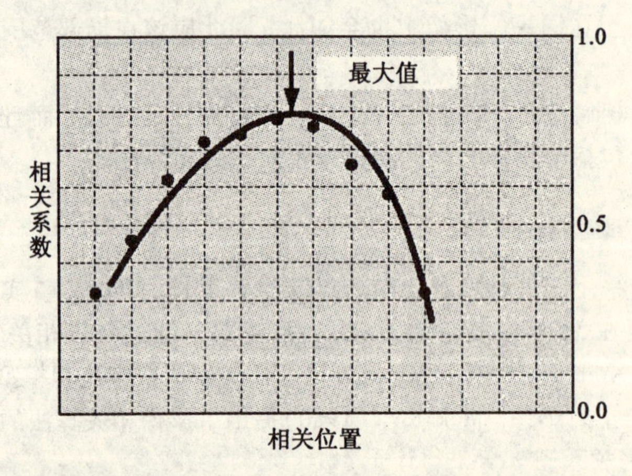

图 10.15　实心圆点表示在匹配窗口的不同位置得到的相关系数。通过这些点拟合一条抛物线，然后确定其最大值，使匹配位置的精确度达到子像素。

图 10.16 表示了非理想状况的情形。尽管图 10.16(a)所举例子中相关因子相当高，但是其中的最大值根本不能很好地确定，其对应的两幅影像块具有较低的对比度，同名点的可靠性低。图 10.16(b)显示了另外一个普遍性的问题，即很难确定两个峰值中的哪一个是正确的最大值。

通过图 10.15 和图 10.16(a)之间的比较，建议使用相关函数的“平直度”作为确定最大值的质量测度。平直度可以通过计算抛物线上最大值附近的两点所在的切线的夹角得到。使用这个准则，我们会认为图(c)的匹配结果会比图(a)匹配结果更好，尽管后者的相关因子较前者的高。在图 10.16(b)中描述的相关函数说明了另一种令人疑惑的情况。这

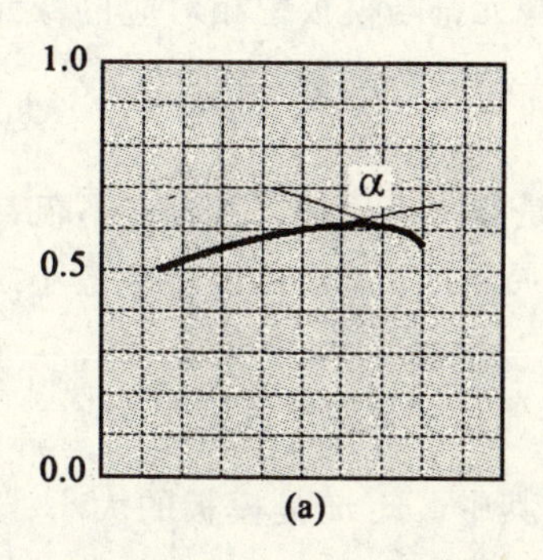

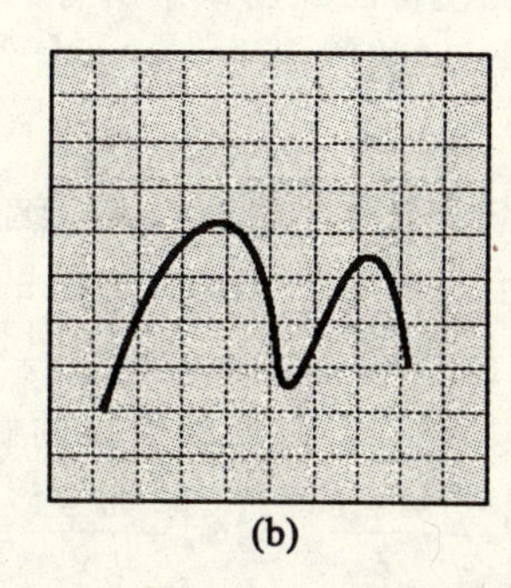

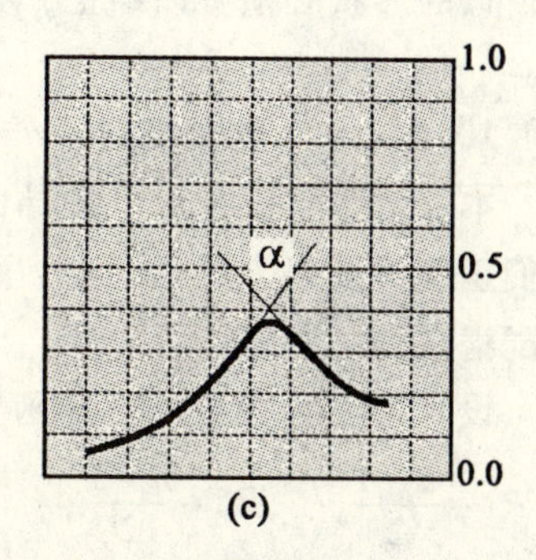

图 10.16　确定最大相关值遇到的典型问题。图(a)中模板和匹配窗口的相关系数值较低；图(b)可能是窗口中重复纹理引起的；图(c)表示确定一个全局阈值的难度，尽管有一个峰值，但其最大值远小于图(a)中的最大值

里，两个高相关的响应如此接近，可能暗示了在模板和匹配窗口中重复性的特征模式的出现。

如果在行方向上扩展搜索空间(考虑匹配实体偏离核线)，我们将在 2 维空间上获取相关系数。这些系数可以通过二元的二次多项式近似得到。该函数的一阶导数表示最大值相关，即匹配窗口的位置与模板产生最好的匹配。

10.4.1.3　过程

下面描述了基于区域的匹配的一般步骤，这里利用相关系数作为相似性测度。

1）在一幅影像中选择模板的中心。

2）在另一幅影像中确定同名位置的近似区域范围。

3）对于模板和匹配窗口，分别通过唯一性标准确定最小窗口大小(见 10.3.2 节)，然后选择这两个值当中最大的值作为当前匹配窗口的大小。

4）在搜索窗口内对所有的匹配窗口位置 r、c，使用式(10.9)计算其相关系数 $\rho_{r,c}$。

5）分析相关因子。设置一个能达到有效匹配的最小阈值，除了最大值外，确定其差别性作为匹配质量测度。

6）对于每一个新的模板位置重复步骤 2）~5)，直到所有的位置都完成匹配。

7）利用场景的先验知识对匹配结果的一致性和/或者相容性进行一次全局性的分析。

10.4.2　最小二乘匹配

20 世纪 80 年代初就已经开始对最小二乘匹配(LSM)进行研究，如 Ackerman(1984)，Grün 和 Baltsavias(1987)，Föstner(1982,1986)，Rosenholm(1987)以及 Thurgood 和 Mikhail (1982)都对最小二乘进行过相关的研究。1984 年 Föstner 对影像相关技术的精度给予了评估。最小二乘匹配的思想是使得模板和匹配窗口之间的灰度差别最小。然而，匹配窗口的位置和形状是配准过程中需要确定的参数，也就是说，匹配窗口的位置和形状是变化的，直到变形的窗口和(不变的)模板之间的灰度级差异达到最小为止。我们刚刚掌握了“移动匹配窗口直到同名位置被找到为止”这种思想，变形方面的因素乍一看并不是太明显。未知的方位参数、倾斜的地表面或者是有地势起伏的地表面都可以导致几何变形，显然，匹配窗口的形状必须予以纠正，从而使得匹配窗口中所有的像元都与模板中相对应的像元同名。

10.4.2.1 数学模型

本节对数学模型给予推导，对一些变量进行详述。这是非常有用的，因为它不仅帮助我们正确评价好方法的优点，而且使我们认识到该方法的局限性，从而可以避免最小二乘匹配潜在的一些问题。

设 $t(i, j)$ 为模板的影像函数，$m(i, j)$ 是匹配窗口的影像函数。将模板定义为 $t(i, j)$，$i = R_T - \frac{n-1}{2}, \cdots, R_T + \frac{n-1}{2}$；$j = C_T - \frac{m-1}{2}, \cdots, C_T + \frac{m-1}{2}$，其中，$n$、$m$ 是模板的大小；R_T、C_T 是模板的中心在数字影像中的行列号(见图 10.14)。同时，匹配窗口定义为 $m(i, j)$，$i = R_M - \frac{n-1}{2}, \cdots, R_M + \frac{n-1}{2}$；$j = C_M - \frac{m-1}{2}, \cdots, C_M + \frac{m-1}{2}$，其中，$R_M$、$C_M$ 是匹配窗口的中心，作为模板窗口的初始的近似同名位置。

假设匹配窗口的中心移动到了精确的同名位置上，模板和匹配窗口中相对应的像元之间的灰度差异由一系列因素影响，包括以下方面。

- 两幅影像的光照和反射差异；
- 相机(如渐晕现象)；
- 如果使用的影像是数字化像片，则底片冲洗的过程以及扫描仪都是其影响因素；
- 由于定向、曲面块倾斜以及曲面块有地势起伏引起的规则格网影像的几何变形。

为了消除亮度和对比度之间的差异，需要对匹配窗口进行辐射变换 T_R，有：

$$T_R\{m(i, j)\} = r_0 + r_1 m(i, j)\} \tag{10.15}$$

该辐射变换执行一次总体的亮度平移 r_0 以及一次对比度拉伸 r_1，从而纠正了匹配窗口相对于模板的辐射畸变。尽管可以在最小二乘匹配过程中进行辐射变换，但通常习惯于将辐射畸变纠正作为一次预处理，甚至有时候对整幅影像做辐射纠正，这样同时也解决了在组合方法中出现的参数相关的问题。

下面的公式推导中，$m(i, j)$ 表示原始的匹配窗口，$m(x,y)$ 表示变换后的窗口，其中，(x, y) 是实际的坐标值，(i, j) 是原始影像上的整像素坐标值。两个窗口之间的关系通过 $m(x,y) = T_G[m(i, j)]$ 表示，其中 $T_G = [T_x, T_y]^{\mathrm{T}}$ 是几何变换算子。概括起来有：

$$m(x,y) = m[T_G(i, j)] \tag{10.16}$$

$$x = T_x(i, j) \tag{10.17}$$

$$y = T_y(i, j) \tag{10.18}$$

现在问题是选择什么样的几何变换 T_G 合适。假设将模板的规则格网投影到物方空间中的曲面片上，然后将曲面片再投影到匹配窗口上即可以获得同名位置。这个过程需要已知的方位元素(外方位元素)以及详细的地表面信息。由于后者的条件几乎不能满足，因此需要提出某些假设。

既然两幅影像块是通过曲面块作为媒介进行中心投影相互关联的，那么就应该使用中心投影模型。当匹配窗口非常小的时候，对应的曲面块也非常小，它可以通过一个平面近似估计。使用这种简化，影像块和曲面块通过投影变换(8 个参数的变换)相互关联起来。在对航空影像以及“合理的”地表面的影像进行匹配的时候，可以通过仿射变换来近似地表示投影变换以进一步简化该问题。

假设进行仿射变换，此时的匹配窗口为：

$$x = t_0 + t_1 \cdot i + t_2 \cdot j \tag{10.19}$$

$$y = t_3 + t_4 \cdot i + t_5 \cdot j \tag{10.20}$$

在适当的位置使用几何变换，可以得出下面的具有一般性的观测方程：

$$r(i,j) = t(i,j) - m(x,y) \tag{10.21}$$

其中，余差 $r(i,j)$ 是模板和变换后匹配窗口之间的差异；$m(x,y)$ 是关于变换参数的函数。对 $m(x,y)$ 进行线性化得：

$$m(x,y) \approx m^0(x,y) + \frac{\partial m(x,y)}{\partial T_x}\left[\frac{\partial T_x}{\partial t_0}\Delta t_0 + \frac{\partial T_x}{\partial t_1}\Delta t_1 + \frac{\partial T_x}{\partial t_2}\Delta t_2\right] + \frac{\partial m(x,y)}{\partial T_y}\left[\frac{\partial T_y}{\partial t_3}\Delta t_3 + \frac{\partial T_y}{\partial t_4}\Delta t_4 + \frac{\partial T_y}{\partial t_5}\Delta t_5\right]$$

偏导数分别为：

$$\frac{\partial m(x,y)}{\partial T_x} = g_x,\ \frac{\partial m(x,y)}{\partial T_y} = g_y,\ \frac{\partial T_x}{\partial t_0} = 1,\ \frac{\partial T_y}{\partial t_3} = 1,\ \frac{\partial T_x}{\partial t_1} = x,\ \frac{\partial T_y}{\partial t_4} = x,\ \frac{\partial T_x}{\partial t_2} = y,\ \frac{\partial T_y}{\partial t_5} = y。$$

其中，$m^0(x,y) = m(i,j)$；$c = t(i,j) - m(i,j)$；g_x 为 x 方向上的梯度；g_y 为 y 方向上的梯度。

表 10.2 给出了系数。

表 10.2　　最小二乘匹配的系数矩阵

像素	Δt_0	Δt_1	Δt_2	Δt_3	Δt_4	Δt_5	常数项
1,1	g_{x_1}	$g_{x_1} \cdot x_1$	$g_{x_1} \cdot y_1$	g_{y_1}	$g_{y_1} \cdot x_1$	$g_{y_1} \cdot y_1$	$t(1,1) - m(1,1)$
2,1	g_{x_2}	$g_{x_2} \cdot x_2$	$g_{x_2} \cdot y_1$	g_{y_1}	$g_{y_1} \cdot x_2$	$g_{y_1} \cdot y_1$	$t(2,1) - m(2,1)$
…	…	…	…	…	…	…	…
n,m	g_{x_n}	$g_{x_n} \cdot x_n$	$g_{x_n} \cdot y_m$	g_{y_m}	$g_{y_m} \cdot x_n$	$g_{y_m} \cdot y_m$	$t(n,m) - m(n,m)$

对于变换参数 t 的求解，有 $n \cdot m$ 个观测方程，其中，n、m 是模板和匹配窗口的大小。以下 3 个方程分别是观测方程、方程解以及单位权中误差的表达式：

$$\boldsymbol{r} = \boldsymbol{A}\hat{\boldsymbol{t}} + \boldsymbol{c} \tag{10.22}$$

$$\hat{\boldsymbol{t}} = (\boldsymbol{A}^{\mathrm{T}}\boldsymbol{P}\boldsymbol{A})^{-1}\boldsymbol{A}^{\mathrm{T}}\boldsymbol{P}\boldsymbol{c} \tag{10.23}$$

$$\hat{\sigma} = \frac{\boldsymbol{r}^{\mathrm{T}}\boldsymbol{P}\boldsymbol{r}}{n \cdot m - 6} \tag{10.24}$$

其中，$\boldsymbol{P}$ 是权阵，通常近似认为是单位矩阵。

匹配窗口中，空间变量 $m(i,j)$ 指的是数字影像中的规则格网（像元的位置），而 $m(x,y)$ 表示经过几何变换 $m\{T_G(i,j)\}$ 后新生成的格网，其中，x、y 与整型变量 i、j 相比是真实的网格所在的位置。比较的结果如图 10.17 所示，图中的两个窗口分别为 m^0 和 m^1。

对于某些应用，只确定平移参数就足够了，这时，式(10.19)和(10.20)表示的仿射变换关系式可以简写成：

$$x = t_0 + i \tag{10.25}$$

$$y = t_3 + j \tag{10.26}$$

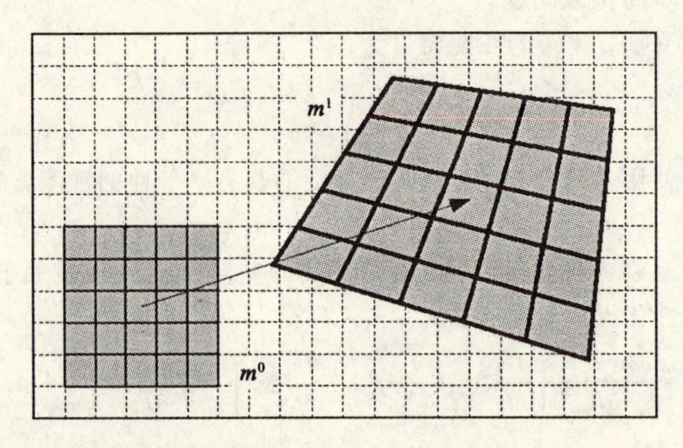

图 10.17 原始影像 m^0 经过每次迭代后变换到一个新的位置以及一种新的形状。变换后窗口 m^1 的灰度值通过重采样获取，比如使用双线性内插的方法

设计矩阵也简化成了两列，该两列元素是 x、y 方向上的梯度。这样，平移参数 Δt_0、Δt_3 可以通过下面的矩阵方程进行求解：

$$\begin{bmatrix} \Delta t_0 \\ \Delta t_3 \end{bmatrix} \begin{bmatrix} [g_x]^2 & [g_x \cdot g_y] \\ [g_x \cdot g_y] & [g_y]^2 \end{bmatrix}^{-1} \begin{bmatrix} [g_x(t(i,j) - m(i,j))] \\ [g_y(t(i,j) - m(i,j))] \end{bmatrix}$$

10.4.2.2 平差过程

最小二乘匹配是一个非线性的平差问题，其解通过迭代计算得到，但又与通常的迭代循环过程有一些不同。第一次迭代以匹配窗口的近似位置 R_M、C_M 作为其初始值，利用表 10.2 中的系数公式计算设计矩阵的系数，并通过解方程(10.23)得到变换参数 Δt^1(上标指的是迭代次数)。

图 10.17 显示了利用参数 Δt^1 经过第一次变换后得到的匹配窗口 $m^1(x^1, y^1)$。在进行第二次迭代之前，新的匹配窗口中的所有像元位置(x^1, y^1)都需要通过重采样重新确定。重采样过程实际上就是利用原始影像上的相邻像元内插灰度值，通常都选择双线性内插方法。但是，并不是说重采样就已经没问题了。图 10.17 说明了一个潜在的问题。在经过变换之后，窗口 $m^1(x,y)$ 中的像元比原来格网 $m^0(i, j)$ 中的像元大得多，这主要是由于透视缩短(见 10.2.3 节讲述)造成的。为了使 $m^1(x,y)$ 覆盖同一块地表面且作为模板，像元的大小必须沿着基线的方向增大。这种情况下，灰度值需要从一个更大的区域进行内插，而不仅仅是直接从相邻的区域内差。即使是正确进行了重采样，但是在比较具有不同分辨率的两幅影像块的时候，仍然存在问题。令人遗憾的是，重采样的过程同时也与变换后的匹配窗口的像元相关。也就是说，在新的格网中的灰度不再作为独立的观测值进行考察。幸好，忽略该相关性对估计的参数没有很大的影响，但是，方差分量还是可以很顺利地估计出来。这时，最小二乘匹配的 σ_0 不能表达匹配成功的实际程度。

经过重采样之后，开始下一次迭代，直到终止条件被满足，迭代结束。设置迭代的最大次数主要是为了防止收敛较慢或者不收敛。正常情况下，一些不重要的收敛标准在符合最高的迭代标准之前已经达到。模板中心的同名点是变换到最终位置和形状的匹配窗口的中心。

最小二乘匹配的步骤如下。

1）在一幅影像中选择模板的中心(R_T, C_T)。

2）确定匹配窗口的近似位置(R_M, C_M)(见10.3.1节)。

3）分别确定满足匹配实体唯一标准的模板和匹配窗口大小的最小值，选择两个值中较大的一个作为窗口的大小。

4）使用位置为R_M、C_M的匹配窗口进行第一次迭代。

5）变换匹配窗口以及确定格网的灰度值(重采样)。

6）重复进行平差和重采样过程，直到满足终止条件。模板中心的同名点是每次迭代中获得的平移参数的总和，这与最终位置的匹配窗口的中心是相同的。

7）评估同名点的质量。

8）对新的模板位置，重复步骤1)~7)。

正如前面提及的，辐射纠正(如直方图均衡)应该在匹配过程之前进行。

习题

1. 影像匹配是一个病态问题，列举一些使匹配问题适定的方法。

2. 比较相关匹配和最小二乘匹配，列举每种方法的优点和缺点。

3. 透视缩短是怎样影响基于区域的匹配的？又是怎样影响基于特征的匹配的？

4. 假设模板和匹配窗口恰好以同名点为中心，计算两个窗口的相关性，得到互相关系数为0.8。如何解释这个结果？

5. 描述一下在最小二乘匹配中，模板、匹配窗口和地面块之间的几何关系。

6. 使用最小二乘匹配确定同名点。假设改变一幅影像整体的亮度值，在相同的模板位置再次进行匹配，会有什么差别？会得到一个不同的同名点吗？

7. 假设基于区域的匹配中模板中心位于人字形屋顶的顶部，如果屋脊边缘的方向与立体像对的基线互相平行，会产生什么样的影响？如果屋脊边缘的方向垂直于基线，又会产生什么样的影响？

8. 有一个数字立体影像对，比例尺是1:5 000，焦距长152mm，像元大小为15μm，平均高程大约600m，高程范围120m，必须在金字塔哪一层影像上进行灰度匹配才能保证其收敛性？

9. 给出灰度匹配中的模板和匹配窗口，怎样选择合适的窗口大小？如果窗口的大小逐渐增大(直到增大到影像的大小)，会发生什么样的情况？

10. 怎样考虑最小二乘匹配中的几何变形问题？在求相关性的时候是怎样处理几何变形的？

11. 基于核线约束和基于铅垂线轨迹法约束，两种方法相结合的优点是什么？

参考文献

[1] Ackermann F(1984). Digital Image Correlation: Performance and Potential Application in Photogrammetry[J]. The Photogrammetric Record, 11(64), 429-439.

[2] Bethel J(1986). The DSRII Image Correlator[J]. Proc. ACSM/ASPRS Ann. Convention, 4, 44-49.

[3]Förstner W(1982). On the Geometric Precision of Digital Correlation[J]. International Archives for Photogrammetry and Remote Sensing, 24(3), 176-189.

[4]Förstner W(1984). Quality Assessment of Object Location and Point Transfer Using Digital Image Correlation Techniques[J]. International Archives for Photogrammetry and Remote Sensing, 25(3), 197-220.

[5]Förstner W(1986). Digital Image Matching Techniques for Standard Photogrammetric Applications[J]. ACSM/ASPRS Ann. Convention, 1, 210-219.

[6]Grimson W E L(1981). From Images to Surfaces: A Computational Study of the Human Early Vision System[M]. Cambridge, MA. MIT Press

[7]Grün A(1985). Adaptive Least-squares Correlation: a Powerful Image Matching Technique[J]. South Africa Journal of Photogrammetry, Remote Sensing and Cartography, 14(3), 175-187

[8]Gyer M(1981). Automated Stereo Photogrammetric Terrain Elevation Extraction[R]. Tech. Report, Gyer and Saliba, Inc.

[9]Helava U(1978). Digital Correlation in Photogrammetric Instruments[J]. Photogrammetria, 34, 19-41.

[10]Hobrough G(1959). Automatic Stereoplotting[J]. Photogrammetric Engineering and Remote Sensing, 25(5), 763-769.

[11]Hobrough G(1978). Digital On-line Correlation[J]. Bildmesung und Luftbildwesen, 46(3), 79-86.

[12]Horn B K P(1983). Noncorrelation Methods for Stereo Matching[J]. Photogrammetric Engineering and Remote Sensing, 49(4), 535-536.

[13]Kreiling W(1976). Automatische Herstellung von Höhenmodellen und Orthophotos aus Stereobildern durch digitale Korrelation[D]. Fakultät fur Bauingenieur-und Vermessungswesen, Universität Karlsruhe.

[14]Krupnik A, T Schenk(1994). Prediciting the Reliability of Matched Points[J]. ACSM/ASPRS Ann. Convention, 1, 337-343.

[15]Makarovic B(1980). Image Correlation Algorithms[J]. International Archives for Photogrammetry and Remote Sensing, 23(B2), 139-158.

[16]Thurgod J, E Mikhail (1982). Photogrammetric Analysis of Digital Images[J]. International Archives for Photogrammetry and Remote Sensing, 24(3), 576-590.

第十一章　高级影像匹配方法

上一章介绍了数字摄影测量中最基本的步骤——影像匹配。盲目地通过寻找同名点进行匹配使我们误认为匹配很简单，事实上它是一个非常复杂的病态问题。为了得到较全面的观点，需要首先考虑物方空间与影像之间的关系，这可以在很大程度上缩小搜索空间和减少匹配的不确定性。

前面讨论的匹配方法包括灰度相关匹配和最小二乘匹配都是直接在灰度上进行操作的，灰度值包含很少的物方空间的确切信息，因此，基于区域的匹配方法不够可靠。这一章将讨论更可靠以及比基于区域的匹配方法更通用的匹配方法。

下一部分致力于基于特征的影像匹配。这里，匹配对象是提取的特征，比如兴趣点、边缘和区域。通过将边缘作为匹配对象，会遇到处理形状的问题。这里主要讨论解决这个问题的 $\psi - s$ 方法和广义 Hough 变换法。

为了拓展影像匹配的范围，本章将介绍关系匹配的概念和论证怎样通过实体间的关系来减小匹配混淆的问题，最后介绍模板匹配，重点介绍其在标定场寻找目标方面的应用。

与这一章和前一章提到的方法相比，还有更多的影像匹配方法，我们将在后面的章节阐述其他的方面。比如说，空间三角测量这一章中将介绍多张影像匹配(Agouris，1992；Krupnik，1994；Li，1989)。DEM 生成这一章将介绍物方空间匹配的方法(Doorn，1991；Heipke，1990；Nevatia，1996；Wrobel，1987)。同时在第十四章将通过试错法进行匹配。

11.1　基于特征的匹配

正如名字所介绍的，基于特征的影像匹配(FBM)利用从原始的灰度图像中提取的特征作为匹配实体，这些特征包括点、边缘和区域。在摄影测量中，虽然特征点(兴趣点)很普遍，但边缘是应用最广泛的特征。

20 世纪 70 年代末，人们意识到人类非凡的立体视觉的能力是依赖于对应边缘的，而不是通过发现在立体像对中区分出来的相似的灰度级(Grimson，1981；Horn，1983)，因此基于特征的影像匹配(FBM)在计算机视觉开始流行。

上一部分我们局限于对航空立体像对的讨论，下面将对特征提取进行简要总结，随后处理特征匹配的问题，包括匹配兴趣点和匹配边缘的各种方法。

11.1.1　特征提取

特征提取是一个单独的步骤，可以在每张影像上单独运用。这个问题在其他章节有更详细的介绍，这里只给出概要。

11.1.1.1 兴趣点

在一张影像或影像块上提取明显点的基本思想是识别有较高方差的区域，也就是对匹配比较有用的区域。兴趣算子用于提取特征，有明显特征的点叫做兴趣点。

Moravec(1976)提出一种通过量测一个影像块与其周围背景的差别的兴趣算子。该算子通过计算小区域的方差，以及在局部和全局设定阈值来实现。

Förstner兴趣算子具有旋转不变性和子像素精度(Förstner，1986b；Förstner和Gulch，1987)，它可以检测不同的点特征，比如角点和圆形特征(圆点)。

这两种兴趣算子在数字摄影测量中应用最广。图11.1显示了提取的兴趣点叠加在原始影像上的一个例子。

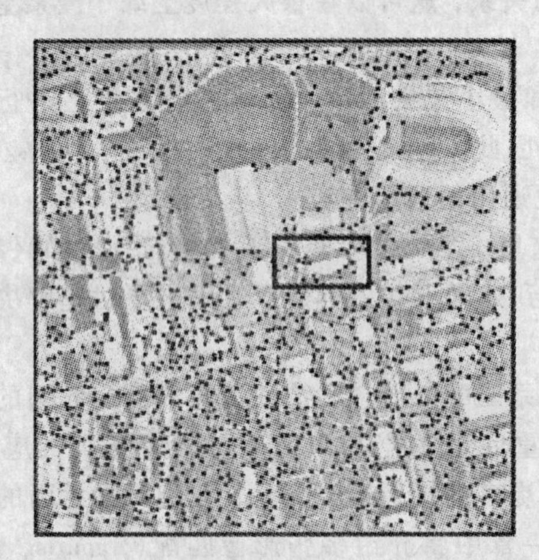

图11.1 叠加了兴趣点的立体像对。模板在一张影像上以一个兴趣点为中心，如右影像上的圆所示。确定一个搜索窗口(左窗口中的矩形)，该窗口包含候选的同名兴趣点。匹配窗口以所有候选点为中心。最有可能是同名兴趣点的是相关系数最大的点。注意在右影像中选取的兴趣点在左影像中没有同名点

11.1.1.2 边缘检测

第五章介绍了边缘检测的问题。每一个边缘检测算子都有其独特的特性。通常，算子的选择由个人爱好或特殊试验要求决定。边缘检测包括边缘像素的确定，有时也叫做边缘；还包括将边缘像素连接成一条完整的边缘，叫做边缘线，这两步之间有很大的差别。为显示编组的结果，用一个边缘算子对影像作卷积，然后用一个阈值对卷积结果进行过滤，将边缘线赋黑色而对所有其他的像素赋白色。这样的二值图像可以清楚看到所有的边缘，但是相邻边缘间的关系没有明确定义，只是隐含地描述边缘轮廓线，尚不适用于很多边缘匹配方法。

边缘对应于影像中的亮度变化。这些变化可能是突然的(锐利的边缘)，也可能是在较大范围区域里出现(平滑的边缘)。理想状态下，一个边缘检测算子应该能提取锐利的和平滑的边缘；同时，边缘通常出现在各个方向，因此需要一个独立于方向的算子。检测亮度差异相当于确定导数，或者对于如数字影像之类的离散函数，确定n阶差分。利用差分会增强噪声，因此边缘算子对噪声敏感，所以，另外一个先决条件是通过平滑图像降低噪声

的影响。

图 11.2 是一对立体像对，分辨率为 512 像素 ×512 像素，用 LOG 算子做卷积计算，w 为 3 像素。注意边缘(这里是零交叉点)在各种情况下是如何勾画出物体边界的。

图 11.2　叠加零交点轮廓线的立体像对示例。用 LOG 算子，$w=3$。影像分辨率是 512 像素 ×512 像素

11.1.1.3　提取区域

区域提取有很多种方法，如 3.5 节中提到，影像可以分割，比如用直方图阈值或者纹理分割。区域匹配的理想状态是在一张影像上找到面积较小而明显，且对亮度和透视角度不变的区域。

这种理想情况即使在黑白影像中也几乎不存在。然而，随着彩色和多光谱影像日益增长的应用，提取在光谱特征上非常明显的区域的机会大大提高。

11.1.2　兴趣点匹配

兴趣点匹配最简单的方法是基于区域的匹配。确定兴趣点的最初目的是找出有丰富信息的影像块，使得相关更容易成功。10.4.1 小节提出，具有相同亮度的影像块导致相关函数趋于平缓而没有一个明显的峰值，因此，这样的区域应该避免。

图 11.1 介绍了兴趣点匹配的原理。立体像对上显示的是用 Förstner 算子提取的兴趣点。模板以一个兴趣点为中心，比如在右片上。用 10.3.1 小节描述的方法，计算另外一片上的搜索窗口，如图 11.1 所示，多个兴趣点位于搜索窗口内。匹配窗口以所有这些点为中心计算其相关系数。通常认为相关系数最大的点是模板中心的同名点。整个过程重复进行直到右片中所有兴趣点都作为模板中心计算过。

很明显，以这种方式匹配兴趣点比基于区域的匹配方法更合乎逻辑，因为其模板不是位于影像上的任意位置而是位于影像上有明显特征的地方，但是，这些与透视缩短、断裂线和遮挡有关的问题仍然存在。不是每个兴趣点在另一张影像上都有相应的兴趣点，如图 11.1 所示。然而，当相关函数可能高于设定的阈值时，会导致错误的匹配结果。因此，为了检测是否有错误的匹配必须进行后续检查，比如相对定向。

除了使用灰度相关，还可以使用最小二乘匹配。然而，在迭代循环中，匹配窗口被平移和变形，无法确定同名像点是原始的兴趣点还是平移后的匹配窗口的中心。

兴趣点匹配的其他方法基于比较两张影像中兴趣点集合的结构描述。Tsingas(1994)提出一种以图论为基础的方法。

11.1.3 边缘像素匹配

立体视觉的理论(见4.5节)建立后，Grimson(1985)首先通过Marr-Poggio-Grimson算法实现了基于特征的影像匹配(FBM)。在该方法中，首先逐像素地匹配零相交轮廓线；其次考虑区域化标准，对多个匹配进行排序。假设立体像对是核线影像的，那么，在数字化立体像对的同一行中就能找到对应的实体。由于核线影像需要已知的(相对或绝对)定向元素，该方法的应用仅限于DEM的自动生成。

图11.3显示了图11.2中立体像对的一小部分。假设要匹配图11.3左影像块中高亮显示的边缘像素，首要任务是确定右影像块中的搜索窗口，该窗口的中心和大小用式(10.3)和式(10.8)计算。尽管是假定核线影像，搜索并不是严格地限制在核线上，而是上下各包括几行，因此，搜索窗口(图11.3中白色矩形显示)的高度是7，它包括核线上的9个边缘像素和6个相邻行上近似相同数目的像素。基于互相矛盾的属性，有些候选匹配可以立即放弃。在零交叉的情况下，符号是很有用的属性，它暗示如果边缘像素左边的影像比较亮，如图11.3所示，那么可以预计另一张影像上会出现同样的情况。

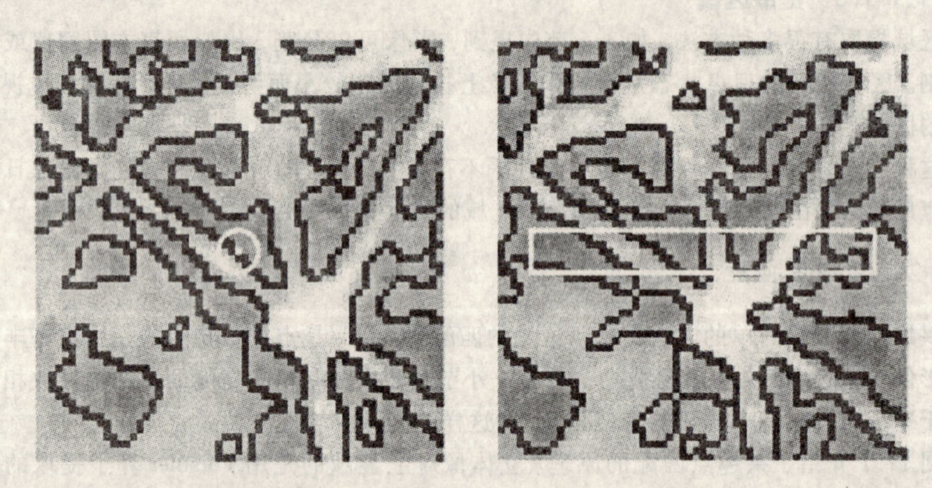

图11.3　图11.2所示的立体像对的一小部分。左边影像中圆圈中心的边缘像素已选定，并在右边影像中预先开一个搜索窗口(即右边影像中的长方形)。考虑到垂直的偏移，搜索窗口的高度包括核线上下各3个像素。宽度取决于匹配的边缘像素高程的不确定性。候选的匹配点的个数取决于边缘像素的属性，如符号、方向、强度等

其他边缘像素属性如方向和强度，也可以用于进一步减少候选匹配的数量。观测边缘像素的符号可以减少核线上的匹配数目，本例中可以从9降低到4。此外，考虑边缘方向可以进一步减少候选匹配的数量。

得到的候选匹配越多，确定正确的匹配就越难。因此，主要的问题是候选匹配的平均数量，该数量受何影响，并如何使该数量最多每行3到5个。零交叉点的数量依赖于LOG

算子窗口的大小。第 14 章将对如何选择合适的 LOG 算子大小以及影像金字塔匹配给予更详细的叙述。

从一组候选匹配点中选择正确的匹配点，这一过程受灰度不连续的延续性控制。边缘意味着边缘两边灰度值上的不连续，边缘可能对应真实地物的边界，而且这些边界通常是连续的，至少是分段连续的。因此，沿着匹配的边缘，视差通常只会渐变，很少会发生突变。一个可行的方案是确定所有可能的视差，例如被匹配像素和候选匹配点间的视差。通过分析所有可能的视差的直方图可以很容易看出所占比例最大的视差值。不难想象，如果考虑多个峰值的话，意味着边缘存在不连续性。这种方法的进一步改进包括对反映视差渐变的直方图的趋势分析。

最后，当直方图分析不能完全解决模糊连接的问题时，在最初的匹配方法中未考虑的边缘属性可以用来弥补不足。例如，如果对于一些邻近的核线，两个匹配点几乎相同，这时，检查它们的强度属性可能会对确定正确匹配有帮助。一幅影像中很明显的边缘在另一幅影像中不可能会很模糊。同理，一个边缘也不可能与其他的几个边缘匹配。所以，同一边缘的像素集合在消除模糊过程中会起重要作用。

11.1.4 匹配整个边缘

当匹配的实体不是单个的边缘像素而是一整条边缘的时候，可以得到基于特征的匹配的更通用的解决方法(Medioni and Nevatia，1984；Greenfeld and Schenk，1989)。这种方法的一个明显优势是可以在未定向的立体像对间进行匹配。所以，这种方法适合于进行相对定向。

匹配整条边缘很大程度上依赖于边缘形状特征的合适的表达形式。这里讨论的提取、表示和比较形状的 $\psi-s$ 曲线法和广义 Hough 变换法，它们都是通过找到合适的表达形式来解决形状问题。

在深入研究细节之前，让我们从图 11.4 中看看我们想要解决的问题是什么。图 11.4 中标注为 A 的边缘轮廓在两幅影像中的形状非常相似，只是其位置相对于影像基线有较大的变化，这显然是边缘匹配中最简单的情况。当一幅影像中的一条边缘轮廓在另一幅影像中分裂成两条或更多条时(见矩形框 B 中的边缘)，情况会稍微复杂。仔细观察矩形 C 中的边缘会发现更大的难题:一些边缘片段看起来很不相同或者属于不同的边缘线。

可以抽象地将边缘匹配问题作如下描述:用 r_i 表示一幅影像上的一个边缘，用 $q_j(j=1,2,\cdots,n)$ 表示在另一幅影像中从估计的搜索窗口中选出的 n 个候选匹配边缘。问题就是要找到与 r_i 形状相似的一个边缘，或一个边缘片段，或若干个边缘的若干个片段。

ψ-s 曲线法

ψ-s 曲线是一条曲线的函数表达，其中弧长 s 是切线方向角 ψ 的参数(Ballard and Brown，1982)。图 11.5 显示了几条线在 x、y 平面和在 ψ-s 平面上的表示。空间域中的直线对应 ψ-s 平面上的水平直线(连续可导)。水平直线的 ψ 值与空间域中直线的方向成比例，见图11.5(a)所示。从图 11.5(c)可以看出，圆弧在 ψ-s 平面上表示成具有一定斜率的直线，其中斜率与原来圆弧的曲率成比例。空间域中的旋转对应 ψ-s 平面上垂直方向的位移，图 11.5(b)是将图 11.5(a)中的线段旋转一定角度所得；同样，图 11.5(d)是将图 11.5(c)中的圆弧旋转一定角度所得。

图 11.4 边缘匹配问题说明。与图 11.2 使用的是同一立体像对。突出显示的 3 个区域表示了边缘匹配中的基本问题。区域 A 显示了一个理想状况，两幅影像在该区域的边缘轮廓十分相似，区域 B 显示了一个稍微复杂的情况，一幅影像中的一条边缘轮廓在另一幅影像中分裂成两条独立的边缘轮廓。区域 C 显示了最复杂的情况，边缘片段与右影像的多个不同边缘的片段相匹配

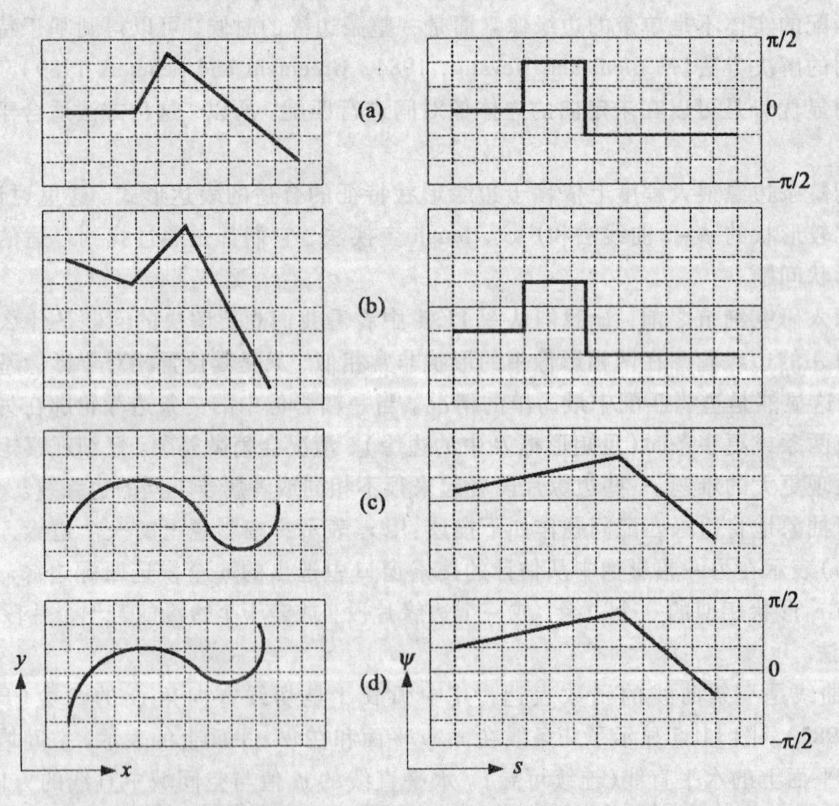

图 11.5 x、y 域中的曲线实例及它们在 ψ-s 平面上的表示。最上部两幅图显示了 x、y 域中的直线在 ψ-s 平面上表示为水平直线。ψ 值与直线的方向（如 x 轴与直线间的夹角）成比例。x、y 域中的圆弧在 ψ-s 平面上表示为直线，且斜率与原来圆弧的曲率成比例。请注意：x，y 域中的旋转相当于 ψ-s 平面上垂直方向的位移，其位移量与旋转的角度成比例

图 11.5 中的例子说明了 ψ-s 表示法在边缘线匹配上的优势。首先，对于边缘在 ψ-s 平面上的表示，其形状不随它在影像中的位置改变而改变。立体像对中两幅影像之间的旋转在 ψ-s 平面上也只表现为零点位置的偏移。另外，原始线的维数在 ψ-s 平面上少了一维。

边缘由一系列的边缘像素表示，如可以表示成链码。这里，边缘的起始端点由影像坐标给定，但所有后续的像素通过方向与前一个像素相链接。链码是离散线表示的一阶差分（相当于连续线的一阶导数），所以，离散的 ψ-s 表示本质上就是链码表示。

使用 ψ-s 表示法进行形状匹配的原因之一在于该方法能提取不同的形状特征。不同形状特征的一个表征就是曲率的变化。直线是最单调的形状，具有频繁曲率变化的线则具有丰富的形状信息。我们如何将这些信息表达出来并用来进行边缘匹配呢？

假设将 ψ-s 曲线分割成一系列直线段。由于水平直线段对应 x、y 平面上的倾角为 ψ 的直线，倾斜的线段代表 x、y 平面上的圆弧，所以 ψ-s 曲线分割与空间域中的曲线分割相对应，这样就能够通过分析分割的 ψ-s 曲线来提取显著的形状特征了。例如，ψ-s 平面上的顶点表示曲率的变化，相似的顶点代表具有相似形状的边缘。

首先寻找相同的顶点，然后进行局部和全局的一致性检查（Schenk 等，1991）。假设 P_{ij} 是一幅影像中边缘 L_i 的第 j 个顶点。在另一幅影像的搜索窗口中找所有具有相同的角度和方向的顶点，可以得到一组候选匹配点 M_{jk}。

因为对于不透明的表面，如地球表面，只能存在一个匹配点，所以必须分析前面步骤产生的候选匹配点以找到最可能的匹配点。这个过程通过局部和全局的一致性检查来控制。一个有效的全局一致性检查就是平均模型视差（x 视差和 y 视差），这通过生成二维直方图可以很容易地确定。可靠的匹配点聚集成一个拉长的椭圆形，椭圆的长轴与飞行方向（即基线）平行，长轴长度是地形的函数，短轴长度取决于外方位元素的误差。

实施一致性检查后，针对候选匹配点的分析就是在一个更加局部的层面上进行。对于与被匹配的点属于同一个边缘的候选匹配点给予优先考虑，这有利于确保形状的连续性。Li and Schenk（1990）描述了一个基于 ψ-s 方法的匹配系统。

广义 Hough 变换

广义 Hough 变换（GHT）是第五章讨论的 Hough 变换技术的扩展。传统的 Hough 方法基于参数化的形状描述。GHT 可以用于任何形状，因此适合于边缘匹配。

GHT 的主要应用（Ballard，1981）是从影像中找到物体，并且假设可以提取物体边界而且物体具有一个已知而任意的形状，其形状由一个模板描述。

用 GHT 在影像中寻找模板实例的任务可以通过一个例子来很好地说明。图 11.6 描绘了一个模板，用相对于参考点 R 的极坐标来表示模板中的每个像素。对于像素 P，矢量 $\mathbf{r}$ 由极坐标（r，α）表示，其中，$r=\|\mathbf{r}\|$，$\alpha=\arctan\left(\frac{r_x}{r_y}\right)$。借助表示每个像素的三元组（$\varphi$，$r$，$\alpha$），模板的形状得到充分的描述。这些值被存储在一个称为 R 表的表格里。根据实现的不同，R 表可以按不同的顺序组织，既可以是从起始像素到终点像素的顺序（表 11.1 表示一个按顺序组织的 R 表），也可以按 φ 角的正切值升序排列，后者更加具有优势，因为它有利于搜索。

取一幅影像，从中提取线特征 L_1，L_2，L_3（见图 11.7）。现在的任务是确定 3 个线特征

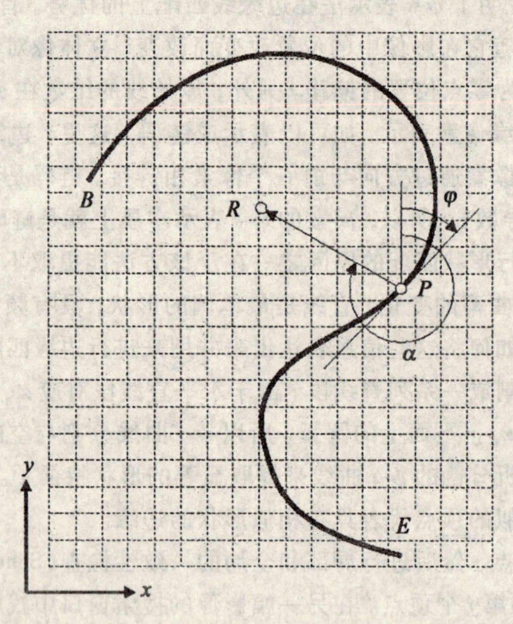

图 11.6　广义 Hough 变换中模板的形状描述。参考点 R 任意选定，对于模板的每个像素 P，都可以计算出三元组(φ, r, α)，并保存进 R 表中；φ 是该像素处切线的方位角；r、α 是参考点相对该像素的极坐标

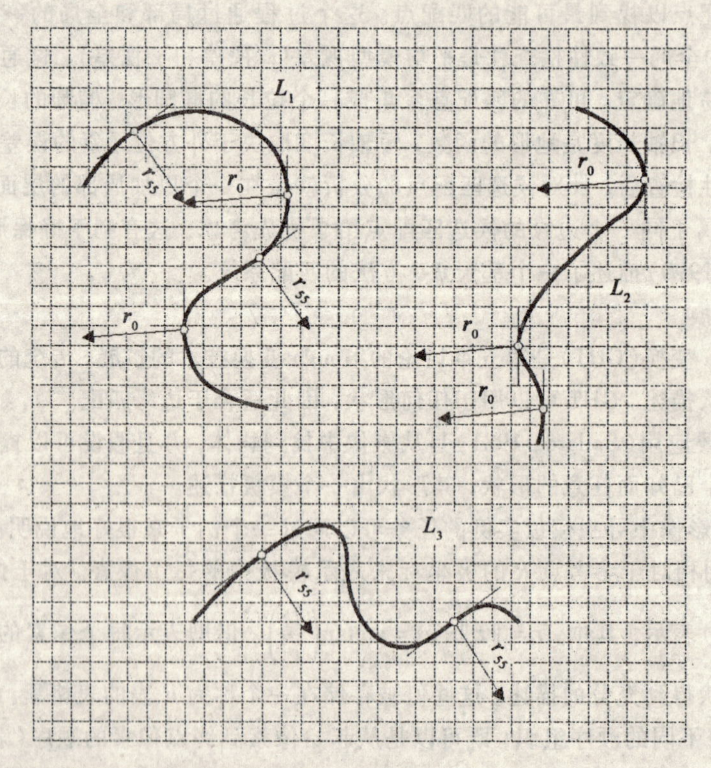

图 11.7　影像上提取了三条线。方位角 $\varphi=0°$ 的像素被匹配，利用 R 表(矢量 r_0)中的极坐标重建参考点。第二个例子显示了切线方位角为 55°的像素重建的参考点。所有重建参考点的位置存储到累加数组中。每个累加单元上的参考点的数量，与模板具有相同形状的像素数量成比例

中是否有与模板形状相同的。为此，检查 R 表中的每条记录，观察其中是否有与影像中的正切值匹配的。图 11.7 显示了 φ 角为 0°和 55°的所有像素。下面，添加矢量 $r_0=[r,\alpha]^{T}$ 指向像素位置，对 φ 角为 0°的每个像素构造一个参考点；对 φ 角为 55°的像素重复相同的步骤。图11.7说明了参考点的构造:添加矢量 r_0 指向切线方向为 0°的像素；同理，添加矢量 r_{55} 指向切线方向为 55°的像素。这些矢量保存在 R 表中，子索引是 φ。

对 R 表中的每条记录重复以上所描述的操作序列，得到了许多在影像中重新构造的参考点，累加数组跟踪这些参考点(表 11.1)。将累加数组看做一幅影像，像素大小等于重新构造的参考点的精度；影像的大小应能包括已提取的特征。初始时，累加影像的所有像素值被置为零。无论参考点何时构造，其灰度值都增加 1。当 R 表中的所有记录被处理后，该影像将如何变化呢?

表 11.1　　**图 11.6 中所示模板的有序组织的 R 表**

像素	切线	极坐标	
	φ/(°)	r/mm	α/(°)
B	20	46	100
1	21	45	103
·	·	·	·
P	43	39	301
·	·	·	·
E	281	85	338

可以看出，参考点是集聚的。对于模板的精确复制(例如 L_1)，n 次重建的参考点在相同的位置(n 是 L_1 像素的数目)。另外两条中部分与模板形状相似，因此也会发现这部分参考点的较小集聚。累加数组单元(灰度值)的数值表示有多少已发现的相同形状的像素，但是并不能说明这些像素是连续的还是分散在线中的。为了保证连通性，必须跟踪像素位置。

运用 GHT 匹配边缘必须进一步推广这种方法(Zahran, 1997)。最重要的是，像素的方向应该独立于影像坐标系，必须是旋转不变量。这可以通过把切线变换为曲率表示法来完成。另一方面值得关注的是对应边缘的形状上的差异，导致空间分布上的集聚。集聚的空间大小与形状差异直接相关。地形表面造成同名特征之间形状上的差异。

11.2　关系匹配

至今所讨论的匹配方法都具有共同的特征，就是基于单个匹配实体与另一影像上的实体进行一一比较。例如，选择影像上的一条边缘轮廓与其他影像上搜索范围内的边缘进行基于形状相似的比较。对于影像上所有的边缘，或多或少独立地重复该过程。所有实体以这种方式匹配后，需进行一个单独的处理过程，该过程在所有候选的匹配中选择一个最合理的匹配，从而保证与物方空间表面预测值一致。

从图 11.4 发现，可以通过引入实体间的关系来优化匹配过程。例如，在图 11.4 的区域 C 中，要确定对应的边缘线段，可以依赖相邻边缘的相互关系。

关系匹配提出考虑匹配实体之间相互关系的机制。关系匹配的特点是寻找相关描述之间最好的映射(Vosselman, 1992)。计算机视觉领域的研究者们提出了更通用的匹配方案(Shapiro 和 Haralick, 1987; Boyer 和 Kak, 1988), 这些方案借助一致性标记、概率松弛和结构匹配。关系匹配成功应用到摄影测量领域中(Vosselman, 1994; Zilberstein, 1992; Cho, 1996; Wang, 1996)。

关系匹配要考虑描述、评价函数和搜索树, 三者同等重要。下面简要通过一个例子着重介绍其原理。

11.2.1 基元与关系的描述

关系描述的基本元素叫做基元, 其特点由属性来表现。基元可以是任何事物。在影像匹配的应用中, 基元是匹配实体。图 11.8 描述了两条边缘。假设采用本章前面提出的 ψ-s 方法, 将边缘分割成曲线段, 这样, 每段的长度和曲率等描述该基元的适当的属性。有:

$$p_i = \{\text{centroid}(x_i, y_i), \text{length}(l_i), \text{curvature}(c_i), \text{arc}(\alpha_i)\}$$

除长度 l 之外, 质心的位置(x_i, y_i)和角度 α_i 以及相应的弧长都可以用来描述基元。根据所使用的边缘检测算法, 还可以使用其他附加信息, 例如边缘长度、边缘符号(正或负)甚至光谱信息, 从而丰富基元的属性集合。比如, 边缘可以被描述成有已知半径、红色、正的闭合圆。大量的边缘被提取并匹配。这些边缘中, 一些是闭合的, 少数含有小半径, 个别是红色的。描述信息越丰富, 匹配越容易。

可以仅用基元的描述信息进行匹配。属性被存储为一个矢量, 称为特征矢量, 就是上节介绍的基于特征的匹配。

现在考虑如何引入基元之间关系的问题。如图 11.8 所示, **连接**是很有用的关系, 它指定了哪些线段是相连的。例如, P_2 与 P_1 相连, P_5 与任何线段都不相连, 等等。不同边缘之间相互关系的一个例子就是 P_5 相对于组成其他边缘的基元的位置, 这里存在多种可能。如跟踪一条边缘, 有边缘的"左边"或"右边"的概念。从 P_1 开始, 沿着边缘直到 P_4(基于连接), P_5 总是位于左边。另外, 还可以引入距离, 例如质心到质心的距离。进一步指出, 把关系限制在直接相邻的对象之间是合理的。最后来讨论强有力的相邻关系。

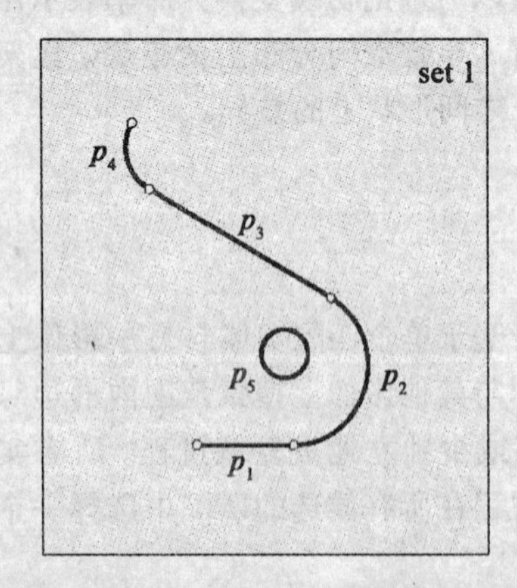

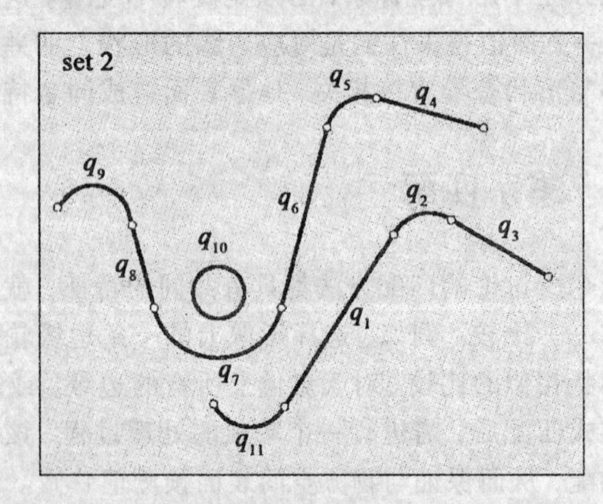

图 11.8 关系匹配示例。左图包括两条分割后的线段(set 1), 右图显示了三条轮廓线(set 2)。通过树搜索得到二者之间最好的映射关系, 在下一节讲述, 对应的树如图 11.9 所示。所用的关系包括连接关系和相邻关系

关系由关系名和关系元组的集合来描述：

(连接) $\{p_2p_1\}$，$\{p_3p_2\}$，$\{p_4p_3\}$

(相邻) $\{p_5p_1\}$，$\{p_5p_2\}$，$\{p_5p_3\}$

所谓的**相邻**关系具有一些属性。如上所述，距离和位置(左，右)是有用的属性，可以通过给距离加上符号使两者结合起来。比如，负的距离意味着一个基元在另一个(有联系的)基元左边。

(相邻) $\{p_5p_1\}$(距离 -18)

$\{p_5p_2\}$(距离 -12)

11.2.2 评价函数

影像匹配就是比较两幅影像和建立一系列对应项，这里称为实体。对于关系匹配，实体就是基元的描述和基元间的关系。可以通过评价函数来实现基元间关系的比较。评价函数通常假设属性和关系元组是相互独立的。那么，可以通过引入一个表达描述之间差异程度的数字(代价)确定两个相关描述之间的相似测度。

如果两个描述是相同的，则代价函数的值是零。这种情况是非常少的，我们必须要进行差异程度的量测。代价函数可以由距离量测或者概率法来估计。距离量测的一个简单例子就是采用属性的绝对差异，该方法同时适用于属性和关系元组。然而，这种简单的方法也存在问题，首先，很多属性是抽象的，如颜色，我们如何确定红色和紫色之间的代价呢？其次，属性有不同的单位，如角度、像素以及 mm^2。后者可以通过归一化属性值，将它们全部归一化到值域[0，1]中解决。

Boyer 和 Kak 提出，概率方法更适用于处理具有抽象性质的属性，如颜色、形状(直的，歪曲的)和拓扑(上面，左边)。这里，条件概率函数表示的是一种描述中的基元和关系与另外一种相关描述的对应程度。两个描述越相近，概率函数越接近于1。通常将条件概率函数值的负对数作为代价值输入。Vosselman 进一步发展了该方法，提出了一个评价函数，该评价函数估计对应基元与关系元组的属性对匹配映射的支持程度(Vosselman，1992)。

11.2.3 树搜索

当建立了匹配实体的关系描绘，并且确定了相似性测度之后，最后需要做的是实施匹配方案。最常用的方法是树搜索法。树搜索法被成功用于计算机视觉和人工智能领域(Bender，1996)。

树包括节点和弧段，从根节点开始，从上到下经过父节点到叶子节点。两个节点由弧段连接。关系描述的基元 $\{p_1,p_2,\cdots,p_n\}$ 称为元组，被匹配的关系描述的基元 $\{q_1,q_2,\cdots,q_m\}$ 称为标记。树的深度由元组数 n 确定。具有最低成本的最长路径为最好的映射。

图 11.9 阐释了匹配原理，其中，元组是图 11.8 中的两条边缘线，标记是第二个序列，树的深度是5。第一步，通过将兼容的元组设为单位值，在第一层扩展树，即，将 p_1 和 $\{q_1,q_2,\cdots,q_{11}\}$ 比较。结果表明，q_3、q_4、q_8 有相似的属性，因此这三个标记成为第一层的节点。通过匹配元组 p_2，这3个节点继续被扩充到第二层。继续匹配剩下所有的元组 p_n，最终会得到一个有120个叶子节点的树，代表了 $P \to Q$ 匹配的搜索空间。

从根节点到叶子节点的每条路径都是一个匹配方案。显然，120个解决方案中，在几何上大部分是错误的。如何确定最合理的匹配方案呢？假设基于属性之间的差异设定每一次匹配的代价，沿着一条路径将所有的代价数相加得到总的价值。最合理的解决方案就是代价数最小的那条路径。

上述的匹配仅仅是基于特征的匹配简单的作为一种树搜索的实现（与 ψ-s 方法相对）。下面考虑基元之间的关系。重新回到第一步，考虑任意二个元组之间的关系，如 p_1p_2。p_2 与 p_1 的连接链是存在的，只允许具有相同关系的标记添加到树中；或者说，原来和 p_2 匹配的 5 个标注中，仅仅有一个满足连接关系，所以树扩充了一个节点。

如图 11.9 所示，考虑所有节点的连接关系，可得到 3 个匹配方案。方案 q_4、q_5、q_6、q_7、q_{10}代价太高，因为元组和标记的属性之间的差异比其他两个方案的差异大。通过比较图 11.8 中的轮廓线也可以看出，两条轮廓线的形状明显不同。

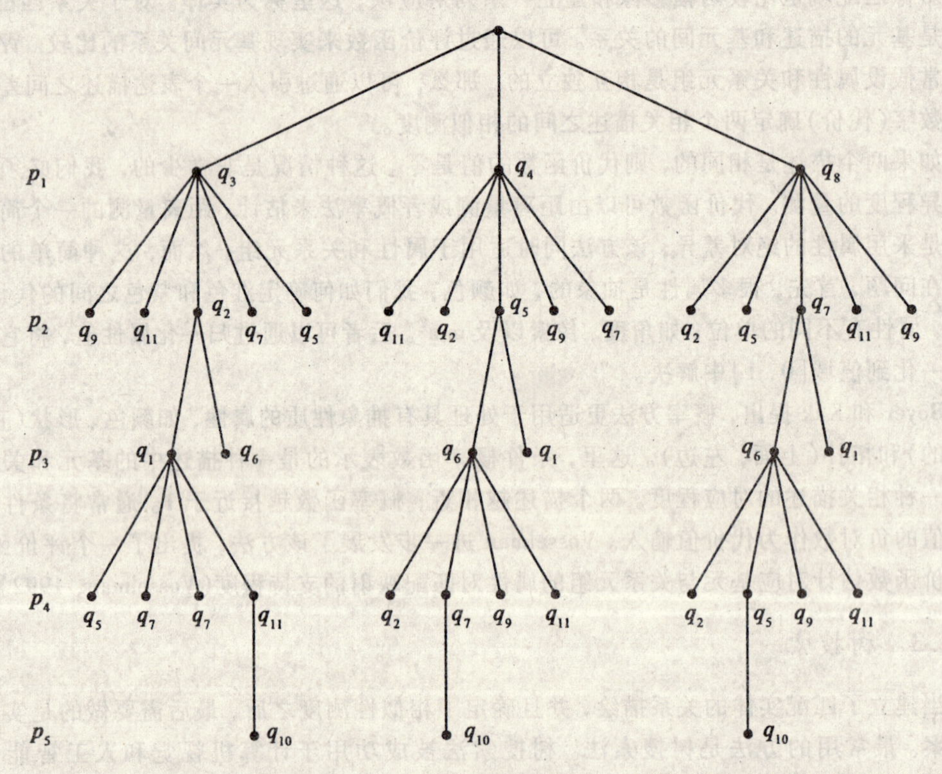

图 11.9　图 11.8 的匹配树。元组列 $p_1,\cdots,p_5$ 与标记列 $q_1,\cdots,q_{11}$ 比较。基于相似属性可以得到匹配。只有进一步扩充的那些节点才满足元组之间的关系。例如，p_1 和 p_2 有连接关系。p_2 所有可能的匹配中，最左边的分支只有 q_2 满足与 q_3 具有相邻关系。同样地，沿中间路径只有 q_5 被扩充

现在讨论剩下的两个匹配方案哪个更合理。由于代价值差不多，考虑附加条件可以得到结论性答案。这里相邻关系还没有用到，可用作附加条件。因为 p_5 与 p_1、p_2、p_3 具有相邻关系，只有标注 q_{10}与 p_5 的匹配与路径 q_8、q_7、q_6、q_5 相对应，因此 q_{10}只能与路径 q_8、q_7、q_6、q_5 连接。这个简单的例子生动地展示了通过引入适当的关系，可以唯一确定 $P\rightarrow Q$ 的映射。

11.3 模板匹配

按照前面讨论的准则来看，模板匹配并不是一种匹配方法。更确切地说，模板匹配是一种应用，通常用于在影像中寻找特征。假设特征可以很恰当地描述，那么模板匹配就是在影像中通过描述找出这些特征。对特征的描述称为“模板”。在影像中寻找模板包括检测、精确定位和确认。

摄影测量中模板匹配典型的应用包括在自动内定向中寻找框标点（见第十三章），在工业近景摄影测量中确定工业零件上标志点的位置，标定中寻找标定场中的控制点（见图11.10）。后面两种应用是目标自动定位的例子，涉及目前为止讨论过的匹配的所有方面。因此，本节可以看作是匹配方法的全面总结。

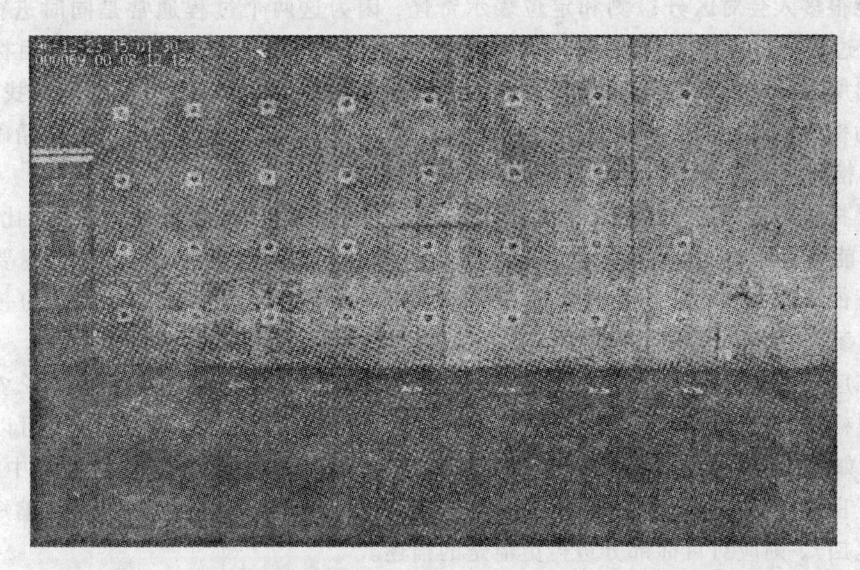

图 11.10 数码相机标定场实例。标志点分布在一个建筑物的水泥墙面上

正如前面介绍的，匹配包括对匹配环境的分析、匹配策略的设计、匹配方法的实施和匹配结果的评定。

11.3.1 匹配环境

在匹配过程中，对环境进行仔细分析是非常重要的。因为，在摄影测量中，没有一种通用的匹配方法能够适用于所有的应用。对系统越明确，匹配成功率就越高。这一点在目标定位的应用中我们深有体会。因此，可以有效地利用这个认识，将病态的匹配问题转变为一个可以解决的问题。环境分析的另一个优点在于最后能够明确地知道所设计的匹配方法在什么样的条件下能正常工作。

匹配环境包括目标空间、光照、影像信息和影像空间。以利用室外标定场对数码相机进行标定为例，匹配环境包括以下方面。

1）光照。确定标定过程所需的室外光照范围。如果不能满足该条件，就不能进行标定。

2)目标空间。目标的精确位置、目标描述、深度范围和场景的对比度。

3)影像空间。相机的大致内外方位元素。

根据具体的专业领域知识，我们能够进行有用的假设：高质量的影像，目标在影像中的大致位置，目标是否部分被遮挡，由于高差和透视变换引起多少目标变形。

影像匹配中需要考虑的其他因素是和项目相关的，例如需要的时间（实时，或者更加宽松的响应时间）、精度、准确度和可靠度。

11.3.2 匹配策略

简单地说，匹配策略的目标就是设计一个在满足匹配环境所决定的条件下能够可靠地执行的方案。具体说，匹配策略必须处理3个基本问题：如何检测目标，目标如何精确定位，检测结果如何检验。

可能很多人会对区分检测和定位表示奇怪，因为这两个过程通常是同时进行的。然而，两个过程的目标却相差甚远，每个过程都有自己的解决方案。检测过程的目标是在影像中找出所有符合模板的对象。重点在于全面地找出所有目标，而不是精确地找出目标。可以认为检测是提出一种假设，假设在某个位置检测到的特征是模板，然后在精确定位的过程中，检验前面的假设，确定假设被接受还是被拒绝。

不要将精确定位的范围考虑的太窄。除了位置之外，还要考虑其他的参数，比如旋转、形变，可能还有辐射变形。如果认为有形变，例如由于高差和透射变换，我们需要一种对目标和特征形变不敏感，或者数学模型中包含形状参数的匹配方法。在后面的一种情况中，形状参数可以用于局部一致性检验。

标志应该用图形还是符号表示？标志的描述在检测和定位过程中应该相同么？许多因素影响对标志的描述。图形描述使用物体的影像，这些影像可以是合成的，也可以是相机拍摄的。如果影像质量高，则图形描述比较适合使用。就像我们目标定位例子中的影像，目标位于良好控制的环境中。如果目标部分被遮挡（例如，被阴影、极端的透视缩短或者其他物体遮挡），则应对目标部分进行更清楚的描述。

总之，匹配策略阐述了如何描述模板，如何在影像中寻找模板和精确定位模板，可能还要考虑模板的变形。

11.3.3 目标检测

目标检测的目的是在影像中寻找模板。为了能够找到所有可能的模板，检测条件不能太苛刻。如果找到的候选目标是错误的，在后续处理中将被舍弃，例如在精确定位或者验证过程中舍弃，不会有任何影响，最多是浪费了一点计算机资源。另一方面，如果漏检了一个目标，则在后续的处理中无法再找出该目标。下面介绍几种确定包含与模板匹配的特征的影像块的方法。

计算方法

在检校场的例子中，假设目标位置已知是合理的。目标的位置已经精确地测量或者由以前的检校过程得到。同时，相机的内外方位元素也近似知道（通过 GPS/INS 在飞行中定标和建立地面试验场标定）。通过共线方程的求解很容易获得影像中点的大概位置，然而，得到的位置不是精确的。因为我们只知道内外方位元素的近似值，必须估计它们的方差，并根据共线方程计算中的误差积累，确定计算得到的影像位置的方差。如果值超过了限差，计算方法将失效，或者用另一种方法来修正该位置。

合理限差的多少取决于精确定位所使用的匹配方法。基于区域的方法只有在近似位置和真实位置误差在3个像素以内才能可靠地运行。基于特征的方法允许更大的误差。这里，限差主要由实际情况决定。另外一个因素是搜索窗口的大小，窗口应尽可能小，但要包含整个目标和不确定区域。

直方图阈值方法

如果给定目标所处的控制环境，使用直方图阈值的方法就很可能在影像中发现候选的目标区。就像3.5.1节中介绍的那样，如果目标的辐射特性可区分，直方图阈值的方法是有效的。如果影像中所有目标的灰度分布和非目标截然不同，只需要简单地确定一个适当阈值就可以。计算阈值像素个数可以快速地对该方法进行质量控制，阈值像素个数大概应该等于每个目标的像素数乘以预计的目标数量。

在许多情况下，对整幅影像进行全局考虑时，这一粗略的方法是行不通的。然而，这并不能说明该算法不可行，可以在局部范围内执行相同的策略，因为局部的灰度分布能确定合适的阈值。现在，就出现了确定局部区域的问题。通常，反向选择的方法是相当有效的，该方法去除了那些明显不含有目标的区域。可以提前知道(根据专业领域知识)这些区域，或者根据灰度均匀的区域不可能包含目标，从而排除某些区域。图11.11显示了对图11.10中的试验场应用该方法的结果。

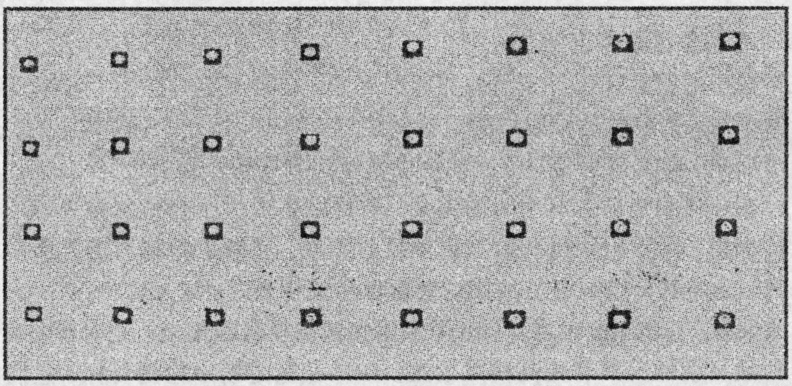

图11.11　图11.10中试验场阈值分割结果。首先，利用相机的大概位置将目标所在的墙面区域提取出来，在局部范围内进行阈值分割

还有一种方法将计算方法和局部直方图阈值分割方法结合起来。首先用上文介绍的方法估计目标的位置，该位置可能不是很准确，但为后续的分割提供了局部区域的较好估计。

相关系数法

Ballard和Brown(1982)指出，在传统的模板匹配方法中，运用相关系数可以将目标检测和定位过程结合起来。模板就是理想目标的成像。计算模板在影像(或子影像)中各个位置的归一化相关系数，当二维相关函数达到一个超过给定阈值的局部最大值时，假设找到目标。

该方法计算量大，因此只应用在局部区域内(例如，只在存在目标的区域使用)。下一节将讨论相关系数在精确定位方法中的作用。

基于特征的匹配

迄今所有提取方法都是像素级的。模板描述用栅格代替矢量。因为在特定应用的控制环境下运行，所以这个运行过程简单、良好。然而，有些情况下，依靠灰度分布难以可靠地提取。这些情况下，必须匹配更高级的描述。现在，我们可以用更高级的方法描述目标，限制因素是影像，也就是，我们应该提取和编组什么特征去匹配模板，或者可以运用什么性质通过影像分割方法得到区域。

一种方法是先边缘提取，再编组在一起来确定目标边界。边界形状对编组过程非常有利。只有在一定限差范围内并满足边界形状条件的边缘像素才连接起来。如果具有给定形状的边缘像素的分组可行，就认为检测问题解决了，然而，没有必要找出全部的边界。根据实践，利用部分边界进行重建即可。

11.3.4 精确定位

在初步目标检测之后，目标位置就可以大致确定在几个像素的范围内。因此，精确定位就成为一个局部处理过程，限制在以目标为中心的子影像中。局部处理过程的主要优点是参数和阈值可以在每个子影像中分别确定，甚至可以选择不同的算法来尽可能准确和可靠地定位目标。

本章所讨论的大部分匹配方法都可以用来精确定位。下面将主要讨论它们的适用性和局限性。

11.3.4.1 基于区域的方法

目标在影像中的精确定位首先与相关匹配有关。在搜索窗口中移动模板影像，确定相关系数，选择相关系数最大的位置作为目标的位置。如10.4.1节中所讨论的，通过利用相关系数拟合多项式，取其最大值，可以使定位精度达到子像素级。

假如目标在几何和辐射上有明确的定义，则可以生成一个合成影像并以它为模板。对于更为复杂的影像，用数码相机获取大比例尺的影像，并重采样到与需要检测目标的影像的比例尺一致，这样就可以很容易地用这些影像生成模板。

最小二乘匹配(SLM，见10.4.2节)经常用在精确模板匹配上。相对于灰度相关，它的优点是对于处理复杂情况具有更高的灵活性。如果在标定场中检测目标，它们的尺寸和形状有非常大的差别，甚至有的目标不再是旋转不变量。仿射变换作为最小二乘数学模型已经将这些考虑到了。关于最小二乘的良好目标定位精度已经有文献论述(Beyer，1992；Mikhail and Mitchell，1984)。

现在谈谈通过确定质心来检测目标的基于区域的方法。质心(或者是重心)是目标的一阶中心矩，中心矩包含区域的特有信息(Schalkoff1，1989)。事实上，在模板和影像之间，有7个具有比例、旋转和平移不变的中心矩。

一阶中心矩定义如下：

$$m_r = \frac{1}{m_0}\sum_{i=1}^{N}\sum_{j=1}^{M} f(i,j)j \tag{11.1}$$

$$m_c = \frac{1}{m_0}\sum_{i=1}^{N}\sum_{j=1}^{M} f(i,j)i \tag{11.2}$$

其中，$m_0 = N \cdot M$ 是区域的面积；m_r、m_c 为质心的行、列坐标。

我们看看搜索窗口的影像函数 $f(i, j)$。假设一个半径为 R 的黑色圆形目标被置于一个白色正方形的中心，正方形边长 $S > 2R$，图 11.12 描述了这种目标。与期待的结果相反，没有得到二值图像，尽管目标(在物方空间)是二值化的(黑色和白色)。很明显，被圆形完全覆盖的像素是黑色的，完全处于圆形外的像素是白色的，而与被圆形边界穿过的区域对应的是被部分覆盖的像素，这些像素是灰色的。

为了区分前景(目标)和背景，我们设置了阈值。根据阈值，可以用十字丝、矩形或复合图形来表示圆，如图 11.12(b) ~ (d)所示。由于生成的图形是对称的，仍然可以通过计算质心来获得正确的位置。

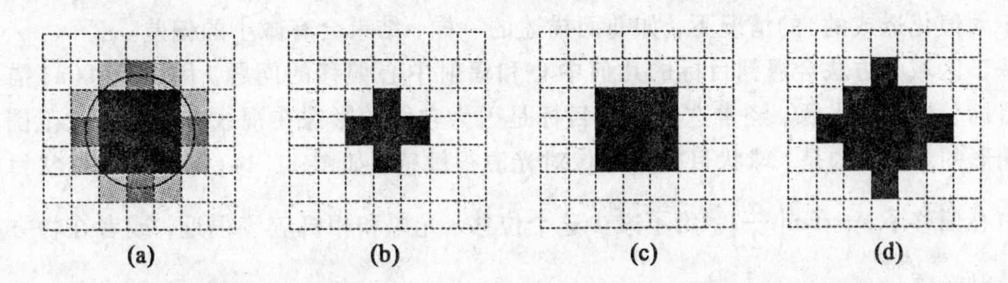

图 11.12　一个黑色的圆形目标成像在白色的背景上，显示如图(a)。虽然物方空间是二值的，但影像却包含了几个不同的灰度值。如果影像被阈值化，会产生不同形状的目标，如图(b)、(c)、(d)。形状取决于阈值

现在将目标朝左上角平移四分之一个像素并继续这个过程。图 11.13 描述了这种情况。首先可以获得更多的混合像元，但阈值化后的影像不再是对称的，因此，阈值化模板的质心不再与目标的中心重合。正确的定位只有输入正确的灰度值才能计算得到，因此，阈值化不合适。然而，由于噪声的存在，运用灰度值还是很困难。白色背景区域的像素不完全是白色的，目标像素也不完全是黑色的。如果不阈值化，噪声将会影响结果。

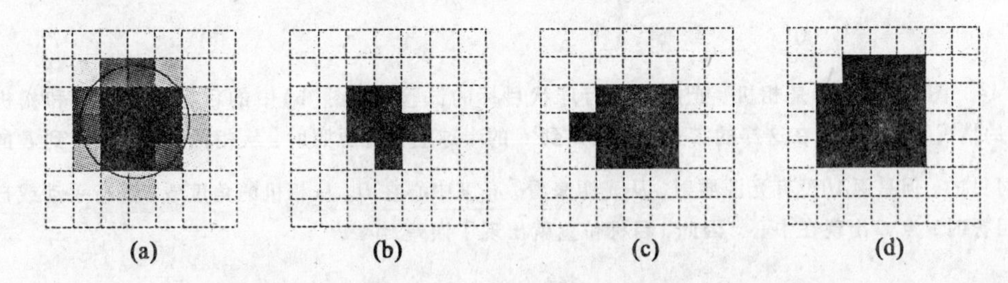

图 11.13　与图 11.12 的情形相同，只是目标向左上角平移了四分之一像素。注意到有更多的灰度级别产生。当阈值化完成时，目标变得不对称，质心也改变了，这也就引起定位误差。图(b)、(c)、(d)的 3 个例子具有不同的质心

不管选择什么方法来阈值化影像，灰度值的范围会最终被确定下来，像素也会相应地被分类。考虑到噪声，一些混合像元可能会被错误地分类，也就会导致错误的目标定位。

很明显，由于错误的阈值化而导致的目标中心的定位误差取决于混合像元在纯像元中

的比率。混合像元出现在目标的边缘。比率随目标尺寸的增加而减少。以一个圆形目标为例，圆的半径为 R，则比率为$\frac{2R\pi}{R^2\pi}=\frac{2}{R}$。因此，目标定位的精度与目标尺寸相关，函数上表示为$\frac{2}{R}$。结果是，目标包含的像素越多，定位精度就越高；量化级别越高，精度也越高。试验也验证了这些结论。Trinder 认为每个像素至少应该使用 5 位，即 32 个灰度值(Trinder, 1989；Trinder 等，1995)。

最小二乘匹配和灰度相关就没有这些问题吗？因为要生成与目标影像匹配的模板，两种方法都会受影响。为了理解这种效果，假设图 11.12(a)是合成的模板，图 11.13(a)是包含目标的影像。即使是在理想的情况下(没有噪声)，两个影像也是不同的，在不对称(例如由于阈值化造成的)的情况下，如前面描述的一样，结果会有微小的偏差。

基于区域的方法会遇到目标的几何中心和辐射中心偏移的问题。图 11.14(a)描述了球状目标、相机和光源。经常选择球状目标是因为它们的影像在视线方向的很大范围内看来是圆形的。遗憾的是，球状目标的影像对光源很敏感，如图 11.14(b)所示。球状目标的影像中心偏移了 $e=r\tan\left(\frac{\alpha}{2}\right)$。为了减少这个位移，光源和相机应该很近，或者在物方空间选择漫射光源。

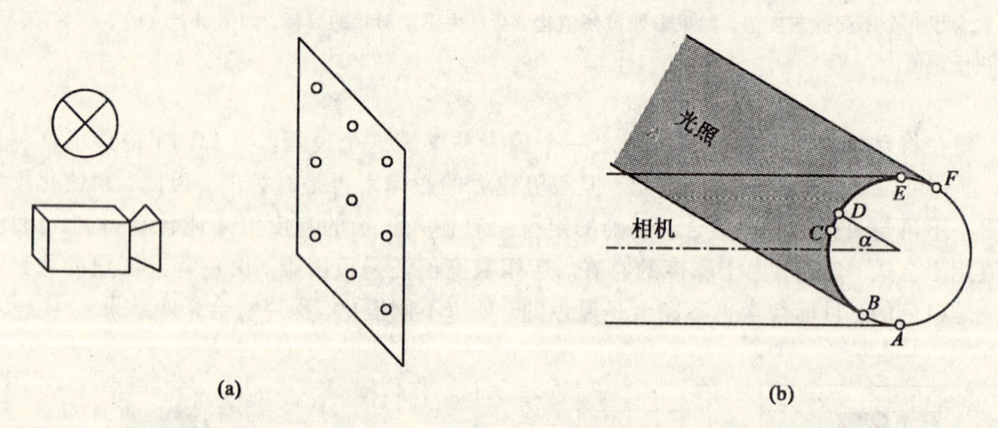

图 11.14　图(a)显示的是相机、光源和含有球状目标的试验场。图(b)中的目标是在光源和相机成 30°角的情况下获得的。在这样的布置下，从 B 到 F 的半球上有光源照射，从相机来看，从 A 到 E 的半球是可见的，但是弧$\widehat{AB}$没有光源照射。从光源来看，亮度中心在 D。从相机的角度看，进行手动或自动量测目标时，点 C 出现在中心。因此，目标位置就出现了误差

【例 11.1】

目标大小为 10 个像素，光源与相机轴线夹角为 10°，偏移为 0.87 个像素。

11.3.4.2　基于特征的方法

如 11.1 节所讨论的，基于特征的方法要比基于区域的方法更稳定，但精度较低，因此不适用于模板匹配。

Trinder 做了大量的试验来比较 LSM 和 FBM 的目标定位(Trinder, 1995)。他研究出一种方法可以提取边缘到子像素精度。用基于改进的兴趣算子来检测边缘像素，然后链接起

来形成边缘。这种方法从已知的目标形状中获益颇多，伪边缘很容易被剔除。一旦所有正确的边缘像素被确定，就可以通过最小二乘平差来拟合圆(或椭圆)。

Trinder (1995)报道的试验表明，目标定位的最好精度是由边缘匹配获得的。作者报道如果用至少6个像素来计算的话，边缘匹配的精度是0.01个像素，LSM的精度是0.02~0.04个像素。

第十三章将用基于特征的方法检测和精确定位框标。

习题

1. 比较基于区域和基于特征的匹配方法，列出各种方法的优缺点。
2. 透视缩短如何影响基于特征的匹配方法?
3. 兴趣点、边缘像素和边缘轮廓线的匹配之间有何主要区别?
4. 研究在一组兴趣点中寻找结构的可能性，并研究运用这些结构指导兴趣点匹配的方法。
5. 假设匹配了一条与影像基线平行的直线边缘，如何检验该匹配的正确性?
6. 物方空间的哪些知识可以用于在几个候选匹配中选择可靠的匹配?
7. 假设你将一条线(像素序列)从 x、y 空间转换成 φ-s 描述。φ-s 曲线用多项式来拟合，顶点的几何意义是什么? 曲线段有哪些特性是旋转不变量?
8. 证明:通过从切线到曲率表示的转换，将GHT中的模板变成旋转不变量。
9. 运用相关匹配方法，说明目标覆盖的像素数目和目标定位精度之间的函数关系。
10. 假设有理想的影像和物方空间。物方空间包含白色背景上的黑色矩形。矩形的尺寸是2像素×2像素。解释为什么会在影像中得到多于两个的灰度值，即使假设在理想的成像系统条件下。
11. 将相机框标作为模板。概括用模板匹配的方法检测框标的步骤。

参考文献

[1] Agouris P (1992). Multiple Image Multipoint Matching for Automatic Aerotriangulation. [PhD dissertation]. Columbus, OH. The Ohio State University.

[2] Ballard D H (1981). Generalizing the Hough Transform to Detect Arbitrary Shapes[J]. Pattern Recognition, 13(2), 111-222.

[3] Ballard D H, C M Brown (1982). Computer Vision[M]. Prentice-Hall, Inc.

[4] Bender E A (1996). Mathematical Methods in Artificial Intelligence[M]. Los Alamitos, California. IEEE Computer Society Press.

[5] Beyer H (1992). Geometric and Radiometric Analysis of a CCD-Camera Based on a Photogrammetric Close-range System[R]. Tech. Report, No. 51, ETH Zürich.

[6] Cho W L, A C KaK (1988). Structural Stereopsis for 3-D Vision[J]. IEEE Transactions on Pattern Analysis and Machine Intelligence, 10(2), 144-166.

[7] Doorn B (1991). Multi-Scale Surface Reconstruction in the Object Space[PhD dissertation]. Columbus, OH. The Ohio State University.

[8] Dhond U R, J K Aggarwal (1989). Structure from Stereo - a Review[J]. IEEE Transactions

on Systems, Man, and Cybernetics, 19(6), 1489-1510.

[9]Förstner W(1986). Digital Image Matching Techniques for Standard Photogrammetric Applications[J]. ACSM/ASPRS Ann. Convention, 1,210-219.

[10]Förstner W(1986). A Feature Based Correspondence Algorithm for Image Matching[J]. International Archives of Photogrammetry and Remote Sensing, 26(B3/3), 13-19.

[11]Förstner W, E Gulch(1987). A Fast Operator for Diction and Precise Location of Distinct Points, Corners and Centers of Circular Features[R]. ISPRS Intercommission Workshop on "Fast Processing of Photogrammetric Data", Interlaken.

[12]Greenfeld J, T Schenk(1989). Experiments with Edge-based Stereo Matching[J]. Photogrammetric Engineering and Remote Sensing, 55(12), 1771-1777.

[13]Grimson W E L(1981). From Images To Surfaces: A Computational Study of the Human Early Vision System[M]. Cambridge, MA. MIT Press.

[14]Grimson W E L(1985). Computational Experiments with a Feature Based Stereo Algorithm [J]. IEEE Transactions on Pattern Analysis and Machine Intelligence, 7(1), 17-43.

[15]Grün A(1985). Adaptive Least-squares Correlation: a Powerful Image Matching Technique [J]. South Africa Journal of Photogrammetry, Remote Sensing and Cartography, 14(3), 175-187.

[16]Grün A, E P Baltsavias(1988). Geometrically Constrained Multiphoto Matching[J]. Photogrammetric Engineering and Remote Sensing, 54(5), 633-641.

[17]Heipke C(1990). Integration von Bildzuordnung, Punktbestimmung, Oberflächenrekonstruktion und Orthoprojektion innerhalb der Digitalen Photogrammetrie. [Ph. D Dissertation]. DGK-C.

[18]Horn B K P(1983). Noncorrelation Methods for Stereo Matching[J]. Photogrammetric Engineering and Remote Sensing, 49(4), 535-536.

[19]Krupnik A(1994). Multiple-patch Matching in the Object Space for Aerotriangulation[PhD dissertation]. Columbus, OH. The Ohio State University.

[20]Li M(1989). Hierarchical Multipoint Matching and Simultaneous Detection of Breaklines [PhD dissertation]. Stockholm. The Royal Institute of Technology.

[21]Medioni G, R Nevatia(1984). Matching Images Using Linear Features[J]. IEEE Transactions on Pattern Analysis and Machine Intelligence, 6(6), 675-685.

[22]Mikhail E M, M L AKey, O R Mitchell(1984). Detection and Sub-pixel Location of Photogrammetric Targets in Digital Images[J]. Photogrammetria, 39, 63-83.

[23]Mohan R, G Medioni, R Nevatia(1989). Stereo Error Detection, Correction, and Evaluation[J]. IEEE Transactions on Pattern Analysis and Machine Intelligence, 11(2), 113-120.

[24]Moravec H P(1976). Towards Automatic Visual Obstacle Avoidance[J]. 5th Int. Joint Conference on Artificial Intelligence.

[25] Nevatia R(1996). Matching in 2-D and 3-D[J]. International Archives of Photogrammetry and Remote Sensing, 31(B3), 567-574.

[26]Schalkoff R(1989). Digital Image Processing and Computer Vision[M]. New York. John Wiley & Sons.
[27]Schenk T, J C Li, C Toth(1991). Towards an Autonomous System for Orienting Digital Stereopairs[J]. Photogrammetric Engineering and Remote Sensing, 57(8), 1057-1064.
[28]Shapiro L H, R M Haralick(1987). Relational Matching[J]. Applied Optics, 26, 1845-1851.
[29]Stefanidis A(1993). Using Scale-space Techniques to Eliminate Scale Differences Across Images[PhD dissertation]. Columbus, OH. The Ohio State University.
[30]Trinder J C(1989). Precision of Digital Target Location[J]. Photogrammetric Engineering and Remote Sensing, 55(6), 883-886.
[31]Trinder J C, J Jansa, Y Huang(1995). An Assessment of the Precision and Accuracy of Methods of Digital Target Detection[J]. ISPRS Journal of Photogrammetry and Remote Sensing, 50(2), 12-20.
[32]Tseng H Y(1992). Digital Photogrammetric Approach to Ice-flow Determination in Antarctica.[PhD dissertation], Columbus, OH: The Ohio State University.
[33]Tsingas V(1994). A Graph-theoretical Approach for Multiple Feature Matching and Its Application on Digital Point Transfer[J]. International Archives of Photogrammetry and Remote Sensing, 30(3/2), 865-871.
[34]Vosselman G(1992). Relational Matching[M], Berlin Heidelberg: Springer-Verlag.
[35]Vosselman G. (1994). On the Use of Tree Search Methods in Digital Photogrammetry[J]. International Archives of Photogrammety and Remote Sensing, 30(3/2), 886-893.
[36]Wang Y(1996). Structural Matching and Its Applications for Photogrammetric Automation[J]. International Archives of Photogrammetry and Remote Sensing, 31(B3), 918-923.
[37]Wrobel B(1987). Digitale Bildzuordnung durch Facetten mit Hilfe von Objektraummodellen[J]. Bildwesen und Luftbildmessung, 55, 93-101.
[38]Zahran M(1997). Shape Matching Using a Modified Generalized Hough Transform[PhD dissertation], Columbus, OH. The Ohio State University.
[39]Zilberstein O(1992). Relational Matching for Stereopsis[J]. International Archives of Photogrammetry and Remote Sensing, 29(B3), 711-719.

第十二章　核线影像计算

计算机视觉和数字摄影测量中许多立体算法都假设立体像对已被纠正，同名特征出现在相同的行。通常将这种纠正称为“核线重采样”，采样后的影像的行即为核线。由于核线几何独立于影像的定向方式，对于满足上述条件的立体像对，有些文献称为“标准化影像”。

计算核线影像要求立体像对的内外方位元素已知。除非数码相机的内方位元素已知，并且使用了定位系统，如 GPS/INS，否则，需要首先对影像做内定向(在第十三章讨论)、相对定向或直接定向(第十四章)。

在以下章节中，我们将详细讨论原始影像和核线影像之间的关系。首先讨论核线几何的定义，然后引出计算核线影像的问题，接着推导出将原始影像转换到核线影像的旋转矩阵。这需要涉及相对定向和绝对定向的不同情况。在计算每个像素在核线影像中的位置时，投影方程比共线方程更好，所以要推导出投影方程的系数。最后总结生成核线航空立体像对的过程，并使用一个例子来说明。

本章讨论的重点放在符合中心投影的航空影像。这里提出的概念同样适用于其他传感器，只是内定向和外定向模型因不同的传感器而异。

12.1　概述

计算机视觉和数字摄影测量中的许多立体算法都是基于利用核线几何进行纠正之后的数字立体像对，即扫描线(行)就是核线。只有当立体视觉系统中两个相机的光轴平行，并与摄影基线垂直正交时，才满足这个条件。移动测图系统和机器人视觉系统就是获取满足这种条件的立体数据的例子。在这两个例子中，两架相机装在一个水平杆的两端，相机光轴与水平杆正交，满足上述的核线条件。震动或移动平台的其他力可能改变相机的角度。因此，需要经常对视觉系统进行标定。

在传统的航空摄影测量中，以核线方向来记录立体像对是不可能的，因为在每个曝光点，曝光瞬间相机的角度会发生变化。传统的航空相机和普通数码相机都存在同样的问题。

比较图 12.1 发现，经常使用的“核线几何影像”并没有表示其实际含义，因为核线独立于立体像对的定向。为了描述核线应与行平行这个事实(将同名实体限制在同一行)，有些文献中使用了“标准化影像”这个术语。

Kreiling(1976)提出一种通过独立相对定向参数来计算核线影像的方法。这种方法局限于相对定向模型，仅使用角度作为参数。在很多情况下，需要获得相对于物方空间的核线影像。这里叙述的方法是基于外定向参数的(Chol, 1992)。

这里，总结两幅影像之间的关系也许有用。图 12.1 表示了处理的不同阶段，首先从扫描的航空相片开始，扫描得到原始影像。有时原始影像需在内定向之后进行变换以使其行和列与框标坐标系平行。同时考虑相机畸变、胶片收缩和扫描错误也是可行的。注意这些影像还不是核线影像。数码相机获取的影像如何处理呢？将这些影像对齐使其与相片坐标系平行，然而，这些影像也没有构成核线影像。

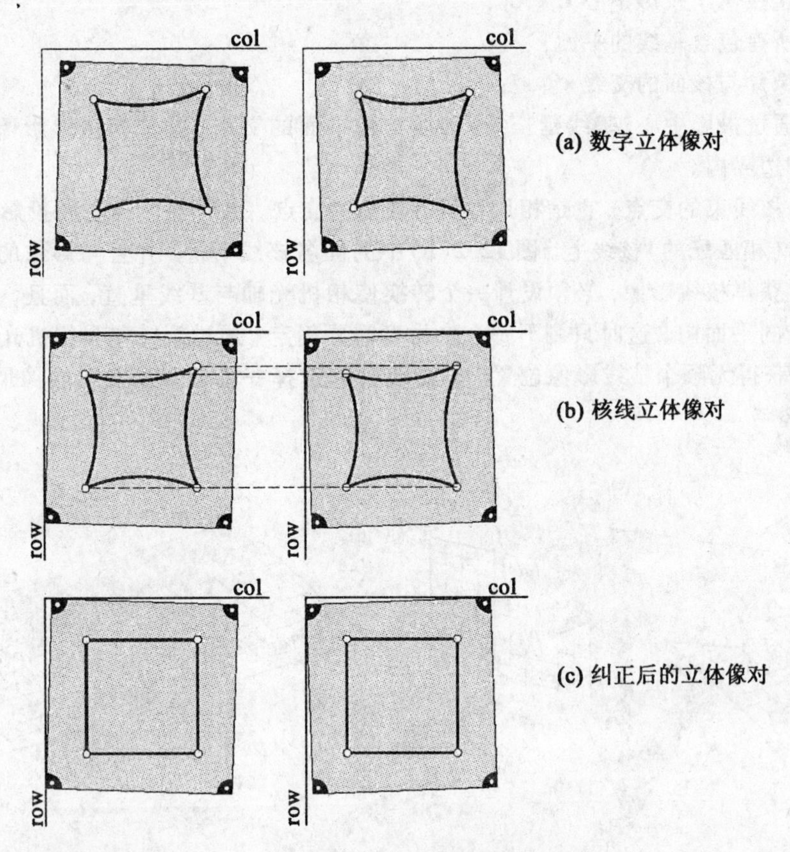

图 12.1　不同阶段的影像间的关系。图(a)显示扫描航空相片得到的数字化立体像对；图(b)显示利用外方位元素进行核线重采样后的影像；图(c)作为可选项，同时纠正相机误差(径向畸变)、大气误差(反射)以及扫描误差得到的影像

核线影像简化了立体像对的匹配过程，因为同名实体被限制在同一行。过去这是一个明显的计算优势，但是考虑计算机计算速度的提高，其优势已经不重要了。然而，核线影像与立体像对相关，每对立体像对都需要新的核线影像。假设有一个完整的航带，航带中每幅影像属于两个不同的立体像对(除了第一张和最后一张)，因此每幅影像对应两幅核线影像。为后续计算存储核线影像没有多大意义，因为它会使所需的存储容量成倍增加。现实中，核线影像是在飞行过程中计算的(Graham，1997)。

核线影像的一个明显优点是与立体像对在数字摄影测量工作站中的显示有关(第九章)。对操作者来说，使用核线影像更简单，特别在使用交向摄影影像的非常规应用中。

12.2 核线几何

图 12.2 显示了处于原始位置和核线影像位置的立体像对。假设有两幅中心投影的影像，给出下面的定义。

基线：连接两个投影中心 C'、C''；

核面：所有包含基线的平面；

核线：像片与核面的交线 e'、e''；

核点：通过摄影中心(基线延长线)的线与像平面的交点。除交向摄影影像外，核点不在影像物理边界内。

核点是核线束的交点，它是相片和所有核面的交点。点 P 在影像上的投影 P'、P''分别在两条同名(相匹配的)核线上。图 12.2(b)中的同名核线平行，并且与影像的行对应。为从原始位置获得核线影像，必须设计一个转换使相机光轴与基线垂直，而且，光轴必须位于含有基线的平面内。这时只剩下一个自由度需要确定。通过旋转包含相机光轴与基线的平面，可以获得无限个核线影像位置。只需要合理选择一个位置使核线影像尺寸最小(见 12.4.1 节)。

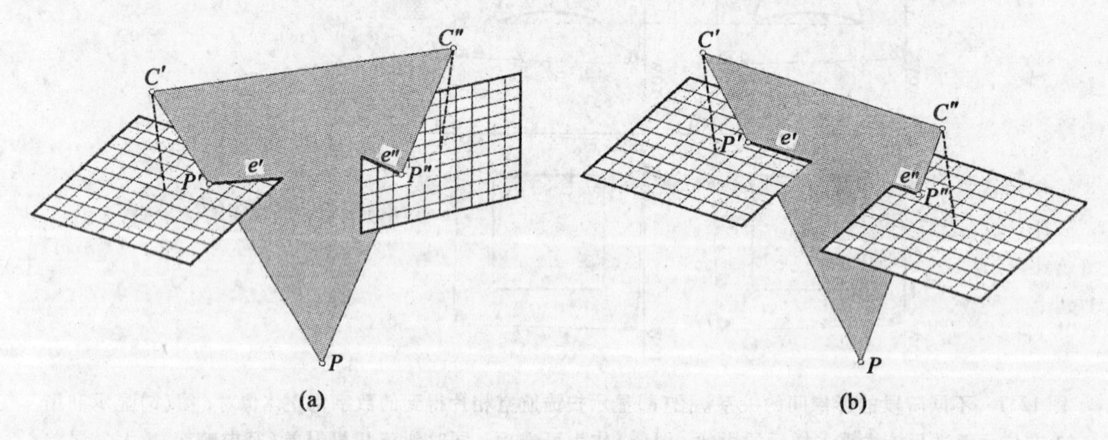

图 12.2　图(a)显示原始位置的航空立体像对，在曝光瞬间获取；图(b)显示核线影像位置，该位置的特点是两幅影像的行与核线相同

12.3 原始影像到核线影像的转换

本节将建立原始立体像对与其核线立体像对位置的关系，运用相片坐标更加简便。利用内方位元素，可以方便地实现影像与相片坐标的转换。O'和 O''分别为原始立体像对的左片和右片；相应地，N'和 N''是核线影像的左片和右片。与这些影像有关的数量见以下论述。

原始影像的外方位元素包括 3 个旋转角和摄影中心位置。原始影像(O', O'')到核线影像(N', N'')的转换由两个步骤完成。第一步，影像被转换到绝对垂直位置，再从该位置到核线影像的位置。图 12.3 显示这两个位置之间的关系。

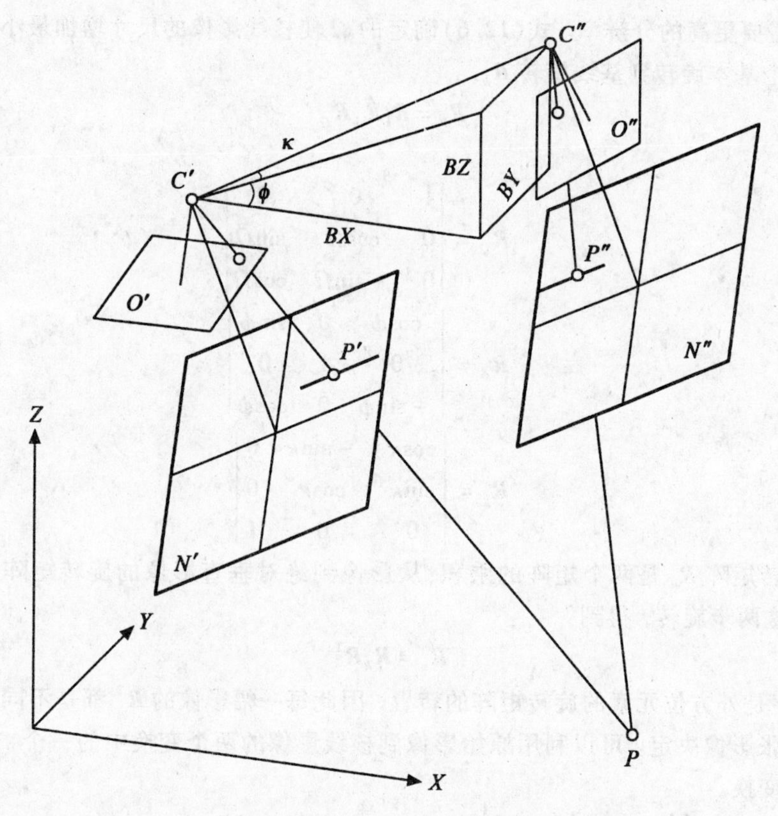

图 12.3　原始立体像对与核线立体像对的关系

从原始位置到绝对垂直位置转换只涉及一个旋转，该旋转由外方位元素的旋转矩阵的转置 $\boldsymbol{R}^{\mathrm{T}}$ 实现。第二步，影像从绝对垂直位置转换到它的核线影像位置。该步涉及绕基线旋转垂直位置的影像，这样，需要基线的旋转矩阵，记为 $\boldsymbol{R}_b$。在物方空间中需要两个角来确定基线的空间方位。如图 12.3 所示，两个角为 ϕ 和 κ，它们由基线元素 $[BX, BY, BZ]^{\mathrm{T}}$ 决定。首先，绕 Y 轴旋转绝对垂直影像 ϕ；其次，绕 Z 轴旋转 κ。

$$BX = X''_C - X'_C \tag{12.1}$$

$$BY = Y''_C - Y'_C \tag{12.2}$$

$$BZ = Z''_C - Z'_C \tag{12.3}$$

$$\phi = \arctan\left(\frac{BZ}{BX}\right) \tag{12.4}$$

$$\kappa = \arctan\left(\frac{BY}{(BX^2 + BZ^2)^{\frac{1}{2}}}\right) \tag{12.5}$$

这时，继续绕基线旋转核线影像。为得到唯一解，旋转必须是固定的。按下式确定旋转角度：

$$\Omega = \frac{\varpi' + \varpi''}{2} \tag{12.6}$$

式中，ϖ'，ϖ''是外方位元素中绕 X 轴的旋转角。不管何时旋转影像，影像总面积变大。如果保持原始影像和旋转影像的分辨率（像素个数）相同，则像素变大。如果要保持像素大小不变，则需要更高的分辨率。式(12.6)确定的 Ω 使核线影像的尺寸增加最小。

合并三个基本旋转到基线旋转 $\boldsymbol{R}_b$，

$$\boldsymbol{R}_b = \boldsymbol{R}_k \boldsymbol{R}_\phi \boldsymbol{R}_\Omega \tag{12.7}$$

其中，

$$\boldsymbol{R}_\Omega = \begin{vmatrix} 1 & 0 & 0 \\ 0 & \cos\Omega & \sin\Omega \\ 0 & -\sin\Omega & \cos\Omega \end{vmatrix}$$

$$\boldsymbol{R}_\phi = \begin{vmatrix} \cos\phi & 0 & \sin\phi \\ 0 & 1 & 0 \\ -\sin\phi & 0 & \cos\phi \end{vmatrix} \tag{12.8}$$

$$\boldsymbol{R}_k = \begin{vmatrix} \cos\kappa & -\sin\kappa & 0 \\ \sin\kappa & \cos\kappa & 0 \\ 0 & 0 & 1 \end{vmatrix}$$

核线旋转矩阵 $\boldsymbol{R}_n$ 是两个矩阵的乘积：从影像到绝对垂直影像的旋转矩阵和基线旋转矩阵。合并这两步旋转，得到：

$$\boldsymbol{R}_n = \boldsymbol{R}_b \boldsymbol{R}^{\mathrm{T}} \tag{12.9}$$

由于 $\boldsymbol{R}^{\mathrm{T}}$ 是外方位元素的旋转矩阵的转置，因此每一幅影像的 $\boldsymbol{R}^{\mathrm{T}}$ 都是不同的。$\boldsymbol{R}_n$ 由立体像对的两张影像决定。可以利用原始影像到核线影像的两个变换中的一个，即使用共线条件或透视变换。

12.3.1 基于共线方程的变换

影像间的关系可以方便地通过共线方程表示。该变换表达为：

$$x_n = -f_n \frac{r_{11}x_0 + r_{12}y_0 - r_{13}f_0}{r_{31}x_0 + r_{32}y_0 - r_{33}f_0}$$

$$y_n = -f_n \frac{r_{21}x_0 + r_{22}y_0 - r_{23}f_0}{r_{31}x_0 + r_{32}y_0 - r_{33}f_0} \tag{12.10}$$

其中，(x_0, y_0)是原始影像的相片坐标，(x_n, y_n)是核线影像的坐标，$r_{11}, \cdots, r_{33}$是 $\boldsymbol{R}_n$ 的元素。

12.3.2 透视变换

由于原始影像和核线影像都是平面的，所以可以应用透视变换：

$$x_n = \frac{c_{11}x_0 + c_{12}y_0 + c_{13}}{c_{31}x_0 + c_{32}y_0 + 1}$$

$$y_n = \frac{c_{21}x_0 + c_{22}y_0 + c_{23}}{c_{31}x_0 + c_{32}y_0 + 1} \tag{12.11}$$

通过比较透视变换中的系数与共线方程中的系数，可得：

$$
\begin{aligned}
c_{11} &= \frac{f_n r_{11}}{f_0 r_{33}}, \quad c_{21} = \frac{f_n r_{21}}{f_0 r_{33}} \\
c_{12} &= \frac{f_n r_{12}}{f_0 r_{33}}, \quad c_{22} = \frac{f_n r_{22}}{f_0 r_{33}} \\
c_{13} &= -\frac{f_n r_{13}}{r_{33}}, \quad c_{23} = -\frac{f_n r_{23}}{r_{33}} \\
c_{31} &= -\frac{r_{31}}{f_0 r_{33}}, \quad c_{32} = -\frac{r_{32}}{f_0 r_{33}}
\end{aligned}
\tag{12.12}
$$

从原始影像变换到核线影像时，原始影像的像元格网会被扭曲。通常，将核线影像的格网反投影到原始影像上确定灰度值较容易。

如果原始影像和核线影像的焦距是相同的，即 $f_0 = f_n$，则反投影系数 $c'_{11}, \cdots, c'_{32}$ 通过 $\boldsymbol{R}_n^{\mathrm{T}}$ 以同样的方式得到。

$$
\begin{aligned}
c'_{11} &= c_{11}, \quad c'_{21} = c_{12} \\
c'_{12} &= c_{21}, \quad c'_{22} = c_{22} \\
c'_{13} &= c_{31} f_0^2, \quad c'_{23} = c_{32} f_0^2 \\
c'_{31} &= c_{13} \frac{1}{f_0^2}, \quad c'_{32} = c_{23} \frac{1}{f_0^2}
\end{aligned}
\tag{12.13}
$$

为适用于焦距不等的一般情况，反投影可以通过对 $\boldsymbol{R}_n$ 求逆得到，因为 $\boldsymbol{R}_n^{-1} \neq \boldsymbol{R}_n^{\mathrm{T}}$。

12.4 核线数字影像

上一节论述了将影像变换到核线影像位置的过程，并且假设在相片坐标系下表示影像。本节将论述如何在影像坐标系中实现相同的变换。

图 12.4 显示了涉及的不同影像。(a)显示了原始航空相片与相片坐标系；(b)是 (a) 的数字化版本；(c)表示核线航空相片；(d)表示核线数字影像。这些不同影像之间的关系通过变换 $T_1, \cdots, T_4$ 表示。

下面进一步解释不同影像之间的关系。

T_1 是原始相片和数字化影像之间的变换。变换参数在内定向过程中得到。T_1 可从相片坐标计算像素位置，反之亦然。

T_2 是原始相片与其核线影像位置之间的投影变换。12.3 节详细介绍了此过程。

T_3 确定核线数字影像的原点和大小。下面将介绍该过程。

T_4 是原始数字影像和核线数字影像之间的变换，与 T_2 对应。该关系对于从原始影像到核线数字影像的重采样过程是必要的。

现在考虑确定核线数字影像大小的问题。首先考察一核线立体像对，图 12.4(b)所示的是该立体像对中的一张影像。设原始数字影像的 4 个角点为 $P_1, \cdots, P_4$，其中 P_1 是原点(0, 0)，P_4 的像素位置为$(N-1,\ M-1)$。图 12.5 所示的是包含原始影像角点的核线立体像对。

如图 12.5 所示，核线数字影像的原点确定如下：y 坐标最大值决定了两幅影像上的第 0 行；x 坐标最小值决定了两幅影像第 0 列。在 x 或 y 方向上计算最大的坐标差 $d_{\max}$ 得到核

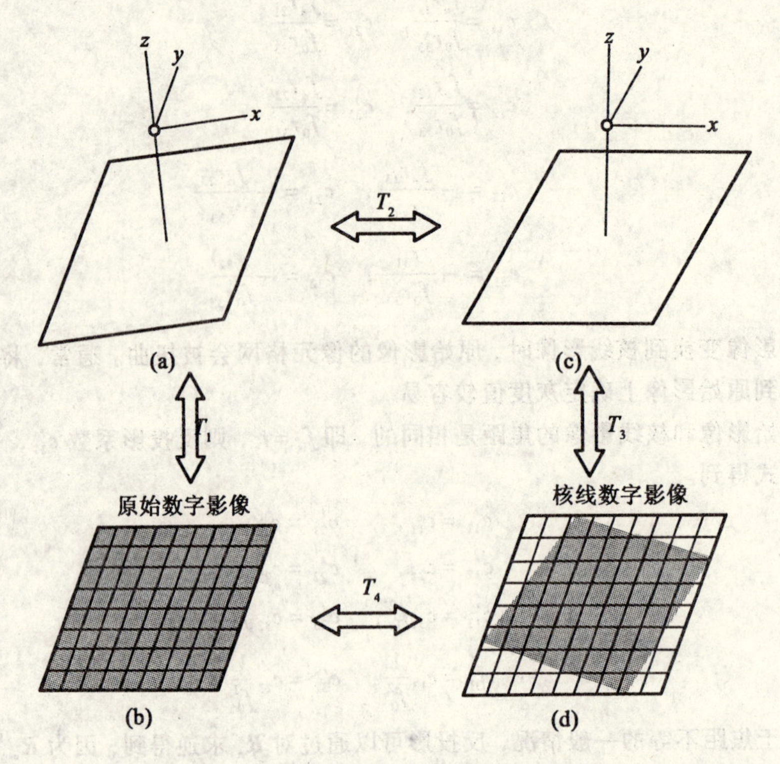

图 12.4　原始立体像对与核线立体像对的关系

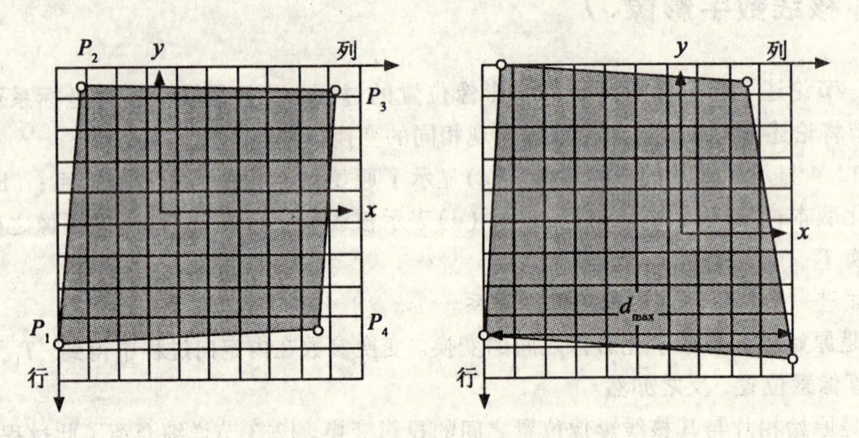

图 12.5　核线数字影像的定义

线数字影像的大小。有以下两种选择。

1）保持原始像素大小 p 不变，由 $r=\frac{d_{\max}}{p}$ 计算分辨率 r；

2）保持原始分辨率不变，由 $p=\frac{d_{\max}}{r}$ 计算新的像素大小。

应用该核线影像像素大小的定义，可以通过重采样确定像素的灰度值。这需要 T_4 变换，该变换计算原始影像和核线数字影像之间相同点的像素位置。得到该变换参数的一个简单方法是利用角点 $P_1,\cdots,P_4$ 计算一个平面透视变换。

该过程总结如下。

1. 内定向建立 T_1，实现点在像素坐标系和相片坐标系中的转换。

2. 应用 T_1 计算相片坐标系中的角点 $P_1,\cdots,P_4$。

3. 在相片坐标系计算核线影像(基于式(12.9)和式(12.12))。

4. 确定角点中 Y 坐标最大值、X 坐标最小值。它定义了核线数字影像的原点。

5. 计算角点间最大的坐标差 d_{max} 来确定核线数字影像的大小(像素的数目)或像素大小。

6. 用 T_4 从原始影像重采样得到核线数字影像。T_4 可以通过两张影像间(4 个角点)的透视变换得到。

习题

1. 解释为什么绝对竖直相片不是核线影像。

2. 相对基线的旋转是一个自由度，该自由度是核线影像计算所必须考虑的，如何选择合理的旋转?

3. 假设立体像对的基线是东西方向 5°，该立体像对能否经过纠正使核线正好在东西方向?

4. 多于两幅的影像可以相互构成核线影像吗?

5. 核线影像有哪些优势?

6. 核线影像生成过程的哪个阶段可以进行精确纠正(畸变校正和大气校正)?

7. 使用数码相机获取影像，其像素坐标系平行于相片坐标系。解释为什么这些影像仍然不是核线影像。

参考文献

[1] Cho W, T Schenk, M Madani(1992). Resampling Digital Imagery to Epipolar Geometry[J]. International Archives of Photogrammetry and Remote Sensing, 29(B3), 404-408.

[2] Graham L, K Ellison, S Riddell(1997). The Architecture of a Softcopy Photogrammetry System[J]. Photogrammetric Engineering and Remote Sensing, 63(8), 1 013-1 020.

[3] Kreiling W (1976). Automatische Herstellung von Höhenmodellen und Orthophotos aus Stereobildern durch digitale Korrelation[D]. Fäkultat für Bauingenieur-und Vermessungswesen, Universitat Karlsruhe.

第三部分 自动定向方法

摄影测量包括模拟摄影测量、解析摄影测量和数字摄影测量，它们的主要任务都是从二维影像重建三维物方空间。可以将重建看做是成像的逆过程。成像是从景观到影像，而重建从影像开始，用于景观描述。

重建的任务之一是从影像空间的已知量确定物方空间中特征的位置。计算物方空间中的位置之前，需要解决两个主要问题——相机的内定向和外定向。

内定向、相对定向和绝对定向是模拟摄影测量和解析摄影测量的基本定向。这些过程在数字摄影测量中还有必要吗？如果有，在数字环境中实现它们与传统摄影测量方法相比有实质性的区别吗？

基于硬件平台的定向系统方面的专家早就预测了传统定向将被取代，包括空中三角测量。目前的技术发展加速了定向进程，但定向过程并未被取代。首先，相对定向和空中三角测量仍然提供地表信息；并且，定向参数在某种程度上弥补了数学模型和物理现实之间存在细小差别的缺陷。

我们是简单地沿用经典的定向方法，还是在探讨数字摄影测量中新的方法？如果工作在一个交互式环境中，例如数字摄影测量工作站，那么定向任务本质上是以与解析测图仪相同的方式完成。在这部分，我们集中讨论自动定向方法，指出其中的重要区别，从而改进已有的方法，或推导出新的解决方案。

在传统摄影测量中，人工完成定向，操作员的主要工作就是确定和测量合适的点，而经济方面的因素一定程度上限制了测量点的数量。目前已开发了简单且有效的平差方法可以确定定向参数并评估其精度。这些算法都是基于点的。

与人工相比，计算机在选择（提取）合适点和测量（匹配）方面有很多不足，但它可以很容易地提取特征。严格来说，数学意义上的点在影像上是不存在的。人工测点实际上是复杂的影像解译过程的结果——这是一个远超过计算机所具有的技能。另一方面，实际上计算机所能提取和处理的特征数量是没有限制的。在线特征方面，例如边缘是边缘像素的有序集合，它们没有手工操作员仔细选择和测量的点那么精确，但是数量很大，大大增加了冗余。比较多的数量弥补了质量方面的不足。

下面三章主要讨论在定向过程中如何有效地利用特征。内定向、相对定向和绝对定向的研究主要集中于特征的提取和匹配，但是定向参数的计算由解析摄影测量中发展而来的基于点的算法完成。我们扩展了此概念，将线特征和地形特征作为平差的实体。

开发通用的、稳定的自动定向系统相当困难。比如说，一个手工作业员几分钟内就可以完成内定向过程，那么为什么还要花费精力开发自动定向系统呢？

开发自动定向系统的动力来自于建立一个自动链的需要，这种链可以将几个摄影测量过程链接起来。内定向是这个自动链的起点，接着是相对定向和绝对定向或空中三角测量，甚至一些中间阶段也很受关注。例如，相对定向后，就可以进行模型的立体显示和查看。如果将自动链延长到终端，在终端将得到一个模块可以识别目标——达到数字摄影测量的最终目的，自动地生产地图。尽可能在早期阶段强调特征有另外一个原因。线特征和地形特征比点具有更多关于目标的详细信息。例如，边缘对应目标的边界线，比如说建筑物。从目标识别的角度看，把这些边缘包括在定向参数的计算中将增加它们的“价值”。另外，如果能成功地将边缘应用到相对定向中，这时的边缘将转换成为物方空间中的三维边界——显然，这是更让人感兴趣的实体。

第十三章　自动内定向

模拟和数字摄影测量的主要任务都是由影像重建物方空间。可以将重建看作是影像形成的逆过程。后者从景观到影像，而重建从影像开始，实现对景观的适当描述。

重建物方空间需要由影像空间的已知量确定特征的位置。此外，重建需要相机的内定向和外定向。本章着重于内定向的确定，首先给出一个简要概括，接着说明如何在软拷贝工作站上半自动地解决此问题，本章主要介绍如何实现自动内定向。

13.1　内定向的目的

内定向的目的是建立一个变换，该变换将从影像中测量或提取的特征变换到以相机摄影中心为原点的三维笛卡儿坐标系下，我们称该坐标系为影像坐标系；而数字影像的参考坐标系是像素坐标系，简称像素系。图 13.1 描述了这两个坐标系统，其中的数字影像是数字化的透明正片。

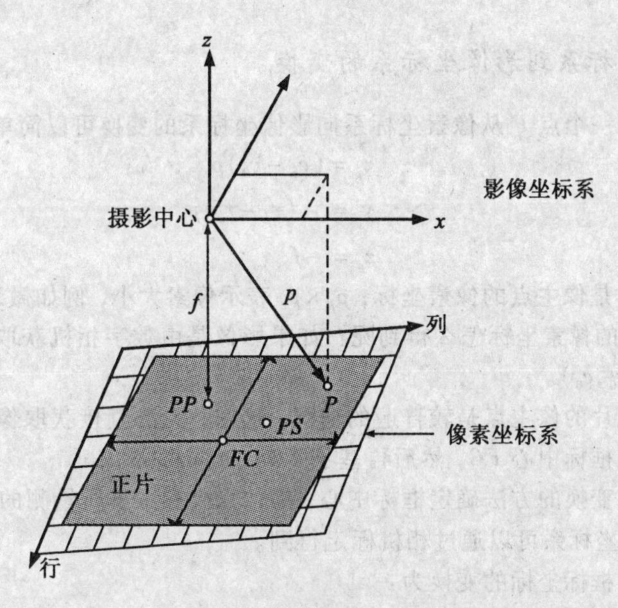

图 13.1 以摄影中心为原点的三维笛卡儿影像坐标系。对角的框标点的连线相交确定了框标中心 *FC*，像土点 *PP* 是摄影中心在像素坐标系上的垂直投影，最佳对称点 *PS* 是径向畸变的原点

影像坐标系为在影像空间表示空间位置提供了一个合适的参考系。它以投影中心为原点，图 13.1 显示的透明正片中，通过框标点确定框标中心 *FC*，框标中心和像主点 *PP* 的之

间的偏移可以通过相机标定确定，最佳对称点 PS 是径向畸变的原点。x、y 坐标平面和像平面平行，x 轴正方向指向飞行方向。

影像空间中的位置由向量表示。例如，向量 $\boldsymbol{p}$ 表示了像素系中的点 P 的位置。对于点 P，有：

$$\boldsymbol{p} = \begin{bmatrix} x_p \\ y_p \\ -f \end{bmatrix} \tag{13.1}$$

第三个分量是负的。在少数情况下，比如数字化的是负片而不是正片的时候，这个分量变为正数。

几何重建是影像坐标系到物方空间坐标系的一个变换。为简便起见，在解析摄影测量中习惯用共线模型，即投影中心、像点和空间点在一条直线上。

现在，共线模型只能近似描述影像的物理成像过程，必须考虑数学模型和物理现实之间的偏差。考虑该偏差的标准方式是对共线模型进行修正——即影像纠正过程。给定初值进行泰勒级数展开可以来估计一个函数；与此类似，可以用共线模型近似地描述影像形成过程，并对其进行修正。继续使用这种类比方法，本章中仅仅讨论一阶纠正的情况。因此，应该扩展内定向的定义，使其至少包括一阶纠正，比如大气折射、径向畸变、胶片收缩、扫描误差等。

13.2 内定向

13.2.1 像素坐标系到影像坐标系的变换

像素坐标系中一个点 P 从像素坐标系向影像坐标系的变换可以简单地表示为：

$$\begin{aligned} x_p &= (c_p - c_0)p_c \\ y_p &= -(r_p - r_0)p_r \\ z_p &= -f \end{aligned} \tag{13.2}$$

其中，(r_0, c_0) 是像主点的像素坐标；$p_r \times p_c$ 表示像素大小，例如微米。

此时，像主点的像素坐标怎么得到呢？如果影像是由数字相机获取的，那么通过相机标定就可以确定 (r_0, c_0)。

确定数字化正片的像主点是较普遍的情况。这时，无法直接获取像主点。首先需要通过测量框标来确定框标中心 FC，然后再基于 FC 确定 PP。

可以通过二维变换的方法确定框标中心。将像素坐标系下所量测的框标坐标变换到框标坐标系下，框标坐标系可以通过相机标定得到。

从像素坐标到框标坐标的变换为：

$$\begin{aligned} x_p^{\,f} &= a_{11} r_p + a_{12} c_p + a_{13} \\ y_p^{\,f} &= a_{21} r_p + a_{22} c_p + a_{23} \end{aligned} \tag{13.3}$$

对于相似变换来说，系数 a_{ij} 表示为：

$$a_{11} = s \cdot \cos\alpha, \quad a_{12} = -s \cdot \sin\alpha$$
$$a_{21} = -a_{12}, \quad a_{22} = a_{11}$$

其中，比例系数 s 与像素大小有关。对于长方形的像素（$p_r \neq p_c$），必须引入两个缩放因子。这样就应该使用仿射变换，这时对应的系数可以表示为：

$$a_{11}=s_x\cdot(\cos(\alpha-\varepsilon\sin\alpha)),\ a_{12}=-s_y\cdot\sin\alpha$$

$$a_{21}=s_x\cdot(\sin(\alpha+\varepsilon\cos\alpha)),\ a_{22}=s_y\cdot\cos\alpha$$

这里，s_x、s_y 分别表示在 x、y 方向的缩放因子；扭曲角 ε 表示坐标轴的非垂直度。

最后，把框标系统转换到影像坐标系。平移参数 x_0、y_0 可以通过相机标定解算出来：

$$\begin{aligned} x_p &= x_p^{\ f}-x_0 \\ y_p &= y_p^{\ f}-y_0 \\ z_p &= -f \end{aligned} \tag{13.4}$$

13.2.2 影像纠正

为了改进共线模型，首先来考虑影像形成过程中引起物理偏离的因素。图 13.2 显示了获取数字影像的主要步骤。图表的左边描述传统航空相机获取数据的过程，接着是扫描胶片；右侧是数字相机获取数据的过程。根据从场景到数字影像的成像过程，在一阶影像纠正过程中，应该考虑以下几个因素。

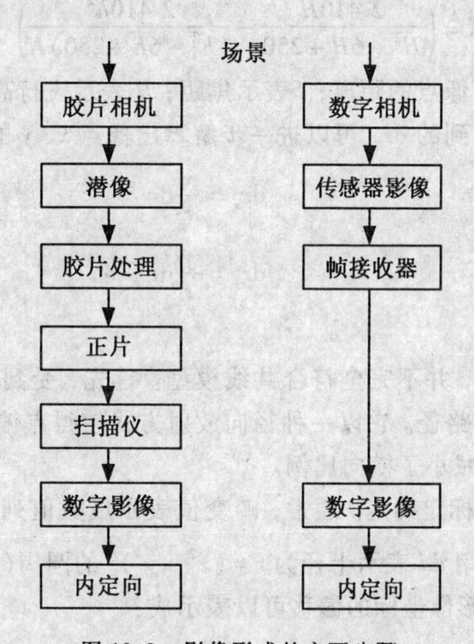

图 13.2 影像形成的主要步骤

大气折射

图 13.3 显示了一条倾斜光束在空气中是如何折射的。根据 Snell 定律，一条光束在两种不同的介质表面产生折射。空气中的密度差异实际上就是不同的介质。折射引起影像向外偏移。

可以根据大气模型解算由大气折射引起的径向偏移。

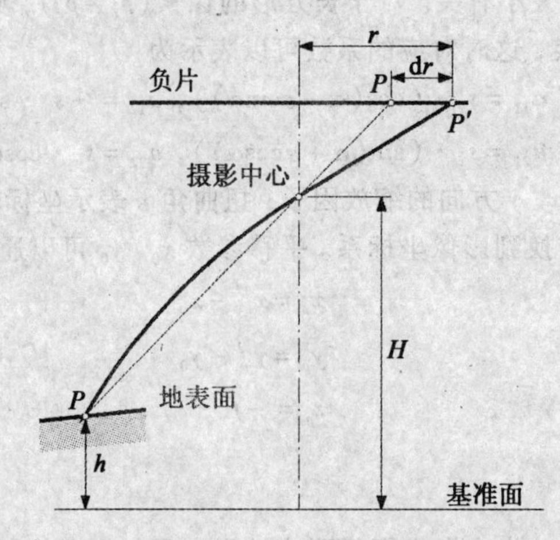

图 13.3　由于大气折射产生的倾斜光束，效果与径向畸变相似

$$dr = K\left(r + \frac{r^3}{f^2}\right)$$
$$K = \left(\frac{2\,410H}{H^2 - 6H + 250} - \frac{2\,410h^2}{(h^2 - 6h + 250)H}\right) \cdot 10^{-6} \tag{13.5}$$

其中，r 表示像主点 PP 到像点的距离；f 表示焦距；H 表示飞行高度；h 表示地面高度。

用式(13.5)中计算得到的 dr，可以进一步解算出像点 x、y 的偏移量：

$$dr_x = \frac{x}{r}dr$$
$$dr_y = \frac{y}{r}dr \tag{13.6}$$

相机缺陷

相机曝光形成的影像，并不完全符合共线模型。首先，受到径向畸变的影响，光束通过镜头会轻微地偏离原始路径。它以一种径向放射方式使得点偏离其原始位置。正畸变增加了横向比例，而负畸变减小了横向比例。

畸变值可以通过相机标定确定。通常，畸变值表示成数值列表，或表示成半径或偏离投影中心的角度的函数。用 dd 表示半径为 $r = (x^2 + y^2)^{\frac{1}{2}}$ 的圆周（以最佳对称点 PS 为圆心）上点的径向畸变。这时，影像坐标的偏移可以表示成：

$$dd_x = \frac{x}{r}dd \tag{13.7}$$

$$dd_y = \frac{y}{r}dd \tag{13.8}$$

对于航空相机而言，畸变值非常小，因此，标定结果进行线性内差得到的值的精度足够。对具有严重径向畸变的相机而言，有必要利用一个奇次多项式来内差 dd：

$$dd = p_0 r + p_1 r^3 + p_2 r^5 + \cdots \tag{13.9}$$

通过畸变值拟合多项式曲线可以确定上式中的系数 p_i。

相机的其他缺陷包括切向畸变，像平面不平，像平面与主光轴不垂直等。这些都是二阶影像纠正的内容。

胶片收缩

胶片形成过程中承受了相当大的机械应力。同时，冲洗、烘干过程中也会引起变形。这样形成的胶片，即所谓的正片，并不完全是底片的几何复制品。模拟这些变形误差比较困难。幸运的是，航空胶片的基本材料是相当稳固的，通常情况下，可以忽略胶片的收缩。

胶片滚动方向的机械受力大于胶片横向的受力，且受力不均匀，因此，可以通过一个仿射变换来描述潜像与胶片之间的误差。这种变换只能考虑全局收缩，要考虑局部胶片收缩（二阶影像纠正），需要使用格网相机（在格网相机的焦平面上，刻有一个精确的格网，格网在曝光时成像，用该成像来更严格地消除系统误差）。

扫描误差

为获取航空照片的数字影像，需要使用扫描仪对胶片进行数字化处理。扫描仪会产生新的误差。也就是说，数字影像在几何上既不等同于正片影像，也不等同于底片影像。第八章中讨论过一些潜在误差，现在的问题是如何模拟这些误差。

摄影测量扫描仪是精准、可靠的。使用改进的解析测图仪相片承载台来放置照片，其几何精度一般小于5μm。这些系统的精度基本符合Abbe原理（Abbe提出，被测物体应该与测量设备在同一个平面内）。普通的桌面扫描仪不符合这个重要的原理。这里，测量系统（带有光学与传感器部件的横向滑行系统）确定的平面与正片（测量系统顶层的玻璃片）是不完全并行的，因此，可以用透视变换描述正片与数字影像的关系。如果两平面接近平行的话，仿射变换可以非常近似地表示透视变换。

如果没有扫描仪检校数据，那么用仿射变换就可以描述正片与数字影像之间的关系。

基于数字相机的影像纠正

前面的章节讨论了中心投影数学模型与胶片相机获取影像的物理模型之间的某些差别。现在简单地对数字相机进行分析，假定用于航空测量，大气折射对数字相机的影响与传统航空相机一样，要加以考虑。

目前，数字相机与传统航空相机具有同样的缺点，都要考虑几何畸变。事实上，许多数字相机存在径向与切向畸变；此外，机身的牢固性低于传统航空相机，其量测性能在多次检校之间极有可能改变。所以，数字相机的标定比航空相机的标定要更加频繁。

图13.2指出了传感器影像与数字影像之间的差别。传感器影像类似于胶片相机的潜像，由探测元件捕获。对于CCD阵列，影像由累加电荷组成，并不直接获取成像。电荷转换包括放大与量测，最终转换成数字信号，引起了传感器影像与数字影像的差别。第七章描述了一些潜在的误差源。数字相机的检校应该确定系统误差的属性与数量，以便可以适当地模拟出这些误差。

影像纠正的总结

目前，已讨论了内定向的两个方面的内容。第一个方面讨论了像素坐标系至影像坐标系的转换。式(13.2)是数字相机所使用的简单模型。数字化航空影像时，需要首先将像素坐标系转至框标坐标系（式(13.3)），然后再平移到影像坐标系（式(13.4)）。

内定向的第二个方面，涉及真实影像的形成过程与重建时使用的中心投影这个简单数学模型之间的差别。采用的方法是在实际影像的特征位置中添加改正数。图13.4描述了该方法。式(13.7)与式(13.5)分别清楚地反映了径向畸变与大气折射的影响。从像素坐标系到影像坐标系的仿射变换同时考虑了胶片收缩与扫描仪误差的影响。该仿射变换将与相机、胶片、扫描仪相关的所有系统误差放在一起综合考虑，而没有将它们分成单独的部分。

总之，应该清楚地区分实际的数字影像(真实影像)与虚拟影像。从概念上来说，后者是真实影像的变换版本，真实影像用于人工解译以及影像相关的处理，比如滤波、边缘检测、分割等。虚拟影像用于几何重建——从影像到物方空间的特征变换。

事实上，利用简单变换可以产生几何上等同于虚拟影像的新的数字影像。这与核线影像计算相结合，有一定优势(见第十二章)。

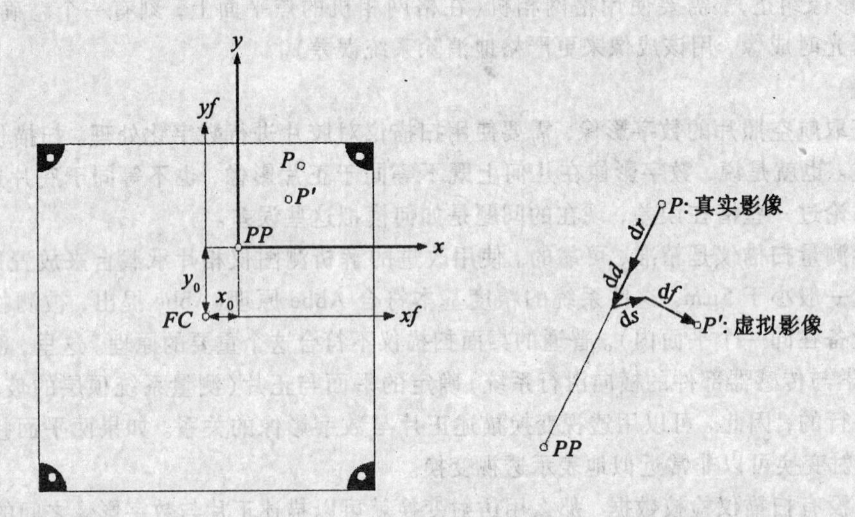

图 13.4　影像纠正。对每个点的实际位置进行校正得到一个新的位置。如果对影像上的每个点进行上述操作，那么得到一幅新的虚拟影像。该虚拟影像被用于将特征从影像空间变换到物方空间

13.3　交互式内定向

在数字摄影测量工作站上可以通过人工交互方式执行内定向。这些工作站为框标量测提供了多种支持，至少解析测图仪具有的功能这里都有。通过特征定位可以把解析测图仪驱动到第一个框标附近。在第一次测量后，重新计算平移系数驱动测图仪接近第二个框标。测量完第二个点后，可以计算出旋转使解析测图仪接近剩下的框标。

在数字摄影测量工作站中执行相同的步骤，只是特征定位通过定位光标位置来完成。由于不涉及机械部件的运动，因此通过光标定位框标位置的操作是相当快的。数字摄影测量工作站的另一个优势是可以改变光标的形状，达到更精确定位。图 13.5 显示的是 Intergraph 公司的 ImageStation Z 上进行内定向的界面。注意光标在整幅影像上的位置，在右侧放大显示中，光标位于框标的中心位置。

绝大多数数字摄影测量工作站提供自动测量框标的功能。较好的方法是通过金字塔影像来提供较好的初值，接着进行灰度相关(Schickler, 1995; Kensten 与 Haering, 1997)，或者通过最小二乘匹配以及模板匹配的方法。

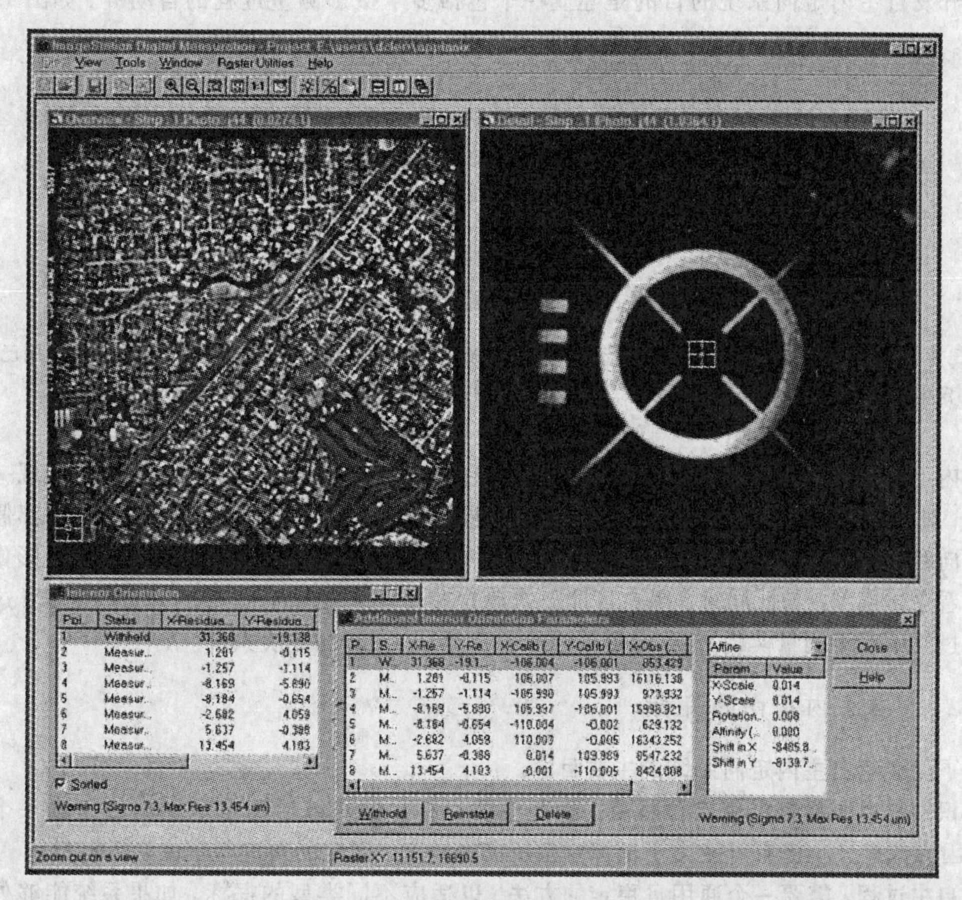

图 13.5　Intergraph 公司的 ImageStationZ 数字摄影测量工作站的内定向界面。该系统可以自动量测框标。作业员可以接受或放弃测量结果。该界面由 3 部分组成。左边显示一个整体影像，发现的框标(左下角)的放大显示在屏幕右侧，左侧图中的方框表示自动找到的框标。屏幕下方的两个窗口显示测量与计算的结果

13.4　自主内定向

本节对交互式内定向与自主内定向进行比较，明确指出了需解决的问题以及分析了做出的假设条件，最后详尽阐述了可能的解决方法。

13.4.1　背景与目的

自主内定向(简称 AIO)是指无须人工干预执行整个内定向的过程，它是一种黑盒处理过程。自动内定向表示数字摄影测量工作站在框标量测方面提供的不同程度的计算机支持。即使操作员只涉及简单地接受或是放弃测量结果，100% 自动系统与自主系统仍然有差别，后者不需要操作员的确认。但由于操作员操作时可能会出现失误，因此，自主系统应该不会出现错误。这样，自主系统的开发比交互式环境下的“自动”系统的开发难度要大得多。那么交互式内定向只要几分钟就能完成，为什么还要一个自主系统呢？

开发自主内定向系统的目的是建立一个包括多个摄影测量过程的自动链。如图 13.6 所示。

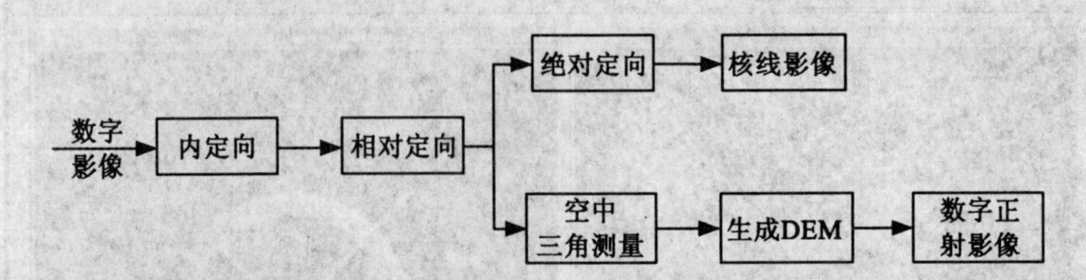

图 13.6 自动链。扫描后，执行自主内定向，然后执行相对定向、绝对定向或者空中三角测量。用已知的外定向参数，产生 DEM 与正射影像。这些过程并不要求交互环境，比如数字摄影测量工作站

内定向是自动链的开始。在理想状况下，它与扫描过程同时进行。如果系统发现一个问题，那么就可以重新数字化影像。在传统的摄影测量环境中，所有后继处理过程都假设内定向参数是已知的。相对定向后，可以生成核线影像(12 章)。这时可以首次显示影像并且观看立体模型。与此同时，用户可能要求确定整个工程中所有影像的外方位元素(这一步通过空中三角测量实现)，这是通过多个模型生成 DEM 的先决条件。

13.4.2 自主内定向的目标

下面介绍自主内定向系统的主要目标。

识别与以子像素精度定位框标。这是主要目标。识别包括确定识别出的是哪一个框标。因为像素大小极有可能大于框标定位所需的精度，因此需要进行子像素级定位。

自主过程。需要一个通用且稳定的方法，以适应不同类型的框标。如果系统能够处理生产过程中出现的各种问题，那么该系统就是稳定的。例如，在扫描过程中胶片上下放置，有些框标只是部分被数字化。除了操作员失误，还要考虑胶片的缺陷，比如噪声，瑕疵，由于四阶退化理论引起的低对比度，背景暗淡，框标投影在胶片上时的过度曝光等。图 13.7 显示 AIO 系统中具有不同复杂性的框标，以及如何准确、可靠地识别与定位它们。

正片或负片。都有可能出现，必须加以处理。

彩色或黑白胶片。不能做任何假设，这两种胶片都有可能出现。

低分辨率影像。有时影像分辨率过粗，使框标中心缺失，系统应该能够处理这种情况。只要框标是唯一可识别的，根据框标特征就可以找到其位置。

13.4.3 假设条件

这里给出一些假设，这些假设不会限制方法的通用性，事实上，它们都是在描述实现方法上应该考虑的专业领域知识。若这些假设中的一种或者几种情况与实际冲突，则系统应该能够识别这些冲突，并且做出相应地处理。假设当前进程必须终止，那么系统应该做得非常全面，也就是说，要给出适当的解释。

- 假定与扫描系统相关的参数已知，比如最大范围以及扫描仪标定数据。
- 假定相机类型已知，包括标定数据与合适的框标描述。

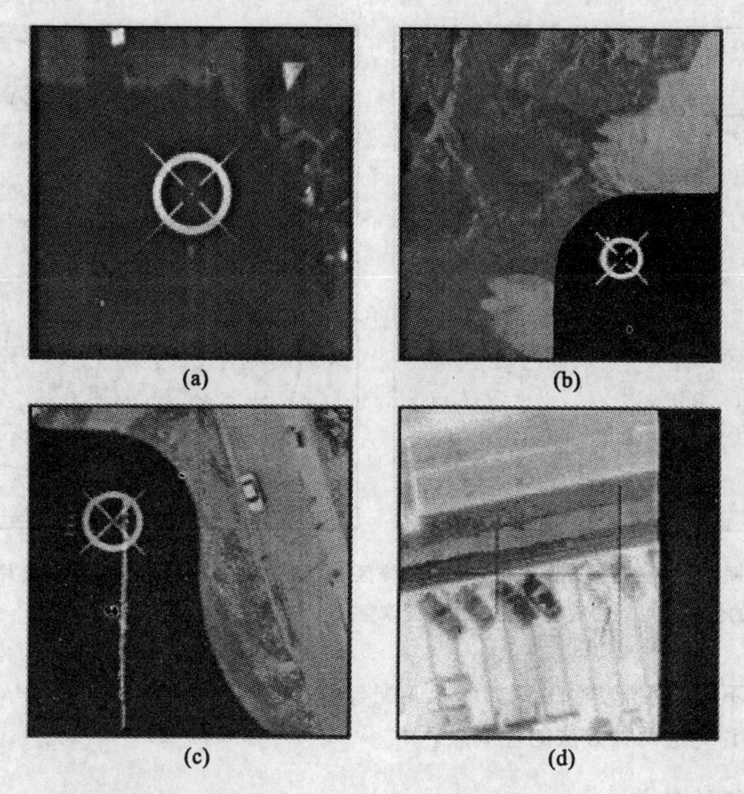

图 13.7　不同条件下不同类型的框标。(a)～(c)显示了典型的框标结构，中心是小的圆形标志，周围是圆环和十字丝使得识别更为容易；(c)中显示的是一个典型的现实问题——胶片在框标附近有一个划痕；(d)中显示的特殊框标来自格网相机

如图 13.8 所示，根据扫描信息，可以推导出胶片放置的最大旋转角度和范围。这两项有助于预测框标的搜索空间。如果无法获得扫描仪的标定数据，仍可以使用仿射变换来考虑扫描仪误差(见 13.2.2 节)。

传统相机标定报告包括框标中心位置信息、像主点的偏移量、径向畸变以及标定的焦距。然而，对于 AIO 来说需要一些附加信息。例如，每个框标应该有一个唯一的标识符，比如一个数字或者符号，并能够从影像中提取出来。此外，必须获取框标的理想影像(模板)。如果使用相关匹配方法，还需要一个结构描述，这明显需要大量的附加信息。标准的标定报告并不能满足这一点。

13.4.4　实现自主内定向

这里首要解决的问题是框标的识别与精确、稳定的定位。这两个任务可以合理地分开解决。可以采用以下两种策略之一。

1)基于区域的方法。二值化包含框标的子图像。这个方法与格式塔特征/背景分离法则相似(4.4.1 节)。精确定位通过与标准框标影像之间的灰度相关来实现。

2)基于特征的方法。这里，提取的特征与理想的框标特征进行匹配。该问题使得自主内定向成为一个物体识别问题。待提取的特征包括框标元素，例如直线、圆周、十字丝、方

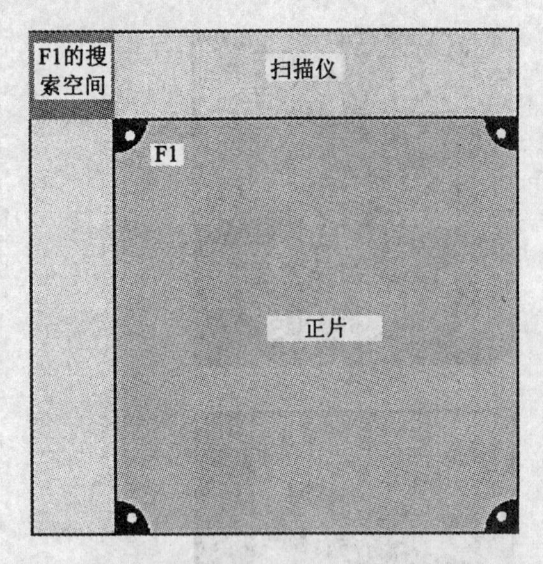

图 13.8　左上框标的搜索空间。胶片大小小于扫描区域。因为无法获得操作员放置胶片的准确位置，因此假定框标的位置和可能的旋转角度来预测搜索空间

形。可以运用不同的匹配方法，例如形状匹配与关系匹配。

下面详细讨论这两种方法的优缺点。

13.4.5　框标的结构

框标位于航空相机视锥体上表面的四个角或者四边的中心。利用视锥体内的小镜头投影框标影像，实现框标与胶片的配准。因为每一个框标的建立与投影是分开的，所以会产生小偏差。

典型的框标模式，由几何结构组成，包括直线段、十字丝、填充方块与圆周、圆环。绝大多数结构用于识别。框标的实际中心坐标是一个小圆点，其坐标通过相机标定获取。这个小圆点只比解析测图仪中使用的测标稍微大一点。该中心点的大小在 50 ~ 100μm 之间。

几何上描述框标非常简单。图 13.9 中显示的标志描述只是其中一部分。

$$\{(\text{circle1}; \text{center} = (0.0); \text{radius} = r_1)\}$$

$$\{(\text{circle2}; \text{center} = (0.0); \text{radius} = r_2)\}$$

$$\{(\text{disc}; \text{center} = (0.0); \text{radius} = r_d)\}$$

$$\{(\text{line1}; \text{length} = 11); \cdots (\text{line4}; \text{length} = 14)\}$$

更加详细的描述将考虑结构间的关系。例如，四条线段关于圆点对称分布，它们与圆盘相交。

框标的辐射模型是非常简单的。框标的各个元素在黑色的背景下呈现出均匀的白色。定位框标的第一个策略基于辐射模型，比如通过图像分割的方式将前景和背景分开。第二个策略则是基于框标的几何模型。

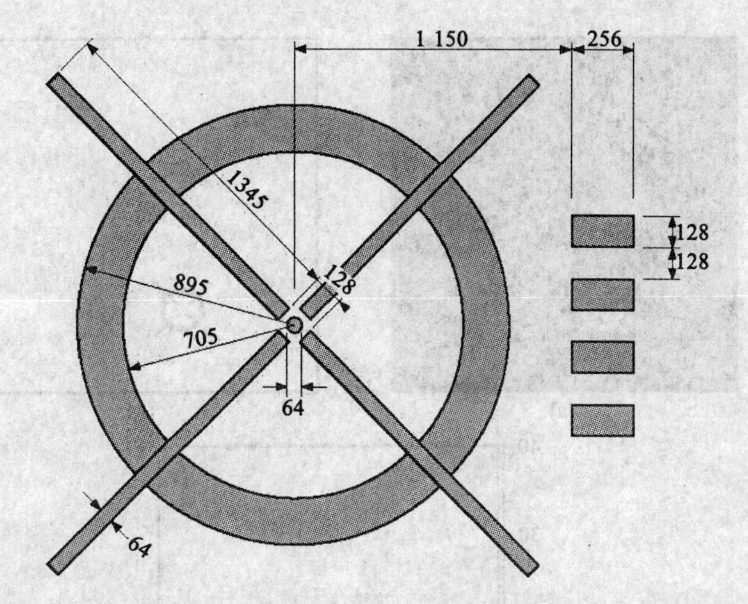

图 13.9　框标设计图。图中描述了 LH 系统(Heerburg Switzland)中 RC30 相机框标的设计数据。数据的单位是 μm。这些数据对于生成一个用于通过匹配从图像中提取特征的几何模型是非常有用的。框标的基本元素包括线段、圆环和圆形。这些几何结构之间的相互关系对于关系匹配是非常重要的。图像右侧的 4 个矩形框表明了框标在图像坐标系的位置。该图所示是图像右上角框标的示意图

13.5　基于区域的方法

假设我们已经提取出了包含框标的子图像。根据框标简单的辐射模型——白色前景和黑色背景，可以将子图像进行二值化。一个直接的方法就是定义图像亮度的范围，比如从灰度直方图上选择一个合适的阈值。这个方法我们已经在 3.5.1 节中介绍过。事实上，图 3.10 所示的例子即是一个框标。

这里要考虑哪些因素呢？子图像的直方图非常接近二值模型。正如图 13.10(b)所示，黑色区和白色区非常清晰的分离开来。选择处于两个区之间的谷底处灰度值 t，将所有灰度值小于 t 的像素的灰度值设为 0，而将所有大于 t 的像素的灰度值设为 1，从而得到想要的结果。

然而，将这个过程应用于另一张子图像时，却很不成功，如图 13.11 所示。尽管黑白两个聚类很明显地分离开来，但是在最低点选择阈值 t 进行图像分割时并不能得到我们想要的结果。选择不同的阈值可以得到截然不同的二值图像，如图 13.11(c) ~ (f)所示。问题的根源在于图像的前景和背景的灰度级分布有重叠。在两个峰值之间的过渡区有混合的像素，它们可能被分到两个区中的任何一个。

1979 年 Otsu 提出一种确定合适阈值的方法，即各个分组的方差的加权和最小。假设 t 为选择的阈值，它将直方图分为两个分组。假设 $\sigma_1^2(t)$ 为第一组的方差，$\sigma_1^2(t)$ 为第二组的方差，两组方差的加权和为 $\sigma_w^2(t)$，其定义为：

$$\sigma_w^2(t) = s_1(t)\sigma_1^2(t) + s_2(t)\sigma_2^2(t) \tag{13.10}$$

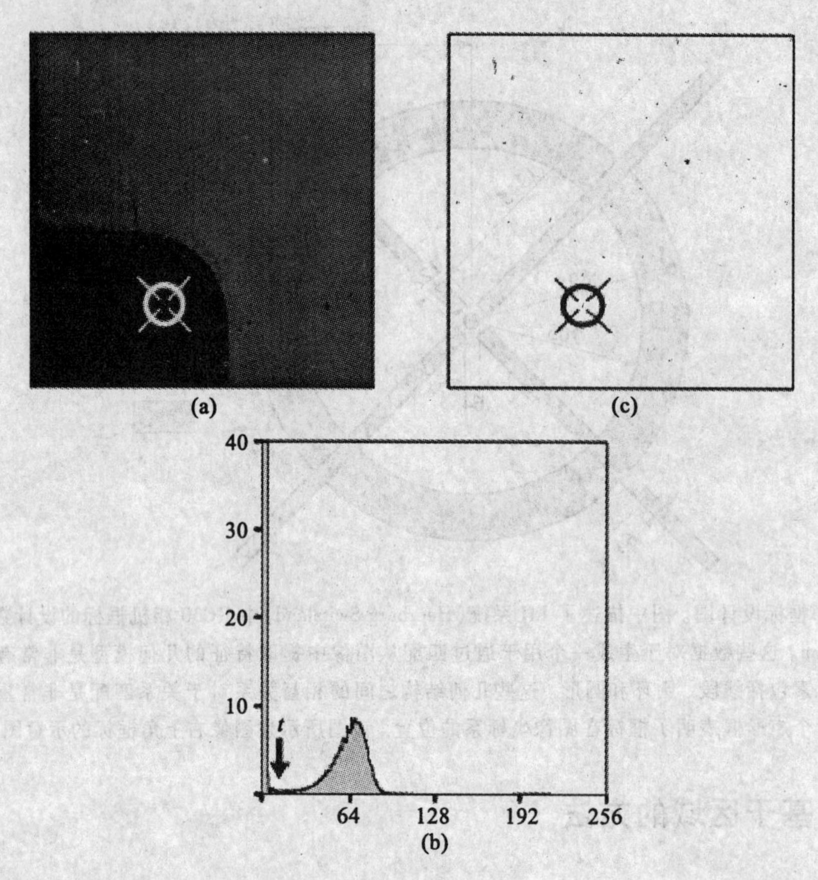

图 13.10　图(a)所示的是一个框标，其直方图中有两个相互分离的灰度区，如图(b)所示。选择图(b)中所示的阈值 t 对图像进行二值化得到想要的图像(c)

式中，$s_1(t)$、$s_2(t)$分别为第一组和第二组出现的概率。

接下来，我们选择使得 $\sigma_w^2(t)$ 最小的合适的阈值 t。为了得到两组的方差 $\sigma_1^2(t)$、$\sigma_2^2(t)$，首先要得到均值 $\mu_1(t)$、$\mu_2(t)$。式(13.10)以及下述运算对于不同的阈值必须要反复进行。

$$s_1(t) = \sum_{i=1}^{t} p(i) \tag{13.11}$$

$$s_2(t) = \sum_{j=1+t}^{N} p(j) \tag{13.12}$$

$$\mu_1 = \frac{\sum_{i=1}^{t} p(i) \cdot i}{s_1(t)} \tag{13.13}$$

$$\mu_2 = \frac{\sum_{j=t+1}^{N} p(j) \cdot j}{s_2(t)} \tag{13.14}$$

$$\sigma_1^2(t) = \frac{\sum_{i=1}^{t} (i - \mu_1(t))^2}{s_1(t)} \tag{13.15}$$

$$\sigma_2^2(t) = \frac{\sum_{j=t+1}^{N}(j-\mu_2(t))^2}{s_2(t)} \tag{13.16}$$

图 13.11 图(f)显示了利用这种方法进行二值化框标子图像的结果。Haralick 和 Shrpiro 在 1992 年提出了一种更为复杂的阈值化方法。Sahoo 在 1998 年对二值化的一些方法进行了全面的回顾。

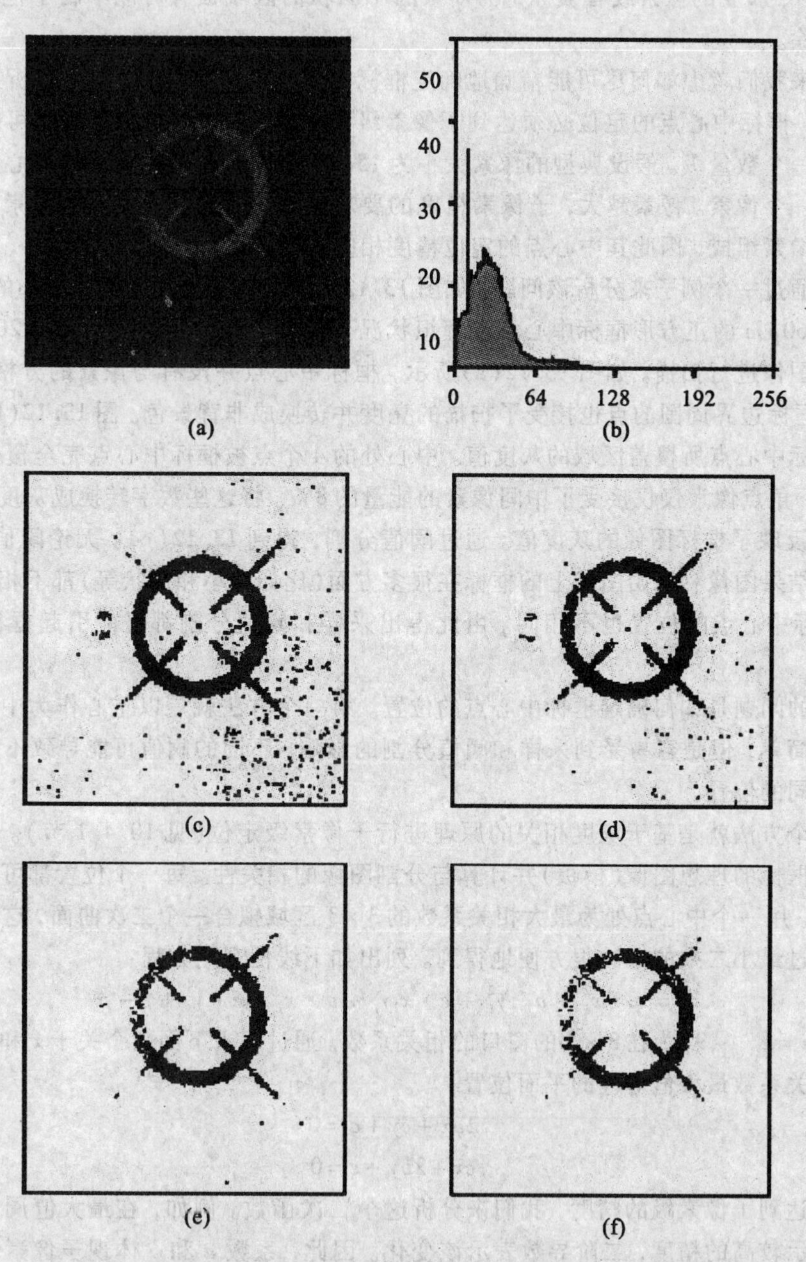

图 13.11 (a)显示的是一个框标，它的直方图有个过渡带，该过渡带中的像素可能属于两个分组当中的某一个。将灰度阈值分别定为 55、61、69、74，产生的二值影像如图(c)~(f)所示，结果差异很大，极有可能产生不同的框标中心位置

无论采用什么样的方法确定阈值，将框标从背景中完美的分离出来是不现实的。有些像素尽管赋为前景色即为1，也并不表明它就是框标上的点。同样，有些框标点被归于背景色中，即设为0。唯一可行的分类方法就是在框标的形状和大小的知识指引下进行二值化分组，即首先通过连通分量算法建立值为 0 和 1 的区域。一旦这些区域被明确确定，它们的面积、形状、矩以及边界都可以确定。这一步对于确定一个区域是否属于框标是必须的。单独的、孤立的像素或者被标记为前景的小面积的区域很有可能不属于框标。因此可以将其去除。

接下来我们考虑如何尽可能精确地确定框标的中心点位置。要达到与解析摄影测量相当的结果，框标中心点的定位必须达到子像素级精度，因为像素的大小很有可能比预定的精度超出一个数量级。假设典型的像素大小为 15μm 到 30μm。那么框标的中心点应该精确到十分之一个像素。像素越大，子像素精度的要求越高。但是对于较大的像素，框标则由比较少的像素组成，因此其中心点的定位精度相应较低。

现在通过一个例子来分析该问题。如图 13. 12 所示，该图显示了框标中心的采样过程。假设一个 60μm 的正方形框标中心点在理想状况下成像于胶片上。接下来用 20μm 的扫描分辨率对图像进行扫描。如图 13. 12(a)所示，框标中心点并没有与像素的方格精确对齐，因此，在框标边界周围的点也接受了扫描的亮度并转换成非背景色。图 13. 12(b)中的数字描述了框标中心点所覆盖区域的灰度值。中心处的 4 个点被框标中心点完全覆盖并赋值为10。最左下角点像素仅仅接受了中间像素的能量的8%。将这些数字转换成灰度值，那么图13. 12(b)反映了框标图像的灰度值。通过阈值分割，得到 13. 12(c)。无论阈值怎么选择，二值化的结果图像和原始图像上的框标在很多方面(比如大小和形状等)都不相同。更糟糕的是，框标中心点的位置也不相同。由此得出采样和阈值分割都可能引起框标定位不准确。

现在的问题是如何确定框标中心点的位置。第一个方法就是以重心作为中心点。这个方法尽管简单，但是容易受到采样和阈值分割的影响。不同的阈值可能导致不同的形状进而导致不同的位置。

另一个方法就是基于灰度相关的原理进行子像素级定位(见 10. 4. 1 节)。这里，我们生成一个框标的理想图像(模板)并计算与分割图像的相关性。每一个位置都可以得到一个相关系数。用一个中心点处为最大相关系数的 3×3 区域拟合一个二次曲面，这个曲面的系数可以通过最小二乘的方法很方便地得到。列出如下线性观测方程：

$$r_i = a \cdot x_i^2 + b \cdot y_i^2 + c \cdot x_i y_i + d \cdot x_i + e \cdot y_i + f - \rho_i \tag{13.17}$$

其中，$\rho_i(i=1,\cdots,9)$为在 3×3 的窗口的相关系数。通过解求下面两个关于 x 和 y 的方程可以获得相关系数最大值对应的平面位置：

$$2ax + cy + d = 0 \tag{13.18}$$

$$cx + 2by + e = 0 \tag{13.19}$$

为了达到子像素级的精度，我们来分析这个二次函数。例如，在最大值周围的切向显著变化预示较高的精度，二阶导数表示该变化。因此，系数 a 和 b 体现子像素级的测量精度。

由此可以得出，将影像二值化并不是最好的办法。不管阈值处理有多么精确，二值化处理依然是偶然的。更好的方法是让框标的灰度影像保持不变，并将其与以子像素精度计

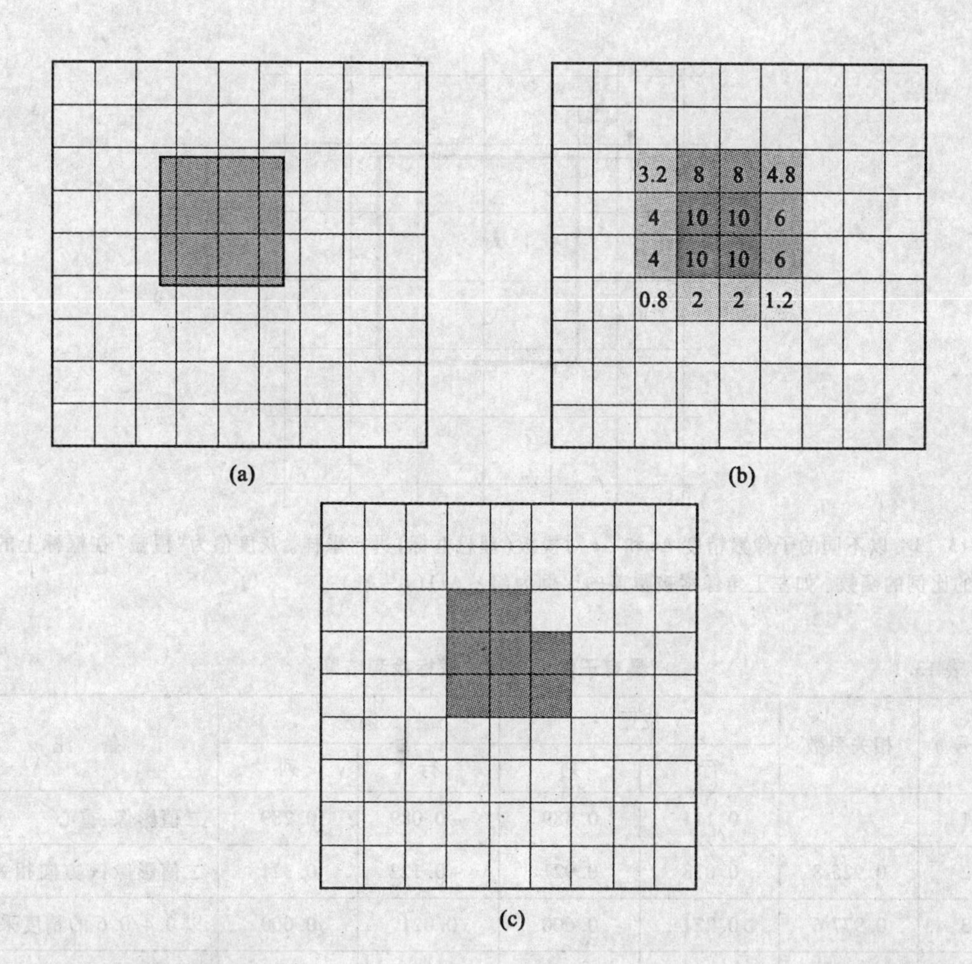

图 13.12 正方形框标的中心，大小为 60μm。图(a)是理想地投影在胶片上。用 20μm 像素大小对胶片进行数字化，产生的灰度影像如图(b)。数字表示每个像素被框标覆盖的面积(10 表示全部被覆盖)。指定阈值分割影像得到二值图像(c)。二值图像的形状、大小甚至位置都与原始影像存在差异。采样和阈值分割引起了定位的偏差

算得到的模板进行相关。图 13.13 说明了此过程。

首先，通过考虑线传播函数计算理想框标的影像，然后以子像素精度对此影像进行采样，例如以像素大小的五分之一为采样间隔。采样后，所有的模板都会有细微的差别。再对模板与框标的影像进行灰度相关，产生最大相关系数的模板即为与影像最相似的模板。用前文所述的方法(公式(13.17))得到子像素级的精度。

【例 13.1】

以 $\Delta r = 0.2$ 和 $\Delta c = 0.6$ 的子像素定位精度获取一个大小为 3 像素 ×3 像素的理想框标的影像。在表 13.1 中，第 1 行为二值影像的重心的计算结果，重心的偏差为 0.09 像素和 0.29 像素。第 2 行为理想模板和二值影像相关的结果。第 3 ~ 7 行为以备注列中显示的子像素对模板重采样的结果。除框标影像的右上角像素被设为 0 来模拟瑕疵之外，最后一行与第四行相同。

这些试验结果证明，框标影像不应该被二值化(Trinder, Schenk 等, 1995)。

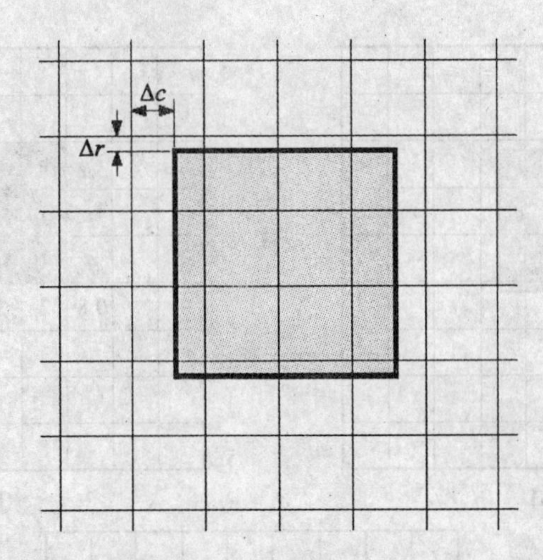

图 13.13　以不同的子像素精度 Δr 和 Δc 对模板(理想框标)进行采样。灰度值为“覆盖”在框标上的像素的比例的函数。如左上角像素被覆盖的比例为$(1-\Delta r)(1-\Delta c)$

表 13.1　　　　具有子像素精度的框标检测结果

序号 n	相关系数	位置		误差		备　注
		行	列	行	列	
1		0.111	0.889	-0.089	0.289	二值影像:重心
2	0.925 8	0.078	0.921	-0.122	0.321	二值影像:x 方向相关
3	0.977 6	0.221	0.600	0.021	0.000	以 0.4/0.6 的精度采样
4	0.976 2	0.200	0.608	0.000	0.008	以 0.2/0.4 的精度采样
5	0.972 8	0.200	0.621	0.000	0.021	以 0.2/0.8 的精度采样
6	0.955 6	0.218	0.618	0.018	0.018	以 0.4/0.8 的精度采样
7	0.963 7	0.210	0.474	0.010	-0.126	带有瑕疵

13.6　基于特征的方法

框标为曝光时投影到影像上的人造物体标志。几乎所有的框标都有一个简单、规则的形状，因此可以将框标作为结构描述，并有助于识别出影像中的结构元素。

下面讨论图 13.7(c)所示的框标，其在框标中具有代表性。瑕疵(框标上的像片刮痕)体现了一个问题:稳定的系统必须能够适应各种操作环境。

可以用 3 个结构元素(或者体素)描述任意框标(直线段、圆和圆点)。通过相机制造商提供的设计数据可以得到其准确尺寸，如半径、直线长度以及它们的空间关系(见图 13.9)。

通过形状元素及其相互关系，我们可以建立级别更高的结构。如两个半径不同的同心圆组成一个环，两条平行直线组成一个直线对，方向不同的直线对组成一个十字形。拓展思维，就会认识到利用简单形状以及它们之间的简单关系可以建立一些有用的框标结构描述。这种描述是通用的，可以用于多种不同类型的框标，只要框标是由圆、直线和圆点组成的。

图 13.14 描述了形状元素以及基于形状元素的结构，包括空间关系。通过这些基本结构可以设计一个有效的方案来进行框标检测和定位。

1. 检测边缘像素作为形状元素的基本部分。

2. 将属于同一个形状元素的边缘像素组织在一起，如直线段或圆。

3. 检查形状元素间的关系并组成更高级的结构，如环、直线对和十字丝。

4. 通过所有形状元素计算框标中心。

尽管并没有同时使用形状元素的匹配与形状元素间的空间关系，但是可以认为这个方法是结构匹配。在每一次分组处理后，都要进行关系检查，如果满足条件，则识别置信度增加。最有效的检查办法之一是圆环中心和十字交点应该是相同的。

下一节讨论检测形状元素（圆与直线）的问题，包括相互关系检测与框标中心的精确定位。

结构	关系	
线段	图形元素	—
圆	图形元素	○○
线对	两平行线段	═
不连续的线对	两平行线对	═ ═
两组不连续的线对	互相垂直	╳
环	同心圆	◎

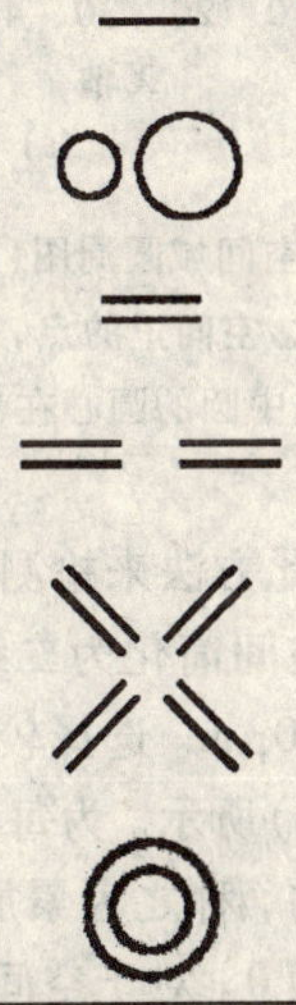

图 13.14　描述由组成框标的形状元素建立的结构。直线和圆为形状元素，基于直线和圆，可以得到结构描述的重要部分——圆环和十字丝

13.6.1　圆的检测

使用第五章介绍的 *Hough* 变换算法检测圆。在空间区域中，圆可以表示为：

$$(x-x_0)^2+(y-y_0)^2=r^2 \tag{13.20}$$

其中，(x_0, y_0) 为圆心坐标；r 为半径；x 和 y 为变量。

设(x_i, y_i)为圆上的一点；x_0、y_0、r 为变量，那么参数空间的表示仍然是一个圆：

$$(x_0 - x_i)^2 + (y_0 - y_i)^2 = r^2 \tag{13.21}$$

我们已经建立了空间域和参数空间的简单关系。空间域内圆周点转换成参数空间里的圆周，圆周的圆心由该点的坐标确定。

图 13.15 演示了此关系。点 1 到点 5 都坐落在一个空间域的圆上。每个点都在 *Hough* 变换参数空间里生成了一个圆，这些圆都相交于空间域圆周的圆心。

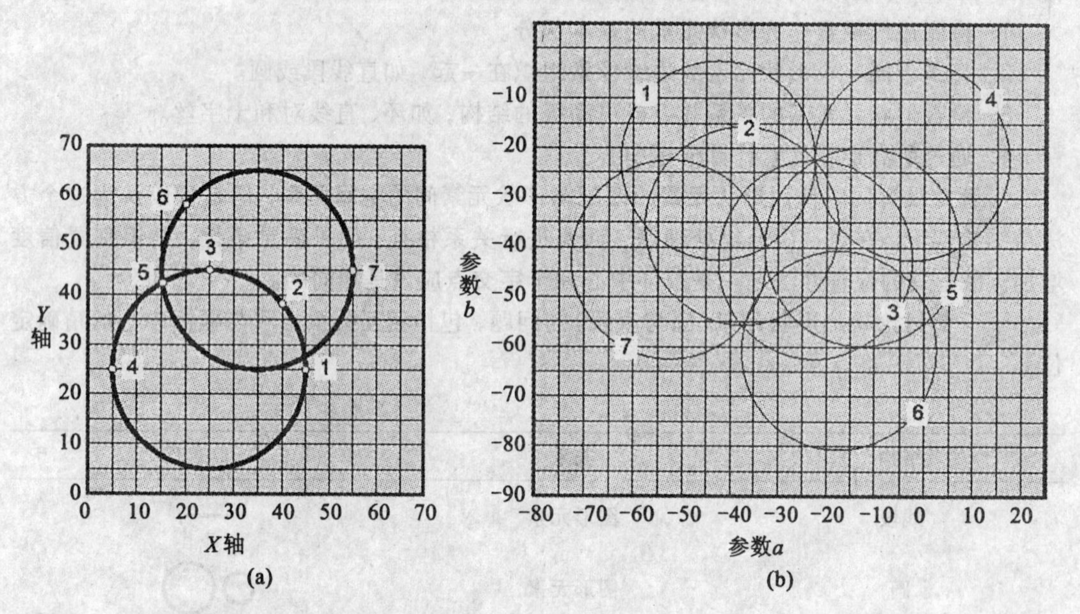

图 13.15　空间域圆周图(*a*)上的点与其参数空间中的表示图(*b*)之间的关系。点对应圆，例如，点 1 转变成圆 1。空间里的点，例如点 1 到点 5 转变成参数空间里的圆 1 到圆 5，这些圆交于一点，这一点就是空间域中圆的圆心在参数空间的对应点

利用此方法来检测框标中的圆周。从设计数据可以获得圆的精确半径。因此，可以将三维参数空间简化为二维。图 13.16(a)是一个子图像，尺寸为 512 像素 ×512 像素，像素的大小为 40μm。选择较大的子图像是为了保证它能够把框标包含在内。首先检测边缘，如图 13.16(b)所示。为每个边缘像素在参数空间里生成了一个圆。考虑到参数空间是由二维数组表示的，称之为累加数组。数组的二维数值分别对应 x_0 和 y_0。累加数组的每个单元都被初始化为 0。对于空间域中的每个边缘像素，在参数空间生成对应的圆，并通过增加累加数组的对应单元来体现。处理所有边缘像素后，找到累加数组的峰值。峰值对应的单元值表示圆上有多少边缘像素；此外，峰值的行号和列号表示影像上圆心的位置。

表 13.2 表示在图 13.16(a)所示的影像中检测圆的结果。可以看出，最大的圆半径有 24 像素，最小的圆半径有 18 像素。表 13.2 证实了它们是同心圆。提取的像素和每个圆上像素的最大值的比率是评价圆检测性能的另一个标准。这些比率和同心圆一起表示已经找到框标。可以通过寻找其他的框标结构来验证，例如直线。图 13.16(c)是框标中圆环部分的像素。表 13.2 的第 4 行数据的行和列与其他的结果不一致，这里，检测到 41 个边缘像素在半径为 17 的圆上，距离框标很远。

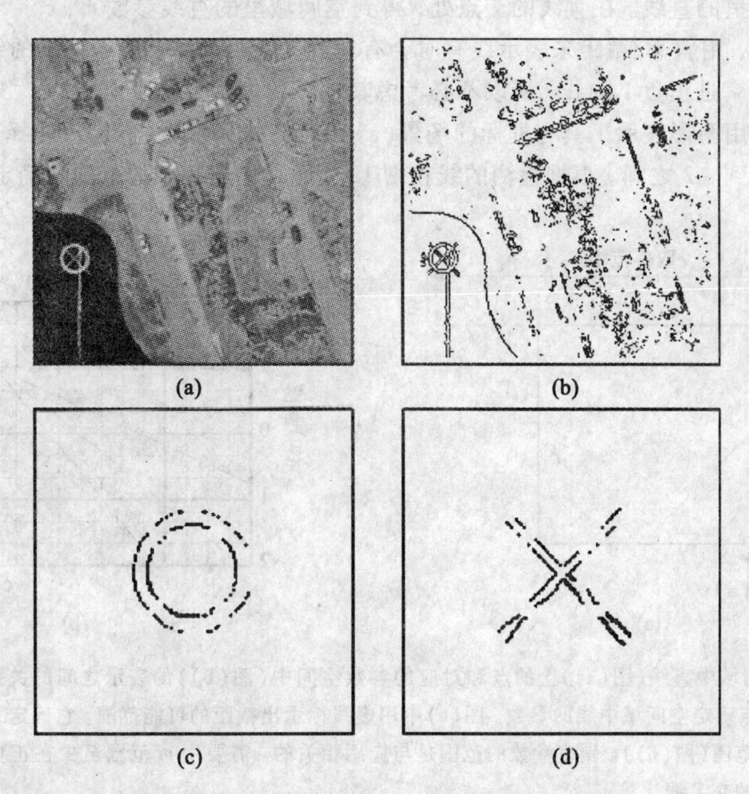

图 13.16　圆和交叉直线的检测。图(a)中子图像大小为 512 像素 ×512 像素，像素大小为 40μm；图(b)是用 $W=2$ 的 LOG 算子提取的边缘；图(c)是圆的检测结果，选择一个新的 128 像素 ×128 像素的子图像，使得预测的框标在其正中间；图(d)是检测 ±45°线得到的边缘像素

表 13.2　**圆的检测结果**

半径	周长	检测像素个数	行	列
23	90	80	343	64
24	92	62	343	65
25	96	44	343	63
17	74	41	242	255
18	76	58	343	65
19	80	38	347	62

13.6.2　直线的检测

现在的问题是提取直线，直线也是框标的组成部分。根据设计数据，我们知道存在 2 组平行直线，分别呈 45°和 −45°角，而且它们的长度已知。

用 $y=mx+c$ 表示空间域中的直线。令点(x_i,y_i)表示直线上的一点 P_i。参数空间由斜率 m 和截距 c 表示。因此，点 P_i 转变为直线 $c=-x_i\cdot m+y_i$。可以归纳出，xy 空间里的点生成参数空间里的直线。在直线的交点处，得到空间域里的直线参数 m、c。

一般来说，用斜率/截距来表示线有时会有问题，例如一条平行于 y 轴的线。然而，我们只讨论对斜率是正负 1 的线，所以不必考虑其他线的表示方式。

图 13.17 用图形表示了具有框标的场景(a)和对应的累加数组(b)。选择适当的维数，使得斜率在 2 到 -2 之间。根据检测的线在图 13.17(a)中虚线框的范围来确定截距范围。

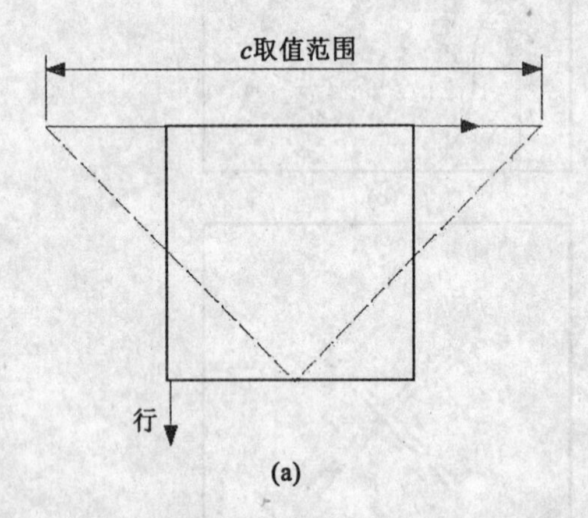

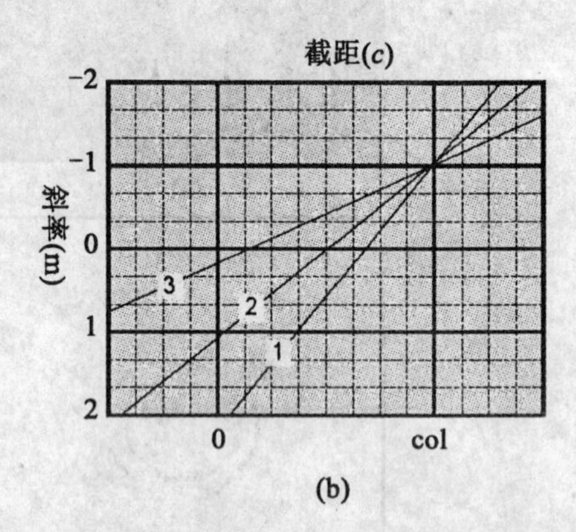

图 13.17　空间域中直线(图(a))上的点和对应的参数空间中(图(b))的表示之间的关系。点转换为线，线的交叉点确定空间域中线的参数。图(a)中用虚线标示出截距的可能范围，它确定了累加数组中截距维的取值范围(图(b))。斜率参数的范围是与应用相关的。需要用 m 范围至少在正负 1 之间的线来检测框标中的交叉线

图 13.16(d)显示了框标中交叉线部分的边缘像素。注意，对累加数组进行分析，可以实现提取线段的稳定性测试。一方面可以迅速确定线对是否平行以及线对之间的距离，另一方面，通过两个斜率之间的差可以计算角度。由于所有这些数量可以从设计数据中得到，因此可以确定误差。如果和预期一致，那么就更有信心识别框标。

13.6.3　精确定位

前面介绍了如何可靠地识别框标的问题。尽管知道其大概位置，但还没有获取精确的定位。

成功地识别框标的主要结构，表明可以采取不同的方法来确定它的中心。也就是，可以通过结构元素来计算中心，而不是直接从中心像素计算。在现有的例子中，2 个同心圆和 4 条直线对可以用于确定中心。

初始阶段，可以考虑获取更加精确的边界像素。图 13.18 显示了一个通过框标中心的灰度曲线。从中可以看到，通过环面时灰度增加。框标的中心也突出了，但比不上环绕它的圆环。在框标中心和圆环右横截面之间的峰值穿过框标的刮痕，这个刮痕给基于区域的方法带来不少麻烦。在识别过程中清除它是很容易的事，因为它不属于框标结构。这样，圆环和交叉线的边缘像素可以达到子像素的精度。

现在用最小二乘平差的方法确定中心点。首先，用外圆上的像素来拟合一个具有已知半径的圆，里面的圆也用相同的方法；然后，通过交叉线上的边缘像素拟合直线，并且要

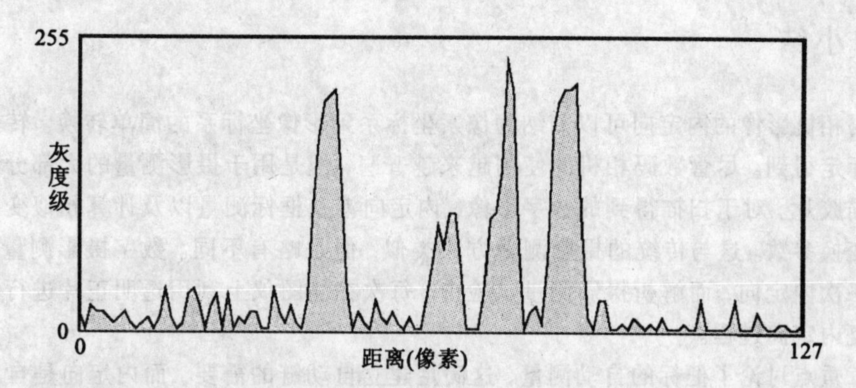

图 13.18　穿过图 13.16(a)中所示的框标中心点的灰度剖面图。第一个和最后一个峰值反映了与圆环交叉的地方(从左到右)。尽管框标的中心也突出了，但是没有圆环明显。最大的峰值是由胶片里的刮痕引起的

求这些直线穿过两个圆的圆心。

假设两个圆分别表示为：

$$(x_i - x_0)^2 + (y_i - y_0)^2 - R_1^2 = r_i \tag{13.22}$$

$$(x_j - x_0)^2 + (y_j - y_0)^2 - R_2^2 = r_j \tag{13.23}$$

其中：外圆上的像素用(x_i, y_i)表示，半径为R_1；内圆上的像素用(x_j, y_j)表示，半径为R_2。假设像素的位置存在偶然误差，由等式(13.22)和等式(13.23)组成观测方程组，其中右边包含残差r_i、r_j。

以x_0、y_0为参数线性化式(13.22)和式(13.23)，得到：

$$r_i = -2(x_i - x_0)\Delta x_0 - 2(y_i - y_0)\Delta y_0 - (x_i - x_0)^2 + (y_i - y_0)^2 - R_1^2$$

$$r_j = -2(x_j - x_0)\Delta x_0 - 2(y_j - y_0)\Delta y_0 - (x_j - x_0)^2 + (y_j - y_0)^2 - R_2^2$$

圆上的每个像素对应一个观测方程。例如，用上一节讨论的圆检测方法可以得到大约有 120 个圆周上的像素点(见表 13.2)。也可以将交叉点处的像素运用到平差过程中。假设两条距离很近的平行线可以用它们的中心线表示。由框标的设计数据可知该中心线是否刚好通过框标中心。在这种情况下，可以用一点和斜率表示中心线。因此得出：

$$y_n - y_0 - m_1(x_n - x_0) = r_n \tag{13.24}$$

$$y_m - y_0 - m_2(x_m - x_0) = r_m \tag{13.25}$$

其中，x_n，y_n表示斜率为m_1的直线上的像素；x_m、y_m表示斜率为m_2的直线上的像素；x_0、y_0表示框标中心。假设斜率和中心点未知，必须线性化式(13.24)和式(13.25)。得

$$m_1\Delta x_0 - \Delta y_0 + (y_n - y_0) - m_1(x_n - x_0) = r_n \tag{13.26}$$

$$m_2\Delta x_0 - \Delta y_0 + (y_m - y_0) - m_2(x_m - x_0) = r_m \tag{13.27}$$

我们现在有了所有 4 个参数(x_0, y_0, m_1, m_2)，方程的个数与所检测出的圆周上和交叉线上像素的个数相同。由于有大量的多余观测值，可以很容易地发现并剔除粗差。更重要的是，精度和可靠性都大大提高了。

13.7 小结

数码相机影像的内定向可以归纳为像素坐标系到影像坐标系的简单转换。转换参数通过相机标定得到。尽管数码相机的使用越来越普遍，但是用于摄影测量的大部分影像仍来源于扫描胶片。对于扫描得到的数字影像，内定向涉及框标测量以及计算相似变换或仿射变换的变换参数。这与传统的摄影测量方法类似，但是略有不同。数字摄影测量中，只需要经过一次内定向，而解析摄影测量试验中，每次在测图仪上利用透明正片进行测量时都必须重复内定向过程。

本章重点讨论了框标的自动测量，这满足建立自动链的需要，而内定向是自动链的开始。框标的简单辐射模型表明可以采用基于区域的方法，通过直方图阈值可以将框标与背景分开。二值化并不能完全令人满意，因为阈值变化会引起像素分布变化。这会影响框标的形状以及最终的位置。要令基于区域的方法起作用，应该考虑采样误差，例如以不同的子像素定位精度生成理想框标的灰度采样，接着将它们同灰度影像匹配。

基于特征的方法采用完全不同的策略。它利用框标的简单结构描述。此方法能否成功取决于框标特征提取的质量。框标的主要结构元素是直线、圆与圆点。用 Hough 变换很容易将这些结构从边缘影像中提取出来。提取出来的特征的空间关系集合有利于产生一种可靠的识别框标的方法。

我们同样认识到，框标的精确定位应该将所有能够识别的像素当做结构元素。一般情况下，可以得到几百个边缘像素，但是只有少数几个位于最中心的位置。因此合理做法是通过平差确定中心位置，充分利用边缘像素所特有的严格几何约束。对于基于特征的方法来说，框标的设计数据必须已知，基于设计数据生成一个适当的结构描述。同时，此描述作为标定报告的一部分必须是已知的。

习题

1. 讨论在框标的识别与定位中，基于区域方法与基于特征方法的优缺点。
2. 利用数码相机获取影像时，如何实现内定向？
3. 假定胶片被上下扫描，内定向的结果怎样？
4. 二值化含有框标的子图像可能使框标错位。讨论这种情况发生在什么样的条件下。
5. 使用 Hough 变换找到直线与圆周。详细描述累加数组的定义与原始影像之间的关系。
6. 假定利用 Hough 变换方法检测框标的圆周结构。累加数组的全面检查发现没有明显的峰值，只是有瑕疵。如何解释该结果？
7. 证明 13.6.3 节的平差问题中的观测值的线性化被忽略是合理的。

参考文献

[1] Haralick R, L Shapiro(1992). Computer and Robot Vision[M]. Addison-Wesley Publishing Company, Inc.

[2] Heipke C(1997). Automation of Interior, Relative, and Absolute Orientation[J]. ISPRS

Journal of Photogrammetry & Remote Sensing, 52(1), 1-19.

[3] Kersten T, S Haering(1997). Automatic Interior Orientation of Digital Aerial Images[J]. Photogrammetric Engineering and Remote Sensing, 63(8), 1007-1011.

[4] Lue Y(1997). One Step to a Higher Level of Automation for Softcopy Photogrammetry Automatic Interior Orientation[J]. ISPRS Journal of Photogrammetry & Remote Sensing, 52(1), 103-109.

[5] Otsu N(1979). A Threshold Selection Method from Gray-level Histograms[J]. IEEE Transactions on Systems, Man, and Cybernetics, 9, 62-66.

[6] Sahoo P(1988). A Survey of Thresholding Techniques[J]. Computer Vision, Graphics, and Image Processing, 41, 233-260.

[7] Schickler W(1995). Ein operationelles Verfahren zur automatischen inneren Orientierung von Luftbildern[J]. Zeitschrift für Photogrammetrie und Fernerkundung, 63(3), 115-122.

[8] Schickler W, Z Poth(1996). The Automatic Interior Orientation and Its Daily Use[J]. International Archives of Photogrammetry and Remote Sensing, 31(B3), 746-751.

[9] Trinder J C, J Jansa, Y Huang(1995). An Assessment of the Precision and Accuracy of Methods of Digital Target Detection[J]. ISPRS Journal of photogrammetry and Remote Sensing, 50(2), 12-20.

第十四章　自动相对定向

相对定向是一个基本的较为完善的摄影测量过程。它的目的是确定立体模型的定向元素，以便 DEM 生成和地图测绘等后续工作能在立体环境下进行。

目前，定向平台的发展加速了立体像对的定向，但是仍然不能取代相对定向过程。因为，相对定向提供了模型的表面信息(模型点)，相对定向参数还在某种程度上补偿了数学模型和物理实体的差别带来的模型缺陷。

这一章的所有实例均是标准的航空摄影测量案例，但是所讨论的处理方法是普遍适用的，比如地面上应用。第一节详细介绍了经典传统的相对定向和自动相对定向的主要差别，并对常用的数学模型方法做出了总结。

对于数字摄影测量工作站中的交互式相对定向仅仅是做了简短的阐述，因为我们对于有关摄影测量工作站的方面不打算作很深入的介绍。另外，交互式相对定向与解析测图仪上的传统定向程序也是非常类似的。本章重点介绍自动、自主的定向过程。

自动相对定向(ARO)研究的关键在于影像匹配，即寻找同名点。相关的内容我们在第十章和第十一章已做了介绍。在确定定向元素方面，本书关注的焦点是如何有效地利用特征，而不是同名点。

开发自动相对定向系统的目的在于建立一个自动链，该自动链从自主内定向开始，然后进行自动相对定向和确定外方位元素等(详见图 13.6)摄影测量自动化定向流程。

本章是建立于前面的章节之上的，特此建议读者进行本章的学习之前首先回顾与影像匹配相关的章节(第十章、十一章)以及第十二章等章节。

14.1　背景知识

14.1.1　传统相对定向和自动相对定向

在传统的处理方式中，相对定向操作由作业员人工完成。解析测图仪提供的多种功能使得标准的航空立体像对能在 15 分钟甚至更短的时间内完成相对定向。这一过程中作业员的最重要的任务就是确定和量测合适的同名点。为了检验结果的精度，至少需要量测 5 对同名点，但是经济因素又限制了量测点的数目不能过多。随后利用简单有效的平差方法进行定向元素的确定以及精度的评定。这些算法是与点、共线条件或共面条件共同实现的。

与人工操作方式相比，在选择(提取)并量测匹配点方面，计算机处理的效果远远不如人工处理的效果，但是在特征提取和匹配方面计算机处理效果更理想。严格地说，数学意义上的点在影像中是不存在的。事实上，人工方式量测像点的过程就是一个精确的影像解译的过程，这种能力是计算机处理望尘莫及的。

提取的特征(比如边缘)由一系列边缘像素组成。假定边缘特征已经匹配好，然而，同名边缘不一定包含同名像素，因而在应用现有的基于特征点的定向模型时需特别注意。之后的章节讨论该问题。

表 14.1 总结了传统定向方式和自动定向方式之间的区别与联系。摄影测量工作者所关注的是如何提高定向精度的问题。人工量测点的精度可以达到微米级。与特征相比，特征上的单个像素不一定是对应的，其精度可能最多达到像素级。假设像素的大小为 15μm，它所确定的同名像素的精度却只能达到 50μm，误差甚至可能高达传统方法的 10 倍。大体上说，平差后定向参数的精度取决于量测精度和多余观测数。在有 100 个多余观测的情况下，可以得到高于量测精度 10 倍的定向参数精度，甚至可以与传统方法所得到的结果相提并论。因此，质量不好的点可以通过大量的多余观测去弥补其对精度的影响——通过数量换取质量。

表 14.1 传统定向方式与自动定向方式的区别和联系

传统方法	自动方法
人工操作 • 选择并量测点 • 合理选择 • 较少的点数 • 在立体镜观测下量测 • 非常精确	计算机处理 • 特征提取与匹配 • 随机选择 • 大量特征 • 特征匹配 • 精度较低
平差过程基于点，利用共线或共面模型	同样是基于点的平差过程，但不同的是所用的匹配实体不是点，而是特征
定向参数的精度 $\sigma_p \sim \sigma_0 \sqrt{\frac{c}{r}}$	
σ_0 较小，多余观测 r 较小，相关因子 c 取决于点位分布	σ_0 较大，c 值趋近于一定值，r 较大→抵消大的 σ_0 的影响

14.1.2 相对定向的数学模型

这一部分简要地总结一些用于解算定向参数与模型点的基本数学方法。摄影测量中，航空立体像对定向的传统模型是共面模型。我们将首先介绍更为普遍的共线模型，然后再进一步分析二者之间的联系。

共线模型

传统的共线条件方程定义了摄影中心、物方点与它所对应的像点是在同一直线上的。根据图 14.1 所描述的图形，我们可以用下式表达这个关系：

$$p = c' + \lambda' R' p' \tag{14.1}$$

$$p' = \frac{1}{\lambda' R'^{\mathrm{T}}}(p - c') \tag{14.2}$$

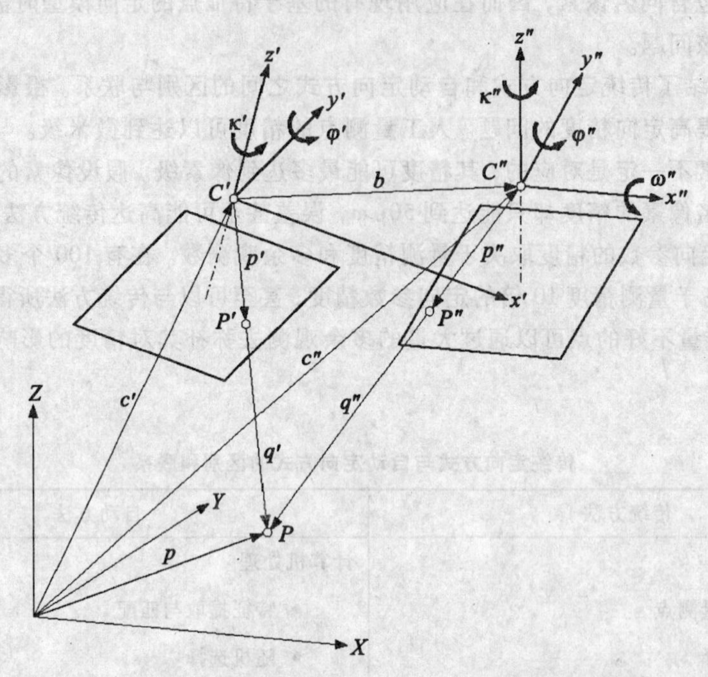

图 14.1　在相片坐标系中，立体像对的透视中心为 C' 与 C''。共线条件要求矢量 p' 与 q' 在同一直线上，而共面条件则要求基线 b 与矢量 $\boldsymbol{q}' = \lambda'\boldsymbol{p}'$ 和 $\boldsymbol{q}'' = \lambda''\boldsymbol{p}''$ 位于同一平面上

第一个等式定义了物点 $\boldsymbol{p}$ 是 c'（即摄影机的透视中心的位置）的物方空间坐标和包含 3 个相互独立的摄影机姿态角的旋转矩阵 $\boldsymbol{R}'$ 的函数。标量 λ' 是一个比例系数。对此等式进行变形，即可得到经典的共线条件方程(14.2)。式中，观测值 $\boldsymbol{p}'$ 是定向元素（c'，R'）和物方空间点 $\boldsymbol{p}$ 的函数。由于等式自身的观测值与未知数相分离，平差过程相对简单，所以式(14.2)的使用更为普遍。

影像点向量 $\boldsymbol{p}'$ 有 3 个分量 $[x'_p, y'_p, -f]^{\mathrm{T}}$。因此，可以从式(14.2)得到 3 个方程。为了消去比例系数 λ'，第一、二等式同时除以第三个等式，这样就可以得到更为熟悉的共线条件方程：

$$\begin{aligned} x'_p &= -f\frac{(X_P - X_C)r_{11} + (Y_P - Y_C)r_{12} + (Z_P - Z_C)r_{13}}{(X_P - X_C)r_{31} + (Y_P - Y_C)r_{32} + (Z_P - Z_C)r_{33}} \\ y'_p &= -f\frac{(X_P - X_C)r_{21} + (Y_P - Y_C)r_{22} + (Z_P - Z_C)r_{23}}{(X_P - X_C)r_{31} + (Y_P - Y_C)r_{32} + (Z_P - Z_C)r_{33}} \end{aligned} \tag{14.3}$$

其中，$r_{11}, \cdots, r_{33}$ 是正交旋转矩阵的元素，包括三个旋转角 ϖ、φ、κ。旋转矩阵 $\boldsymbol{R}$ 的确定如下：

$$\boldsymbol{R} = \begin{bmatrix} \cos\varphi\cos\kappa & -\cos\varphi\sin\kappa & \sin\varphi \\ \cos\varpi\ \sin\kappa + \sin\varpi\ \sin\varphi\cos\kappa & \cos\varpi\ \cos\kappa - \sin\varpi\ \sin\varphi\sin\kappa & -\sin\varpi\ \cos\varphi \\ \sin\varpi\ \sin\kappa - \cos\varpi\ \sin\varphi\cos\kappa & \sin\varpi\ \cos\kappa + \cos\varpi\ \sin\varphi\sin\kappa & \cos\varpi\ \cos\varphi \end{bmatrix}$$

从原理上说，共线模型从三维相似变换的角度建立了物方空间与像方空间的关系。这样的变换会存在固有的 7 个未知数。为了解这 7 个变换参数，有关两个坐标系的信息是必须要知道的，如控制点，或者一些变换参数的信息。

为了利用共线模型解决相对定向的问题，我们可以认为 12 个定向元素中有 7 个为常量来消除这些数据的缺失。在众多的解算方法中，有两种具有重要实用性。表 14.2 总结出一些常量的描述，并以黑体字表示出来。连续法相对定向在空中三角测量中十分重要，因为它为建立连续模型航带提供了可能。

由同名点 P'_i、P''_i 可以建立四个共线方程。设 n 是同名点数，在建立 $4n$ 个观测方程的同时，我们总共有 $5+3n$ 个未知数。利用共线模型来进行相对定向的优势在于它的通用性，并且可以同时解求定向参数和物方点。通过对法方程的结构的分析可知，在解算定向参数之前就可以很容易地消去未知的物方点。因此，在数字摄影测量中，通常有多达数百个点，但不会较大地增加计算量。

表 14.2　　**通过定义某些定向参数为常量(具有下画线)来解决数据缺失的问题**

	独立相对定向		连续相对定向	
投影中心	$c'=\begin{bmatrix}\underline{0}\\\underline{0}\\\underline{0}\end{bmatrix}$	$c''=\begin{bmatrix}\underline{bx}\\0\\0\end{bmatrix}$	$c'=\begin{bmatrix}\underline{0}\\\underline{0}\\\underline{0}\end{bmatrix}$	$c''=\begin{bmatrix}\underline{bx}\\by\\bz\end{bmatrix}$
姿态角	$a'=\begin{bmatrix}\underline{0}\\\varphi'\\\kappa'\end{bmatrix}$	$a''=\begin{bmatrix}\omega''\\\varphi''\\\kappa''\end{bmatrix}$	$a'=\begin{bmatrix}\underline{0}\\\underline{0}\\\underline{0}\end{bmatrix}$	$a''=\begin{bmatrix}\omega''\\\varphi''\\\kappa''\end{bmatrix}$

共面模型

根据图 14.1 可知，点向量 $\boldsymbol{p}$ 可以仅通过左片或右片得出。这样可以得到以下方程：

$$\boldsymbol{c}'+\lambda'\boldsymbol{R}'\boldsymbol{p}'=\boldsymbol{c}''+\lambda''\boldsymbol{R}''\boldsymbol{p}'' \tag{14.4}$$

将 $\boldsymbol{q}'=\boldsymbol{R}'\boldsymbol{p}'$ 和 $\boldsymbol{q}''=\boldsymbol{R}''\boldsymbol{p}''$ 代入上式，可得到：

$$\boldsymbol{c}'+\lambda'\boldsymbol{R}'\boldsymbol{p}'-\boldsymbol{c}''-\lambda''\boldsymbol{R}''\boldsymbol{p}''=0 \tag{14.5}$$

又有，基线矢量 $\boldsymbol{b}=\boldsymbol{c}''-\boldsymbol{c}'$，上式可变为：

$$\lambda'\boldsymbol{q}'-\lambda''\boldsymbol{q}''=\boldsymbol{b} \tag{14.6}$$

若式(14.6)的两边同时点乘 $\boldsymbol{q}'\times\boldsymbol{q}''$，那么等号左侧会变为 0，而比例系数会被完全消去。

$$\boldsymbol{b}(\boldsymbol{q}'\times\boldsymbol{q}'')=0 \tag{14.7}$$

式(14.7)通常被作为解释共面模型的出发点。当然，核面是包含了基线的，上述矢量的乘积就可以解释矢量 $\boldsymbol{b}$、$\boldsymbol{q}'$、$\boldsymbol{q}''$ 在同一平面——核面上。式(14.7)可以被写成行列式的形式：

$$\begin{vmatrix}BX & BY & BZ\\u' & v' & w'\\u'' & v'' & w''\end{vmatrix} \tag{14.8}$$

此外，$\boldsymbol{q}'=\boldsymbol{R}'\boldsymbol{p}'=[u',v',w']^{\mathrm{T}}$ 和 $\boldsymbol{q}''=\boldsymbol{R}''\boldsymbol{p}''=[u'',v'',w'']^{\mathrm{T}}$ 通过将影像点向量旋转一定

的定向角度直至与基线向量 $\boldsymbol{b}$ 共面而得到。

共面条件方程(14.8)包含了8个未知数，其中任意的5个是相互独立的。与前一部分的介绍相似，我们可以定义其中的3个为常量。表14.2中列出了这些参数。

因为方程的个数远远大于未知数的个数，因而我们可以利用一般的带有参数的条件平差模型来求解：

$$\boldsymbol{Bv} = \boldsymbol{Ax} - \boldsymbol{f} \tag{14.9}$$

其中，$\boldsymbol{A} = \frac{\partial \boldsymbol{F}}{\partial x}$；$\boldsymbol{B} = \left[\frac{\partial F}{\partial x'}, \frac{\partial F}{\partial y'}, \frac{\partial F}{\partial x''}, \frac{\partial F}{\partial y''}\right]^{\mathrm{T}}$。

考虑到在近似垂直的摄影条件下，$\boldsymbol{Bv} \approx p_y$。可以通过只把上下视差 $p_y = y'' - y'$ 当做观测值来进行平差计算从而把问题简化。

下一步工作是对式(14.8)进行线性化，需要5个相对定向参数的初值。我们跳过推导的细节，直接介绍单独法相对定向的推导结果。

$$p_y = -x'\Delta\kappa' + x''\Delta\kappa'' + \frac{x'y'}{f}\Delta\varphi' - \frac{x''y''}{f}\Delta\varphi'' + \left(f + \frac{y'y''}{f}\right)\Delta\varpi'' \tag{14.10}$$

式中，(x', y') 和 (x'', y'') 分别是同名点的影像坐标；f 是焦距。

视差方程(14.10)是一个观测方程。视差 p_y 表明当前参数的估计值与观测值偏离核面的程度；另外，也可以利用共线模型得到相同的方程。

通过所有同名点的视差方程，可以得到法方程系数矩阵 $\boldsymbol{N}$。除了第5列外，其余的系数都是同名点坐标乘积的函数。在坐标至少有一个为0的地方选择标准点位，该位置上的匹配点组成的法方程，一部分系数会变成0。下面的结构中，x 表示一个非零系数。

$$\boldsymbol{N} = \begin{bmatrix} x & 0 & 0 & 0 & x \\ \cdot & x & 0 & 0 & x \\ \cdot & \cdot & x & 0 & x \\ \cdot & \cdot & \cdot & x & x \\ \cdot & \cdot & \cdot & \cdot & x \end{bmatrix} \tag{14.11}$$

这样的结构十分适合于定向参数的迭代运算，因为这些参数除了最后一个外其他都是相互独立的。立体测图仪的模拟定向完全是基于这条原则的。你可能有这样的疑惑，在数字摄影测量中，点是自动匹配(量测)的，并且强大的计算能力对 N 的直接解算是十分有利的，那么上述原理对数字摄影测量有什么用呢？14.6节将会介绍一种基于这种原理的，不利用明确的匹配点来确定定向参数的方法。

线性模型

在未知的情况下，共线与共面模型是非线性的。线性化需要近似值，而为了保证收敛，我们也必须要确定一个较好的参数近似值。选择一个好的近似值是对地面摄影测量与交向航空影像应用的巨大挑战，为此，出现了不需要近似值的模型。这种有趣的处理方法超出了这本书的范围，如果读者有兴趣的话，可以查阅在文末所附的有关参考文献。

传统的非线性模型涉及三维正交旋转矩阵。Thompson(1968)建议放弃正交性，而把旋转矩阵元素当做未知数来考虑。Horn(1990)提出基线分量与旋转元素可以在不需要近似值的条件下，在迭代过程中独立地确定下来。Tan 等 (1996)和 Wang(1994)提出了一种至少需要8个同名点的相对定向的直接解法。

14.2 交互式相对定向

交互式相对定向是在数字摄影测量工作站(DPW)上执行的。这些工作站提供多种支持量测同名点的功能，至少，你能够得到一般解析测图仪所提供的功能。例如，特征定位使得模拟测图仪移至标准点位，从而操作人员可在此位置附近选择一个合适的点，并消除上下视差。在量测6个点后，系统会计算出定向参数，并且如果结果是可以接受的(如上下视差的标准差低于预定值)，那么会从量测模式转换为模型模式。

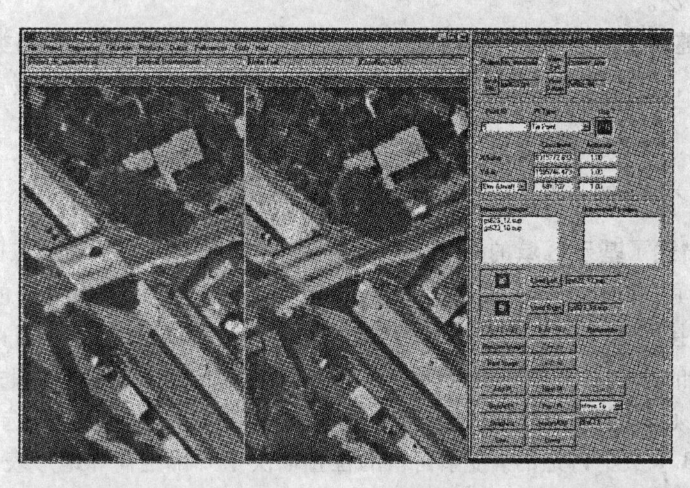

图 14.2 SOCET SET 软拷贝工作站的相对定向。为了量测同名点，光标先定位在左影像上的一个特征点上，这幅影像即被锁定，当右影像的光标也移至同一特征点时，这个点就被量测了。通过鼠标按钮来执行的这一基本步骤是交互式量测同名点的一种有效途径

同样的过程也可在DPW上执行，不同的只是特征定位相应地被光标定位所代替。在没有机械部件移位的情况下，将光标定位在特定位置是相当快的，只是将新的图像数据装载进图形系统慢了一点；DPW另外一个显著的优点是光标的形状和颜色可以很容易改变，以更准确地达到最佳点位。图14.2是SOCET SET系统相对定向的典型界面。一个立体模型的两幅影像分别显示在屏幕窗口中。一旦光标定位在一幅影像上的一个特征点上，这幅影像就被锁定并且光标移至另一幅影像的同名特征点上。

大部分的DPW提供了自动量测同名点的选项。一种典型的情况是在左影像上人为用光标定位选择特征点，在右影像上的光标就会移至相应的同名点的邻近位置。同名点的精确位置需通过匹配来计算，例如采用影像相关的方法，可以根据屏幕上的可视检查来决定接受或放弃定位结果。

14.3 基于兴趣点的自动定向

提取和匹配兴趣点是一个简单的过程，也很容易实现，是立体像对定向最普遍的一种方法。此外，它还有一个显著的优点，即可以使用现有的基于点的解析摄影测量方法来确

定定向参数。这种方法的代表文献见 Tang and Heipke(1996)和 Hahn and Kiefner(1994)。

14.3.1 兴趣点的提取

在一幅影像或影像区域上提取明显点的基本思想是识别方差较大的区域——这些区域在匹配时有用。利用一个兴趣算子进行提取，有明显特征的点称为兴趣点。11.1.1 小节通过比较对兴趣点检测进行了总结。

Luhmann 和 Altrogge(1986)比较了几种兴趣算子，他们得到结论：Moravec(Moravec，1976)和 Förstner(Förstner，1986)提出的算子用于航空影像最合适。这两个算子在自动相对定向中应用最广泛。

Förstner 兴趣算子基于旋转不变量并且能达到子像素级的精度。不同类型的特征点也能够被检测出来，包括角点和圆形特征点等；Moravec 算子则较简单，容易实现，并且运行速度更快。

14.3.2 匹配兴趣点

11.1.2 节描述了基于区域的兴趣点匹配方法。图 11.1 说明了兴趣点匹配的原理。立体像对中显示了用 Förstner 算子提取的兴趣点。比如说在右影像上以其中的一个特征点为中心建立模板，接着在另一幅影像上的搜索窗口内计算。有时在搜索窗口内包含几个兴趣点，此时以所有的待选点为中心建立匹配窗口计算相关系数，具有最高相关系数的点通常被认为是模板中心的同名点。Tang 和 Heipke(1996)也考虑利用 y 分量来选择同名点。

正如在 10.3.1 节中讨论的，搜索窗口的位置取决于外部定向和地形表面。这些参数的不确定性决定了搜索窗口的大小。因为立体像对的定向元素是未知的，所以必须从近似值开始处理，比如首先假设绝对垂直摄影和地面平坦水平，这大大简化了搜索窗口中心的估计，这时，有：

$$x_s = x - bx, \quad y_s = y$$

式中，(x,y)是影像上的一兴趣点的坐标；(x_s,y_s)是搜索窗口中心的坐标。窗口 x 方向的大小主要取决于模型表面的不确定因素，定向参数的不确定性影响窗口 y 方向上的大小。为了使匹配候选点的个数在一个合理的限值内，可以采用分级的方法。

Tang 和 Heipke(1996)提出了分级匹配的方法，即限制候选点为金字塔影像上一层的同名点。一旦找到一个兴趣点，在该层金字塔影像的下层相应的位置区域极有可能也找到几个兴趣点。这导致了越来越多的兴趣点被提取。例如，开始在金字塔影像的顶层只有几百个兴趣点，结束时，在金字塔影像高分辨率层将会有几千个兴趣点。图 14.3 显示了用这种方法匹配的兴趣点的位置和分布。

综上所述，通过匹配兴趣点来求相对定向参数的方法简单有效。选择合适的阈值和窗口大小值得特别注意。首先，在分级匹配方法中选择金字塔影像的最高层，接着确定用于提取兴趣点的窗口大小，然后确定选择兴趣点的阈值以及作为匹配同名点接受标准的阈值。这些值大多依赖于影像，有些取决于影像位置(内容)和分辨率(金字塔影像中的层数)。怎样确定和选取阈值没有明确的规则，这就增加了基于该方法建立自主系统的困难。

14.6 节介绍了另一种先计算定向参数再匹配兴趣点的方法。它需要遵照在立体测图仪上手动定向立体像对的原则，经过数次迭代完成。兴趣点的匹配在定向参数建立之后进行。

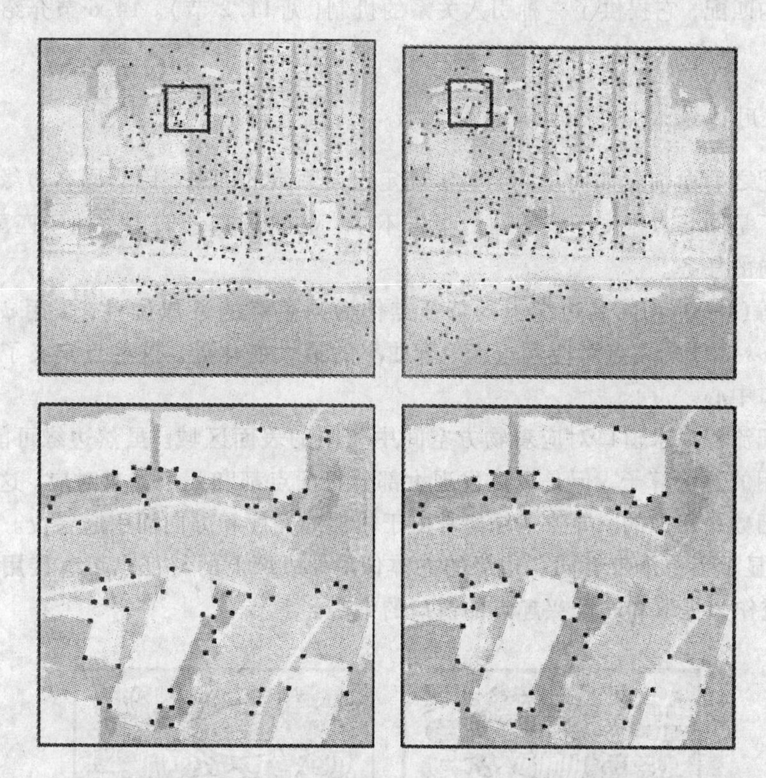

图 14.3 用 Tang 和 Heipke(1996)介绍的方法匹配兴趣点。上排图像显示的是在金字塔影像顶层的立体像对和顶层上所提取的兴趣点，下排图像是以更高分辨率显示的上排图像中突出显示的区域。两个窗口的中心根据上层中匹配的兴趣点确定。注意到窗口中包含的兴趣点比上层同一区域多

14.4 基于边缘像素的自动定向

在 20 世纪 70 年代后期，人们认识到人类惊人的立体视觉能力是基于识别同名边缘而不是同名点，基于边缘特征的匹配开始在计算机视觉领域流行。边缘的稳定性比点强。此外，它们与物方空间的信息有着更直接的联系，例如物体的边缘与标志或表面的突变。影像的自动定向是具体应用的前提，比如表面重建和物体的识别等应用。因为在解决这些任务时边缘起重要的作用，所以把它们作为影像定向的实体很合理。

我们在前面的章节中已经讲了边缘匹配的重要部分。例如，有关计算机视觉的 5.3 节解决了检测边缘像素并将它们连接成轮廓的问题。第十一章中也讨论了匹配边缘的几种不同方法。

14.4.1 边缘匹配

第十一章的大部分在讲边缘匹配。较通用的方法是基于比较边缘的形状，即比较整个边缘或是部分边缘，而不是单个的边缘像素。这种方法有 ψ-s 法和广义 Hough 变换。

基于形状和位置标准的边缘匹配可以通过考虑边缘间的关系来改进。关系匹配，也称

为符号或结构匹配，它提供了一种引入关系的机制(见11.2节)。14.6节介绍一种边缘匹配的新方法。

14.4.2 利用边缘特征点计算定向系数

边缘匹配之后面临着如何用同名边缘确定定向系数的问题，因为同名边缘上的单个像素基本上都不是同名点。关于该问题的报告不多，显然研究者们更关注于匹配问题本身，而忽视了定向的任务。

Schenk等(1990)用同名边缘上的特征点作为同名点的近似位置，采用ψ-s方法来匹配，分段的ψ-s曲线的顶点对应着边缘轮廓曲率的最大变化处。这些点定义了提取和匹配兴趣点的窗口中心。

上述匹配流程要求窗口对应着物方空间中相同的表面区域。虽然边缘可能有些错位，它依赖于所用的边缘算子，但是可以发现大部分特征点都和几个像素对应。这是因为同名位置的图像函数是相似的，导致边缘经常由于相似的亮度和方向而引起错位。

图14.4显示了一个带有同名边缘的立体像对。边缘上的特征点可直接用于计算相对定向参数，或作为提取和匹配兴趣点的窗口的中心。

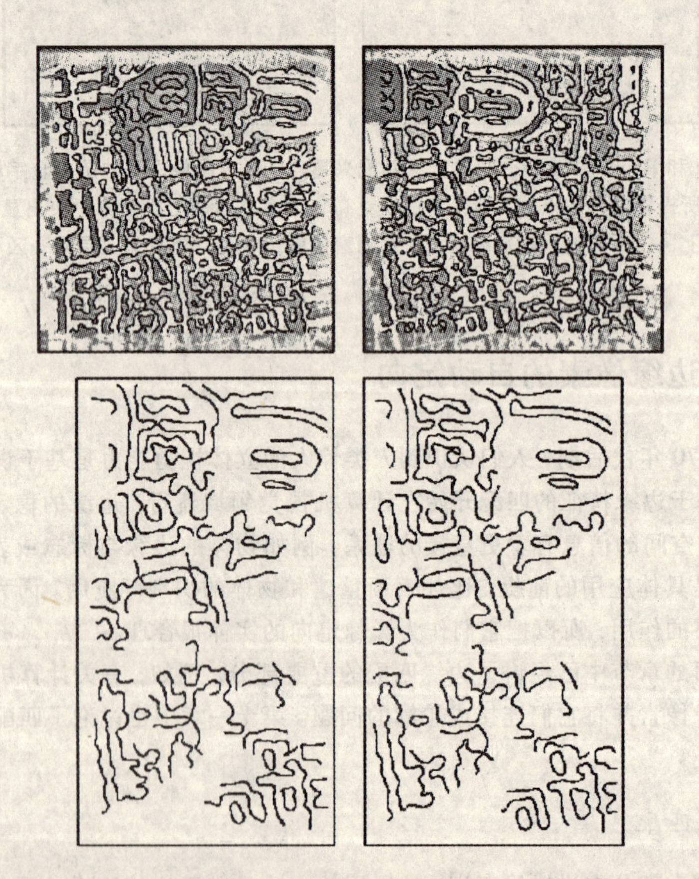

图14.4　带有同名边缘的立体像对。其中的特征点是边缘的分段ψ-s表示的顶点，也对应着曲率变化最大的地方。在金字塔影像的上层，这些点被直接用于改进定向参数；在高分辨率层，这些点作为提取和匹配特征点窗口的中心

为了提高边缘特征点对应的精度，可以在以特征点为中心的窗口内确定兴趣点。正如 Schenk 等(1991)所描述的，匹配的兴趣点可在后面用于定向参数的计算。

14.5 利用边缘实体自动定向

已经匹配的边缘意味着可将它们作为实体计算相对定向参数。利用特殊的点，比如，在前面章节所讨论的特征点，仅仅是利用了可用信息的一小部分，更有用的可用信息是边缘。此外，边缘特征点只是近似的同名点。

理论上，将匹配的边缘用作定向的观测实体是可能的。如果这样，共线模型将被扩展为线的处理，从而取代点的处理。比如，一束光线对应于一个由投影中心和边缘确定的表面。在边缘大概是直线的情况下，解决方法是已知的。

如果使用直线，会产生一些有趣的问题。首先，必须从影像中提取直线，因为边缘几乎都不是纯粹的直线，我们需要先通过边缘像素拟合一条直线。一个更基本的问题关系到直线边的三维表示以及它们在像方和物方空间之间的透视关系。4 个参数就能唯一地表示三维直线，有多种表示方法。Mulawa 和 Mikhail(1988)用一个点和一个方向向量表示直线，因为这种表示不是唯一的，所以他们引入了两个约束条件，即必须选择距离原点最近的点，并且方向向量的模为单位长。Ayache 和 Faugeras(1989)用分别与 x 轴和 y 轴平行的两个平面的交线表示三维直线，然而，这种四参数的表示方法对于与第一个主平面平行的直线有奇异。为了避免奇异，Habib(1999)提出一种用于表示直线在像方和物方空间之间的透视变换的数学模型。

这一节讨论将匹配得到的同名边缘作为实体的新方法，而不是将它们近似为直线或曲线。

14.5.1 相关的边缘特征

让我们先定义一些与计算相对定向参数相关的边缘属性。

边缘像素不一定是同名点

同名边缘不一定包含同名边缘像素的原因有几个。例如，如图 14.5 所示，建筑物的垂直边在两张影像上有不同的长度(突出显示的边缘)，所以，不是所有的像素都有同名点。

图 14.5 边缘透视收缩的例子。建筑物的垂直边缘所成影像的长度不同，因为两幅影像像素的大小相同，构成右边影像边缘特征的像素数是左边影像的两倍。所以，不是所有的像素都有同名点

边缘端点定义模糊

我们经常很清楚地观察到同名边缘，但不能很好地定义边缘端点。图 14.6 举例说明了这个问题。这里，边缘阈值导致左影像边缘的断裂，中间有空白；而右影像则没有受该阈值的影响。限定边缘属性的阈值(比如梯度)是选择有利于匹配和定向的边缘的常见处理方法。

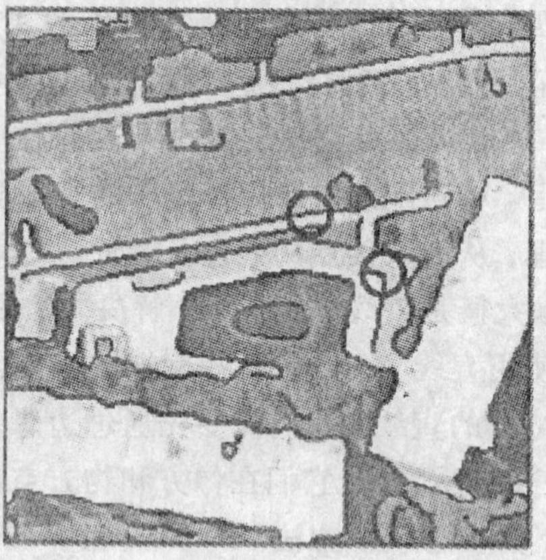

图 14.6　通过相同参数对两幅子影像上边缘进行阈值化处理。图上两个标识出来的区域显示了边缘对阈值化的反映略有不同。在随后的边缘匹配过程中，左片的边缘线段很有可以会匹配到右片上不受影响的边缘上。在这种情况下，边缘的端点没有被很好地定义

边缘像素的精度

上面的这个例子进一步证明了垂直于边的像素的精度比沿边的像素精度要高这一直觉。我们可通过边缘像素的误差椭圆的分布来随机地建立一个边缘模型作为初始的近似值。图 14.7 给出了一些例子。直线上的像素具有一个扁平的误差椭圆，其长轴落在该像元位置的切线方向上。

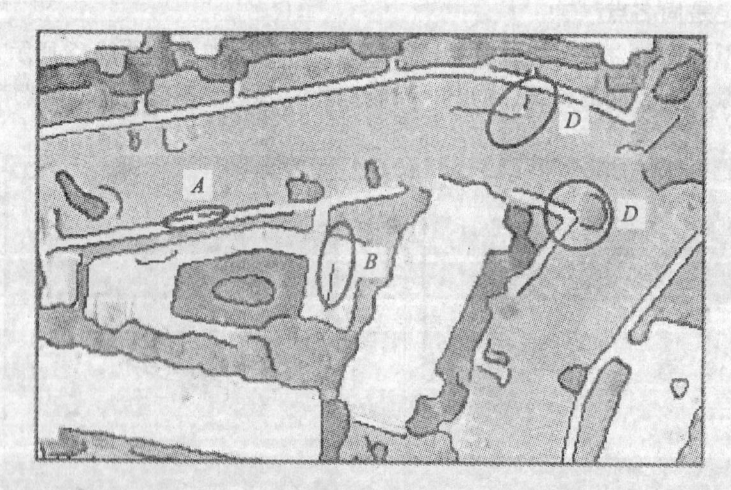

图 14.7　边缘的精度可以通过边缘像素的误差椭圆的分布来表示。直线的边缘像素有扁平的误差椭圆，其短轴由边缘的强度所决定(A)。因为边缘的末端通常不会很好地被定义，所以长轴会向末端方向延伸更长(B)。靠近角点的边缘会有一个更趋近圆形的误差椭圆，如 C 和 D

我们认为边缘的末端通常没有边缘的其他像元那么准确地定位，因此，它会有一个长轴较长的误差椭圆。误差椭圆短轴的大小，在垂直于边缘的方向上很大程度上由边缘的强度确定。边缘算子通常提供一种强度的量测，如卷积的梯度。一些边缘算子，如LOG算子，表现为典型的错位模式(见图5.6)。因此，当像素移位到期望的位置时(如角点)，误差椭圆将会呈现出一个更圆的形状。

14.5.2 定向参数的计算

假设我们用共面模型来确定单独法相对定向的5个定向元素。在这种情况下，正如14.1节所指出的，共面的平面与核面是同一个平面。观测值(如同名点)中存在的误差，但只要它们位于核面上，就不会对定向参数造成任何的影响，这一点十分重要。图14.8描绘的是一个立体像对，区域表面上一点 S 以及由两投影中心和 S 点所定义的核面。S'和 S''两个像点是同名像点。

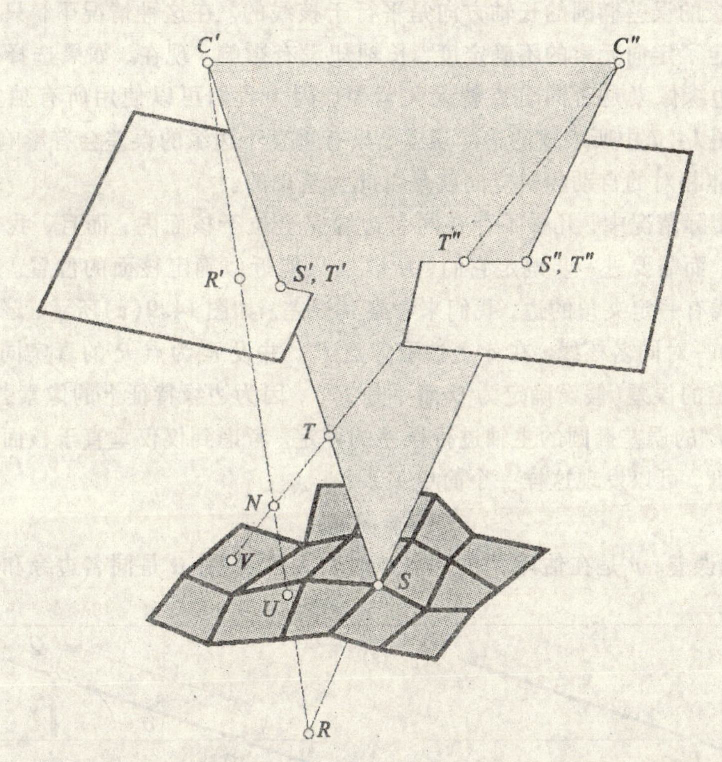

图14.8 物体表面点 S 和两投影中心 C'、C''确定了一个核面。S 点在左右片上的构像 S'、S''为一对同名像点。点 T 和 R 位于核面上但不在物体表面上。广义上来说，只要满足共面条件，它们在左右片上的像点仍然可认为是同名点。但是如果考虑可视表面的话，它们就不再是同名点了。在计算相对定向元素时，只要是位于核面上的点均可被利用，包括那些位于可视表面之外的点。在这些位于可视表面之外的点的位置上所看到的，实际上就是通过此点的投影光线与可视表面的交点。例如，对于像点 R'，在该像点位置看到的实际是地面点 U

令 T 和 R 为位于核面上的两点，但并不在地表上，那么 T'与 T'' 、R' 与 R''是否还是同名点呢？因为它们在核面上，所以仍然可以认为它们还是同名点。如果采用更严格的同名点定义的话，这些像点会因为它们对应于地表面上的不同点而不是同名点。比如，像点 R' 对应地面上的点 U，但它的同名点 R'' 却对应地面上的点 S。

下面针对图 14.8 描述的情况，在标准点位做重复测试。在传统处理方式下，通过同名点对(S',S'')来计算 5 个定向参数。现在来构造新的点对，如(S',T'')和(R',T'')。后面的点对显得更为有趣，因为它包含了对应于物方空间中一个新点 N 的两个像点，点 N 由两条光线相交确定。值得注意的是，N 并不在一个可见表面上。实际上，在人为构造的点对(R',T'')位置成像的是物方点 V 和 U。不管用哪些同名像点进行定向，求得的元素的结果仍然是不变的。

由此得出，无论使用什么同名点进行定向，只要它们位于核面上，对于确定定向元素就没有影响。我们仅仅是找到了一种不用同名点就可以进行相对定向的方法，但是仍然要用到共面条件。假定刚好有一对位于核面上的匹配边，则沿着边方向的误差对定向无影响，只有垂直于核面的误差才会影响定向结果。

核面上边缘的误差椭圆的长轴方向是平行于核线的。在这种情况下，只有垂直于核线方向的短轴决定了定向元素的不确定度，长轴却没有影响。现在，如果选择位于核面上的匹配边，那么边缘像素是否同名点就无关紧要，因为我们可以使用所有独立的边缘像素对。再次比较图 14.7 中所表述的边缘误差，只有垂直于边缘的误差会有影响。利用原始边缘特征进行立体相对的自动相对定向就是以此为基础的。

当然，在实际情况中，几乎不存在同名边缘完全位于核面内；而且，我们并没有定向元素的精确值，而需要进一步确定它们，所以也只能近似确定核面的位置。对于没有精确配准的、与核线有一定夹角的边，我们来考察其误差。如图 14.9(a)所示，g'与 g''为一对同名边，e'与 e''为一对同名核线。在 g'上选取像点 P'，并设 P''为点 P'的真实同名点。在确定 P''时会引入一定的误差(假设确定为 Q 而不是 P'')，因为边缘特征上的像素并不是同名的。可以利用像素 P''的误差椭圆的主轴进行误差的评定。考虑到仅仅垂直于核面的误差分量才会影响定向精度，可以发现这样一个简单关系：

$$v = u\sin\alpha \tag{14.12}$$

其中，v 是有效误差；u 是在估计 P'的同名点时引入的误差；α 是同名边缘和核线的夹角。

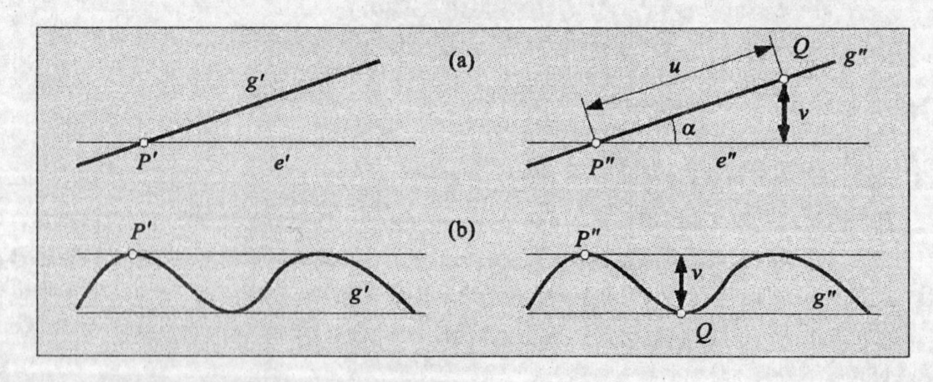

图 14.9　核线 e'、e''与同名边缘 g'、g''之间的夹角 α，引起的有效误差为 $v = u\sin\alpha$。确定 P'的同名点为 Q 点而不是它真正的同名点 P''，会引入误差 u，如图(a)。曲线边缘也会引入附加误差，如图(b)，其最大值与曲线的弯曲程度有关，弯曲程度由曲线通过的管道的最小直径表示

曲线边缘将会引入另外的误差。图 14.9(b)描述了同名曲线边 g'、g''以及定向的有效误差。可以用确定曲线特征边的最小直径的方法来估计最大误差。

估计 P'的同名点时引入的误差 u 与沿边方向的匹配精度也有很大的关系，且与地面有关。假定已知 P 点周围地面的形状，在这种情况下，预测 P''点位置的不确定度则只取决于定向元素的不确定度——也就是说，u 将会小些。

为了使结果更精确，另外两种影响定向元素精度的误差也必须加以考虑。首先，必须将误差椭圆所表达的边缘像素误差考虑在内。另外，必须考虑同名像素的匹配误差 u，但是仅仅只有它的 y 方向分量会影响结果。

14.5.3 表面的计算

理论上讲，一旦确定了定向元素，相对定向就完成了，但是为了后续应用，仍需进行地表计算。另外，如果把自动相对定向过程集成到一个分级的过程中，就需要确定地面高程以限制图 14.9(a)中所示的误差 u。为了计算定向元素，最好使用与核线平行的边缘。但如图 14.8 所示，这些边缘对于确定地形表面点是不理想的，沿核线方向的误差将会转化为高程误差。因此，为了计算地面点的高程值，应该选择那些误差椭圆短轴垂直于核线方向的匹配边。

图 14.10 表述了这样的情况。地面点的高程由垂直于基线方向的同名边缘确定。假设有由左投影中心 C'和边 f'所确定的平面，则右投影中心 C''与 f''上任一像素确定的直线均将交于这一平面上，而且，这里的像素并不要求是同名的。

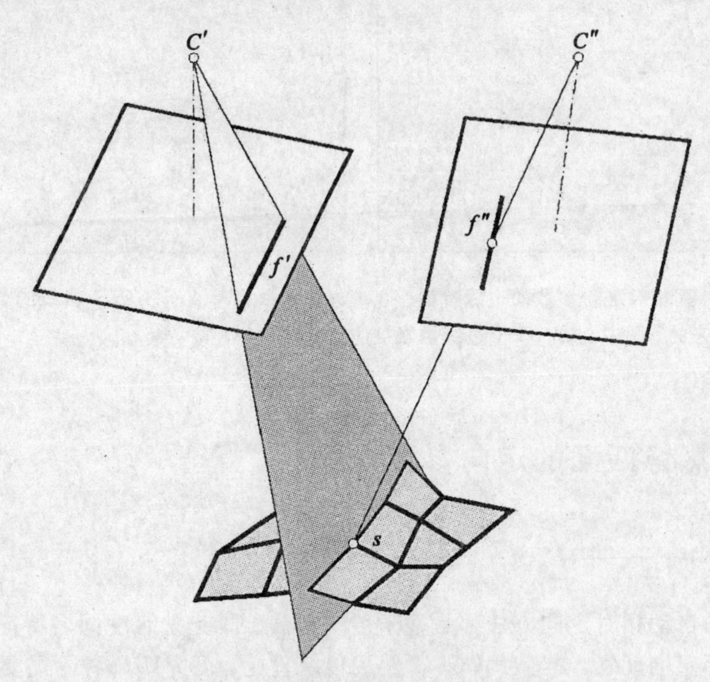

图 14.10　由左投影中心 C'和左片上的边 f'确定一个平面，通过右投影中心 C''和右片上边 f''上任一像素的直线，与平面相交，则可确定边缘上非同名像素点的高程

14.5.4 方案

一个基于匹配边缘和非同名边缘像素计算定向元素和高程的方案如下。

1）在两张影像上分别提取边缘特征，并用第十一章介绍过的任何一种方法匹配这些边缘。

2）选取近似平行于核线的边缘。

3）利用步骤2)中选取的匹配边缘中所有的独立边缘像素对，计算相对定向元素。

4）选取近似垂直于核线的边缘。

5）利用步骤3)中确定的定向元素计算核线影像，这将有助于确定同名像点的位置。利用同名像点可以计算步骤4)中选取的匹配边缘的大致高程。

6）更新定向参数并在金字塔各级影像中重复这一步骤。

图14.11阐述了这一过程。在影像金字塔顶层的匹配边缘被叠加显示在立体像对上，图中只显示了适合计算定向参数的边缘。

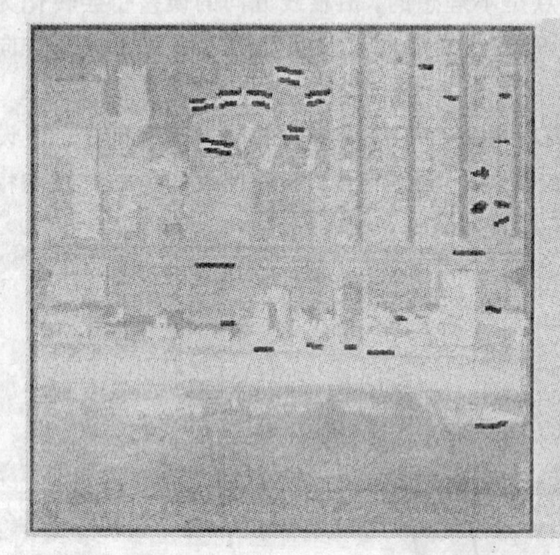
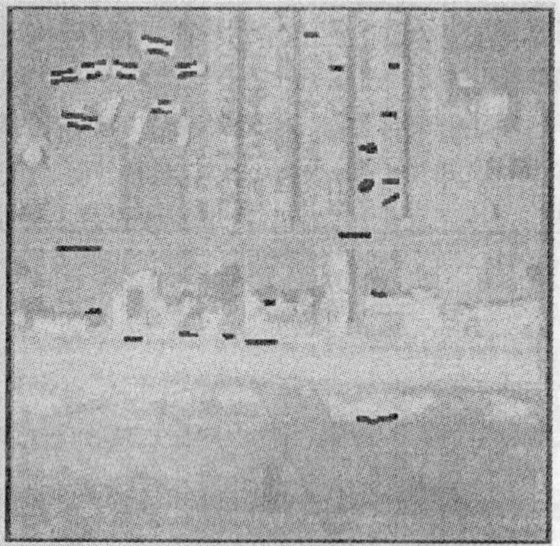

图14.11 适合计算相对定向参数的边缘特征。这些边缘是根据笔直且平行于核线的要求从一系列匹配边缘中挑选出来的。图中，共535个边缘像素被应用到共面模型中

14.6 无须影像匹配的定向参数计算

14.6.1 原理

以上所述的自动相对定向方法都是基于传统方法，即首先匹配同名特征实体，然后利用平差程序计算定向元素。本节我们不再使用传统理论，而介绍一种不需要任何特征匹配来确定定向参数的方法。这种方法的目的是针对自动相对定向唯一致命的弱点——匹配精度不高而提出的。

这里采用试错法而不采用平差过程来确定定向参数。假设存在一个五维空间，其坐标

系的5个轴与5个相对定向参数相对应。空间范围是有限的——它由合理的定向参数范围所限定。例如，航空立体像对的旋转角度在±5°范围内，并且基线分量不超过基线的10%。现在考虑特征点已提取的情况。不对它们进行匹配操作，建立所有可能的五像点对组合，对所有五像点对组合解算定向参数，并通过累加数组，在参数空间记录所有这些解。所有同名像点的组合都将计算出同样的结果，因此，五维元素空间中的峰值即对应正确解的位置。这种方法被认为是试错法。这种方法的可行性依赖于形成的相互独立的5点组合的个数，并且基于假设有非常多的同名像点。这是一种统计的方法——正确的像点对越多，累加数组的峰值就越高。

实际处理中，会受到许多问题的限制和影响，最严重的问题是组合爆炸。例如，每张影像中1 000个点将会造成一对立体像对中5.7×10^{15}个可能的五像点对组合。另外一个问题则和参数空间的大小有关。假定我们使用的是独立法相对定向(有5个独立的旋转角度)，并且将统计空间划分为以1′为单位。在限定范围为±5°的条件下，每一个坐标轴都有600个单元，则要求7.8×10^{13}个存储单元，而每一个存储单元的大小要足够存放求得的解！另外一个问题是如何分析累加数组以检测聚集。

对于组合爆炸的一个明显的解决方法就是减少点的数量，整体减少数量，或者将影像划分为若干子影像。减少参数空间大小的方法包括粗计算或者减少参数的个数。

Habib等(2000)提出了一种巧妙的方法可以避免组合爆炸，内存不足问题和聚合分析等问题。本节不讨论这种方法的具体推导而只是总结一下这种方法的显著特征。首先，立体像对可以分割成6个区域，每个区域都以标准定向点位为中心(见图14.12)。对公式(14.10)进行分析，发现位置特征非常有趣，也就是y方向的视差只和一个定向元素相关联——每个区域对应着一个不同的定向元素。这提示我们可以通过迭代的方法解决定向问题，与在模拟立体测图仪上对模型进行定向非常类似。这样，五维的参数空间可以减少到一维。使用标准定向点位使得点集组合减少到一个可管理的数量；同时，只需要一个一维累加数组。

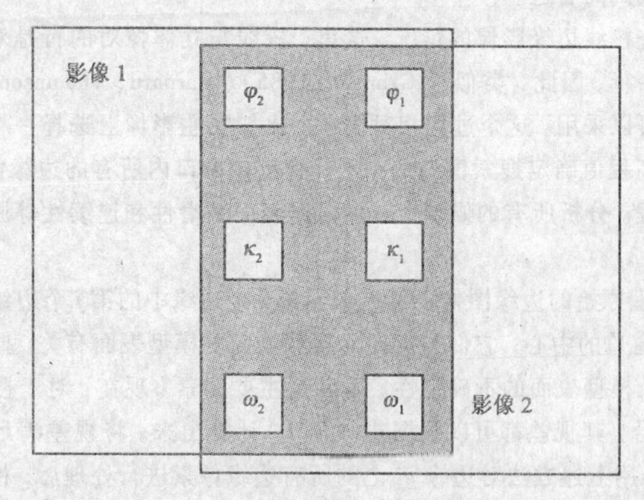

图14.12　标准点位及其所对应的定向参数

基于该策略的定向方法如下。

1）以标准点位为中心，确定子影像的大小和位置。子影像必须在立体像对的重叠区域内。这一步骤中还需要有关航向重叠和地面高程的知识。

2）在重叠的子影像区产生所有可能的点对组合。对于每一个点对组合，根据方程(14.10)来确定相对定向参数并更新累加数组。

3）分析累加数组得到其峰值。所有对峰值有贡献的点对组合都认为是同名点对。

4）在其他的标准点位处重复2）~4）步。

5）对所有的同名点对进行相对定向平差处理。检测粗差点并剔除奇异点。

14.6.2 通过试错法进行边缘匹配

上一节介绍的方法中，兴趣点的角色被边缘像素所取代。令$\{g'\}$和$\{g''\}$为立体像对的边缘集合。理论上，利用任意包含5个边缘像素的独立组合都可以得到一个解，然后跟踪所有解在由未知定向参数所确定的参数空间内的位置。与以前一样，参数空间内单一的峰值即对应着唯一的解。对最终解有贡献的边缘像素组合认为是同名像素。最终，通过同名边缘像素可以得到同名边缘。但这样做是本末倒置的，因为边缘匹配必须在定向参数确定以后才能进行。

为了避免5个边缘像素组合时的组合爆炸，可以早些采用迭代计算的方法，即在任何一个标准定向点位只处理一个参数。在立体像对的两张影像中，每对可能的边缘像素组合都可以建立一个形如式(14.10)的方程，5个参数中有4个可将它们的当前值代入进去，从而由方程确定第5个参数的值，并将所求的参数值形成直方图(一维的累加数组)。直方图中的峰值对应着当前的定向参数的解，直方图的形状表明解的唯一性和突出性。

当定向参数在反复迭代中确定以后，同名的边缘像素也确定了，此时不能再局限于标准点位处的子图像。随着定向参数的确定，我们可以生成核线影像(见第十二章)，也可以通过确定核面来找到同名边。

让我们先检查核线边缘影像的情况。这里，核线与立体像对的行是对应的，这表明同名边缘像素在同一行，因此，类似于Grimson(1985)、Barnard、Thompson等学者所提出的边缘匹配方法都可以采用。这个过程相对简单。比如在左影像上选择一个边缘像素，并根据当前点的模型高程值确定搜索窗口的中心，找出该窗口内所有的边缘像素，对所有边缘像素重复这一过程。分析所有的候选点，再根据表面平滑性和连续性等原则来剔除一些不可靠的点(图14.13)。

第二步是处理原始的边缘图像，令g'_{ij}表示第i个边缘中的第j个边缘像素。令w''_r、w''_c对应于g'_{ij}的搜索窗口的中心，它们与定向元素和当前的模型表面有关。搜索窗口的大小取决于定向参数以及模型表面的不确定性，后者是主要因素。现在，对于搜索窗口内所有边缘像素与g'_{ij}的组合，其视差都可以根据式(14.10)计算出来。将视差满足一定阈值的点对组合选为候选点。用上述方法对边缘g_i上的所有边缘像素进行处理后，检查所有的候选点对组合；然后，通过连续性的原则来确定同名点(Habib等，2000)。

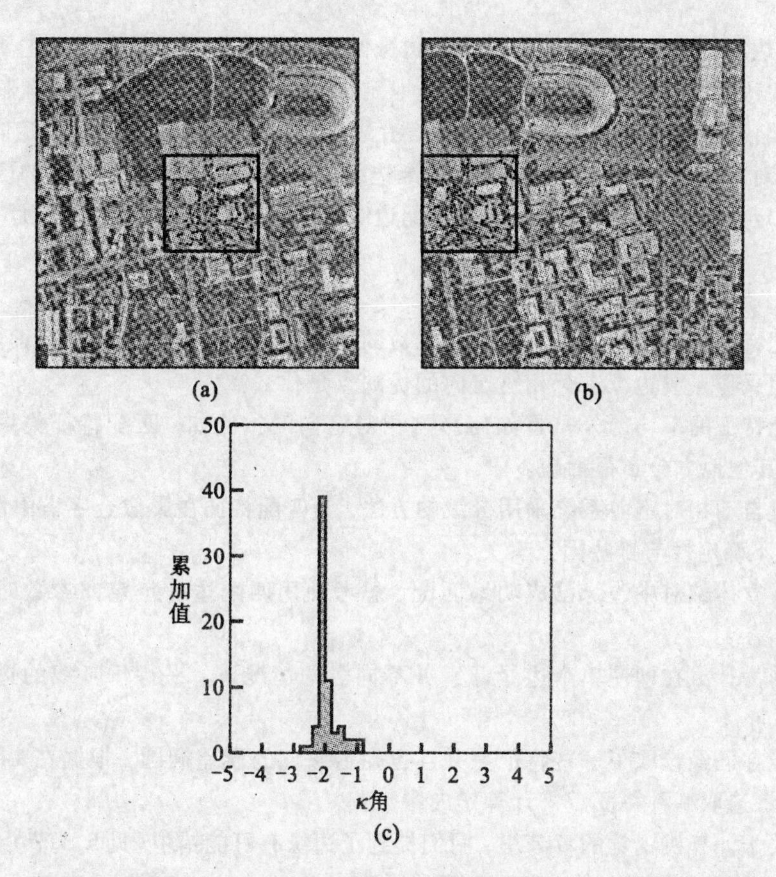

图 14.13　图(a)和图(b)显示了第一个标准点位处的子影像和兴趣点。根据这两组兴趣点，形成所有可能的点对组合，并用累加数组的方法计算 κ_2 的值。图(c)中的峰值对应着 κ_2 的解。所有对这个解有贡献的像素对都认为是同名的，沿核线的多余同名像点将在以后的步骤中剔除

14.7　小结

在传统的摄影测量中，相对定向由人工完成，其主要任务是确定和量测合适的同名点。由于经济的原因，只会量测少量的点(少于 12 个)。在选择和量测合适的点方面，电脑远不如人工；然而，电脑却能很容易地提取特征，比如边缘或者区域。因此，计算定向参数的算法必须能够处理特征，并考虑精度低、冗余度高等问题。

以上已讨论了多种自动相对定向的方法，最常用的还是基于兴趣点的方法，这可能因为这种基于点的处理方法与传统摄影测量的方法较为一致。尽管这些方法比较好，但是还是有人认为兴趣点比较抽象化、理论化，附带的物方空间信息比较少。对于物方空间的重建，包括物体识别，最好基于线和区域特征。

基于边缘的自动相对定向的研究焦点是寻找同名边。关系匹配是一种比较通用的方法，这是因为投影时一些重要的拓扑关系是不变量。本章介绍了一种新的匹配方法——试错法。在这种方法中，用立体像对中不同的点对组合(兴趣点或边缘像素)来计算解。相同解的像素组合对被认为是正确匹配。这一方法利用了相对定向元素和匹配点位置的空间相

关性。

对匹配边缘进一步检查发现，单个的边缘像素可能不是同名的。误差主要限于沿边缘的方向上。以垂直于切线为标准可以更好地定义边缘。可以通过误差椭圆来表示这一特性，如果匹配边缘位于一个核面内，则确信沿边缘方向的误差是不会影响定向元素的，这也为自动相对定向提供了一种新的选择匹配边缘的方法。大致平行于核线的匹配边缘比较适合于计算定向元素；而垂直于核线的匹配边缘更适合于用来确定模型表面。

习题

1. 匹配特征的数量是如何影响定向参数的精度的？是如何影响模型表面的？

2. 使用兴趣点或边缘进行相对定向的优缺点是什么？

3. 匹配特征的不均匀分布是如何影响相对定向的？比如，匹配特征集中在模型的左上角，而在其他地方分布很稀疏。

4. 假设自动相对定向系统采用分级的方法，当匹配特征在影像金字塔中传递时，预测同名点位的不确定性与哪些因素有关？

5. 假设立体像对中边缘已成功地匹配，思考使用匹配边确定定向参数时可能出现的问题。

6. 解释为什么在即使单个边缘像素并不同名的情况下，平行于基线的边缘也很适合用来相对定向。

7. 假设你已经选取了一些特征点并且也知道它们的误差椭圆，根据在 14.5 节讨论的内容，你应该选取哪种特征点来计算定向参数？

8. 在关于计算机视觉的章节里，我们提到了边缘有可能错位(见 5.3 节)。边缘错位将如何影响相对定向？提示:考虑它对匹配的影响。

9. 在 14.6 节里介绍的通过迭代计算定向元素的方法的优点是什么？

参考文献

[1] Ayache N, O Faugeras(1989). Maintaining Representations of the Environment of a Mobile Robot[J]. IEEE Transactions on Robotics Automation, 5(6), 804-819.

[2] Barnard S, W Thompson(1982). Disparity Analysis of Images[J]. IEEE Transactions on Pattern Analysis and Machine Intelligence, 2(4), 333-340.

[3] Brandstatter G. (1996). On Critical Configurations of Projective Stereo Correlation[J]. International Archives of Photogrammetry and Remote Sensing, 31(B3), 77-81.

[4] Förstner W(1986). A Feature Based Correspondence Algorithm for Image Matching[J]. International Archives of Photogrammetry and Remote Sensing, 26(B3/3), 13-19.

[5] Grimson W E L(1985). Computational Experiments with a Feature Based Stereo Algorithm [J]. IEEE Transactions on Pattern Analysis and Macine Intelligence, 7(1), 17-43.

[6] Habib A(1999). Aerial Triangulation Using Point and Linear Features[J]. International Archives of Photogrammetry and Remote Sensing, 32(3-2W5), 137-142.

[7] Habib A, A Aamamaw, D Kelley, M May (2000). Linear Features in Photogrammetry[R]. Report No. 450, Department of Civil and Environmental Engineering and Geodetic Science,

The Ohio State University, Columbus, OH 43210.
[8] Hahn M, M Kiefner (1994). Relative Orientierung durch digitale Bildzuordnung [J]. Zeitschrift für Photogrammetrie und Fernerkundung, 62(6), 223-228.
[9] Horn B K P(1990). Relative Orientation[J]. International Journal of Computer Vision, 4 (1), 59-78.
[10] Luhmann T, G Altrogge(1986). Interest-Operator for Image Matching[J]. International Archives of Photogrammetry and Remote Sensing, 26(B3/2), 459-474.
[11] Mikhail E(1993). Linear Features for Photogrammetric Restitution and Object Completion [J]. In Proc. of the International Society for Optical Engineering (SPIE)-Integrating Photogrammetric Techniques with Scene Analysis and Machine Vision, 1944, 16-30.
[12] Moravec H P(1976). Towards Automatic Visual Obstacle Avoidance[C]. In Proceeding of 5th International Joint Conference on Artifical Intelligence, 584.
[13] Mulawa D, E Mikhail(1988). Photogrammetric Treatment of Linear Features[J]. International Archives of Photogrammetry and Remote Sensing, 27(B3).
[14] Schenk T, J C Li, C Toth(1991). Towards an Autonomous System for Orienting Digital Stereopairs[J]. Photogrammetric Engineering and Remote Sensing, 57(8), 1 057-1 064.
[15] Schenk T, C Toth, J C Li(1990). Zur automatischen Orientierung von digitalen Bildpaaren [J]. Zeitschrift für Photogrammetrie und Fernerkundung, 58(6), 182-189.
[16] Tan Z, G Brandstätter, X Xu(1996). A Method for Solving the Inverse Problem of Photogrammetry[J]. International Archives of Photogrammetry and Remote Sensing, 31(3/1), 806-811.
[17] Tang L, C Heipke(1996). Automatic Relative Orientation of Aerial Images[J]. Photogrammetric Engineering and Remote Sensing, 62(1), 47-55.
[18] Thompson E H(1968). The Projective Theory of Relative Orientation[J]. Photogrammetria, 23(2), 67-75.
[19] Tommaselli A, C Tozzi(1996). A Recursive Approach to Space Resection Using Straight Lines[J]. Photogrammmetric Engineering and Remote Sensing, 62(1), 57-66.
[20] Wang Y(1995). Ein neues Verfahren zur automatischen gegenseitigen Orientierung der digitalen Bilder[J]. Zeitschrift für Photogrammetrie und Fernerkundung, 63(3), 122-130.
[21] Wang Y(1994). Strukturzuordnung zur automatischen Oberflächenzuordnung [Dissertation]. Wissenschaftl. Arbeiten der Fachrichtung Vermessungswesen der Universität Hannover. Nr. 207, 103.

第十五章　自动外定向

本章主要介绍解算单张影像(单幅影像后方交会)和数字立体像对的外方位元素，也称为绝对定向。这里的基本问题是通过适当的转换建立影像(或模型)空间与物方空间的关系。为了解算这些变换参数，就必须了解坐标系的相关信息。传统方法是利用控制点来实现转换，也就是说，将物方空间坐标系中的已知点在影像(或模型)坐标系中识别或测量出来。

利用控制点进行绝对定向的方法，在传统摄影测量与人工交互识别和定位控制点的交互式数字摄影测量中运行良好，但是，数字摄影测量学中像点概念正面临挑战。在严格意义上讲，“点”在影像上并不是物理存在的，因此，就很难提取它们。实际上，控制点都是目标点或特征的中心坐标。这里的困难在于如何自动地识别这些目标点。15.3 节介绍与在影像中寻找控制点相关的问题与研究成果。

因为提取线特征比提取点特征容易，因此本章将主要解决处理特征线、特征面的问题。15.4节提出了两种利用线特征进行单幅影像绝对定向的方法。第一种方法基于上一章提到的试错法，通过检查像方与物方所有可能的对应点组合，迭代计算出绝对定向参数。该方法同时确定出影像与物方控制点之间的对应关系，因此是一种新的匹配方法。第二种方法是用解析曲线表示特征，再扩展共线方程以包括曲线参数。

15.5 节介绍控制表面的概念以及它们在建立立体模型与物方空间之间的三维变换中的作用，如从现有的 DEM 或者激光测量中获取物方空间的表面。这还可以作为用特征取代点确定模型关系的另外一个例子。

基本定向过程自动化的目的在于实现单幅影像或立体模型的自动链，如图 15.1 所示。摄影测量工程中包括很多影像，以航带或区域组织；定向参数通常通过区域网平差获得。因此，单幅影像(或立体像对)的绝对定向在实际应用中作用不大，但是，在自动外部定向

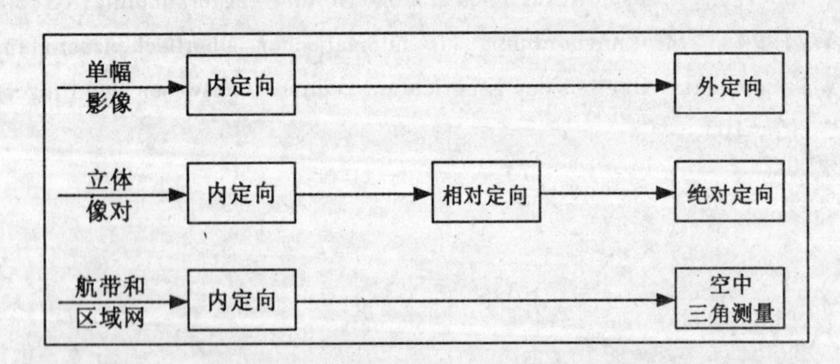

图 15.1　单幅影像，立体模型，航带和区域网的自动链

(AEO)与自动绝对定向中出现的难题会同样出现在空中三角测量与DEM生成中。本章提出的方法在一定程度上是通用的。

15.1 直接定向与间接定向

高级的直接定向系统能够测量航空相机投影中心的位置和姿态(外部定向)，其精度保证了航空影像直接定向可以被一些制图应用所接受。这些系统基于GPS和惯性测量系统的组合。直接定向系统成功地用于多种不同的传感器系统，比如激光测量、遥感、推扫式扫描仪。由于没有其他的方法计算传感器的外部姿态，因此上述系统实际上完全依赖于直接定向。这不同于摄影测量中通过空间后方交会间接获取框幅式相机的外部姿态。近期一些先进的直接定向系统获取的参数精度可以与间接定向媲美，并出现了一些成功的应用方案。直接定向系统的权威性预测了传统定向方法的终结，包括空中三角测量。

对直接定向与间接定向的讨论有时更倾向于个人喜好而不是技术本身。事实上，用相当的精度获取定向参数只是整个事件的一部分。本节将简要地列出在比较直接定向与间接定向时必须考虑的几个要素。

笔者认为应该将摄影测量过程与其他过程放到一起讨论。定向就是一个好的例子，它是所有后继过程的绝对先决条件，比如表面重建、物体识别。点的重建需要内、外方位元素。通过重建，可以利用影像空间的测量计算物方空间的点与特征。

为说明两种定向方法在重建方面的区别，这里简单地使用航空立体像对作为例子。图15.2

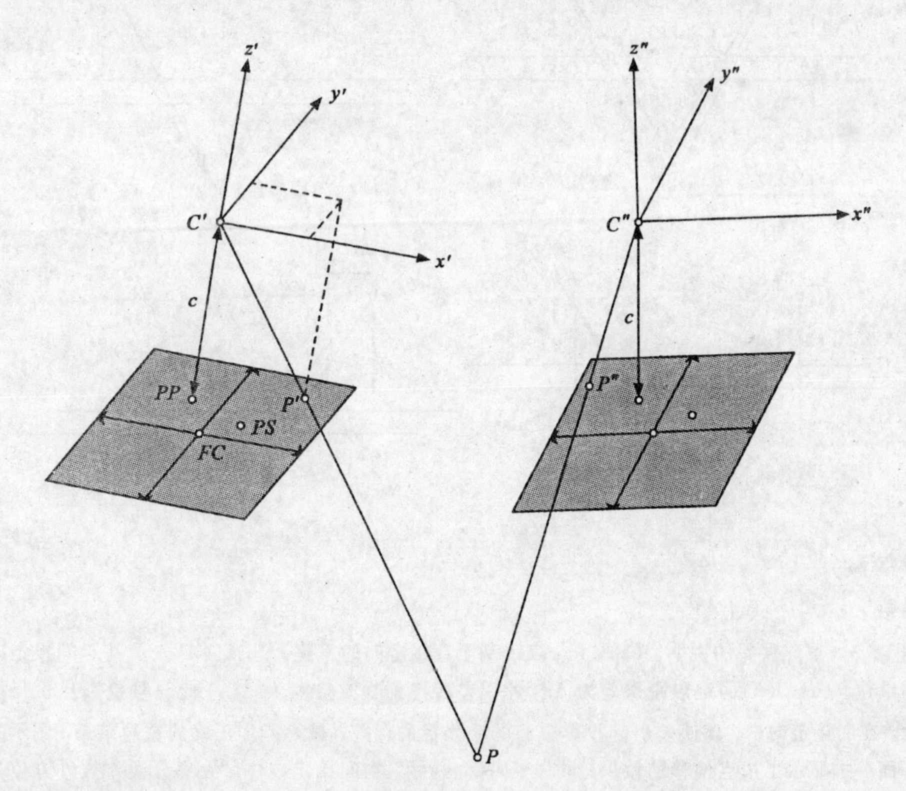

图15.2 重建原理。为重建P点，需要知道P点在两影像上的投影和影像的内、外方位元素

说明了从两个对应像点 P'、P''重建物方空间点 P 的过程。外方位元素决定站点 C'、C''的位置以及主光轴方向。为获取同名光线的空间方位，需要知道内方位元素。内方位元素由像主点 PP、标定焦距 c、径向畸变曲线、径向畸变原点和对称点 PS 等组成。

现在考虑在不同情况下分别用直接定向和间接定向重建 P 点的例子。如果内方位元素(理想情况下)正确，那么，这两种方法是相同的。考虑更实际的情况，框幅式相机内方位元素存在误差，这些误差很难确定。众所周知，相机焦距的真值不同于标定值。为方便记忆，将曝光时的焦距真值称为真实焦距(c_T)，标定焦距称为改正焦距(c_W)。飞机飞行期间的温度与气压也会引起差异，比如像主点变化。在直接定向系统中，GPS 时钟与曝光的准确时间之间的同步问题引发了平移误差，相当于像主点的偏移。

首先，检查焦距误差 $\Delta c(\Delta c=c_W-c_T)$对重建的影响。图 15.3(a)描述了直接定向的情况。已知外方位元素，根据正确的内方位元素，P 的重建也是对的；同理，错误的内方位元素必然产生错误的重建。因为不知道真实焦距，所以现在只能得到存有误差的点 P^*，以及重建误差 $\Delta P_z=\Delta c\cdot s$，这里 s 是摄影比例尺。

与直接定向不同，外方位元素在间接定向过程中是未知的，它是基于控制点与错误的内方位元素计算的，因此，外方位元素也是错误的。图 15.3(b)说明了这种情况，焦距的误差必然引起投影中心 Z 坐标的误差。但另一方面，重建是正确的，因为误差被外方位元素吸收了。

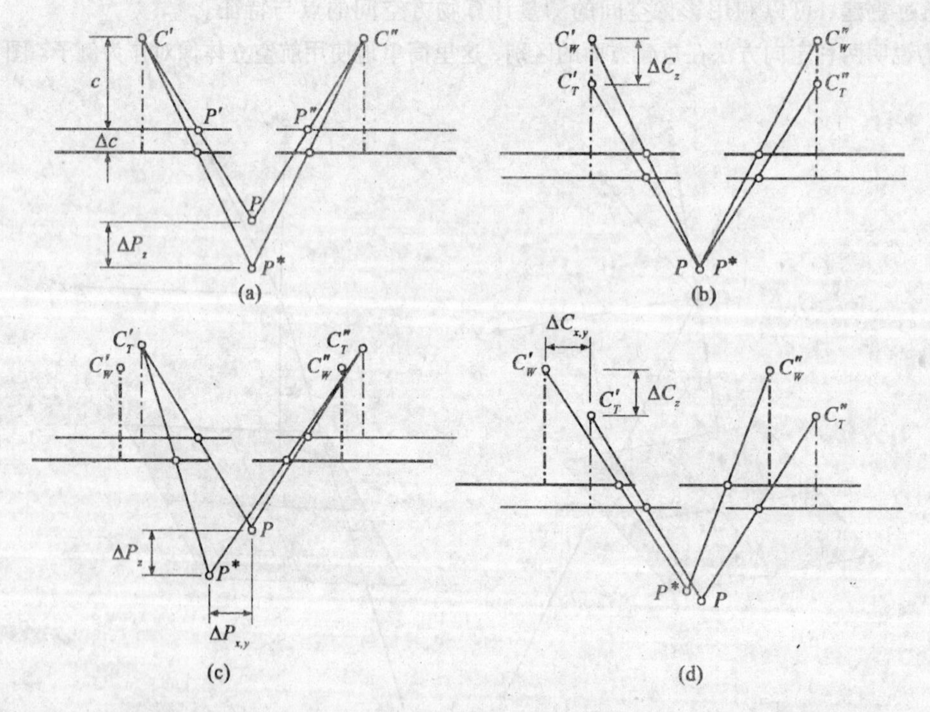

图 15.3 重建误差的说明。(a)、(c)表示基于直接定向的重建，(b)、(d)表示基于间接定向的重建。(a)、(b)假定焦距误差为 Δc。此误差传递到物方空间为 ΔP_z，此时被摄影比例尺扩大。在间接定向中，该误差引起投影中心的 Z 坐标的误差，最终产生正确的重建结果。图示的下面一排显示了主点偏移的效果；同样，如(d)所示，在间接定向中，大部分误差被外方位元素吸收了

图 15.3(c)、(d)说明了焦距误差与像主点偏移产生的组合误差。很明显，基于直接定向的重建问题更突出。重建点 P^* 在 X、Y、Z 三个方向都有误差，分别由 $\Delta P_{x,y}$ 与 ΔP_z 表示，如图 15.3(c)。对于间接定向，因为外方位元素吸收了大部分误差，因此重建误差非常小。尽管存在残余误差和模型误差，但是间接定向能够得到更好的重建结果。

【例 15.1】

假定飞行高度为 4 500m，标定焦距为 150mm，曝光时的真实焦距为 150.02mm。用直接定向方法进行重建，高程误差为 0.67m。间接定向重建误差是 $[-0.02, -0.02, 0.01]^T$m。假设像主点的偏差为 $[-0.01, 0.015]^T$ mm，则直接定向重建误差为 $[-0.33, 0.33, -0.92]^T$m，间接定向重建误差为 $[-0.03, -0.17, -0.22]^T$m。这些结果来源于模拟绝对垂直立体像对，参考点为靠近模型角点的点。

15.2 背景

15.2.1 单幅影像后方交会

确定单张框幅式影像 6 个外方位元素的过程称为单像空间后方交会，该过程通过模拟成像过程实现。对于框幅式影像来说，著名的共线方程是一个非常合适的数学模型(详见 14.1.2 节)。方便起见，将等式(14.3)重新表示在这里：

$$x_p = -f\frac{(X_P - X_C)r_{11} + (Y_P - Y_C)r_{12} + (Z_P - Z_C)r_{13}}{(X_P - X_C)r_{31} + (Y_P - Y_C)r_{31} + (Z_P - Z_C)r_{33}}$$

$$y_p = -f\frac{(X_P - X_C)r_{21} + (Y_P - Y_C)r_{22} + (Z_P - Z_C)r_{23}}{(X_P - X_C)r_{31} + (Y_P - Y_C)r_{32} + (Z_P - Z_C)r_{33}} \tag{15.1}$$

共线方程将物方点 (X_p, Y_p, Z_p) 的像点 (x_p, y_p) 表示为外方位元素 X_C、Y_C、Z_C(摄站中心的位置)与旋转矩阵 $\boldsymbol{R}$(相机的姿态)的函数。

每一个观测像点 (x_p, y_p) 可以列出两个方程。假定已知控制点在影像上的观测值，且已知 X_p、Y_p、Z_p 的坐标，那么共线方程表达式的右边的未知数只是 6 个外方位元素，因此，3 个控制点就可以计算出 6 个外方位元素。如果有 $n(n>3)$ 个点，就多出 $2n-6$ 个方程，可以通过最小二乘计算外方位元素。方程式(15.1)是非线性方程式，可以从任何一本普通摄影测量书上找到线性化的方法以及平差过程的实现。

对一般的非线性平差问题，关键是如何获取适当的参数估计值作初值。摄站中心的估计值可以从飞行计划中获得。对于航空影像，一个粗略的方法是确定影像空间提取的特征点质心与物方控制点之间的矢量关系，由此确定 X_C^0、Y_C^0。另外，Z_C^0 可以由焦距乘以摄影比例尺得到，或者简单地使用影像上记录的飞行角度计算高出地面的高度。很明显，对于近似垂直摄影，它的两个角度 ω、φ 可以近似为 0，而 κ 值必须根据飞行计划中的信息(比如导航数据和飞行地图)得到。

15.2.2 绝对定向

如图 15.4 所示，模型坐标系与物方空间坐标系统之间的关系为：

$$\boldsymbol{p} = \boldsymbol{SRm} + \boldsymbol{t} \tag{15.2}$$

其中：$\boldsymbol{S}$ 是缩放矩阵；$\boldsymbol{R}$ 是旋转矩阵；$\boldsymbol{t}$ 是两个坐标系之间的平移量。正如摄影测量学中的一般表示，假定缩放比例是统一的，也就是说，$\boldsymbol{S} = s \cdot \boldsymbol{I}$，$s$ 为缩放系数。这样，就得到较熟悉的相似变换(7 参数)模型：

$$\begin{aligned} X &= s(r_{11}x_m + r_{12}y_m + r_{13}z_m) + X_t \\ Y &= s(r_{21}x_m + r_{22}y_m + r_{23}z_m) + Y_t \\ Z &= s(r_{31}x_m + r_{32}y_m + r_{33}z_m) + Z_t \end{aligned} \tag{15.3}$$

这里，$r_{11},\cdots,r_{33}$ 表示旋转矩阵的元素；X_t、Y_t、Z_t 表示平移参数；s 是缩放参数。

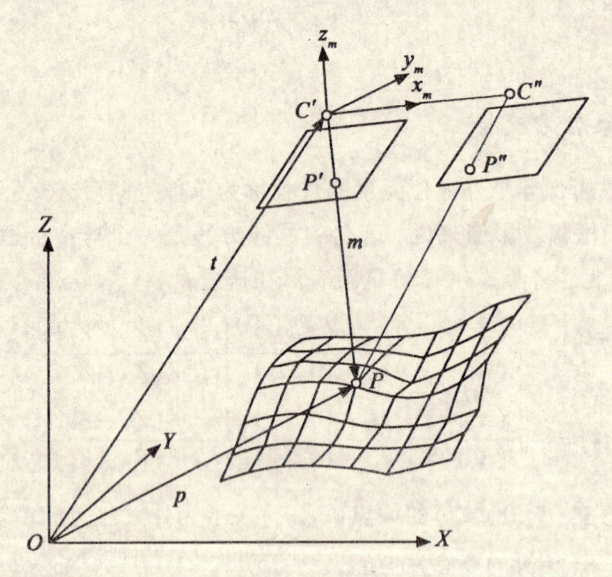

图 15.4 立体模型由模型坐标系到物方坐标系的绝对定向。数学模型通常使用三维相似变换

通常，这 7 个参数通过平差求解，这个过程是使变换后的值与给定值之间的差异最小。一般的摄影测量文献会详细地介绍线性化的方法，或是将非线性三维变换化为平面与高程分别变换的情况，这样，两种情况都是线性的。

对于航空立体像对来说，获取适当估计值的直接方法是首先进行二维变换，产生 X_t^0、Y_t^0、s^0、κ^0，然后，令 $Z_t^0 \approx s^0 \cdot \varphi, \omega^0 \approx \phi^0 \approx 0$。

15.2.3 利用相对定向与绝对定向获取外方位元素

由相对定向与绝对定向获取的参数可以组合起来获取 6 个外方位元素。表 15.1 列出了对应的计算过程。通常情况下，假定相对定向的模型坐标系定义为 $c_r' = 0$ 与 $c_r'' = b$，b 在独立相对定向中表示为 $[bx, 0, 0]^{\mathrm{T}}$，在连续相对定向中为 $[bx, by, bz]^{\mathrm{T}}$，值得注意的是，在连续相对定向中，$\boldsymbol{R}_r' = \boldsymbol{I}$。

表 15.1　**根据相对定向与绝对定向解算外方位元素**

定向	定向参数	
	位置	姿态
相对	c'_r c_r''	R_r' R_r''
绝对	t	R_a
外	$c_e' = t$ $c_e'' = t + b$	$R_e' = R_a R_r'$ $R_e'' = R_a R_r''$

15.3　基于控制点的自动定向

识别控制点较好的方法是首先找到控制点的大概目标；另一种方法是使用地形控制点，例如道路交叉点。接下来将描述一些自动识别控制点的方法。

15.3.1　控制点标志的自动识别

为了便于识别控制点，控制点标志必须精心设计。普通的标志形状包括三个或四个分支，偶尔也会出现"T"字形、"V"字形或圆形标志。为了在影像中呈现出能够被容易识别的特征，标志应该具有适当的大小与形状，并必须具有较高的前景/背景对比度。例如，白色塑料板可以放在黑色的土壤与草地上，而黑色的纸可以放置在反光的表面上。标志的大小是相片比例尺的函数。一个基本原则是，控制点中心标志在影像上的最小尺寸是 0.01 mm 到 0.1mm(矩形的边或圆的直径)。各分支离开中心点的距离应该保持在这个距离的 2 倍。最后，支线的长度应该是中心标志宽度的 5 倍。

一种直接识别与精确测量控制点目标的方法是匹配。首先生成目标影像，然后在影像上寻找，这就是第十一章提到的模板匹配方法。我们同样可以用该方法解决内定向中的类似问题，这时，必须要在影像上找到框标。

在使用灰度相关和最小二乘匹配寻找影像中的目标之前，应该首先建立目标的模型，也就是说需要适当的目标影像。为了统一术语，称这些模型为模板或者模式。为获取尽可能相似的模板，应该使用实际的影像信息制作此模板，包括光照、反射特性、地形特征、传感器。然而，这实现起来有困难，产生的模板通常会忽略一些影像信息。通常的方法是基于给定的影像比例尺产生目标的理想影像。对于旋转变化的匹配方法，比如灰度相关，就需要使用一系列方向不同的模板。然而建立的目标模型太严格，模板不会考虑由表面倾斜引起的误差，也不能考虑不同的前景/背景反差。因此，模板与真实数据之间的误差是很大的，可能导致低的相似度与高的错误率。

图 15.5 表示几种不同条件下的目标。图(a)、图(b) 中的目标与暗色背景形成强烈的对比；图(c)举例说明飞行过后被选中或观测的特征，不建议使用停车场作为特征，因为很容易与其他停车位混淆，除非如本图中显示的拐角处；图(d)、图(e)举例说明了不能令人

满意的情况，它们的对比度和分辨率都很低；图(f)是一种理想的影像，它可以作为基于区域的匹配方法的模板，来精确定位控制点的位置。由于模板和影像之间差别很大，导致相关系数较低。

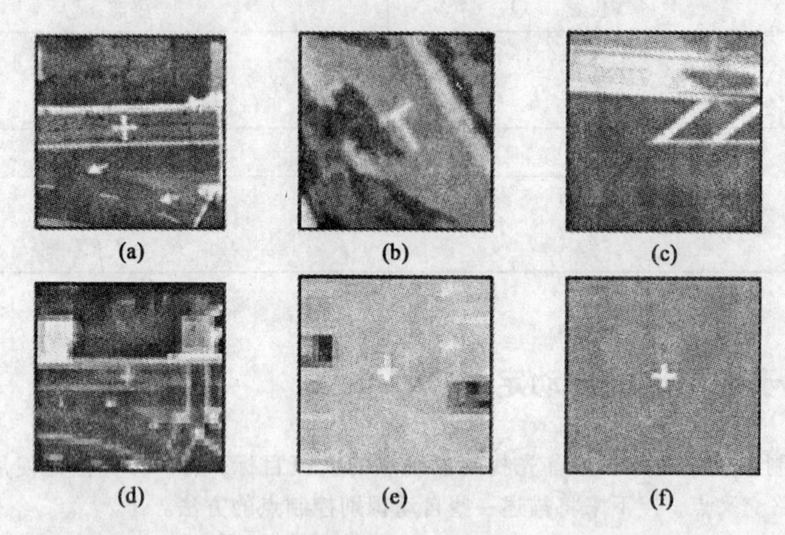

图 15.5 定位地面控制点。(a)中白色目标与暗色背景形成强烈对比。(b)中有一个"T"形目标，同背景的反差也很大。有时，仅在飞行后才确定地面控制点。(c)表示了被选中与测量的停车场中最拐角的一个停车位。(d)中的目标因为分辨率低很难识别。不是整个目标都与背景有较大的反差，比如(e)。(f)所示是一个合成的目标影像，它可以作为与(a)、(d)、(e)影像中的进行目标匹配的模板。此模板与真实影像之间的差异将导致较低的相关系数

通过影像与模板的匹配找出控制点，这当中存在一些问题，要解决这些问题，Guelch(1995)提出了一种基于特征的方法。该方法基于区域分割、轮廓提取和形状分析，认为目标区域的灰度是基本相同的，可以用区域分割来提取目标，然后通过 Snake 来检测边界(Guelch，1996)。这是一种基本的前景/背景分离过程。它分析的目标形状不仅提高了目标识别的可靠性，而且可以精确定位。为说明这一点，假定目标是十字形的，而且它的一个分支只是部分可见。如第 13 章中用框标展示的例子，一个有腐蚀的模板的中心并不与控制点的中心一致。Guelch(1994)展示了许多有趣的试验结果，包括不同方法的对比结果。试验数据是 30×30 的影像块，并要求控制点的初始位置要估计得非常准。

15.3.2 地形控制点的自动识别

控制点并不总是专门的标志点，经常会使用一些由特征定义的点来进行影像的定向，比如道路交叉点、桥梁或者其他线特征上的特征点。这种方法通常用于遥感领域中进行影像纠正或者影像与物方空间的配准。该过程包括两步，首先必须识别控制点特征，然后确定控制点的精确位置。

当然，识别是问题的关键。如图 15.6(a)、(b)所示的场景，有一小块影像和地图，问题是要如何识别和测量合适的地形控制点，比如，道路交叉点。将图像与地图比较，通过分析道路来识别道路交叉点，例如，有多少条道路相交叉以及交叉的角度。如果两个道路

在恰当的角度交叉时，又有几个候选交叉点，这时该如何选择。现在，需要考虑其他的一些条件，比如，道路宽度、路面或者其他并不属于道路的特征。识别的过程需要对影像进行解译。此时最让人感兴趣的是如何自动实现此过程。

假定控制点的描述可以从 GIS 数据中获取，也可能是查询交叉点的结果或已知的交叉点。理想情况下，这个结果包含了所有相关的几何信息和拓扑信息。同样，现在在影像中检索相同信息，并将这两种描述进行比较。检索影像非常复杂，因为原始影像并不包括直接和道路或其他物体相关的信息。这时，我们所能做的是提取具有一定长度的特征，这些特征很有可能是道路，然后形成道路网络的描述，将它与 GIS 中相似的描述进行比较。

在提取道路网络的过程中，含有大量的不确定因素。首先，肯定会漏掉一些道路或者道路段；此外，也必然会提出一些不属于道路的特征，匹配时必须考虑这些问题。关系匹配对解决这些复杂的问题具有一定的优势（见 11.2 节）。Vosselman 与 Haala（1992）证实了关系匹配在识别地形控制点方面应用的可能性。将从彩色影像提取的特征的关系描述与物方空间地形控制点的关系描述相比较，比较（匹配）可以用 11.2 节描述的经典树搜索方法来实现。彩色影像与 IR 影像有助于提取物方空间已知的特征。

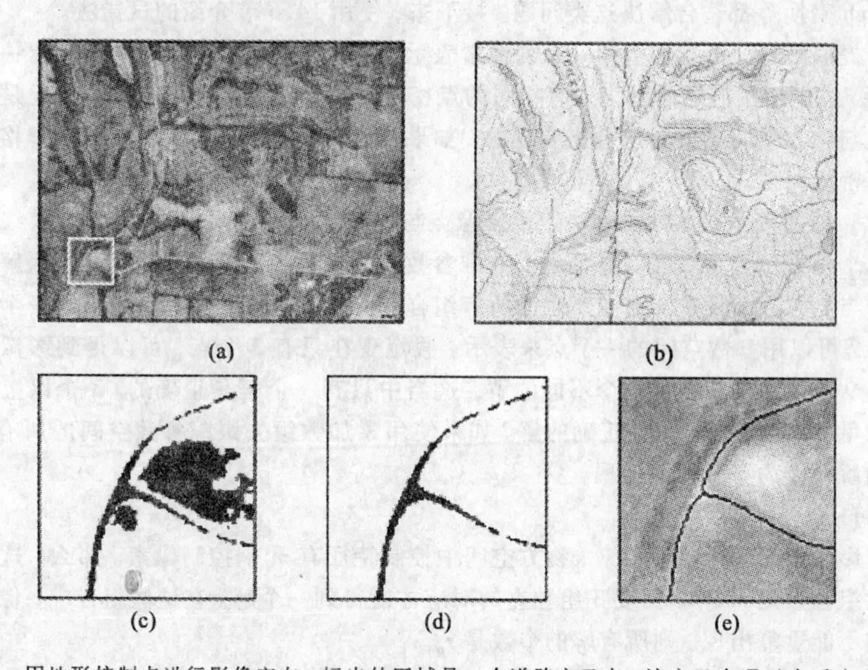

图 15.6　用地形控制点进行影像定向。标出的区域是一个道路交叉点，该交叉点通过自适应直方图阈值提取得到（c）、（d）。（e）表示细化结果。这是建立道路交叉点结构性描述的开始，将与地图中相应的描述进行匹配

15.4　基于控制特征的自动定向

前面几节的讨论将控制点作为一个抽象点，由标志点或者地形特征点定义。本节将用特征来代替点，介绍两种利用线特征来对单张影像进行定向的方法。第一种方法基于上一

章中介绍的试错法，尽管这种方法可以得到定向参数，但是它的主要优势在于提取出的特征与已知控制特征之间的匹配。第二种方法介绍利用线特征计算定向参数。

基于线特征的单像自动定向有3个明显的问题。

1）提取影像中的线特征。希望提取的特征能够与控制特征对应。因此，提取过程要在领域知识的指导下进行。例如，如果控制特征是GPS车辆的轨迹，那么就应该提取道路。

2）建立提取的特征与控制特征之间的对应关系。这是典型的匹配问题，必须考虑到三维特征投影到影像中引起的形状差别。

3）确定影像的外方位元素。

接下来跳过提取问题（见5.3节），直接介绍一种将提取特征与控制特征进行匹配的方法，并介绍利用控制特征的参数描述来解算外方位元素。

15.4.1 提取的特征与控制特征之间的匹配

图15.6表示一张包括提取特征与控制特征的航片，控制特征在物方空间坐标系下。那些提取的特征与控制特征如何对应呢？在第十一章已经讨论过几种方法，比如关系匹配、广义Hough变换等都适合解决这类问题。接下来，使用14.6节介绍的试错法。

假定提取的特征由影像空间一系列像素表示；同样，控制特征由物方空间的一系列三维点来定义。试错法假定两种描述有相同的点密度。这个假设很重要，因为匹配是通过检查影像点与物方空间点的对应性来实现的。如果控制特征是折线，那么就必须栅格化来满足这个等密度约束。

式(15.1)所表示的共线方程决定了影像点与物方空间点之间的关系。3对共线方程可以确定6个外方位元素。可以想象一个六维参数空间包含了所有的可行解，这些解来源于利用影像与物方空间任取3对点产生的所有组合。所有正确的组合一定会产生一个正确的解，这个解可以用参数空间的一个点来表示。假定现在只有3个点，可以得到影像点与物方点之间9个独立的组合与6个不同的解，这当中只有一个解是正确的。3个以上的点就会产生大量的组合，不止一种正确的解。如果使用累加数组去跟踪参数空间的所有解，那么正确的解会作为一个峰值出现。

【例15.2】

假定影像中有n个边缘像素，物方空间中控制特征有m个控制像素。那么，这两者之间的最大组合数是$m \times n$，需要3组独立的对应才能得到一个解。在这些组合中，像素与物方特征点不能重复出现。则所有解的个数是s：

$$s = \frac{n!\ m!}{k!\ (n-k)!\ (m-k)!}$$

当$n = m = 100$，$k = 3$时，将出现1.5×10^{11}个解。

例15.2实际上是组合爆炸的一个很生动的例子。如何解决这个问题呢？Habib等(2000)建议一个像点只与一个物方点构成一对。现在有$p = n \cdot m$种可能的组合，如果放弃同时解算所有6个外方位元素，那么使用一对组合（两个共线方程）每次就能确定两个参数。可以使用一个迭代的过程，这里涉及下列参数组合：

$$\{X_c, Y_c\}, \{Z_c\}, \{\omega, \phi\}, \{\kappa\}$$

图15.7列出了第一参数组合$\{X_c, Y_c\}$的累加数组。累加数组的维数根据预期的参数偏

离初始值的变化范围确定。峰值的位置表示 X_c^0、Y_c^0 的正确值。峰值的高度直接表示解的唯一性。

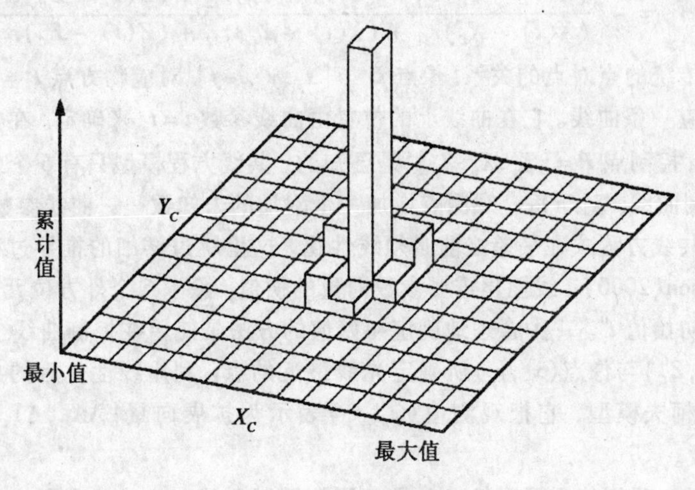

图 15.7　二维累加数组

此时仍然没有实现影像特征与物方空间控制特征之间的明确匹配。这里存在两种匹配方法。一旦通过上述的过程确定了定向参数的一个稳定的解，就再重复一下整个完整的过程。因为已知正确的解，因此此时把每个正确对应当成一个匹配。在这种情况下，边缘像素的列表就可以与控制特征的像素一一对应。

现在简单地介绍另外一种影像特征与控制特征匹配的方法。已知定向参数，根据共线方程得到控制特征的影像点。然后在影像空间进行匹配，此匹配依赖于邻近度与连续性。影像特征与控制特征应该接近重叠。因为通常一个控制特征只对应一个影像特征，偶尔也会对应多个影像特征，因此邻近度在极少数情况下会导致二义匹配结果，可以利用连续性原则解决该问题。

15.4.2　基于控制线计算定向参数

前面提到的匹配方法同时得到外方位元素，然而，这些方法最终依赖于影像与物方之间的对应点，即假设描述影像特征的像素对应着物体空间描述控制特征的三维特征点。这里，放宽该约束，给出一个更为通用的方法，该方法基于控制线的参数化表示(Zalmanson, 2000)。

空间曲线的参数形式可以表示为：

$$L(t) = \begin{bmatrix} X(t) \\ Y(t) \\ Z(t) \end{bmatrix}, a \leqslant t \leqslant b$$

如图 15.8 所示，空间曲线可以由包含曲线参数 t 的矢量 $L(t)$ 表示，此时曲线参数 t 的取值范围为(a, b)。

为表示与控制曲线相对应的已测像点(x_p, y_p)，共线方程可以写成下列形式：

$$x_p = -f\frac{(X(t)-X_C)r_{11}+(Y(t)-Y_C)r_{12}+(Z(t)-Z_C)r_{13}}{(X(t)-X_C)r_{31}+(Y(t)-Y_C)r_{31}+(Z(t)-Z_C)r_{33}}$$

$$y_p = -f\frac{(X(t)-X_C)r_{21}+(Y(t)-Y_C)r_{22}+(Z(t)-Z_C)r_{23}}{(X(t)-X_C)r_{31}+(Y(t)-Y_C)r_{32}+(Z(t)-Z_C)r_{33}} \tag{15.4}$$

这里放弃传统的点对点的关系(像点 $\boldsymbol{P}'=[x_p,y_p,-f]^{\mathrm{T}}$对应物方点 $\boldsymbol{P}=[X_p,Y_p,Z_p]^{\mathrm{T}}$)，而认为像点对应一条曲线。它在曲线上的位置由曲线参数 $t=t_p$ 来确定。在传统计算外方位元素的方法中，控制点 $\boldsymbol{P}=[X_p,X_p,Z_p]^{\mathrm{T}}$是已知的，共线方程模型只有6个外方位元素是未知的。使用控制曲线，对于每个观测点增加一个附加的未知数——曲线参数 t。

修改后的共线方程式在平差之前必须线性化。这里跳过详细的推导过程，感兴趣的可以参考 Zalmanson(2000)。线性化需要参数向量的初值。除了6个外方位元素的初值，还需要曲线参数的初始值 t^0。一种合理地确定初始值的方法是使用在控制曲线上而且距离由投影中心(X_C^0,Y_C^0,Z_C^0)与像点(x_p,y_p)所确定光线最近的点。利用线性化后的共线方程，可以建立高斯-马尔柯夫模型，它把观测值(x_p,y_p)表示为扩展向量$[\Delta X_C,\Delta Y_C,\Delta Z_C,\Delta\omega,\Delta\varphi,\Delta\kappa,\Delta t]^{\mathrm{T}}$的函数。

到目前为止，我们使用了影像点向量必须与控制曲线相交这一条件。想象一下，沿着控制曲线量测像点，每个点都列两个方程并且增加一个未知数(曲线参数 t)。添加的每个新点都是独立的，在此唯一的约束是影像点向量必须在控制曲线上。还要考虑是否漏掉了一些附加信息。当然，因为一个解析曲线并不仅仅是由不相关的点组成的，还存在着更独立的信息能够解决定向问题。这种附加且独立的信息的一个例子是物方空间的切线方向与影像空间的切线方向。

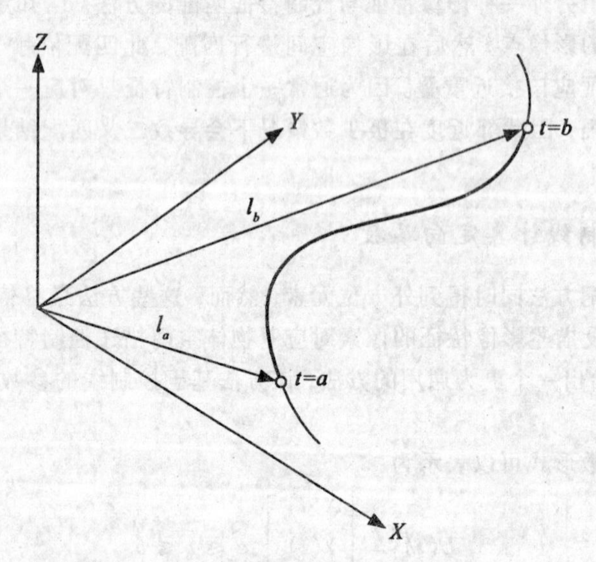

图 15.8 三维空间中线的参数表示。假定曲线参数 t 的取值范围是(a,b)。曲线在 $t=a$ 处开始，由向量 $\boldsymbol{l}_a$ 表示，并在 $t=b$ 处结束，由向量 $\boldsymbol{l}_b$ 表示

参数曲线上点 S 处的切向可以用$[X'(t_s),Y'(t_s),Z'(t_s)]^{\mathrm{T}}$定义。利用当前外方位元素的估计值确定点 S 的像点。投影点 S 的影像坐标依赖于曲线参数 $t=t_s$，表示为：

$$
\begin{bmatrix} u(t) \\ v(t) \\ w(t) \end{bmatrix} = \boldsymbol{R} \begin{bmatrix} X(t) - X_C \\ Y(t) - Y_C \\ Z(t) - Z_C \end{bmatrix} \tag{15.5}
$$

这里，$u(t)$、$v(t)$对应共线方程的分子；$w(t)$表示共线方程的分母；$\boldsymbol{R}$表示外方位元素方向余弦组成的旋转矩阵。也就是说，$x(t)/f = -u(t)/w(t)$，$y(t)/f = -v(t)/w(t)$，f表示焦距。对参数t求导，得：

$$
x'(t) = -f\frac{u'(t)w(t) - w'(t)u(t)}{w^2(t)}
$$

$$
y'(t) = -f\frac{v'(t)w(t) - w'(t)v(t)}{w^2(t)}
$$

将两个等式相除获取影像空间的切向，表示成物方空间切线方向的函数和外方位元素的函数：

$$
\tan\tau = \frac{y'(t)}{x'(t)} = \frac{v'(t)w(t) - w'(t)v(t)}{u'(t)w(t) - w'(t)u(t)} \tag{15.6}
$$

式(15.6)必须对参数向量线性化。此时，获得一个观测方程式，将观测的切向表示成外方位元素与曲线参数t的函数。假定控制曲线的成像是一条边，这条边由一系列边缘像素组成，在这种假定下，很容易从链码表示中获取切向方向。链码是一阶导数的离散化表示。如图15.9，P_1、P_2对应切向τ_1'、τ_2'，可以从P_1、P_2附近的链码取平均得到τ_1'、τ_2'。

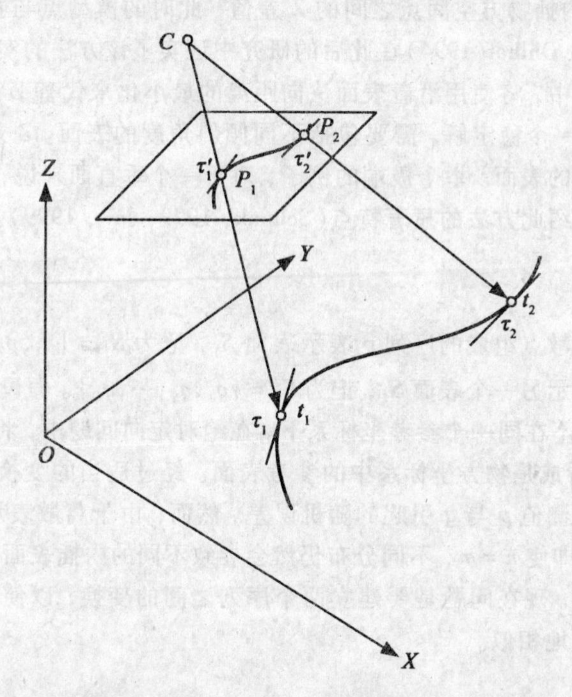

图15.9　P_1与P_2点表示控制曲线的影像上的两点。曲线参数t_1与t_2确定了观测点在物方空间的位置。此外，可获得切向τ_1'与τ_2'。它们对应控制曲线的切向，可以看成是附加且独立的信息

修改后的共线方程表示影像空间的点与控制线上的点之间的对应关系。切向方程与形

状特征有关。现在，对于每个点来说，对应两个观测方程式，每条切线又可以提供一个方程。在这种情况下，观测方程的总数达到 $3n$ 个（n 表示点与观测切线的个数）；另一方面，未知数个数达到 $6+n$。因此，3 个具有对应切线的点可以解此问题。进一步讨论此问题。假定已知物方空间的一条直线，包括切线在内，有多少点是独立的呢？或者直线所包含的信息有多少呢？只有一个点与它的切线是独立的。这产生了 3 个方程，7 个未知数。对于单幅影像后方交会来说，用直线解决问题还缺少 4 个信息。现在考虑两个不带有切线的点，产生 4 个方程和 8 个未知数同样缺少 4 个信息。用 3 条不同的直线来重复此试验，可以得到足够的方程来解决外定向问题。对于直线来说，一个点与其切向等于两个没有切向信息的点。

高次的曲线包括更多的信息。例如，抛物线缺少的信息数是 1 个，三次多项式并不缺少信息数。因此，可以用一个三次多项式来解决单幅影像后方交会问题，例如通过观测 3 个点及对应的切向来实现。

15.5 基于控制表面的自动定向

至此，可以使用物方空间的控制点与已知的线特征来解决单幅影像或立体像对的定向问题。现在考虑使用已知表面（称为控制表面，类似于控制点）解决相对定向模型的绝对定向问题。Ebner 与 Strunz(1988) 最早提出用 DEM 模型的表面解决定向问题。该方法基于最小化模型点与 DEM 内插物方空间点之间的 Z 差值，此时的模型点与物方空间点之间存在未知变换关系。Ebner Ohlhof(1994) 在此后的研究中证实了该方法的实用性。

本节叙述的方法中，将使用沿着表面法向距离的最小化来代替 Z 差值的最小化。这非常重要，因为要得到一个稳定解，需要包括不同倾斜角度的表面。Z 差值最小化并不适合于具有不同倾斜角度的表面。举个极端的例子，对于一个垂直面来说，Z 差值是无意义的。

接下来将简单介绍此方法的显著特点（Schenk, 1999; Jaw, 1999）。

15.5.1 问题描述

由 n 个随机的离散点组成的序列 $\boldsymbol{p}$ 表示表面 S_1，记为 $\boldsymbol{S}_1=\{p_1,p_2,\cdots,p_n\}$，用 m 个随机点组成的序列 $\boldsymbol{q}$ 表示另一个表面 S_2，记为 $\boldsymbol{S}_2=\{q_1,q_2,\cdots,q_m\}$。假设，这两个序列实际上表示同一个表面，但不在同一个参考坐标系下。在绝对定向问题中，将 $\boldsymbol{S}_2$ 看做是模型坐标系中的表面，而 $\boldsymbol{S}_1$ 看成是物方坐标系中的参考表面。经过适当的变换，可以得到 $\boldsymbol{S}_1=\boldsymbol{S}_2$，在这里不考虑由于观测值 $\boldsymbol{p}$ 与 $\boldsymbol{q}$ 引起的随机误差。然而，由于离散表示可能出现另一个不同点，例如，$n\neq m$。即使 $n=m$，不同分布仍然会导致不同的内插表面。进一步假定两个序列中没有点是相同的。现在问题是要建立两个序列之间的变换，以使得 $\boldsymbol{S}_1$、$\boldsymbol{S}_2$ 两个表面在位置和形状上尽可能地相似。

15.5.2 解法

这里叙述的问题可以看成一个平差问题，即将第二个点集 $\boldsymbol{q}$ 变换到第一个点集从而使得两个表面之间的差别最小。此外，$\boldsymbol{S}_1$、$\boldsymbol{S}_2$ 之间的表面法线方向也可以最小。距离最小化确保位置吻合，而表面法线差别最小化确保了形状吻合。

由于该问题是非线性的，因此需要初始值。接下来的讨论是假定已存在合适的初始值。

几何方面的考虑

假定绝对定向问题通过三维相似变换解决，这个相似变换涉及 3 个平移参数 x_t、y_t、z_t，3 个旋转角度 ω、φ、κ 以及一个缩放系数 s。

假定 $\boldsymbol{S}_1$ 是一个水平面，利用序列 $\boldsymbol{q}$ 中的一个点可以解算 z_t，再加上两个点，可以解算出 ω、φ。很明显，点的距离越远，旋转角度的解算越准确。不管使用多少点，因为可以在不改变相邻距离的情况下进行平移、旋转、缩放这两个表面，所以仍无法解算出其他 4 个参数。为解算两个平移参数 x_t、y_t，需要与坐标系主平面平行的两个平面。为解算缩放参数，需要第 4 个面。理想情况是与其他 3 个面中的一个面平行。垂直面上的点同样用来解算 κ。

总之，理想情况是一个包括 1 个平面与 3 个垂直面的表面。此外，其中 1 对垂直面应该是互相垂直的，而另 1 对互相平行。两个面之间的距离应该沿着表面法线最小化。从此处可以看出，最小化高程差并不能起到很好的效果。

地形表面几乎没有垂直面，因此，解决地形表面的问题并没有理想的方法。为确定一种合理的方法来解算出所有的参数，必须使用尽可能多的斜面。此外，表面法线应该指向尽可能多的方向。

根据上面的讨论，可以确定只需要一些小平面来计算距离。例如，水平面上的 3 个点可以认为是在 3 个并不相关的小的水平面片上。

数学模型

通过一个三维相似变换将模型点 $\boldsymbol{q}$ 变换到物方空间：

$$\boldsymbol{q}' = s\boldsymbol{R}\boldsymbol{q} - \boldsymbol{t} \tag{15.7}$$

观测方程由 q'到表面 $\boldsymbol{S}_1$ 的最短距离确定。有两种方案适合表达表面 $\boldsymbol{S}_1$。首先近似认为 $\boldsymbol{S}_1$ 在 q'附近是一个平面，例如，限定一个小空间域，利用区域内的点序列 $\boldsymbol{p}$ 来拟合一个平面，称为平面块 $\boldsymbol{SR}_q$。此时，使用 3 个方向余弦与到原点的距离 p 表示从 q'到 $\boldsymbol{S}_1$ 的最短距离 d，并表示为 Hessian 范式的形式：

$$d = \boldsymbol{q}' \cdot \boldsymbol{h} - p \tag{15.8}$$

其中，$\boldsymbol{h} = [\cos\alpha, \cos\beta, \cos\gamma]^{\mathrm{T}}$。

这样，公式(15.9)表示点 $\boldsymbol{q}$ 的观测方程式

$$r = (s\boldsymbol{R}\boldsymbol{q} - \boldsymbol{t}) \cdot \boldsymbol{h} - p - d \tag{15.9}$$

这个等式必须线性化为相应的 7 个变换参数的形式。因为需要初始值，可以认为旋转角度非常小。因此，微分角度可以得到改正旋转矩阵：

$$\boldsymbol{R} \approx \begin{vmatrix} 1 & -\mathrm{d}\kappa & \mathrm{d}\varphi \\ \mathrm{d}\kappa & 1 & -\mathrm{d}\omega \\ -\mathrm{d}\varphi & \mathrm{d}\omega & 1 \end{vmatrix} \tag{15.10}$$

$\boldsymbol{R}$ 的偏导数为：

$$\frac{\partial \boldsymbol{R}}{\partial \mathrm{d}\omega} = \begin{vmatrix} 0 & 0 & 0 \\ 0 & 0 & -1 \\ 0 & 1 & 0 \end{vmatrix} \quad \frac{\partial \boldsymbol{R}}{\partial \mathrm{d}\varphi} = \begin{vmatrix} 0 & 0 & 1 \\ 0 & 0 & 0 \\ -1 & 0 & 0 \end{vmatrix} \quad \frac{\partial \boldsymbol{R}}{\partial \mathrm{d}\kappa} = \begin{vmatrix} 0 & -1 & 0 \\ 1 & 0 & 0 \\ 0 & 0 & 0 \end{vmatrix} \tag{15.11}$$

线性化观测方程，得：

$$\frac{\partial}{\partial \omega} = -z\cos\beta + y\cos\gamma$$

$$\frac{\partial}{\partial \varphi} = z\cos\alpha - x\cos\gamma$$

$$\frac{\partial}{\partial \kappa} = -y\cos\alpha + x\cos\beta$$

$$\frac{\partial}{\partial s} = (x - y \cdot \mathrm{d}k + z \cdot \mathrm{d}\varphi)\cos\alpha + (x \cdot \mathrm{d}k + y - z \cdot \mathrm{d}\omega)\cos\beta + \qquad (15.12)$$

$$(-x \cdot \mathrm{d}\varphi + y \cdot \mathrm{d}\omega + z)\cos\gamma$$

$$\frac{\partial}{\partial x_t} = -\cos\alpha$$

$$\frac{\partial}{\partial y_t} = -\cos\beta$$

$$\frac{\partial}{\partial z_t} = -\cos\gamma$$

如果对于包含在表面块 SP_q 内的点 p，并不能通过一个平面很好地给出初值，那么可以使用一个二阶的表面。如果这个方法也不行，那么 SP_q 并不适合前面提出的过程，也就不能产生特殊点 $\boldsymbol{q}$ 的观测方程。只有给出合适的初始值，才可以应用图 15.10 所示情况。从 $\boldsymbol{q}$ 到表面的距离是沿着表面法线测量的。这样，需要内插表面 SP_q 上的点 v。因为 v 处的表面法线通过 $\boldsymbol{q}$，这两点之间的距离实际上就是 $\boldsymbol{q}$ 到 SP_q 面的距离。距离 d 可以由下式确定：

$$d^2 = (x_v - x_q)^2 + (y_v - y_q)^2 + (z_v - z_q)^2 \qquad (15.13)$$

假定用 d^2 代替 d，产生同样的参数结果，可以得到观测方程：

$$r = (x_v - x_q)^2 + (y_v - y_q)^2 + (z_v - z_q)^2 - d^2 \qquad (15.14)$$

式(15.14)必须对相关变换参数线性化。

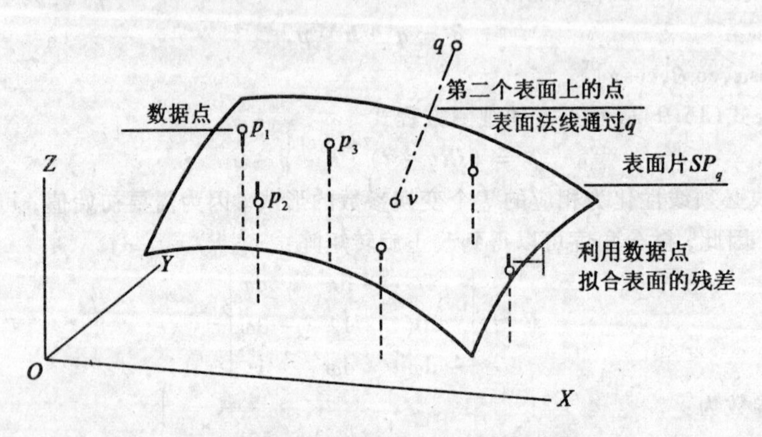

图 15.10　确定 q 到 SP_q 面的最短距离

现在讨论如何确定 v 的问题。接下来的方法通过迭代解决此问题。首先，确定表面块 SP_q 上的一些法线。在所选位置上 SP_q 的方向导数就是法线方向的分量。因为是平滑的面片，所以法线方向的变化也应该是平滑的。其次，确定一个平均的表面法线。它的方向与点 q 确定了一条直线与 SP_q 在点 v 附近的某点相交。可以用这个位置解算出改进的方向，重复上述过程。找到 v 并不是非常重要，即使初始位置产生一个较大的距离 d，但是最小化过程仍然能得到较好的变换参数。

15.5.3 过程

对于 S_2 上每一个点 q，执行下列过程。

1）在表面 S_1 上选择最近点 p，这些点确定表面片 SP_q。

2）利用一个平面或一个二次曲面近似表示表面片 SP_q。如果不能很好地近似（比如残差太大），那么跳过当前点，处理下一点。

3）用近似的表面块计算最短距离，形成一个观测方程式（见式（15.9）或式（15.14））。

4）保存表面块 SP_q 的表面法线。

5）所有的点都被计算后，分析表面法线，例如产生直方图。如果分布与15.5.2节介绍的相似，那么应该得到一个解。

6）建立法方程式并解算参数。残差（例如加权平方和）可以很好地表示两个表面的相近程度。

15.6 小结

单幅影像的外定向（后方交会）或立体像对的外定向（绝对定向）通过适当的变换建立了影像与物方空间之间的关系。要确定这些变换参数，需要在影像或模型上测定一些物方已知的点（地面控制点）。如果在飞行之前确定控制点，控制点标志应该精心设计，以便于更好地在影像上识别。另一种方法是获取数据（飞行）后选点，并在物方空间识别与测量这些点。

如果要将这个传统方法自动化，会出现一些复杂的问题。问题的关键是识别，因为目标相当小，而且目标的影像不够清晰。即使是有经验的摄影测量专家，有时也无法唯一地识别控制点。目标的自动识别与高精度定位依赖于基于区域的匹配方法——将目标的理想影像与实际影像匹配。好的初值有助于该识别方法的成功实现。

实现单幅影像定向的更好方法是使用地形控制点。在这里，可以提取道路等特征，然后和物方空间的描述匹配，这些描述可以在GIS数据中获得。同标志点相比，含有控制点的区域图像更大，因此容易提取特征。另一方面，也不太可能提取出不同特征对应同一物方空间控制点。因此，非常适合通过关系匹配来达到最好的匹配效果。仍然利用点进行解算，比如，如果用道路表示地形特征，那么可以将道路交叉点当作控制点。

我们还讨论了使用（线、面）特征代替点进行外方位元素的计算。实现了用自然特征来定向单幅影像，并提出一种新的匹配方法实现了提取的线特征与物方空间已知描述之间的匹配。试错法建立起所有边缘像素与地面特征像素之间所有可能的组合，并将相应的解存放到一个累加数组中。正确的解对应累加数组的一个峰值，分组计算参数可以避免组合爆炸。该方法通过一个迭代过程得到解。同时，本文还描述了一种通过扩展共线模型以适应参数化的直线与曲线的直接解法。

另外一个例子证明，利用特征能够计算传统绝对定向的定向参数。这里，模型空间与物方空间之间的共同信息是表面。物方空间已知的表面可以由激光扫描、现有的 DEM 或其他的方法获取。因为采用对应表面之间的距离最小，因此不需要明确点与点之间的对应。这种方法也适用于比较由不同位置的点组成的表面。

"从点到特征"是这本书第三部分的主题。在本章，用包括线与面的特征计算外方位元素来强调这一点。特征的提取与处理比点的提取与处理要容易。此外，特征包含了场景中更多有意义的信息，因此，使用特征越早越好。

习题

1. 这部分共同的主题是"从点到特征"。如何使用特征来确定外部定向参数或绝对定向参数？在解算过程中点起什么作用？

2. 在影像中提取控制点目标的方法之一是将模板与影像匹配。详细阐述该方法中可能存在的问题，最小二乘匹配相对于灰度相关匹配方法的优势是什么？

3. 在 15.4 节检查了使用线特征进行影像与立体模型定向的问题。不用匹配而采用试错法找到定向参数的目的是什么？

4. 描述一种策略，来确定试错法中解算数字影像外定向参数时所使用的累加数组的大小。

5. 使用控制特征进行影像定向的另一种方法是基于控制特征的参数描述。假定一个控制特征由一个二次多项式表示。这种情况下，能够建立多少个独立方程呢？

6. 对于第 5 题描述的问题，解释不管测量多少点，都不能解出外部定向参数的原因。

7. 假定用 15.5 节描述的内容用控制面进行绝对定向，解算 7 个定向参数至少需要多少个不同的表面？

8. 使用控制面时，为什么要最小化第一个面上的点沿着第二个面的法线方向到第二个面的距离？

9. 详细阐述使用控制面进行绝对定向中的实际问题。

参考文献

[1] Ebner H, T Ohlhof(1994). Utilization of Ground Points for Image Orientation without Point Identification in Image Space[J]. International Archives of Photogrammetry and Remote Sensing, 30(3/1), 206-211.

[2] Ebner H, G Strunz, I Columina(1991). Block Triangulation with Aerial and Space Imagery Using DTM as Control Information[J]. ACSM-ASPRS Auto-Carto 10(5), 76-85.

[3] Ebner H, G Strunz(1988). Combined Point Determination Using Digital Terrain Models as Control Information[J]. International Archives of Photogrammetry and Remote Sensing, 27 (B11/3), 578-587.

[4] Gülch E(1994). Using Feature Extraction to Prepare the Automated Measurement of Control Points in Digital Aerial Triangulation[J]. International Archives of Photogrammetry and Remote Sensing, 30(3/1), 333-340.

[5] Gülch E(1995). From Control Points to Control Structures for Absolute Orientation and

Aerial Triangulation in Digital Photogrammetry [J]. Zeitschrift für Photogrammetrie und Fernerkundung, 63(3), 130-136.

[6] Gülch E(1996). Deformable Models as a Photogrammetric Measurement Tool—Potential and Problems[J]. International Archives of Photogrammetry and Remote Sensing, 31(B3), 279-284.

[7] Habib A, A Asmamaw, D Kelley, M May(2000). Linear Features in Photogrammetry[R]. Report No. 450, Department of Civil and Environmental Engineering and Geodetic Science, The Ohio State University, Columbus, OH 43210.

[8] Jaw J J(1999). Control Surface in Aerial Triangulation[PhD dissertation]. Columbus, OH 43210: The Ohio State University.

[9] Schenk T(1999). Matching Surfaces. Technical Notes in Photogrammetry[R]. No. 15, Department of Civil and Environmental Engineering and Geodetic Science, The Ohio State University, Columbus, OH 43210, 21.

[10] Vosselman G, N Haala(1992). Erkennung topographischer Passpunkte durch relationale Zuordnung[J]. Zeitschrift für Photogrammetrie und Fernerkundung, 60(6), 170-176.

[11] Zalmanson G(2000). Hierarchical Recovery of Exterior Orientation from Parametric and Natural 3-D Curves[PhD dissertation]. Columbus, OH 43210: The Ohio State University.